全国高等职业教育示范专业规划教材
数控技术专业

数控铣（中级）加工与实训

主　编　陈学翔
副主编　徐　彪　陈洁训　江卫华
参　编　梁亚志　张志田　陈孔堃
　　　　胡　超　郭浩然　陈显昶
主　审　李大成

机械工业出版社

本书依据国家颁布的数控铣工和加工中心操作工的中级工考核标准编写，以工学结合为载体介绍数控铣工和加工中心操作工达到中级工要求所需掌握的理论和技能节点，突出教、学、做一体化的教学方式，对教材的编排符合教学认知规律，有利于学生对本专业职业技能的掌握。

教材由多个学院高级讲师和在企业多年从事工程技术的高级技师共同编写，主要介绍数控铣工和加工中心操作工的技能实训中的基础技能、机床操作、手工编程、软件自动编程、仿真模拟和职业证书模拟考核几大部分。通过实况视频展示了在技能竞赛中获奖选手对关键技术要点的现场示范操作，附带软件图形绘制和自动编程操作录像，便于教师开展多媒体课堂教学和学生自学复习。

全书共分为八章：数控加工概述、数控铣削加工基础、加工中心的操作、宏程序编程实例、Mastercam X4 数控铣削加工、Mastercam X4 加工实例、超软数控仿真系统和数控铣（中级）模拟题库。本书可作为高职高专院校、技师学院数控技术应用、模具设计与制造、机电一体化、机械制造等专业课程的教材，也可作为相关专业工程技术人员的参考书。

图书在版编目（CIP）数据

数控铣（中级）加工与实训/陈学翔主编. —北京：机械工业出版社，2011.6

全国高等职业教育示范专业规划教材. 数控技术专业

ISBN 978-7-111-34580-0

Ⅰ.①数…　Ⅱ.①陈…　Ⅲ.①数控机床：铣床-高等职业教育-教材
Ⅳ.①TG547

中国版本图书馆 CIP 数据核字（2011）第 124781 号

机械工业出版社（北京市百万庄大街 22 号　邮政编码 100037）
策划编辑：郑　丹　责任编辑：王英杰　武　晋
版式设计：霍永明　责任校对：陈延翔
封面设计：鞠　杨　责任印制：乔　宇
北京汇林印务有限公司印刷
2011 年 9 月第 1 版第 1 次印刷
184mm×260mm · 19.5 印张 · 484 千字
0001-3000 册
标准书号：ISBN 978-7-111-34580-0
　　　　　ISBN 978-7-89433-021-5（光盘）
定价：39.00 元（含 1DVD）

凡购本书，如有缺页、倒页、脱页，由本社发行部调换

电话服务	网络服务
社服务中心：（010）88361066	门户网：http：//www. cmpbook. com
销售一部：（010）68326294	
销售二部：（010）88379649	教材网：http：//www. cmpedu. com
读者购书热线：（010）88379203	**封面无防伪标均为盗版**

前　言

随着改革开放的不断深入，制造业在我国有了很大的发展。特别是在当前我国由世界制造业大国向制造业强国转型、劳动力市场结构性缺工以及各类企业对高技能人才求贤若渴的大背景下，在经济全球化的形势下，以数控技术为代表的先进制造技术更迎来了蓬勃发展和新的历史机遇。

数控技术作为先进制造技术的代表之一，其在实际应用中也面临变革，如数控高速加工以飞快的速度由国有大型企业普及至私营加工店，五轴联动加工中心、多刀塔五轴联动车铣复合加工中心、精密快速成型机等先进制造设备也逐渐得到普及。

当今，职业技术学院作为我国工程技术应用型人才的主要培训基地，对培养具有高尚爱国主义情操、掌握扎实理论基础和具备较强的实际应用能力、有锐意创新精神的人才具有责无旁贷的责任。我们的教材不仅要尽最大努力将最新、具有较强发展潜力和趋势的新技术、新方法介绍给我们未来的接班人，还要充分吸收当今教学理论成果，使学生能做到易学、能学、好学。专业教学人员不能抱有等、靠、要的思想，特别是在职业教学改革的今天，应该具有摸着石头过河的态度，真抓实干，为培养高技能人才而勇于探索和不懈奋斗。

作为培养高技能人才的专业教材至少需要满足以下三个方面要求：

（1）需要重点突出教材内容的实用性。以企业实践经验的角度确定教材的选材和重点，确保能达到日后职业岗位对专业人才的技能要求。哪些专业技术是当今行业的潮流热点，哪些专业技术具有发展趋势和广泛的应用前景，应该做到高瞻远瞩，有的放矢。

（2）需要满足职业技术院校的日常教学要求。根据教学特点，当今的职业技能教学提倡“从做中学，从学中做”，提倡工学结合，提倡教、学、做一体化。这就要求教材不能单纯、一味长篇大论，只叙述理论知识而忽略实践能力，也不能一味强调实训操作能力，忽视理论知识的指导作用，更不能一味以教师讲课为中心而扼杀学生的创新意识。

（3）需要满足学生的自学要求。制造业强国要靠千万个在平凡岗位上任劳任怨的螺丝钉，更需要有高技能人才创新意识和创新能力作为强有力的支撑。创新意识源于思考，创新能力源于实践，而思考与实践均离不开自学。因此，专业教材必须通俗易懂，专业能力上的难点、要点必须做到一目了然，举一反三。

缺乏理论指导的实践是盲目的，而单纯具有理论知识不具备实际应用能力也是空洞的。本书从当今职业实际应用中常用、通用的具有代表性、先进性和发展趋势的角度选取相关的技术要点进行介绍，对涉及的必备理论知识进行适当的展开，意在不仅看到树叶与树干，也能看到树根。

本书具有如下特点：

（1）由具有实际工程经验的企业一线高级技师对教材技术要点进行把关，体现教材的实用性。

(2) 由拥有丰富教学经验的高级讲师对全书目录架构和各章节内容进行编排，体现教材用于日常教学的适用性。

(3) 由2006年全国数控竞赛广东省代表队的优秀教练员对手工编程章节进行编写，体现教材的领先性。

(4) 由在省或市数控技能竞赛获奖的选手对机床操作要点进行全程视频示范性操作，体现教材的技术性。

(5) 由多年从事技能鉴定培训的主管领导和各学院拥有多年培训鉴定考核经验的高级讲师对技能等级证考核模拟题库进行编写，体现教材的专业性。

(6) 使用工学结合方式编写教材符合职业教育体系的发展方向，体现教材的先进性。

全书共八章，具体内容如下：

(1) 第一章主要介绍数控加工的历史概况和数控加工的一般流程。

(2) 第二章主要介绍进行数控铣削加工必备的主要辅件及其使用方法。

(3) 第三章主要介绍发那科和西门子系统三轴机床操作的技术要点。

(4) 第四章主要介绍发那科和西门子系统的宏程序编制及应用。

(5) 第五章主要介绍 Mastercam X4 加工模型的构建和铣削加工基础。

(6) 第六章主要介绍 Mastercam X4 由模型建构到数控加工的两个案例。

(7) 第七章主要介绍超软仿真系统使用发那科和西门子系统的仿真加工。

(8) 第八章主要介绍加工中心操作工（中级）考证模拟题库。

本书可作为高职高专院校、技师学院数控技术应用专业、模具设计与制造、机电一体化、机械制造等专业的课程教材，也可作为相关工程技术人员的参考书。

本书附带一张教学光盘，读者可自行对应相关章节学习。光盘的使用方法如下：

(1) 光盘内 example 和 finish 文件夹下的文件只适用于 Mastercam X4 和超软 11.5 以上的软件版本。

(2) 查看 7.2 节的仿真结果时，将光盘 finish \ chap07 \ CZKFANUC0iMC 目录下所有的文件复制到 C：\ CZK \ CZKJZFanuc0iMC 超软的安装目录下，进入超软发那科 0iMC 加工中心，通过打开 11. CVM 文件查看仿真结果。查看 7.3 节的仿真结果时，将光盘 finish \ chap07 \ CZKsimens802dM 目录下的所有文件复制到 C：\ CZK \ CZKsimens802dM 超软的安装目录下，进入超软西门子 802D 数控铣床，通过打开 1. CVM 文件查看仿真结果。

(3) 附带的光盘有3个文件夹，分别是 example、finish 和 avi。

1) example 文件夹下存放的是与教材章节对应的操作范例文件。

2) finish 文件夹下存放是软件操作范例的结果文件。

3) avi 文件夹下存放的是以“avi”为后缀的机床示范操作视频和软件操作动画教学文件，读者只要在计算机上安装相应的媒体播放器，然后打开播放即可。

本书由陈学翔主编，负责全书的统稿工作，并编写第一、二、三、五、六、七章，第四章陈洁训编写，第八章由徐彪、江卫华、梁亚志和张志田共同编写。

韶关市技师学院提供拍摄场地和机床操作设备，胡超、郭浩然对第三章的机床操作视频进行示范操作，陈孔堃、韶关学院陈显昶指导和完成机床现场操作的视频拍摄与后期处理。

广东省教育厅数控技术专业教学指导委员会委员、广东省模具工业协会培训委员会副主任、河源职业技术学院机电学院院长李大成教授对全书进行审稿，提出了许多宝贵的意见和建议，在此深表致谢。

由于作者水平有限，书中难免有纰漏和错误之处，恳请专家和读者批评指正，可发电子邮件至 cxxcam@163. com。

编　者

目 录

第一章

数控加工概述

主要内容

- 数控加工特点
- 数控机床的分类和应用
- 数控程序的编制
- 数控程序的运行仿真
- 加工程序单的编写
- 安全文明生产

第一节　数控加工特点

一、数控机床的发展历程

数控加工技术作为机电一体化的重要核心技术，在机械工业和国民经济中占据了重要的位置。如机械、汽车、航空、船舶、石化等行业无不依托数控加工技术的发展，从而大大提高其自身的生产水平和生产力。

1. 数控技术的由来

20 世纪 50 年代，美国 Parsons 公司接获直升飞机螺旋桨零件的加工任务，由于该任务需要使用连续曲面三维加工方法来满足零件的加工要求，因此需要开发出新型的三维连续加工设备来满足加工需求。Parsons 公司在 1949 年与麻省理工学院（MIT）合作，于 1952 年研制出由电子管组成的第一代数字控制系统，名为“Numerical Control”三轴插补铣床，由此揭开全球数控技术发展的第一页。

1956 年前后，德国、日本、苏联等国分别研制出他们第一台数控机床。随着电子技术和自动控制技术的不断发展，数控系统先后经历了电子管、晶体管和小规模集成电路阶段，其中晶体管数控系统和小规模集成电路数控系统被称为第二代和第三代数控系统。但是，当时的数控系统可靠性差、体积庞大、价格昂贵，且数控机床大多只能用于简单的加工，数控技术发展缓慢。

1958 年，美国 K&T 公司成功开发出带刀库并能自动进行刀具交换的数控机床，该机床在一次装夹中即可完成铣削、钻削、镗削、攻螺纹等多种加工工序，这类数控机床被称为加工中心（MC）。

20 世纪 70 年代，随着大规模集成电路和小型计算机技术的不断发展，以小型计算机为核心的第四代数控系统诞生了。70 年代中期，微处理器研制成功并成功地应用在数控系统上，使数控系统发生了革命性的变化。微处理器组成的控制系统具有可靠性良好，运算速度快，体积小和制造成本低等特点，给数控技术日后的普及应用创造了良好的基础，以此将以微处理器为核心的数控系统划分为第五代数控系统。

20 世纪 70 年代末到 80 年代，数控机床在世界范围内开始被广泛应用。随着微处理器的不断迅猛发展，数控系统的各项性能有了很大提高，逐步向高精度、高密度的插补精度数控系统方向发展。

20 世纪 90 年代以来，计算机技术不断发展并迅速席卷全球的每个角落，造价相对低廉而且互换性较好、易于升级换代的微型计算机逐渐成为数控机床的控制单元，也成为数控系统的主流，以此称为第六代数控系统。

在我国，北京第一机床厂和清华大学于 1958 年共同研制出第一台数控铣床样机，由此拉开我国数控技术的发展序幕。此后几年里，经过不断创业和发展，一批著名的数控机床生产厂家涌现出来，如北京第一机床厂、沈阳机床厂、大连机床厂、济南第一机床厂、广州机床厂等。

数控系统方面也涌现出了华中数控、广州数控等具有自主品牌的数控系统。其中，华中数控与桂林机床厂合作，成功研制出五轴联动数控龙门铣床，打破了长期以来国外对我国五轴联动数控技术的封锁。此外，华中数控与武汉重型机床厂合作，成功开发了用于加工 8m 船用螺旋桨的七轴五联动立式车铣复合加工中心，使我国在多轴车铣复合加工技术上取得了重要的突破。

虽然目前我国数控技术的总体发展水平与国际先进国家仍有一定的差距，但随着我国科研实力和综合国力的不断提升以及制造业的不断发展壮大，数控技术势必会迎来新的、更大的发展机遇。

目前流行的数控系统众多，主要有德国的 SIEMENS（西门子）系统、HEIDENHAIN（海德汉）系统，日本 FANUC（发那科）系统、MITSUBISHI（三菱）系统，西班牙的 FAGOR（发格）系统，意大利 FIDIA（菲迪亚）系统，我国的华中数控系统和广州数控系统等。

21 世纪的今天，数控技术正朝着高精度、高速、自动化、智能化、柔性化、网络化的方向不断发展，且随着每次的技术革新势必会推动社会生产力进步。

2. 数控技术的发展需要依靠各学科的发展

一台数控机床的组成涵盖了精密机械、电子、计算机、自动控制等高新技术，所以数控机床也代表了一个国家的科学技术水平。例如，高速加工技术的发展无不依托高速切削加工理论、加工路径优化、切削刀具材料、高速加工刀柄系统、高速电主轴、切削加工时的冷却以及高速精密数控系统等科学研究的发展，其发展水平代表了一个国家的高新技术水平。

3. 数控技术发展的重大意义

1）数控技术的发展推动了社会的进步。数控机床高精度、自动化、智能化以及加工效率的不断提高，可为社会提供物美价廉的产品。例如，应用多轴数控加工技术一次装夹即可加工出零件的五个方向，减少了零件的装夹时间，提高了零件的加工精度，降低了零件的加工制造成本，提高了生产率。又如，一辆汽车至少有 80% 以上的零部件需要使用数控机床或者模具进行加工成形。因此，数控技术的发展可降低整车制造成本，让厂家生产出更多物美价廉的产品供大众使用，为推动社会的进步和国民经济的发展作出了贡献。

2）数控技术的发展推动了国防和军事工业的发展。数控技术的发展为我国国防和军事工业生产出优质的军事装备提供了基础。例如，飞机上的众多结构件都需要数控加工成形，多轴数控加工技术的应用正好满足了航空零件高精度和加工难度大的特点；应用多轴数控加工技术可加工出高精度的螺旋桨叶片，从而降低潜艇运动所发出的振动声音。

3）数控技术的发展推动了我国职业教育的发展。我国正从制造业大国向制造业强国迈进，当前数控加工机床已广泛应用于制造业的各个领域，逐渐成为制造业不可或缺的加工手段。众多的数控机床也必然需要大批高素质的专业技术人员，从而为推动我国职业教育的发展创造了条件。

二、数控加工的基本原理

数控加工技术与普通的机械加工技术相比，具有高精度、高效率和产品加工稳定性好等优点，但数控机床和配套设备价格昂贵，大部分零件需要编制程序才能进行加工；尤其对于高速加工机床而言，单是机床和周边的配套设备的耗电量就比普通加工机床的多。因此，数控机床比较适合加工对加工精度要求较高的单件零件、大批量简单零件或复杂程度较高的零件。

下面将通过一个简单的加工实例来说明数控加工与传统加工的区别。如图 1-1 所示，在长方体零件上需要加工一个长度为 160mm。宽度为 80mm、深为 10mm 的内方槽。

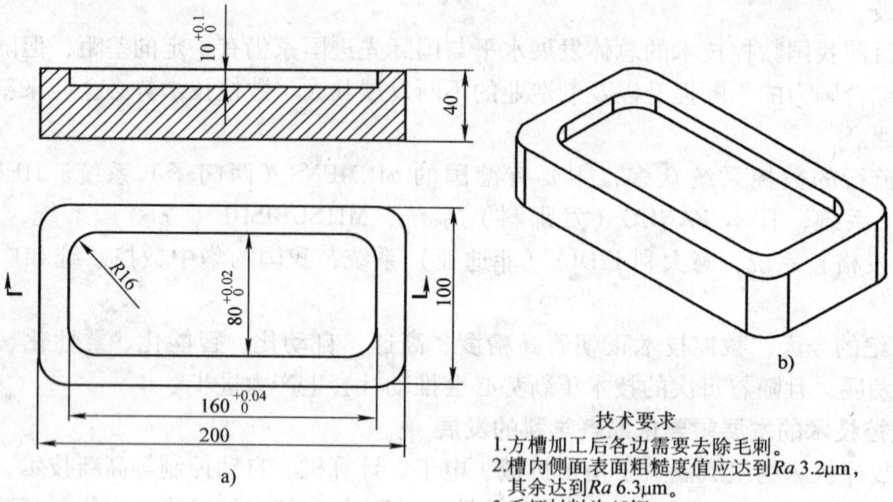
a)
b)
技术要求
1.方槽加工后各边需要去除毛刺。
2.槽内侧面表面粗糙度值应达到Ra 3.2μm，其余达到Ra 6.3μm。
3.毛坯材料为45钢。

图 1-1　加工零件

a）零件图　b）立体图

1. 普通机床加工

使用普通机床加工零件时，首先，加工者获取加工零件的图样，然后技术人员通过分析零件图确定出零件的加工步骤及加工过程中使用的各种工具附件并做好准备，最后通过人工操作在普通机床上加工出符合零件图要求的零件。在加工的过程当中，零件的加工均需要通过人工操作进行，操作人员的技术水平对零件的加工质量影响较大，如图 1-2 所示。

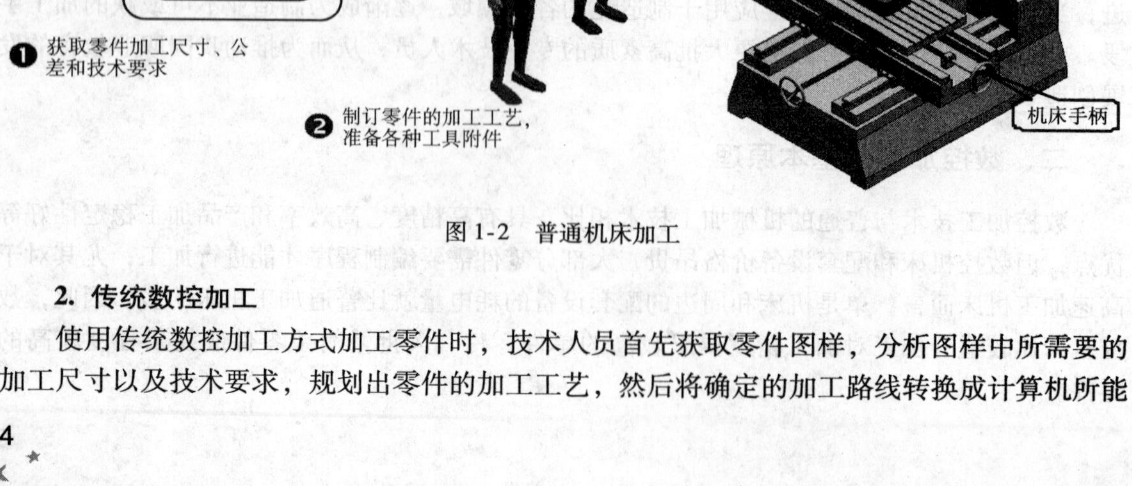
获取零件加工尺寸、公差和技术要求
制订零件的加工工艺，准备各种工具附件
通过人工操作机床手柄和传动副运动，完成整个零件的加工
机床手柄

图 1-2　普通机床加工

2. 传统数控加工

使用传统数控加工方式加工零件时，技术人员首先获取零件图样，分析图样中所需要的加工尺寸以及技术要求，规划出零件的加工工艺，然后将确定的加工路线转换成计算机所能

识别的语言，最后通过穿孔机将程序通过纸带的形式打出相应的孔位，纸带控制器通过读取纸带后发出脉冲指令，控制机床对零件进行加工，如图 1-3 所示。

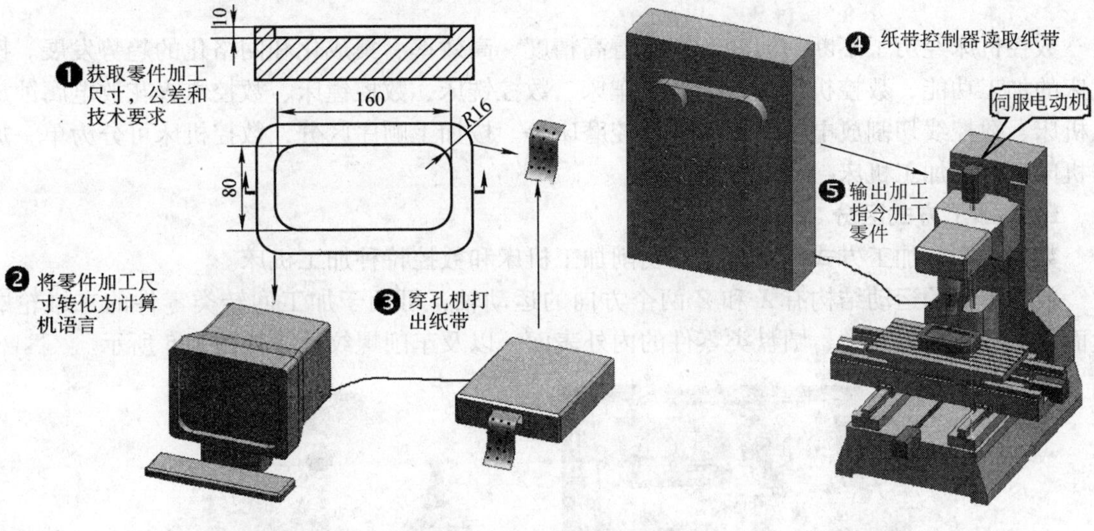
10
160
R16
80
❶获取零件加工尺寸，公差和技术要求
❷将零件加工尺寸转化为计算机语言
❸穿孔机打出纸带
❹纸带控制器读取纸带
伺服电动机
❺输出加工指令加工零件

图 1-3　传统数控加工

3. 现代计算机数控加工

现代计算机数控加工方式可满足产品频繁更新换代以及制造周期不断缩小的需求。现代计算机数控加工系统可直接打开零件的三维图样文档，使用自动编程软件直接生成加工程序，然后通过后处理程序后处理出数控代码，通过网络传到机床控制系统，对零件进行加工。现代高速加工中心已具备可容纳 32 把刀具或以上的刀库系统，在加工复杂类型零件时可大大缩短刀具操作的辅助时间；高速控制系统可实现 NURBS 插补功能，提高了系统的插补能力；采用直线电动机可提高机床的响应速度和运动速度，如图 1-4 所示。

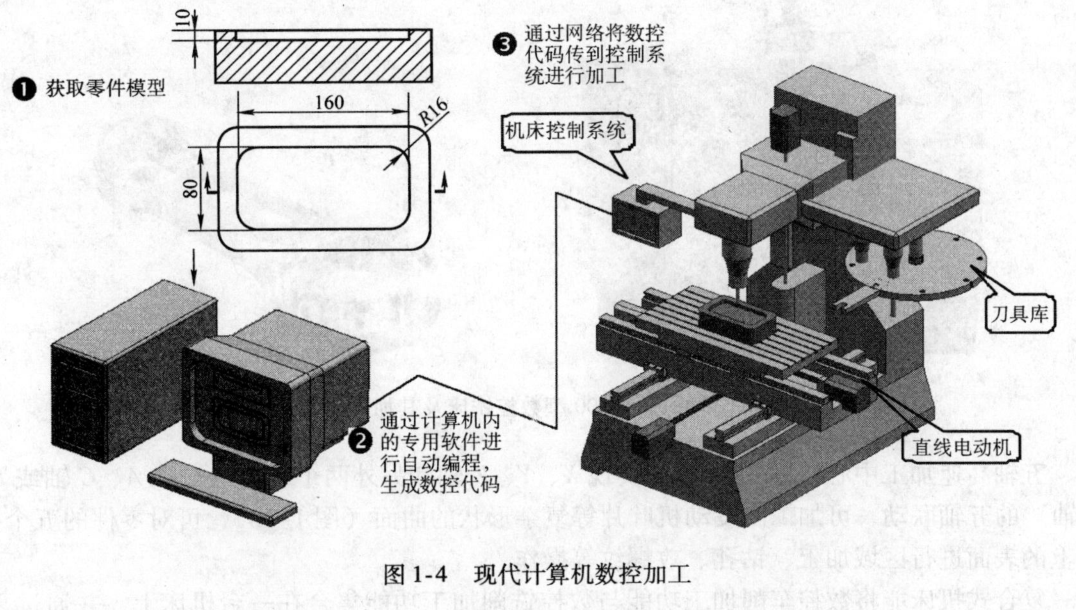
10
160
R16
80
❶获取零件模型
❷通过计算机内的专用软件进行自动编程，生成数控代码
❸通过网络将数控代码传到控制系统进行加工
机床控制系统
刀具库
直线电动机

图 1-4　现代计算机数控加工

第二节　数控机床的分类和应用

数控机床经历了不断的演变，正朝着高精度、高效率、集成化和网络化的趋势发展。按机床的加工功能，数控机床可分为数控车床、数控铣床、数控镗床、数控电火花放电腐蚀加工机床、数控线切割放电加工机床、数控磨床等。按加工顺序区分，数控机床可分为单一加工机床和复合加工机床。

1. 按加工方式区分

数控机床按加工方式可分为数控切削加工机床和数控特种加工机床。

数控车床的运动结构有 *X* 和 *Z* 两个方向的运动轴，可用于加工回转类零件的二维轮廓曲面，如轴类、轴套类、圆盘类零件的内外表面，以及车削螺纹等，如图 1-5 所示。

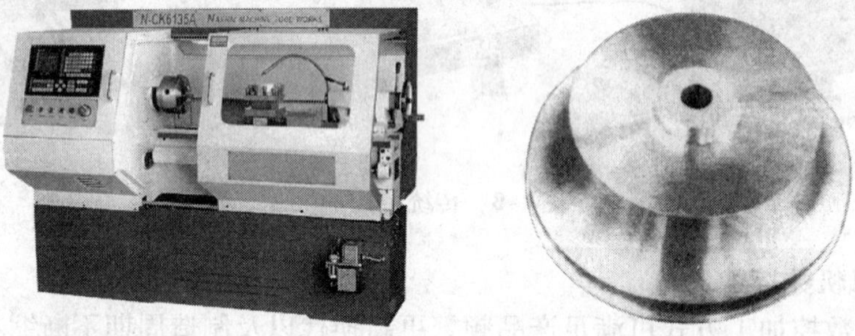

图 1-5　南海机床厂的数控车床及其加工的零件

数控铣床可实现 *X*、*Y* 和 *Z* 轴的三轴联动，主要用于方形类零件的加工，如模具型芯和型腔的曲面加工，方形零件的内、外轮廓加工，以及对零件进行钻孔、攻螺纹、铰孔等，如图 1-6 所示。

图 1-6　华中 YHM600 型数控铣床及其加工的零件

五轴高速加工中心（图 1-7a）可实现 *X*、*Y*、*Z* 轴和另外两个旋转轴（如 *A*、*C* 轴或 *B*、*C* 轴）的五轴联动，可加工出发动机叶片等复杂形状的曲面（图 1-7b），可对零件的五个方向上的表面进行区域加工、钻孔、攻螺纹等操作。

复合式机床能将数控车削加工功能与数控铣削加工功能集合在一台机床上，并通过 *X*、

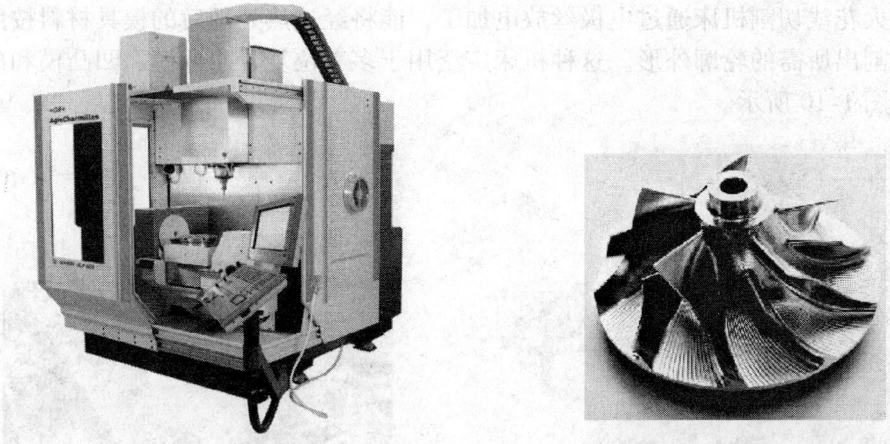

a)　　　　b)

图 1-7　阿奇夏米尔 MIKRON UCP 600 型五轴高速加工中心及其加工的零件

Y、*Z*、*B*、*C* 五个轴的联动实现五轴加工中心所能实现的功能。该类型机床多用于需要频繁使用车削与铣削功能进行加工的复杂结构零件，如图 1-8 所示。

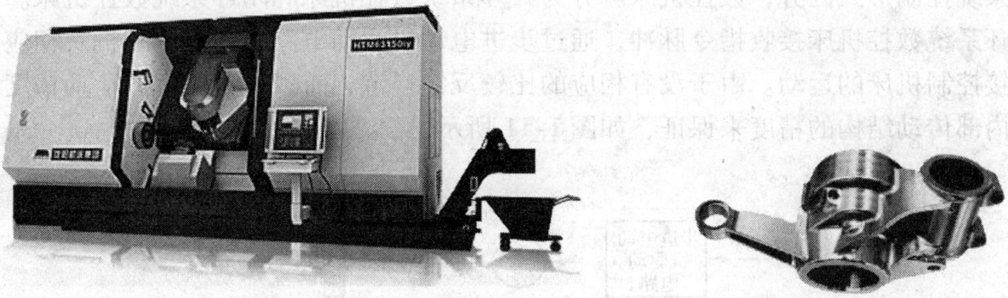

图 1-8　沈阳机床集团 HTM63150iy 型五轴车铣复合机床及其加工的零件

数控电火花成形机床通过电极与被加工零件之间正、负极所形成的无数细小放电通道，对被加工零件进行电火花腐蚀加工。电火花成形加工多用于成形模具中的细小窄槽特征的加工，如图 1-9 所示。

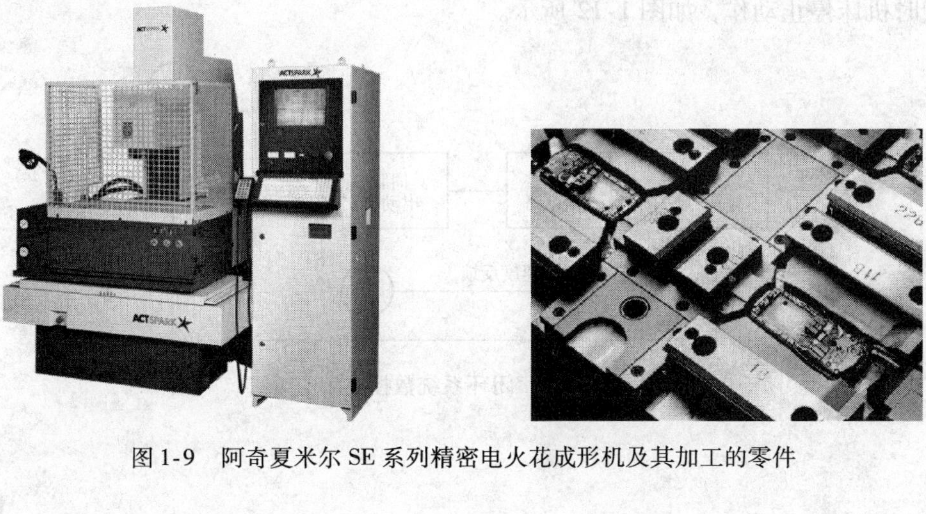

图 1-9　阿奇夏米尔 SE 系列精密电火花成形机及其加工的零件

数控电火花线切割机床通过电极丝放电加工，能将经过热处理后的模具材料按照已编制好的程序切割出所需的轮廓外形。这种机床广泛用于多工位复合冷冲模、凹凸模和成形零件的加工，如图 1-10 所示。

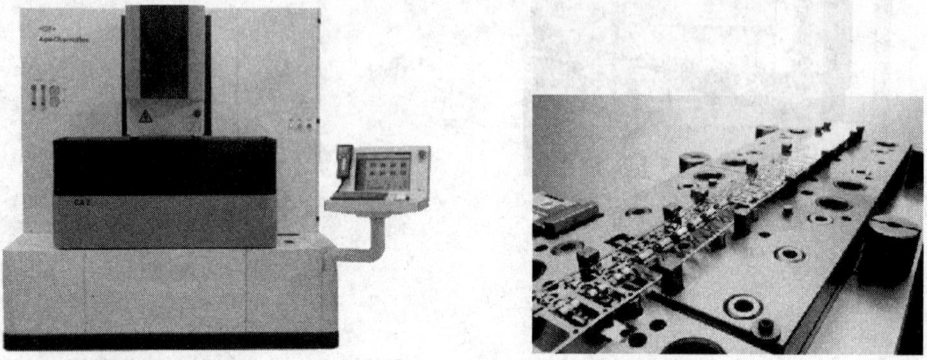

图 1-10　阿奇夏米尔低速走丝电火花线切割机床及其加工的零件

2. 按系统形式区分

按系统控制形式区分，数控机床可分为开环系统数控机床和闭环系统数控机床。

开环系统数控机床接收指令脉冲，通过步进电动机驱动电路、步进电动机及相应的传动机构直接控制机床的运动。由于没有相应的比较反馈环节，所以这种机床的运动精度主要依靠机床内部传动结构的精度来保证，如图 1-11 所示。

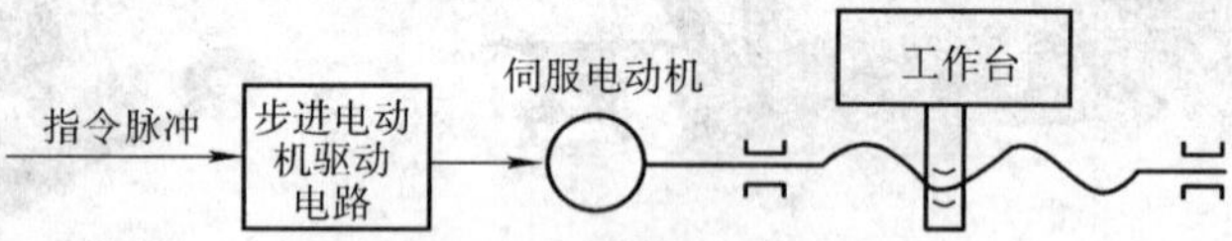

图 1-11　开环系统数控机床

闭环系统数控机床由于在机床工作台内安装了位置比较检测装置，能自动检测机床工作台的实际位移量，将位移信息反馈到位置比较电路当中，然后通过位置比较电路对发出的位移量与实际位移量作比较，再将二者的差值进行相应的修正，直到接收的指令脉冲等于实际的位移量时机床停止动作，如图 1-12 所示。

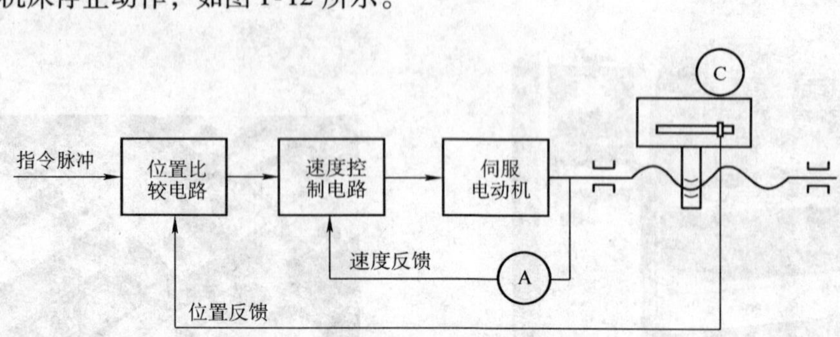

图 1-12　闭环系统数控机床

3. 按机床主轴的结构形式区分

按机床主轴的结构形式区分，数控机床可分为立式数控加工机床和卧式数控加工机床。主轴垂直于机床安装底座的数控加工机床可称为立式数控加工机床，如图 1-13 所示。主轴平行于机床安装底座的数控加工机床可称为卧式数控加工机床，如图 1-14 所示。

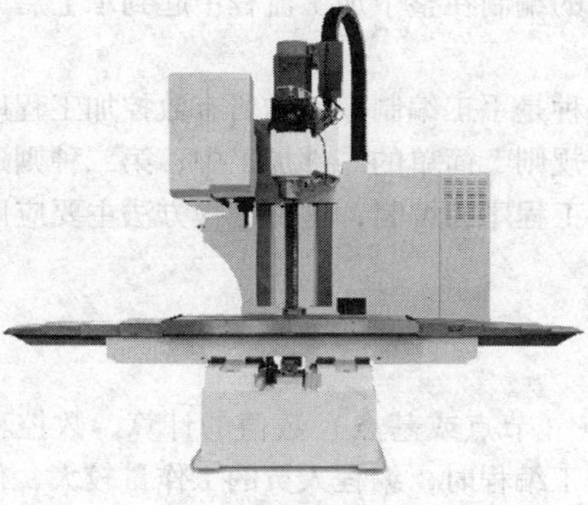

图 1-13　立式数控加工机床

图 1-14　卧式数控加工机床

4. 按切削硬件的工艺水平区分

按切削硬件的工艺水平区分时，数控机床可分为高速切削加工机床和普通数控加工机床。高速切削加工机床应具有优良的硬件条件，其中包括稳定且具有快速预读和处理能力的控制系统、速度达到 30000r/min 以上的高速主轴、高速直线电动机、快速换刀系统、油气雾化冷却系统、高速刀柄、适合进行高速加工的硬质合金切削刀具等。

普通数控加工机床主轴转速通常在 12000r/min 以下，进给速度能达到 30m/min，系统预读的数控程序段较短，如图 1-15 所示。

罗德斯 RXP600 高速加工中心，其具有 75000r/min 的最高主轴转速，能达到 60m/min 或更高的进给速度，它的数控系统能预读一万多段数控程序且能实现 NURBS 插补，具有快速换刀系统和红外线测刀具长度的功能，能实现淬硬材料的高速、高精加工，如图 1-16 所示。

图 1-15　普通数控加工机床

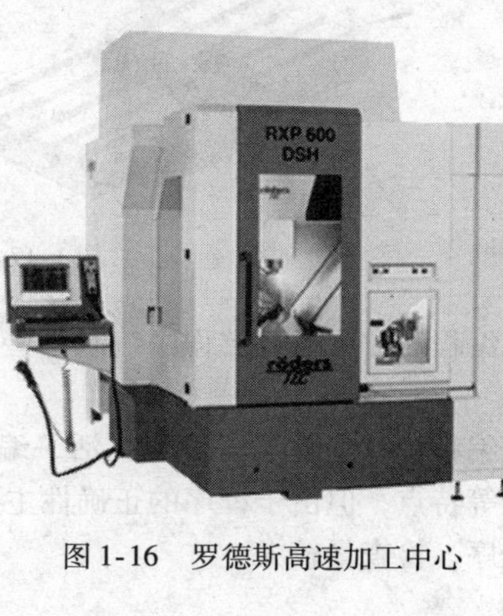

图 1-16　罗德斯高速加工中心

第三节　数控程序的编制

从数控加工流程中可知，数控程序的编制是实现加工工艺的主要体现，也是实现加工零件后续数控加工的基础。可以说，数控加工程序的编制在整个加工流程中起到承上启下的关键作用。

目前，数控程序的编制主要分为两种：第一种是手工编制零件的所有数控加工程序，这种编程方法主要应用于外形轮廓和相关位置较为规则、简单的零件加工中；第二种则通过安装在计算机上的CAD/CAM软件进行零件数控加工程序的编制，这种编程方法主要应用于被加工零件的形状和结构较为复杂的场合。

一、手工编程

手工编程是指零件加工工艺的制订、关键点（节点或基点）数值的计算、数控程序的编写和程序语句的复核检验都是由人工完成。手工编程时，编程人员的工作量较大，他们的加工经验在整个零件的加工过程中起决定性的作用。手工编程的流程如图1-17所示。

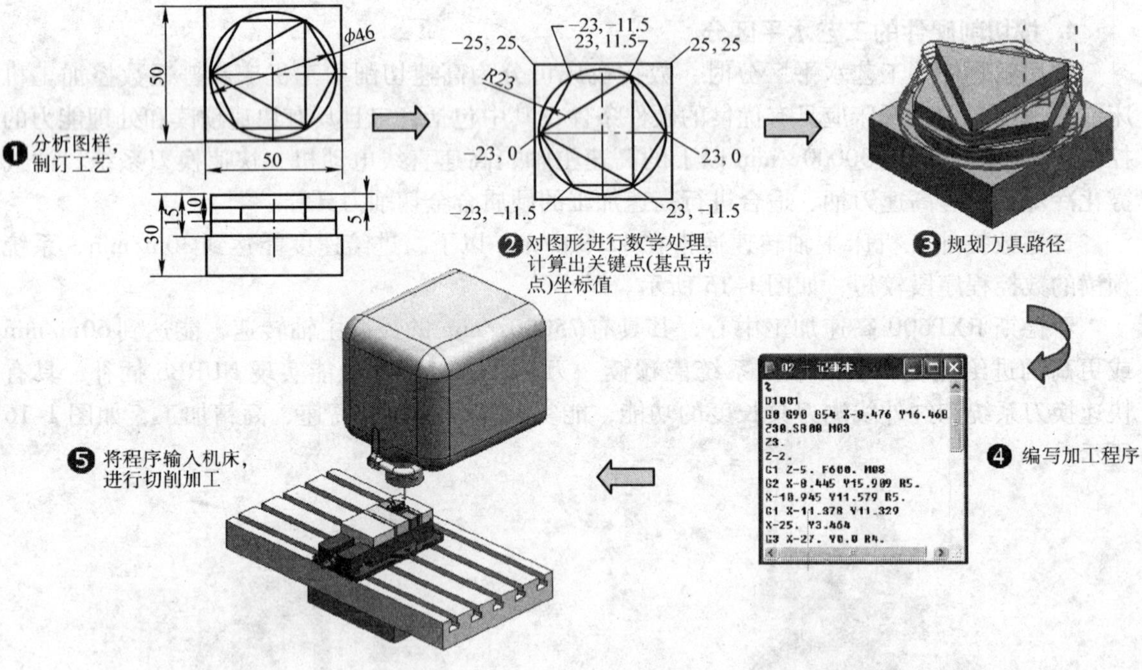

图1-17　手工编程的流程

手工编程时，可通过宏程序编制一些规律性较强的、规则曲面的加工程序，如图1-18所示。

手工编程具有编程手段较为灵活，编制程序时不依赖于其他辅助设备，对程序修改方便、快捷等特点，但由于程序的正确性主要依靠编程人员保证，对于大型程序或复杂零部件的加工程序，检查量较大。

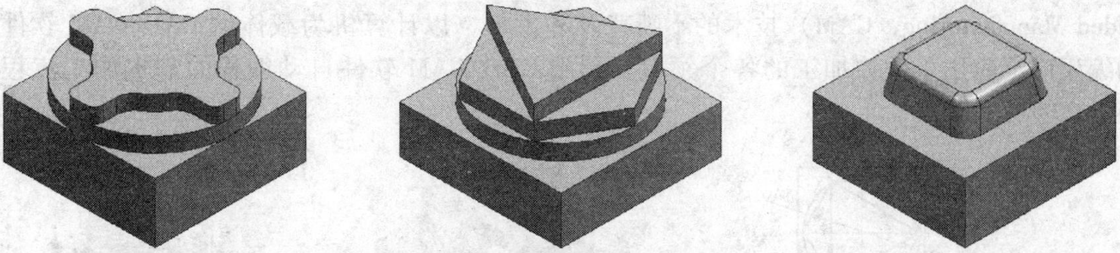

图 1-18　手工编程常见的零件类型

二、CAD/CAM 软件自动编程

社会经济的不断发展对机械设备性能和用途的要求都有较大幅度的提高，数控加工的对象也呈现逐步复杂化的趋势，零件被加工部分不仅仅局限于规则的形状与结构，还包括许多复杂而不规则的曲面，这些曲面就需要使用数控技术进行加工。此外，某些零件加工程序除了对加工坐标关键点的描述以外，还包括刀具轴的矢量描述，如复杂零件的多轴数控加工。对此，手工编程完全依靠人工编写程序的方式几乎是不可能完成的，此时便不得不考虑使用更稳定、高效的程序编写方式，即自动编程，以满足日益复杂化和单件小批量生产方式下零部件的数控加工，如图 1-19 所示。

图 1-19　曲面零件的自动编程加工

随着计算机辅助设计（Computer Aided Design，CAD）和计算机辅助制造（Computer

Aided Manufacturing，CAM）技术的不断普及和发展，以计算机为载体的 CAD/CAM 软件自动编程广泛应用于数控加工的各个领域。利用 CAD/CAM 软件自动编程的基本加工流程如图 1-20所示。

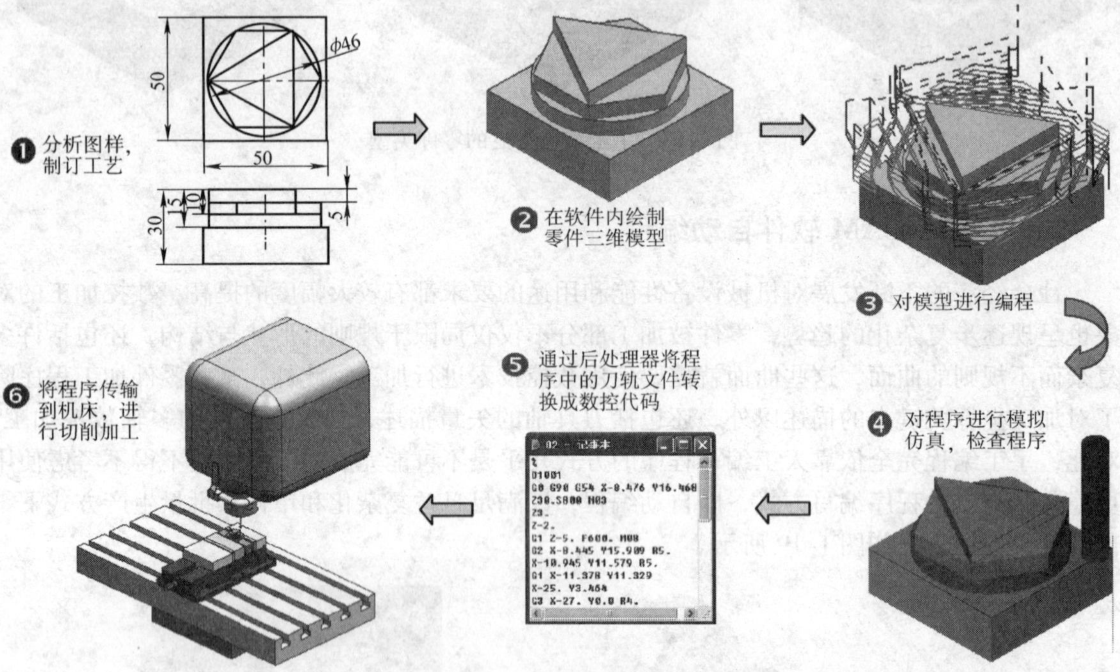

φ46
50
50
15
10
5
30
❶ 分析图样，制订工艺
❷ 在软件内绘制零件三维模型
❸ 对模型进行编程
❹ 对程序进行模拟仿真，检查程序
❺ 通过后处理器将程序中的刀轨文件转换成数控代码
%
O1001
G0 G90 G54 X-8.476 Y16.468
Z30.S800 M03
Z3.
Z-2.
G1 Z-5. F600. M08
G2 X-8.445 Y15.909 R5.
X-10.945 Y11.579 R5.
G1 X-11.378 Y11.329
X-25. Y3.464
G3 X-27. Y0.0 R4.
❻ 将程序传输到机床，进行切削加工

图 1-20　CAD/CAM 软件自动编程的加工流程

CAD/CAM 软件自动编程具有以下特点：

1）CAD/CAM 软件能直接通过绘制被加工零件的三维模型直观判断零件的被加工位置。

2）可按已分析制订的加工工艺，针对被加工零件的不同加工位置，分别使用软件的相应加工策略进行程序的编制，大大简化了编程人员的计算工作量。

3）CAD/CAM 软件采用简单明了的图框形式描述加工程序内的各种切削参数，拥有较好的人机交互模式。

4）可通过软件内部的模拟仿真系统分别对已编制完成的程序进行过切和碰撞检查，极大地提高了程序在机床运行时的安全性，最大限度地减少程序错误的发生。

5）软件内部的后处理器具有满足各种不同数控系统的后处理文件，只需选择与加工机床匹配的后处理文件进行转换即可，保证所编制的加工程序能在不同数控系统的机床上进行加工，而不需要分别掌握各种不同系统的编程规则。

6）在编程用的计算机与存储机床程序的计算机之间建立局域网络，对于十几兆甚至更大空间的数控加工程序，可通过网络和传输软件可实现高速传输、存储和在线加工。

7）对于当前日益复杂化的数控加工零部件和日益缩短的产品开发周期，零部件的三维模型经常要经过设计人员的反复改良，而自动编程软件可直接读取三维模型进行数控加工程序的编制，大大缩短了产品的开发周期。

8）CAD/CAM 软件自动编程以其直观、稳定、高效、人机交互性好、灵活、程序传输快捷等优点广泛应用于数控加工领域，成为当前数控加工的主要编程工具。

9）可用于数控编程的 CAD/CAM 自动编程软件种类繁多，目前应用较为广泛的自动编程软件主要有：SIEMENS NX、MasterCAM、PowerMILL、Cimatron、HyperMILL、Pro/E、CATIA 等，每个软件都有着各自的优势和不同的应用特点。

三、刀具路径的后处理

刀具路径的后处理过程是将软件内已编制好的程序内部控制刀具运动的参数，按照一定的格式输出为数控机床可识别的数控代码的过程。

在 CAD/CAM 自动编程软件内，每一段程序生成后，控制刀具运动的参数会以数据的形式存放在数据库内，数据库内的刀具运动参数包含了该段程序运行过程中的关键点（节点或基点）坐标、切削参数等重要数据。而原始的关键点坐标和切削参数必须按照数控系统可识别的格式进行排列，才能被数控系统识别，然后通过控制系统控制机床的各个运动机构进行切削加工。刀具路径的后处理流程如图 1-21 所示。

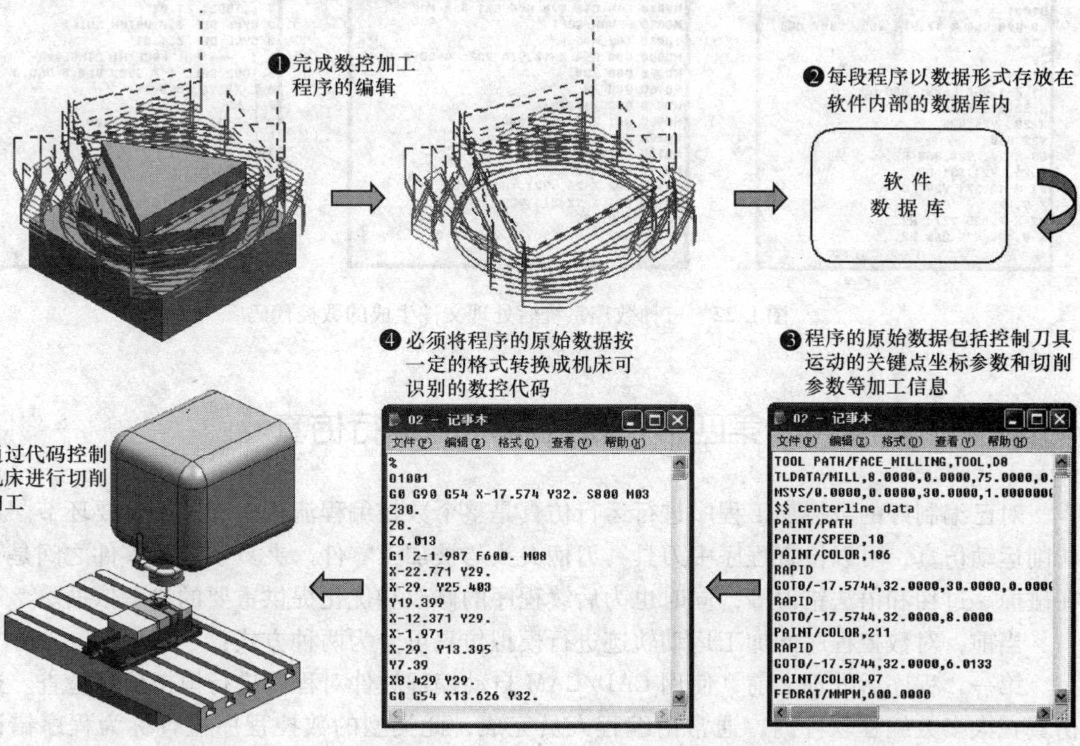
❶完成数控加工程序的编辑
❷每段程序以数据形式存放在软件内部的数据库内
软件
数据库
❸程序的原始数据包括控制刀具运动的关键点坐标参数和切削参数等加工信息
02 - 记事本
文件(F) 编辑(E) 格式(O) 查看(V) 帮助(H)
TOOL PATH/FACE_MILLING,TOOL,D8
TLDATA/MILL,8.0000,0.0000,75.0000,0.
MSYS/0.0000,0.0000,30.0000,1.000000
$$ centerline data
PAINT/PATH
PAINT/SPEED,10
PAINT/COLOR,186
RAPID
GOTO/-17.5744,32.0000,30.0000,0.000
RAPID
GOTO/-17.5744,32.0000,8.0000
PAINT/COLOR,211
RAPID
GOTO/-17.5744,32.0000,6.0133
PAINT/COLOR,97
FEDRAT/MMPM,600.0000
❹必须将程序的原始数据按一定的格式转换成机床可识别的数控代码
02 - 记事本
文件(F) 编辑(E) 格式(O) 查看(V) 帮助(H)
%
O1001
G0 G90 G54 X-17.574 Y32. S800 M03
Z30.
Z8.
Z6.013
G1 Z-1.987 F600. M08
X-22.771 Y29.
X-29. Y25.403
Y19.399
X-12.371 Y29.
X-1.971
X-29. Y13.395
Y7.39
X8.429 Y29.
G0 G54 X13.626 Y32.
❺通过代码控制机床进行切削加工

图 1-21 CAD/CAM 自动编程的程序后处理流程

由于当前数控机床的控制系统类型较多，每一种数控系统的数控代码编程规则有相同的部分也有不相同的部分，因此造成了能在一台数控机床上运行的数控代码不一定能在系统不相同的另一台数控机床上运行。

即便是同一段程序，选择不同的后处理文件进行输出，所生成的数控代码中的格式也有所不同。例如，分别使用 FANUC、SIEMENS、HEIDENHAIN 三种不同数控系统的后处理文件，将同一段程序进行后处理所得的数控代码均不尽相同，如图 1-22 所示。因此，在选择

后处理文件时必须首先了解所使用的机床上的数控系统类型和编程规则。

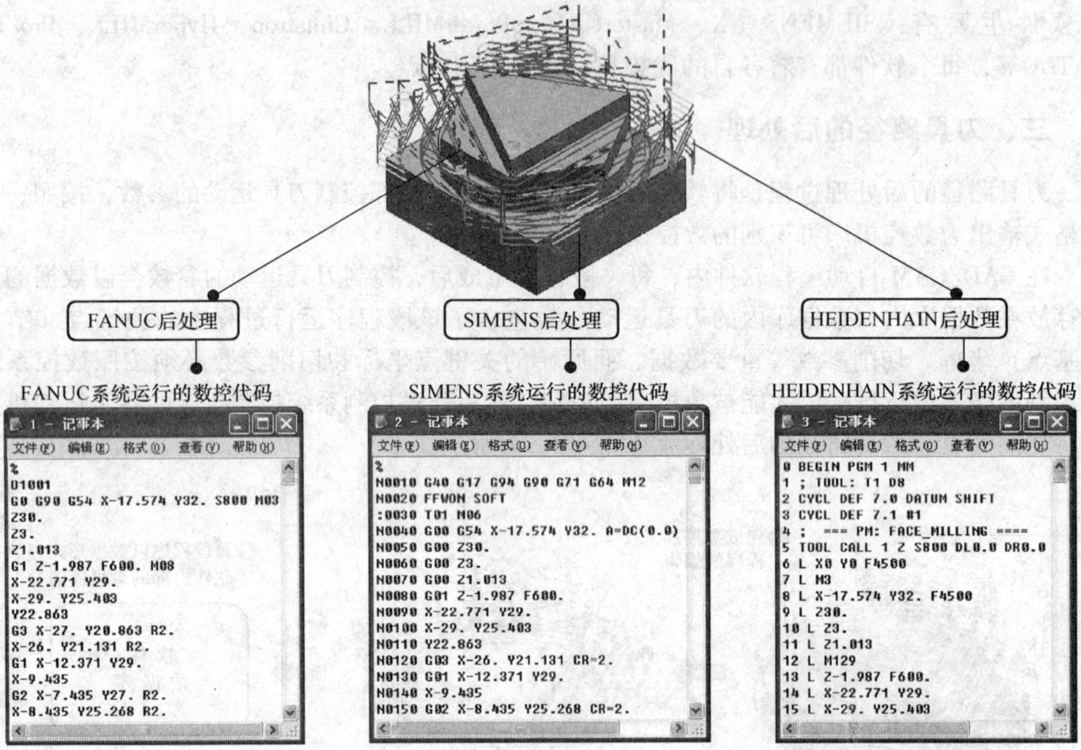
FANUC后处理
SIMENS后处理
HEIDENHAIN后处理
FANUC系统运行的数控代码
1 - 记事本
文件(F) 编辑(E) 格式(O) 查看(V) 帮助(H)
%
O1001
G0 G90 G54 X-17.574 Y32. S800 M03
Z30.
Z3.
Z1.013
G1 Z-1.987 F600. M08
X-22.771 Y29.
X-29. Y25.403
Y22.863
G3 X-27. Y20.863 R2.
X-26. Y21.131 R2.
G1 X-12.371 Y29.
X-9.435
G2 X-7.435 Y27. R2.
X-8.435 Y25.268 R2.
SIMENS系统运行的数控代码
2 - 记事本
文件(F) 编辑(E) 格式(O) 查看(V) 帮助(H)
%
N0010 G40 G17 G94 G90 G71 G64 M12
N0020 FFWON SOFT
:0030 T01 M06
N0040 G00 G54 X-17.574 Y32. A=DC(0.0)
N0050 G00 Z30.
N0060 G00 Z3.
N0070 G00 Z1.013
N0080 G01 Z-1.987 F600.
N0090 X-22.771 Y29.
N0100 X-29. Y25.403
N0110 Y22.863
N0120 G03 X-26. Y21.131 CR=2.
N0130 G01 X-12.371 Y29.
N0140 X-9.435
N0150 G02 X-8.435 Y25.268 CR=2.
HEIDENHAIN系统运行的数控代码
3 - 记事本
文件(F) 编辑(E) 格式(O) 查看(V) 帮助(H)
0 BEGIN PGM 1 MM
1 ; TOOL: T1 D8
2 CYCL DEF 7.0 DATUM SHIFT
3 CYCL DEF 7.1 #1
4 ; === PM: FACE_MILLING ====
5 TOOL CALL 1 Z S800 DL0.0 DR0.0
6 L X0 Y0 F4500
7 L M3
8 L X-17.574 Y32. F4500
9 L Z30.
10 L Z3.
11 L Z1.013
12 L M129
13 L Z-1.987 F600.
14 L X-22.771 Y29.
15 L X-29. Y25.403

图 1-22　三种数控系统后处理文件生成的数控代码

第四节　数控程序的运行仿真

对已编制好的数控加工程序进行运行仿真是整个数控编程流程中的一个重要环节。通过切削运动仿真，可以检查程序中刀具、刀柄夹头与被加工零件、夹具、定位零件之间是否存在碰撞、过切和语法错误等，同时也为后续程序的修改和优化提供重要的参考依据。

当前，对数控程序的加工运动轨迹进行模拟仿真可分为两种方式：

第一，程序后处理之前，使用 CAD/CAM 自动编程软件对程序进行模拟仿真检查。这类仿真在大多数编程软件内，通常由编程人员完成，此类型的数控程序检查称为程序错误自检。大多数程序当中的运行路径轨迹错误可在程序自检的过程中予以排除。

第二，程序后处理以后，使用专用的仿真软件读入数控程序进行模拟仿真。这类仿真的软件大多不具备数控程序的重新生成功能，只具备对数控程序的编辑修改功能。这类仿真主要用于检查后处理后的数控程序语法的正确性，以及当被加工零件安装到现实加工环境下时，为数控程序能否实现加工效果提供评估、参考。

总而言之，程序进行后处理之前在自动编程软件进行刀具运行轨迹的仿真，是每个编程人员完成程序编制的一个必备环节，已是编程人员在数控编程当中的一个常态化操作。但是，自动编程软件所提供的刀具运行轨迹仿真只是最基本的仿真工具，并不能真实预见数控程序中刀具、刀柄夹头与被加工零件、各种工装夹具之间在运行过程中的干涉情况。因此，使用读入数控程序对各加工运动部件进行虚拟仿真为基础的专用仿真软件，是数控加工仿真中判断加工程序安全性的有效补充，也是最为贴近实际加工生产运行的模拟仿真。下面将介绍几种常见的仿真软件。

一、NCPLOT 仿真模拟软件

NCPLOT 仿真模拟软件可直接将数控代码读入软件内，将刀具路径的实际运行轨迹直观显示在软件内部的工作区域。NCPLOT 软件工作界面可分为工作、调整视图、轨迹回放和状态显示四个区域，如图 1-23 所示。

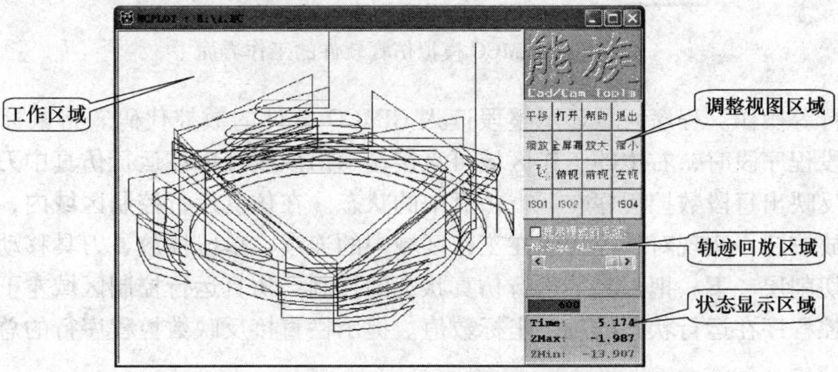

图 1-23　NCPLOT 仿真模拟软件的工作界面

工作区域显示当前读入的数控程序在软件内的运行轨迹。在调整视图区域，可以实现数控程序的打开与关闭，实现对刀具运行轨迹在屏幕上的平移、缩放、切换视图等操作。在轨迹回放区域，通过鼠标对滚动条的左右移动可实现数控程序的动态运行，通过勾选【显示程式的毛坯】选项可直接显示出程序运行时的最大尺寸毛坯。状态显示区域直接显示出程序运行时的进给速度、整段程序在机床上所需的运行时间以及刀具在程序当中的最高与最低点的数值。通过对轨迹回放区域和状态显示区域的综合运用，能实现对数控程序内单一程序的编辑、剪切和修改，中途因故停机后程序不需要重新依靠自动编程软件计算，而可接到上一段因故停机后的程序处继续进行加工。

NCPLOT 仿真模拟软件具有读取数控程序速度快、程序仿真直观方便、软件占用空间小等特点。目前，NCPLOT 仿真软件版本只可运行 FANUC 和相似类型数控系统格式的数控程序，还不能正确读取 SIEMENS 和 HEIDENHAIN 类型的数控程序。

二、CIMCO 仿真模拟软件

CIMCO 模拟仿真软件可直接对数控程序进行仿真模拟，并支持多种数控系统类型的数控程序在其内的模拟运行，是一款集成数控程序修改、编辑功能，数控程序在线传输功能，简易二维图形编程的仿真应用软件，其工作界面如图 1-24 所示。

工作区域显示整个数控程序在软件中轨迹运行的模拟状态，在轨迹运行过程中可显示出该段程序所使用的刀具和刀具夹头，进行运动仿真。菜单栏与工具条上的功能是一一对应的关系，用户可通过选择菜单栏中的选项或工具条中的功能按钮，进行数控程序在软件中的编

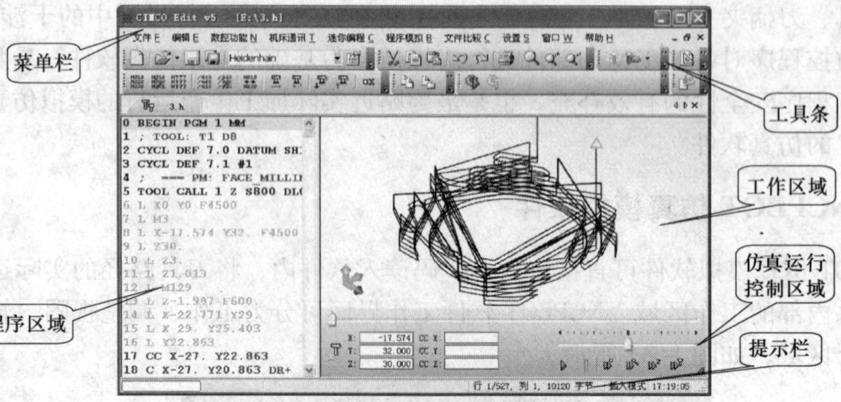

图 1-24　CIMCO 模拟仿真软件的工作界面

辑或模拟运行等操作。程序区域显示整段读入 CIMCO 软件的数控代码。将鼠标停留在程序区域中的某段程序段时，右边的工作区域可直接显示出该段程序在运行仿真中刀具准确的位置，能直观反映出每段数控程序在运行仿真中的状态。在仿真运行控制区域内，可通过右下方的仿真播放按钮，实现对数控代码在工作区域中的连续、单段播放、刀具移动到下一切削位置、下一切削层、下一把刀具等运行仿真状态的控制。仿真运行控制区域左下方则真实反映出每段数控程序在运行状态的三个坐标数值。提示栏直接反映数控程序行的总数、字节以及插入模式。

通过设置 CIMCO 中的机床通信功能参数，可将程序区域中的数控程序直接传输到机床的数控系统中进行在线加工，如图 1-25 所示。

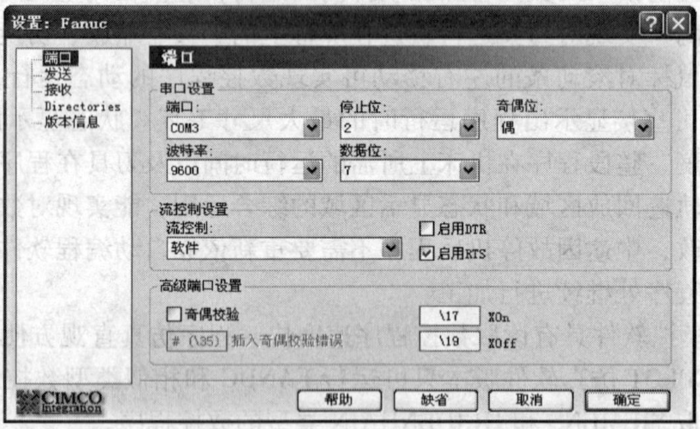

图 1-25　设置机床通信功能参数

CIMCO 软件除了能实现对数控程序进行轨迹运动仿真以外，还提供简易二维图形的编程工具。通过【迷你编程】/【新图】功能建立一个绘图区域，然后通过曲线绘制功能可创建出点、直线、圆弧基本曲线；使用【迷你编程】/【Milling Operations】功能可创建出二维轮廓加工、平面加工、型腔加工、钻孔加工和文字加工等多种类型的程序，完成该类型程序内部的加工参数设置后使用【输出到编辑器】功能将可视化的刀具运行轨迹转换成数控代码，如图 1-26 所示。

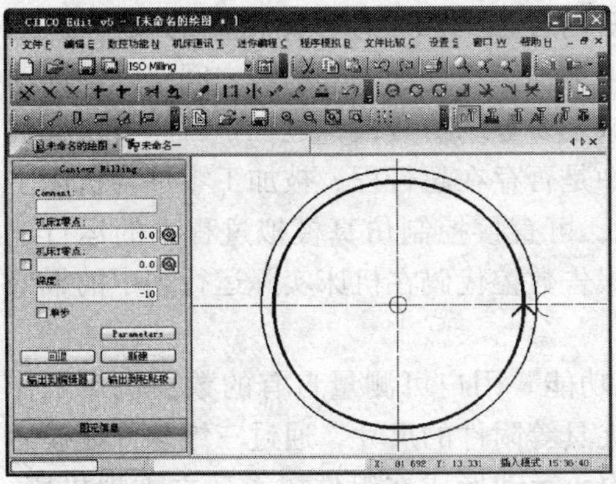

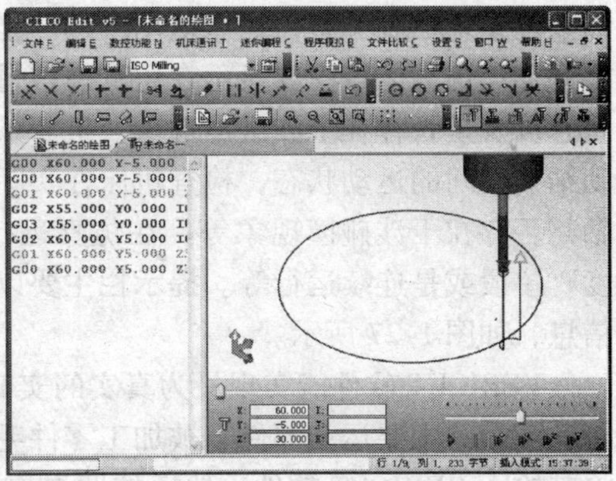

图 1-26 二维图形编程工具

CIMCO 仿真模拟软件具有对程序仿真模拟直观快速、能实现模拟刀具在任意段程序停止、易学的二维基本曲线编程功能、能实现数控代码的在线传输和对数控代码编辑能力强等特点。但该类型软件的运动轨迹的仿真还没有涉及刀具与被加工零件的工装夹具之间的关系，以及如果按照运动轨迹运行时在机床上的实际运动状况。

三、VERICUT 仿真模拟软件

VERICUT 是一款功能强大的仿真模拟软件，通过它能实现数控代码的实时仿真、刀具与各附件之间干涉碰撞情况的检查、数控代码切削效率的优化、仿真加工后模型与原设计模型的误差比较、机床运动的手动操控、三坐标测量仪测量运动的仿真、五轴数控加工的仿真以及多刀塔车铣复合中心的加工仿真等，其工作界面如图 1-27 所示。

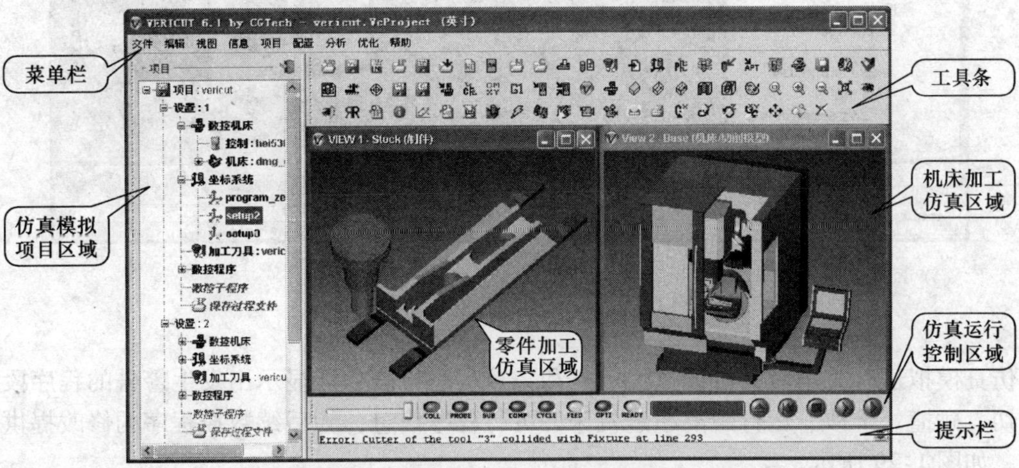

图 1-27 VERICUT 仿真模拟软件的工作界面

菜单栏与工具条上显示了软件上的所有功能，用户可按照个人使用习惯使用其中的一种方式调用软件中的各种功能。在仿真模拟项目区域，通过树状结构清晰显示出进行数控仿真的项目总数以及当前正在运行的项目。通过项目区域可直观了解到当前运行仿真项目所使用的数控系统控制类型、机床运动结构、坐标系、仿真时使用的刀具以及所使用的数控程序。零件加工仿真区域主要显示在仿真模拟过程中刀具、被加工零件和夹具三者之间实际的运动状态以及是否存在干涉碰撞现象。机床加工仿真区域主要显示仿真模拟过程中机床各主要运动结构之间的运动状态，检查机床在实际加工过程中是否存在超行程、被加工零件与机床主轴是否存在干涉碰撞现象等。在仿真运行控制区域，可直接控制仿真模拟过程中的运行速度、单段或是连续运行等。提示栏主要以文字形式报告数控代码在机床实际运行当中的报警信息，如图 1-27 所示。

VERICUT 软件能实现最为真实的实时仿真模拟功能。用户可测量自有的数控机床工作台、主轴等主要运动部件、被加工零件毛坯和工装夹具等附件的尺寸，通过三维软件建模后将其输入 VERICUT 软件，然后按照自有机床的结构、运动形式在组件树上建立虚拟机床，选择与自有机床匹配的数控系统进行仿真，实现模拟仿真与真实加工之间所见即所得的效果，如图 1-28 所示。

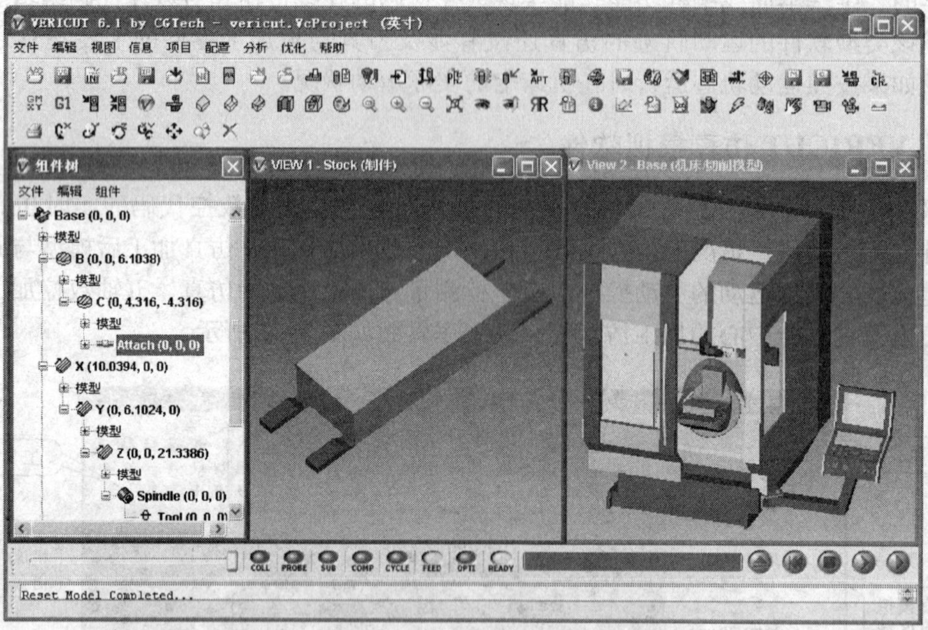

图 1-28 通过组件树建立仿真机床

仿真模拟运行完毕后，可通过提示栏和数控程序检阅功能显示出发生警告的程序段，包括过切、碰撞、干涉、运行距离超过机床许可行程等信息，为后续数控程序的修改提供参考依据，如图 1-29 所示。

VERICUT 仿真模拟软件具有较强的数控代码仿真能力，它将数控程序放在最贴近实际生产的环境当中进行仿真模拟，对程序验证而言具有较高的准确性。特别在多轴加工和多刀塔车铣复合加工过程当中，由于被加工零件较为复杂，使用自动编程软件

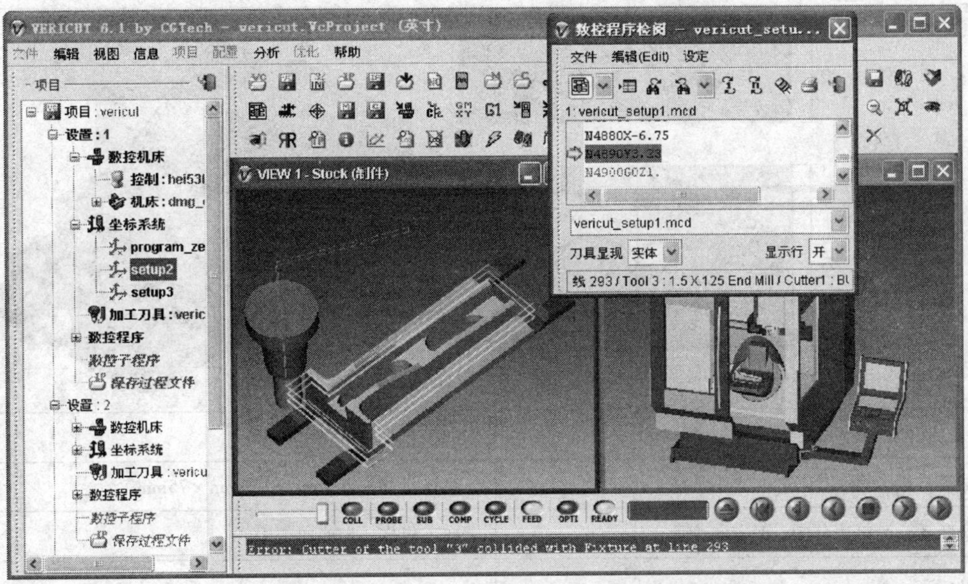

图 1-29 显示出发生碰撞的数控程序段

中的仿真模拟软件不能真实地验证出程序在机床切削当中可能发生的错误，因此，使用 VERICUT 软件等模拟真实环境因素下的仿真模拟软件进行数控程序轨迹的验证是十分必要的。

第五节 加工程序单的编写

完成数控程序的编写和仿真模拟后，可通过局域网络将被加工零件的数控程序复制到指定计算机的数控加工公共文件夹内，供数控机床操作人员调用。

在机床操作人员调用数控程序的过程中，了解程序的先后调用次序对后续加工能否顺利进行起至关重要的作用。另外，被加工零件的装夹方式以及加工坐标系的位置等相关重要信息，是机床操作人员在加工生产之前必须了解的。因此，编程人员在将数控程序交付给机床操作人员过程当中，必须要有一份详细记载数控程序以及相关辅助工作的技术性文件，用于指导加工生产的开展，这一技术文件就称为加工程序单。

一、加工程序单的作用

加工程序单是数控加工当中的重要技术文件，是指导机床操作人员对已编写完毕的数控代码进行合理调用的重要依据。

加工程序单应包括下列内容：被加工零件所有加工程序的文件名称、与程序相对应的加工刀具规格、刀具类型、刀具装夹时的伸出长度、被加工零件使用的装夹定位方式、被加工零件的毛坯尺寸、被加工零件的加工坐标系和毛坯的找正方式等，见表 1-1。

表 1-1　加工程序单样例

<table>
<tr><td colspan="4">加工程序单</td></tr>
<tr><td colspan="4">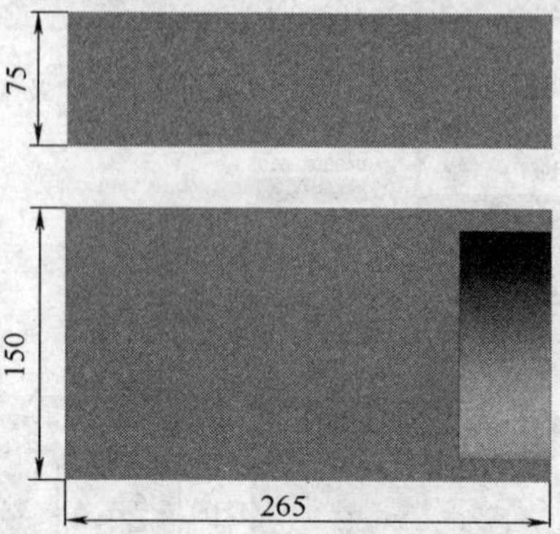

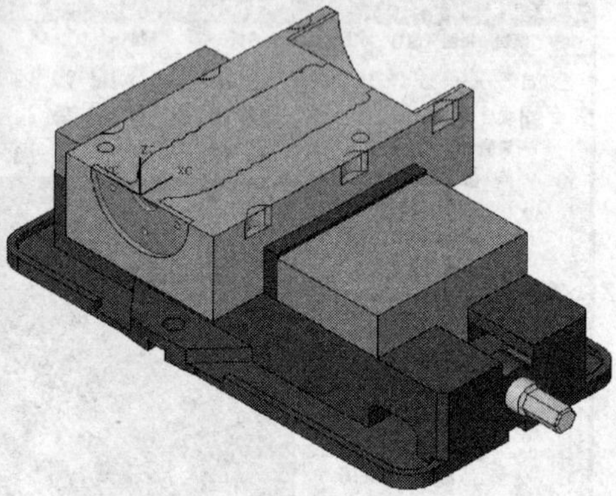</td></tr>
<tr><td colspan="2">零件名：吹塑模具</td><td colspan="2">加工日期：2009-10-18</td></tr>
<tr><td colspan="2">毛坯材料：铝合金</td><td colspan="2">毛坯尺寸：265mm×150mm×75mm</td></tr>
<tr><td colspan="2">加工坐标系：X 单边分中，Y 方向中心</td><td colspan="2">加工机床：5 轴加工中心</td></tr>
<tr><td colspan="4">编程员：</td></tr>
<tr><td>程序名</td><td>刀具规格/mm</td><td>刀具类型</td><td>刀具伸出长度/mm</td></tr>
<tr><td>1. ptp</td><td>$\phi 12$</td><td>整体合金刀</td><td>≥40</td></tr>
<tr><td>2. ptp</td><td>$\phi 6$</td><td>整体合金刀</td><td>≥35</td></tr>
<tr><td>3. ptp</td><td>$\phi 8$</td><td>整体合金刀</td><td>≥35</td></tr>
<tr><td>4. ptp</td><td>$\phi 6R3$</td><td>整体合金刀</td><td>≥35</td></tr>
<tr><td>5. ptp</td><td>$\phi 4R2$</td><td>整体合金刀</td><td>≥25</td></tr>
<tr><td>6. ptp</td><td>$\phi 2R1$</td><td>整体合金刀</td><td>≥25</td></tr>
<tr><td>7. ptp</td><td>$\phi 12$</td><td>整体合金刀</td><td>≥40</td></tr>
<tr><td>8. ptp</td><td>$\phi 10$</td><td>整体合金刀</td><td>≥35</td></tr>
<tr><td>9. ptp</td><td>$\phi 8$</td><td>整体合金刀</td><td>≥35</td></tr>
<tr><td>10. ptp</td><td>$\phi 4R2$</td><td>整体合金刀</td><td>≥25</td></tr>
<tr><td>11. ptp</td><td>$\phi 2R1$</td><td>整体合金刀</td><td>≥25</td></tr>
<tr><td>12. ptp</td><td>$\phi 20R0.8$</td><td>合金刀粒</td><td>≥55</td></tr>
<tr><td>13. ptp</td><td>$\phi 20$</td><td>合金刀粒</td><td>≥55</td></tr>
<tr><td>14. ptp</td><td>$\phi 4$</td><td>中心钻</td><td>≥25</td></tr>
<tr><td>15. ptp</td><td>$\phi 5$</td><td>高速钢钻头</td><td>≥25</td></tr>
<tr><td>16. ptp</td><td>M6</td><td>合金工具钢丝锥</td><td>≥25</td></tr>
<tr><td>17. ptp</td><td>$\phi 20R0.8$</td><td>合金刀粒</td><td>≥55</td></tr>
<tr><td>18. ptp</td><td>$\phi 20$</td><td>合金刀粒</td><td>≥55</td></tr>
<tr><td colspan="4">备注：</td></tr>
</table>

二、加工程序单的创建

加工程序单可通过编程人员根据已编制完成的程序总数，利用 Word 软件进行创建。首先在 Word 中建立一个标准原始加工程序单文件，然后每次使用时直接在相关空白处填写加工参数，填写完毕后直接复制打印即可，见表 1-2。

表 1-2　创建原始的加工程序单样例

加工程序单			
（加工三维图样）			
零件名：		加工日期：	
毛坯材料：		毛坯尺寸：	
加工坐标系：		加工机床：	
编程员：			
程序名	刀具规格/mm	刀具类型	刀具伸出长度/mm
备注：			

某些自动编程软件附带加工工艺文件的输出，也可使用软件内已有的功能创建加工程序单。例如 SIEMENS NX 的输出车间文档功能能将每段程序与刀具的相应信息按 html 格式进行输出，其中包括被加工零件加工程序的顺序列表、使用的加工刀具列表以及相关加工信息等，如图 1-30 所示。

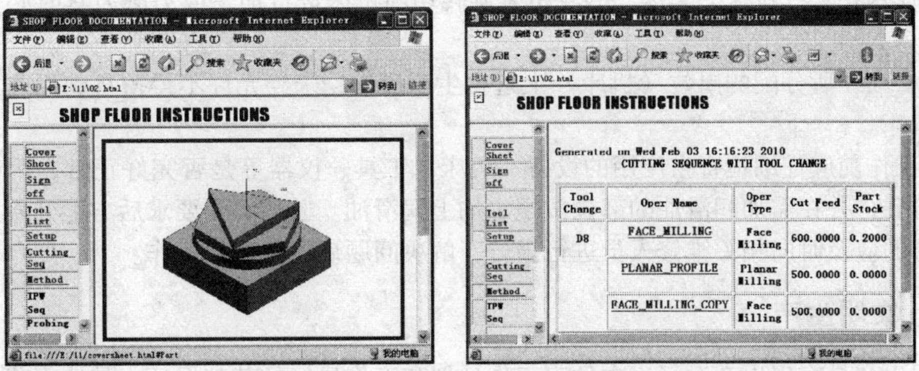

a)　　　　　　　　b)

图 1-30　SIEMENS NX 的车间文档

a）被加工零件几何信息文档　b）零件加工刀具列表文档

除了通过上述两种方式创建加工程序单以外，掌握计算机编程语言的用户可利用 C、C++、VB 和 JAVA 等软件自行开发具有个性化或者有特殊要求的加工程序单，以满足用户不同的使用要求。

第六节 安全文明生产

机械加工涉及诸多机器设备以及各种不同的工作场合，在整个生产运行当中必须以安全、有序和文明为前提开展工作，因此，安全文明生产是每位机械行业从业人员所必须掌握的基本素养。

一、安全操作与劳动保护

安全操作与劳动保护是在生产过程中保证机床操作人员人身安全的必要条件。

机械加工过程中需要使用的机械设备种类众多，不同类型机械设备的运行原理与操作规范都有不同的要求。因此，数控机床操作人员操作机床之前必须掌握加工设备的安全操作规范和相关的操作注意事项，为日后工作打下基础。

由于在生产加工过程中存在对机床操作人员造成损害的可能，因此在从事某机床设备操作的过程中，应使用劳动保护用品对操作人员进行必要的安全保护。安全操作与劳动保护规程如下：

1）进入生产车间必须按劳动保护有关规定穿工作服和戴安全帽等防护用品。

2）工作服应穿着整齐，衣、袖纽扣要扣好。禁止穿背心、短裤；禁止穿露脚趾、露跟的鞋或拖鞋，更不得赤脚进入生产车间。

3）女同志进入机械生产车间应佩戴工作帽，将下垂过耳的头发完全束入帽内，不允许穿长裙和高跟鞋进入车间。

4）凡使用机械设备（包括砂轮机）者，一律不准戴手套、围巾、领带、围裙、胸卡、项链及手链饰物等。

5）使用钻床、铣床、车床、砂轮机等旋转切削机床进行加工或刃磨刀具时必需配备防护眼镜。

6）必须在所分配的岗位（机床）上进行生产操作，未经允许不得擅自动用非本岗位的设备和机床。

7）工作前应仔细检查生产用的设备、机床、工具、仪器等是否完好正常，用电安全设施是否可靠，并在需加润滑油的部位按规定加上润滑油。验明符合要求后方能开始工作，不符合要求的应及时向相关维修人员进行报告，解决问题后方可进行操作。

二、文明生产

文明生产是实现生产运行当中预定工作计划和工作目标的基础保证，是体现劳动者工作态度的基本素养。

生产车间文明 5S 标准如下：

1）整理（SEIRI）：将工作场所的任何物品区分为必要的和不必要的，必要的留下，不必要的清除掉。

2）整顿（SEITON）：把留下的按照规定的合理位置放置，并明确标识。

3）清扫（SEIOS）：将工作场所清扫干净。

4）清洁（SEIKETSU）：上述成果需要大家共同来维护和保持。

5）素养（SHITSUKE）：每位进入实习场地的人员要养成良好的习惯，遵守按制度办事的原则。

三、铣床的保养与维护

1. 铣床的保养

（1）一级保养（每天）

1）每天打扫机床卫生，擦拭机身，保持机身无油污，无切屑，无生锈现象。

2）机床各导轨每天擦拭干净，不可有切屑、油污杂质等。

3）液晶显示器上无切屑、无灰尘等，透明罩保持清洁透明。

4）机床各导轨每天按时上油（X、Y、Z 导轨由注油器供给），保持其正常作用。

5）工作平台每天擦拭干净，保证无油污、无生锈、无切屑等。

6）机用虎钳擦拭干净，无油污，导轨无切屑和卡死现象，保持工作顺畅。

7）主轴刀杆头每天保养擦拭，以确保机头的精度和可靠性。

（2）二级保养（每季度）

1）添加或更换机床主轴润滑油。

2）检查机床电源线是否完好无损，有无漏电、短路现象。

3）机床导轨 X、Y、Z 轴运动是否灵活无故障，液晶显示器是否灵敏。

4）检查机床油路是否畅通，油管有无破损的地方或漏油现象。

（3）三级保养（每年）

1）测试机床刀杆头精度，确定是否需要更换。

2）检查机床工作平台精度、导轨精度。

3）检查传动丝杠有无严重磨损，是否更换。

2. 铣床的维护

（1）工作台的找正

1）用梅花扳手拆下螺钉，拆下机用虎钳。

2）用放电油石除锈（放机用虎钳处），用抹布将平台擦拭干净。

3）用分度值为 0.02mm 的水平仪找正平台。

4）调整机床底座之地脚螺钉（共 4 个），找正时水平仪应多换几个地方（四角和中心），以求更加准确。

5）添加导轨油。

（2）卡簧式注油器

1）当油箱内的导轨油低于底线“MIN”时即须加油。

2）加油时，用手扭开盖子，将清洁的导轨油从油口注入油箱内，油将经过滤网过滤一次，以防杂质落入油箱内。

3）调节自动注油的吐出量，油箱电动机每小时注油一次（机床电源打开的情况下），每次吐出量为 3 ~ 6mL/h，调节吐出量时将防尘盖旋出，用卡簧钳将卡簧取出，再装到需要的吐出量数字下方的卡簧槽内，吐出量为 4mL/h，一般将铣床的吐出量上调为 3mL/h，调好后将防尘盖旋上。

（3）旋钮式注油器

1）当蜂鸣器发出“呜、呜……”响声时，即表示须添加油。

2）加油时，用手扭开防尘盖，将清洁的导轨油从油口注入油箱内，油将经过滤网过滤一次，以防杂质落入油箱内。

3）调节每次注油的吐出量及间隔时间。注油时间调钮为调节每次吐出量的操作按钮，从左边起为3s，最右边为3min，间隔时间调钮调节每两次注油之间的时间间隔，从左边起为1min，最右边为60min。一般铣床吐出量调为20s，间隔时间调为60min。

4）观察压力表，如压力过低可调节调压阀。

5）正在进行注油时，注油指示灯会发光，注油停止时发光停止；当处在两次注油间隔时间内时，停止指示灯会发光；在有异常情况时（如缺油），异常指示灯会发光。

6）本注油器过滤网需三个月清洗一次，以达到良好的过滤效果。油箱内的残留导轨油亦需三个月清洗一次，清洗时将卸油孔螺钉松开，废油将从此孔流出。

（4）主轴润滑油的更换或添加

1）平时注意观察主轴润滑油油量表，当油量低于“L”线时，即需加油。加油时，旋开上面的防尘盖，将清洁的润滑油注入，加至“H”线时即可，再将防尘盖旋紧。

2）当主轴润滑油太混浊时即须换油，换油时将卸油孔螺钉用5mm的内六角扳手拆下，废润滑油将从此孔流出。注意拆螺钉时要小心，先用盒子放好在下面准备接油，螺钉快全部松开时要小心油溅到脸上或身上。当废润滑油流完后，再放一些干净油清洗一下，待清洗好后将卸油孔螺钉重新装上去，并锁紧，然后按与第1点相同的步骤加入干净的新润滑油。

（5）润滑油添加期限

1）工作平台找正为每月一次。

2）导轨油添加也为每月一次。

3）主轴润滑油添加或更换为每半年一次。

以上三点为理论上的标准时间，工作中应依实际情况考虑，如机床移动频繁，导轨油先用完，即可添加。

复习题

（1）简述数控加工的基本原理。

（2）数控加工与传统加工方式有何区别？

（3）数控加工流程有哪些？

（4）使用CAD/CAM自动编程有哪些优势？

（5）CAD/CAM程序的后处理能实现什么？

（6）什么是数控铣床的一级保养？

第二章

数控铣削加工基础

主要内容

- 数控铣削刀具
- 常用夹具
- 坐标系
- 加工坐标系的设置
- 分中找正辅助工具
- 数控编程规则

第一节　数控铣削刀具

刀具作为实现加工的主要切削工具在金属切削加工当中具有相当重要的作用，作为数控工程技术人员，掌握加工刀具的专业知识，为开展后续专业技术工作是十分必要的。

铣削加工过程中以立式铣刀最为常用，其他形式的铣刀结构均可看作在立式铣刀结构基础上演变和发展而成的，均具有相同的主体结构和特征。立式铣刀结构如图 2-1 所示。

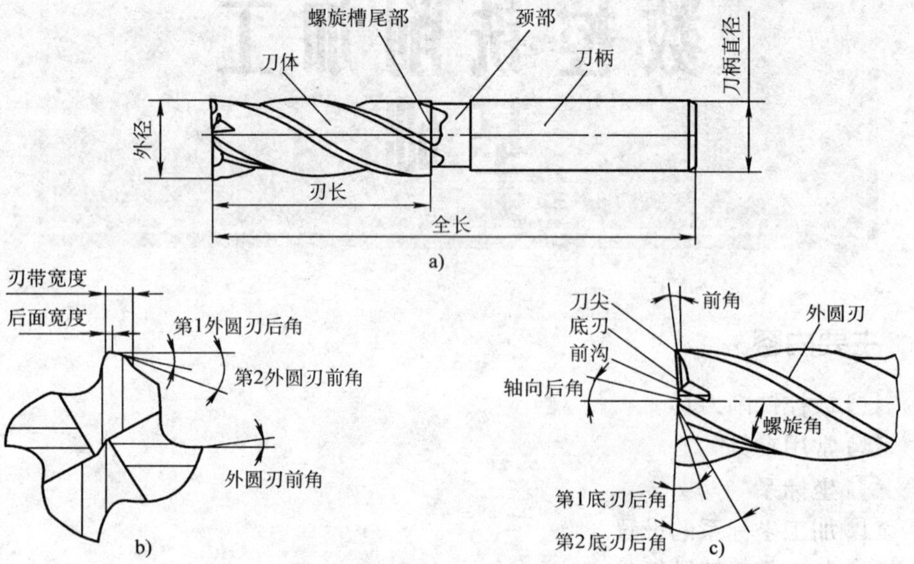

图 2-1　立式铣刀各部分结构

a）立式铣刀主体结构　b）立式铣刀端面结构　c）立式铣刀侧刃结构

一、刀具材料

1. 刀具材料的性能要求

在金属切削的过程中刀具刃口对被加工材料表面进行挤压，使金属晶体结构产生滑移错位，最终与主体材料分离。在此过程中，刀具材料承受较大的切削力、切削热、冲击、摩擦和振动等诸多不利因素的影响。因此，刀具材料必须具备高硬度、良好的耐磨性、足够的强度和韧性、良好的热硬性、良好的工艺性和经济性。

1）刀具材料应具有高的硬度。刀具材料的硬度高于被加工材料的硬度是保证刀具能实现对被加工金属材料进行切削的必要条件。常温下刀具材料的硬度应大于 60HRC，高速钢的硬度可达 62 ~ 65HRC，高性能高速钢的硬度可达 65 ~ 70HRC，硬质合金的硬度可达 88 ~ 95HRA，立方氮化硼的硬度可达 8000HV，金刚石刀具的硬度可达 10000HV。

2）刀具材料具有良好的耐磨性是保证零件加工质量稳定的基础。刀具的耐磨性与材料的致密度、分子间的吸附强度、含碳量、含氮量等有关。一般情况下，含碳、氮量越多，材料的耐磨性越好，但材料的抗冲击性随之下降。因此，含碳、氮量应根据材质和应用场合的不同合理控制。

3）刀具在金属的切削过程中受被加工材料的内部结构因素影响，需要承受较大的冲击力和振动载荷，因此刀具材料应具有良好的强度、韧性和抗弯能力。比较常用的高速钢和硬质合金两种刀具材料，受材料内部结构影响，高速钢刀具材料的抗冲击性能要优于硬质合金，硬质合金的硬度和耐磨性要优于高速钢刀具。

4）热硬性是指刀具材料在受热过程中保持相对硬度的能力。金属切削过程中产生大量的切削热，大部分切削热会被切屑带走而剩下的热量很大部分被传导到刀具和被加工材料中。因此，刀具在受热时能否保证在较高的硬度范围内，将决定该类型的刀具材料能否提高加工效率。

5）刀具材料的工艺性是指刀具材料对各种加工工艺的适应能力，其中包括铸造、锻压、磨削、切削加工、热处理和涂层等。能适应越多的加工工艺，刀具材料的工艺性就越好。若刀具材料的工艺性较差，则意味着只能使用较少的加工方法将其成形，直接制约着刀具的生产效率。由此刀具制造的成本提高，降低了刀具的经济性。

2. 刀具材料的分类

按制造刀具所用材料的不同，刀具可分为合金工具钢刀具、高速钢刀具、硬质合金涂层刀具、陶瓷刀具、立方氮化硼刀具和金刚石刀具等，如图 2-2 所示。

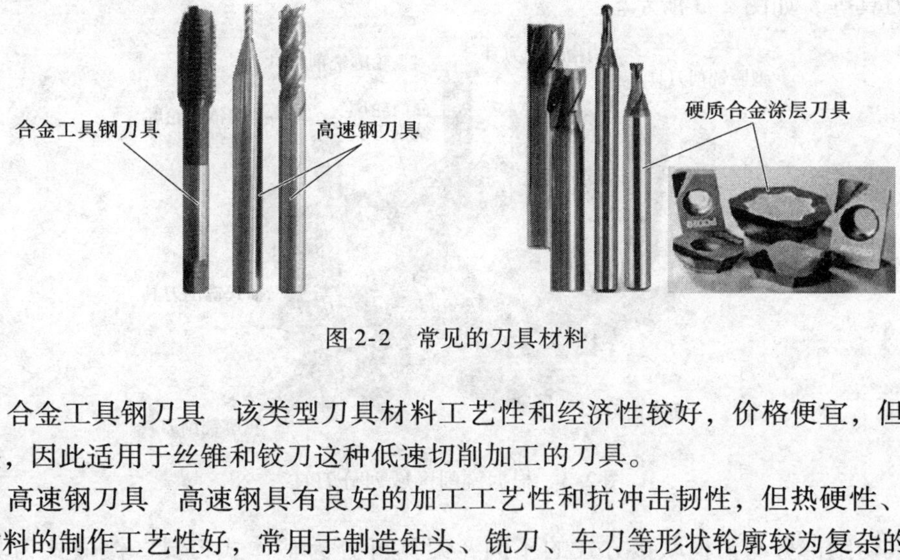

图 2-2 常见的刀具材料

（1）合金工具钢刀具　该类型刀具材料工艺性和经济性较好，价格便宜，但材料的热硬性较差，因此适用于丝锥和铰刀这种低速切削加工的刀具。

（2）高速钢刀具　高速钢具有良好的加工工艺性和抗冲击韧性，但热硬性、耐磨性较低。该材料的制作工艺性好，常用于制造钻头、铣刀、车刀等形状轮廓较为复杂的切削加工刀具。此外，高速钢由于其热硬性较低而只能用于普通切削加工场合，并不适合用于高速加工。

（3）硬质合金涂层刀具　使用硬质合金作为基体材料，在刀具切削部分表面镀上一层含耐磨、耐高温、耐腐蚀的钨、钴等合金材料（通常刀具切削部分的涂层厚度 <0.02mm），使刀具具有良好的耐用性和经济性，常用于高速切削加工、难切削材料的加工等场合。

（4）陶瓷刀具　陶瓷刀具材料硬度高、耐磨性好，具有较高的热硬性，在 1200℃ 高温下仍能进行切削加工，因此能以超出硬质合金刀具 3～10 倍的切削速度进行加工。陶瓷刀具常用于高速切削加工、高韧性和高硬度等难切削金属的加工。

（5）立方氮化硼（CBN）刀具　其硬度为 8000HV，即使聚晶立方氮化硼（PCBN）也能达到 3500～4500HV。其按刀具成分和制造方法可分为整体聚晶氮化硼刀具、聚晶氮化硼复合刀具和电镀立方氮化硼刀具三种。立方氮化硼刀具适用于连续切削条件下淬硬钢的加工，可实现干切削以车代磨。

（6）金刚石刀具　金刚石是已知的矿物材质中最硬的材料，在显微镜下硬度可达10000HV，用它制成的刀具耐磨性好、切削刃锋利。金刚石刀具材料的导热性高，但韧性差、热稳定性低。金刚石可分为聚晶金刚石（PCD）和天然金刚石（ND）两种。天然金刚石（ND）材料所制造的刀具价格昂贵，人造聚晶金刚石（PCD）材质制造的刀具价格相对便宜。由于金刚石刀具对碳原子具有亲和作用，所以只能用作如铝、铝合金、铜、金、等非铁金属的加工，而不适用于钢铁材料的加工。金刚石刀具是精密甚至超精密材料加工的理想刀具。

二、刀具类型

1. 刀具类型的划分

合理地选择刀具是保证零件加工质量和提高加工效率的基础。刀具按切削工艺的不同可分为车削刀具、铣削刀具、钻孔刀具、攻螺纹和镗削刀具等，本节主要介绍铣削加工刀具。铣削刀具按加工区域和应用范围的不同可分为平面铣削、轮廓铣削、曲面铣削、沟槽铣削、插式铣削刀具等，如图 2-3 所示。

图 2-3　根据铣削区域划分刀具

按刀具切削部分与刀柄联接方式的不同，刀具可分为整体式刀具、镶嵌式刀具（有机夹式或焊接联接，机夹式又可分为不转位和可转位）、特殊形式刀具（如减振式刀具、复合式刀具等），如图 2-4 所示。

为了适应数控机床对刀具的耐用性、稳定性、易调性、可换性等要求，近几年机夹式可转位刀具得到广泛的应用，已成为切削刀具中的主流，在数量上达到整个数控刀具的30%～40%，金属切除量占总数的 80%～90%。

在实际生产加工当中，数控切削刀具与普通机床所用的切削刀具相比，有许多不同的要求，主要表现在以下几点。

1）刚性好（尤其是粗加工刀具）、精度高、抗振及热变形小。

2）互换性好，便于快速换刀。

3）寿命长，切削性能稳定、可靠。

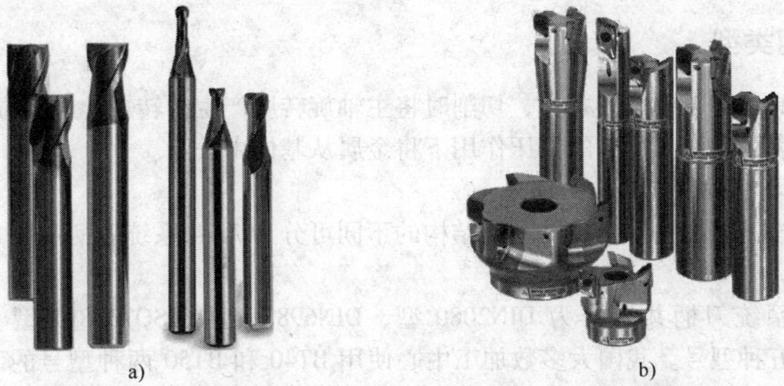

图 2-4 根据切削部分与刀柄联接方式的划分

a）整体式刀具 b）镶嵌式刀具

4）刀具的尺寸便于调整，以减少换刀调整时间。

5）刀具应能可靠地断屑或卷屑，以利于切屑的排除。

6）系列化、标准化，以利于编程和刀具管理。

2. 刀具类型的选择

（1）加工部位与刀具种类的选择（表 2-1）

表 2-1 加工部位与对应的刀具种类

加工部位	可选用刀具种类	加工部位	可选用刀具种类
平面	机夹可转位平面铣刀	较大曲面	多刀片机夹可转位球头铣刀
带倒角的敞开槽	机夹可转位倒角平面铣刀	大曲面	机夹可转位圆刀片面铣刀
T 形槽	机夹可转位 T 形铣刀	倒角	机夹可转位倒角铣刀
带圆角的敞开槽	长柄机夹可转位圆刀片铣刀	型腔	机夹可转位圆刀片立铣刀
一般曲面	整体硬质合金球头铣刀	外形粗加工	机夹可转位玉米铣刀
较深曲面	加长整体硬质合金球头铣刀	台阶平面	机夹可转位直角平面铣刀
曲面	多刀片机夹可转位球头铣刀	直角腔槽	机夹可转位立铣刀
	单刀片机夹可转位球头铣刀		

（2）被加工零件的几何形状与刀具类型的选择　被加工零件的几何形状是选择刀具类型的主要依据。

1）加工曲面类零件时，为了保证刀具切削刃与加工轮廓在切削点相切而避免切削刃与工件轮廓发生干涉，一般采用球头铣刀。

2）铣削较大平面时，为了提高生产率和降低加工表面粗糙度值，一般采用刀片镶嵌式盘形铣刀。

3）铣削小平面或台阶面时，一般采用通用铣刀。

4）铣削键槽时，为保证槽的尺寸精度，一般用两刃键槽铣刀。

5）孔加工时，可采用钻头、镗刀等孔加工类刀具。

三、刀柄类型

刀柄是刀具与主轴的联接媒介，切削时将主轴旋转所产生的转矩传递到刀具，使刀具接触到金属零件表面，在切削刃的挤压作用下将金属从基体中去除。

1. 按刀柄与主轴联结结构的划分

刀柄类型按刀柄与主轴内锥孔联接结构的不同可分为7∶24 系统刀柄和1∶10 HSK 系统刀柄两类。

1）7∶24 系统刀柄共划分为 DIN2080 型、DIN69871 型、ISO7388/1 型、MASBT 型和 ANSIB5. 50 型五种型号。我国大多数加工中心使用 BT40 和 BT50 两种型号的刀柄。BT50 刀柄锥度的最大直径处尺寸要大于 BT40，因此具有较好的夹紧力和稳定性，常用来夹持大直径刀具，进行零件的粗加工，如图 2-5 所示。

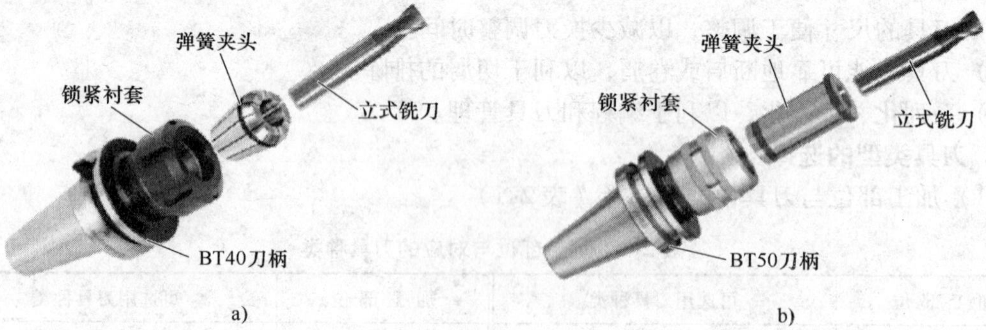

图 2-5　BT 系列刀柄

a）BT40 刀柄与弹簧夹头　b）BT50 刀柄与弹簧夹头

2）HSK 系统刀柄主要用于高速加工，按其类型可分为 A、B、C、D、E 和 F 六种类型，常用的有 A 类和 E 类两种。A 类刀柄内部有用于传递主轴转矩的缺口，因此可用于承受较大切削力的场合或用于零件的粗加工场合。E 类刀柄的动平衡优于 A 类刀柄，只能依靠刀柄锥形外径与主轴内锥孔产生的摩擦力来传递切削力，因此 E 类刀柄适用于零件的轻切削或精加工场合，如图 2-6 所示。

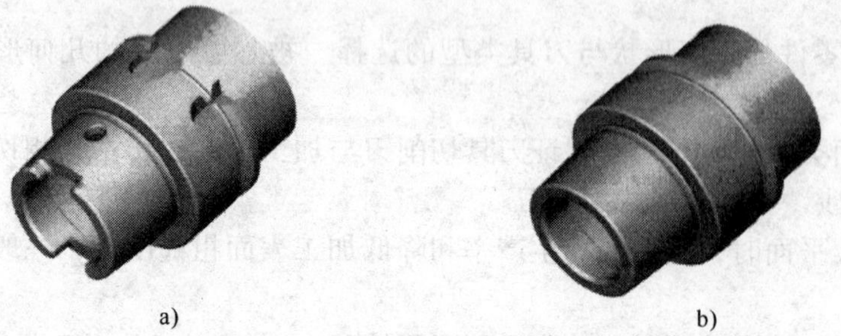

图 2-6　HSK 系统刀柄类型

a）A 类刀柄　b）E 类刀柄

2. 按刀柄结构类型的划分

刀柄类型按结构类型可划分为整体式刀柄和组合式刀柄两类。

1）整体式刀柄的刚性、精度和旋转动平衡性能好，特别适合精密零部件的高速加工。但整体式刀柄价格昂贵，投入成本高且互换性较差，一个刀柄只能适用于一种直径规格的刀具，既需要对使用的每种直径规格的刀具购买相应的刀柄，而且刀柄长度不能调整，若要加工深度较大的型腔，则需要购买同一直径的加长式刀柄。整体式刀柄如图2-7所示。

图2-7　整体式刀柄

2）组合式刀柄将刀柄划分为基础刀柄、联接杆和工作部分三个部件，它们之间使用榫头和螺钉定位和紧固。刀柄的长度可通过联接配件进行调整，不同加工类型的工作部分可共用一个基础刀柄或联接杆，因此可节省部分购买刀柄的成本。组合式刀柄如图所示2-8所示。

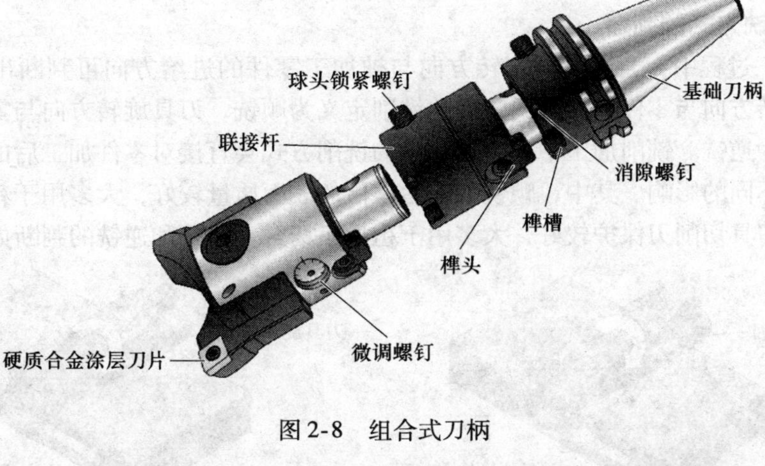

图2-8　组合式刀柄

另外，组合式刀柄系统可根据不同的应用场合选择相应的基础刀柄和联接配件，大致可分为铣削加工用刀柄系统、钻孔加工用刀柄系统、攻螺纹用刀柄系统、镗孔加工用刀柄系统等，如图2-9所示。

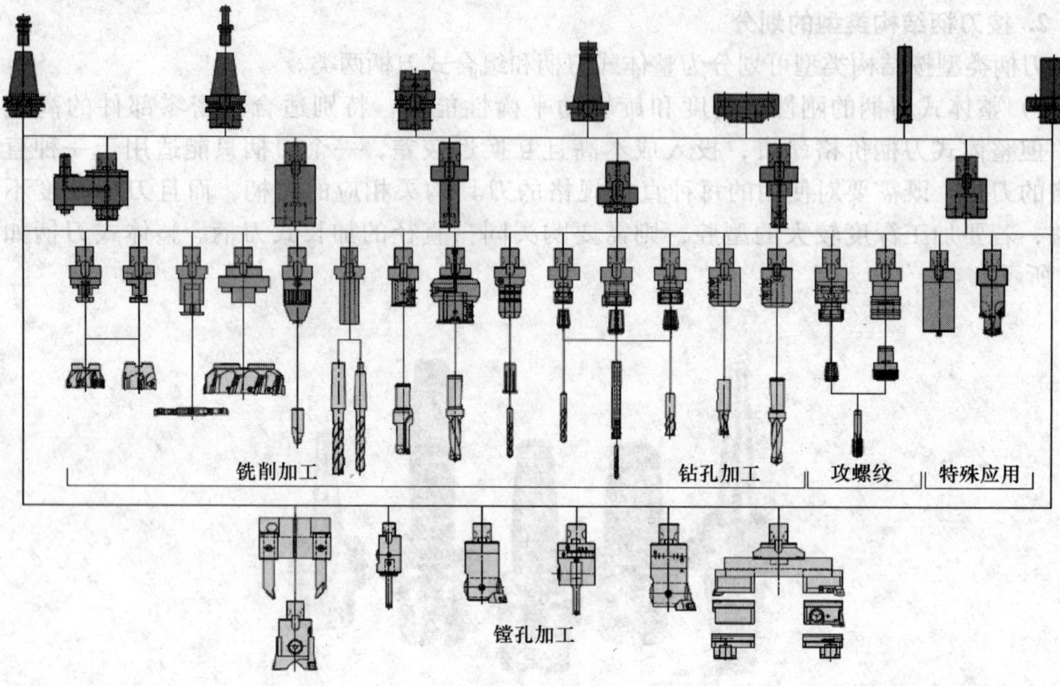

图 2-9　组合式刀柄系统的分类

四、刀具切削参数

完成刀具的选取后还需要对刀具的切削参数进行计算。合理的参数设置保证了切削加工的顺利进行，而且对提高刀具的使用寿命和零件的加工质量有非常重要的意义，工程技术人员掌握刀具各切削参数计算原理是合理设置刀具切削用量的基础。目前，大部分的切削参数可从刀具供应商提供的手册中查选。

1. 顺、逆铣方式的判断

在铣削加工过程中，通过刀具旋转方向与被加工零件的进给方向可判断出零件的铣削方式，将刀具旋转方向与零件进给方向同向的铣削定义为顺铣，刀具旋转方向与零件进给方向反向的铣削定义为逆铣。铣削加工中，采用不同的铣削方式会直接对零件加工后的表面粗糙度和加工质量产生不同的影响。其中，顺铣加工后零件的表面质量较好，大多用于精加工场合；逆铣加工方式对刀具切削刃保护较好，大多用于粗加工场合。顺铣和逆铣的判断如图 2-10 所示。

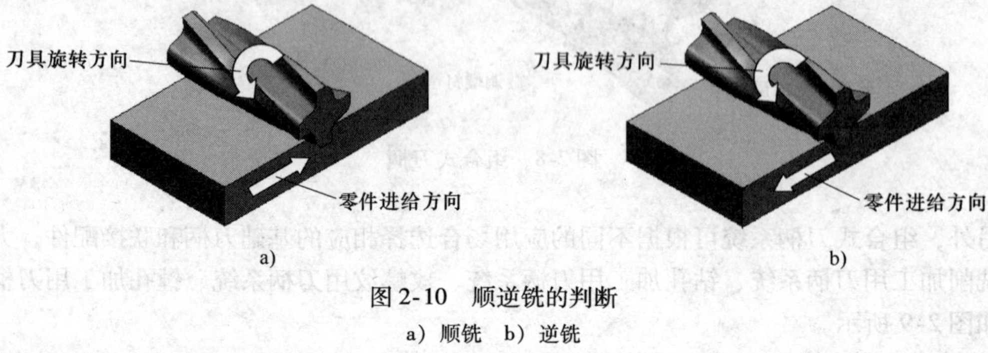

图 2-10　顺逆铣的判断

a）顺铣　b）逆铣

2. 平面铣削时的切削参数

平面铣削加工时主要计算切削速度（v_c）、每齿进给量（f_z）、工作台进给速度（v_f）和加工时间（T_c）。通过计算，可以准确设置每项参数，提高加工效率和加工质量。

（1）切削速度 其表示刀具旋转时最大轮廓处的线速度，单位为 m/min。图 2-11 所示为铣刀直径和主轴转速，其计算公式为

$$v_c = \frac{\pi D n}{1000} \tag{2-1}$$

式中 v_c——切削速度（m/min）；

D——铣刀直径（mm）；

π——圆周率约等于 3.14；

n——主轴转速（r/min）。

例 2.1.1 主轴转速为 350r/min，铣刀直径为 130mm，求切削速度。

解：将 $\pi = 3.14$，$D = 130\text{mm}$，$n = 350\text{r/min}$，代入式（2-1）。

$$v_c = \frac{\pi D n}{1000} = \frac{3.14 \times 130 \times 350}{1000}\text{m/min} = 142.87\text{m/min}$$

切削速度约为 142.87m/min。

（2）每齿进给量 其表示进给方向刀具每齿切入零件的量，单位为 mm/z。图 2-12 所示为齿形参数，其计算公式为

$$f_z = \frac{v_f}{zn} \tag{2-2}$$

式中 f_z——每齿进给量（mm/z）；

v_f——工作台进给速度（mm/min）；

n——主轴转速（r/min）；

z——刀具齿数。

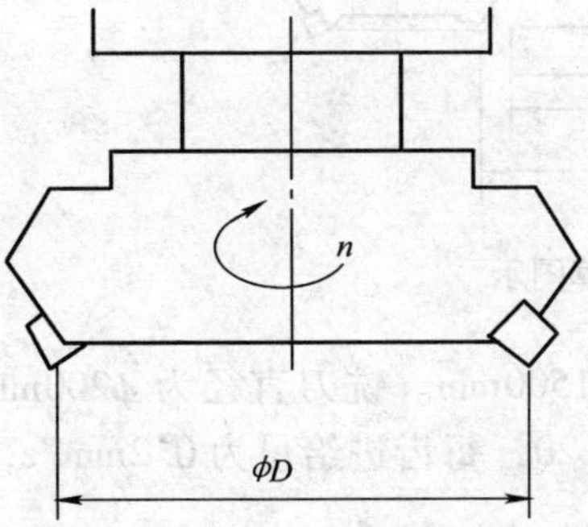

图 2-11 切削速度的计算

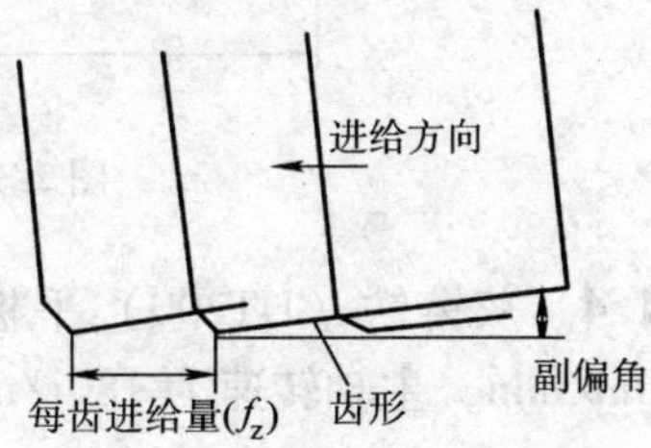

图 2-12 每齿进给量计算

例 2.1.2 主轴转速为 800r/min，铣刀齿数为 4，工作台进给速度为 800mm/min，求每齿进给量。

解：将 $v_f = 800\text{mm/min}$，$z = 4$，$n = 800\text{r/min}$ 代入式（2-2）。

$$f_z = \frac{v_f}{zn} = \frac{800}{4 \times 800}\text{mm/z} = 0.25\text{mm/z}$$

每齿进给量为0.25mm/z。

(3) 进给速度　它表示实际加工时刀具与被加工零件之间的移动速度，单位为mm/min。图2-13所示为工作台进给速度表示方式，其计算公式为

$$v_f = f_z zn \tag{2-3}$$

式中　v_f——工作台进给速度（mm/min）；

f_z——每齿进给量（mm/z）；

n——主轴转速（r/min）；

z——刀具齿数。

例2.1.3　主轴转速为1200r/min，铣刀齿数为4，每齿进给量为0.1mm/z，求工作台进给速度。

解：将 $f_z = 0.1\text{mm/z}$，$z = 4$，$n = 1200\text{r/min}$ 代入式（2-3）。

$v_f = f_z zn = 0.1 \times 4 \times 1200(\text{mm/min}) = 480\text{mm/min}$

工作台的进给量为480mm/min。

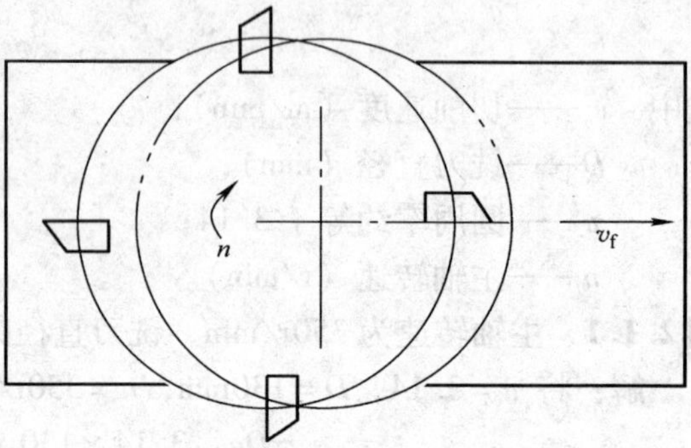

图2-13　进给速度的计算图示

(4) 加工时间　它表示刀具切削零件所需的加工时间，单位为min。图2-14所示为加工时间计算的表达方式，其计算公式为

$$t_c = \frac{L}{v_f} \tag{2-4}$$

式中　v_f——工作台进给速度（mm/min）；

t_c——加工时间（min）；

L——工作台总进给长度（工件长度 l + 铣刀直径 D）（mm）。

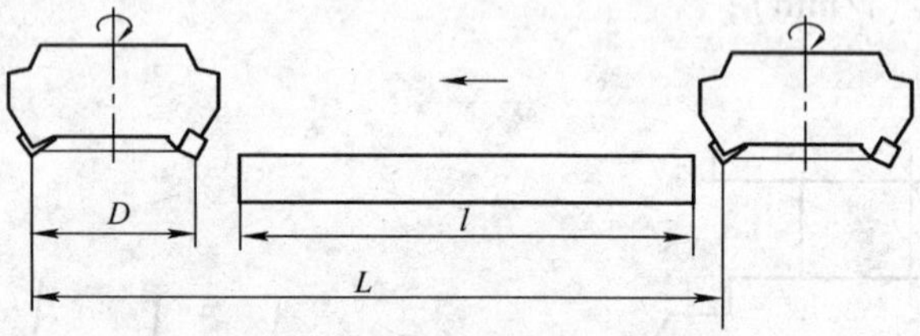

图2-14　加工时间的计算图示

例2.1.4　灰铸铁（HT200）平板宽100mm，长1500mm。铣刀直径为ϕ200mm，切削速度为120m/min，主轴转速为180r/min，铣刀齿数为20，每齿进给量为0.2mm/z，求所需加工时间。

解：将 $f_z = 0.2\text{mm/z}$，$z = 20$，$n = 180\text{r/min}$，$v_c = 120\text{m/min}$，$D = 180\text{mm}$，$l = 500\text{mm}$ 代入式（2-3）。

首先求出工作台的进给速度

$$v_f = f_z zn = 0.2 \times 20 \times 180\text{mm/min} = 720\text{mm/min}$$

工作台总进给长度

$$L = l + D = 1500\text{mm} + 200\text{mm} = 1700\text{mm}$$

将总进给长度和进给速度代入式（2-4）得

$$t_c=\frac{L}{v_f}=\frac{1700}{720}\text{min}=2.36\text{min}$$

$$2.36\times60\text{s}=141.6\text{s}$$

所需加工时间约为 141.6s。

3. 球头铣刀铣削时的切削参数

球头铣刀铣削加工时主要计算有效切削距离（D_e）和切削速度（v_c）。通过计算，可以准确设置每项参数，提高加工效率和加工质量。

（1）有效切削距离　它表示刀具切入零件的有效切削距离，单位为 mm。图 2-15 所示为有效切削距离的表达方式，其计算公式为

$$D_e=2\sqrt{a_p(D-a_p)} \tag{2-5}$$

式中 D_e——有效切削距离（mm）；

D——刀具直径（mm）；

a_p——背吃刀量（mm）。

例 2.1.5　铣刀直径为 ϕ12mm，背吃刀量为 0.2mm，求刀具的有效切削距离。

解：将 $a_p=0.2\text{mm}$，$D=12\text{mm}$ 代入式（2-5）得

$$D_e=2\sqrt{a_p(D-a_p)}=2\times\sqrt{0.2\times(12-0.2)}\text{mm}\approx3.07\text{mm}$$

刀具的有效切削距离约为 3.07mm。

（2）切削速度　图 2-16 所示为球头铣刀铣削时的切削参数，其计算公式为

$$v_c=\frac{2\pi n\sqrt{a_p(D-a_p)}}{1000} \tag{2-6}$$

式中　v_c——切削速度（m/min）；

D——刀具直径（mm）；

a_p——背吃刀量（mm）。

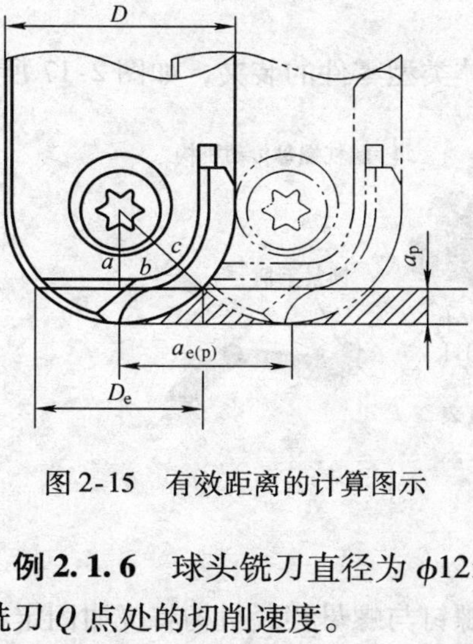

图 2-15　有效距离的计算图示

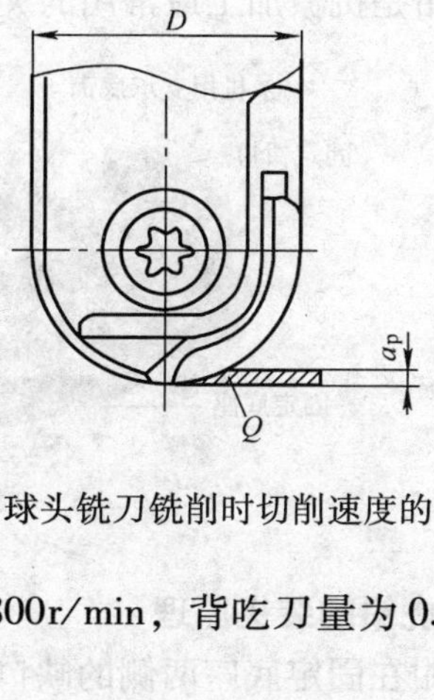

图 2-16　球头铣刀铣削时切削速度的计算图示

例 2.1.6　球头铣刀直径为 ϕ12mm，主轴转速为 1800r/min，背吃刀量为 0.3mm，求球头铣刀 Q 点处的切削速度。

解：将 $D=12\text{mm}$，$\pi=3.14$，$n=1800\text{r/min}$，$a_p=0.3\text{mm}$ 代入式（2-6）得

$$v_c=\frac{2\pi n\sqrt{a_p(D-a_p)}}{1000}=\frac{2\times3.14\times1800\times\sqrt{0.3\times(12-0.3)}}{1000}\text{mm/min}\approx21.18\text{mm/min}$$

球头铣刀 Q 点的切削速度约为 21.18mm/min。

4. 选择切削用量的参考条件

粗加工时主要以保证合适的刀具寿命为前提，尽可能地提高毛坯材料去除量，因此应优先选择较大的背吃刀量和进给量，其次才是选择较大的切削速度，以提高去除毛坯余量的加工效率。精加工时应以满足零件的尺寸和表面粗糙度要求为主，应选用合适的背吃刀量和进给量以及较大的切削速度。

（1）背吃刀量的选择　粗加工（Ra10～80μm）时在一次进给中应尽量多地切除余量，半精加工（Ra1.25～10μm）时背吃刀量选取 0.5～2mm，精加工（Ra0.32～1.25μm）时背吃刀量选取 0.1～0.4mm。

（2）进给速度的选择　粗加工时，根据加工材料的实际切削情况，如以振动、噪声和刀具寿命为考量指标；精加工时根据零件要求的表面粗糙度，合理地根据刀具转速选择与之相匹配的进给量，以达到良好的表面粗糙度要求。

第二节　常用夹具

作为数控加工技术人员，应了解各种常用夹具的装夹原理、适用范围以及该类型装夹方式的注意事项等，以便根据不同零件的结构特点选择合适的夹具。编程人员进行程序编程时，也需要考虑加工零件以何种方式固定在机床上，从而实现零件的精确定位，以确保加工的顺利进行。在数控加工过程中，零件必须可靠定位和夹紧，避免在加工过程中因为零件移动而造成安全隐患；切削加工过程中，零件位移大大降低了刀具的寿命，应可能避免；零件的位置与程序编制的原点有直接关系，如果零件没有根据基准进行定位，便不能满足加工后的尺寸和精度要求。

一、机用虎钳

机用虎钳是机械加工最常用的夹具，主要用于长方体类型零件的装夹，如图 2-17 所示。

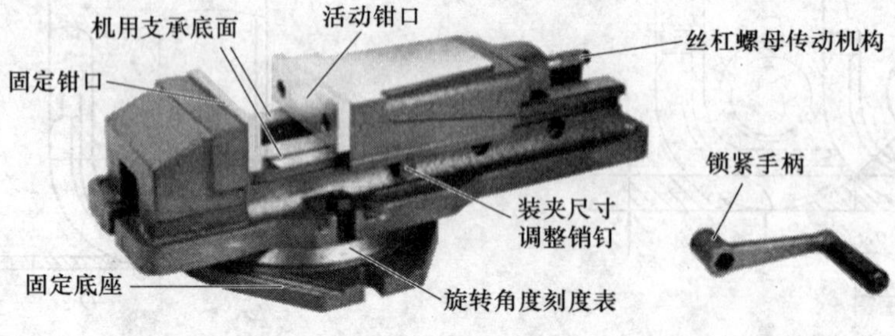

图 2-17　机用虎钳

1. 机用虎钳的装夹原理

机用虎钳在固定底座两侧的缺口处放置螺钉，通过螺钉与螺母锁紧机构将虎钳固定在工作台上。当需要加工带角度零件时，可通过旋转固定底座上方的角度刻度表，实现机用虎钳在平面上的角度定位。当装夹较大尺寸毛坯时，可通过调整活动钳口下的销钉位置快速灵活地改变活动钳口的装夹尺寸。用锁紧手柄旋转丝杠螺母，实现活动钳口的前后移动，从而实现对加工零件的夹紧或松开。

出于加工安全的考虑，零件顶面高度和被装夹两侧面总加工深度至少应高于机用虎钳顶面20mm以上，以防止加工过程中刀具与机用虎钳发生干涉。当被加工零件厚度小于机用虎钳高度时，需要使用垫铁作为支承的辅助工具将零件垫高，所使用的垫铁必须是一对支承高度平行的长方体，且均经过精密平面磨床的磨削加工，如图2-18所示。

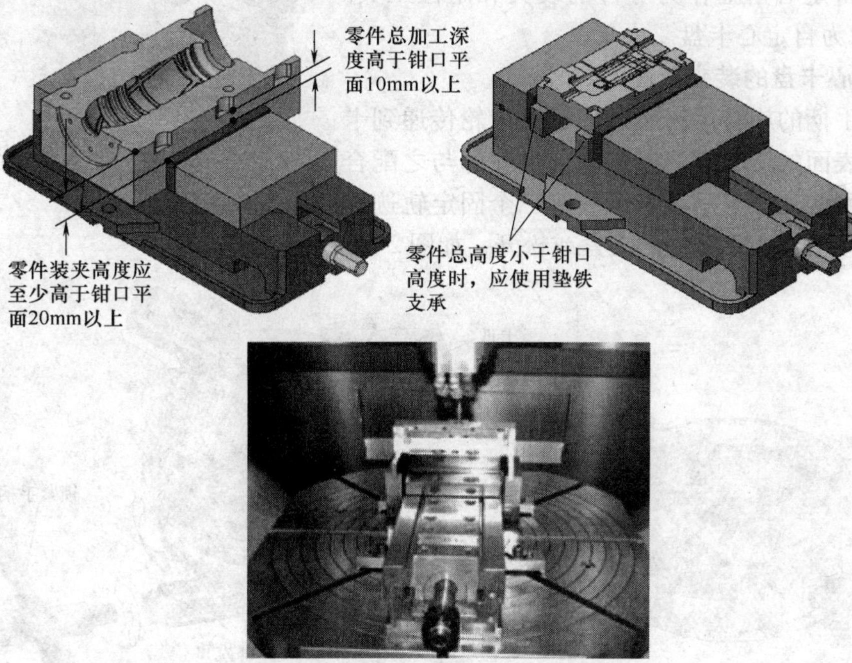
零件总加工深度高于钳口平面10mm以上
零件装夹高度应至少高于钳口平面20mm以上
零件总高度小于钳口高度时，应使用垫铁支承

图2-18　机用虎钳在铣削加工中的应用

2. 机用虎钳装夹的注意事项：

1）机用虎钳使用前，应使用百分表将其固定钳口找正，与机床 *X* 轴平行，以保证后续的零件加工能满足基本的几何公差要求。

2）零件装夹前，应使用锉刀将边界上的毛刺去除，钳口内的残留小块切屑应使用毛刷清理干净，固定钳口与活动钳口上的细小切屑则应使用干净的抹布或高压气枪清理，以保证零件的装夹和定位精度。

3）零件应放置在固定钳口侧，通过旋转机用虎钳上的锁紧手柄使活动钳口收紧并逐渐压紧零件。由于活动钳口采用丝杠螺母传动结构，导致在夹紧零件的过程中存在向上松动的现象，因此预紧零件后应使用铜锤轻轻敲打零件顶面，使零件底面与机用虎钳支承底面贴合。

4）零件的长、宽、高应尽量与钳口尺寸规格相当，即钳口尺寸为100mm时，所装夹的零件长度应在此尺寸范围浮动50%～100%。若零件尺寸和重量大大超出钳口尺寸和自身重量，应考虑采用其他装夹方式进行零件的装夹定位。

二、自定心卡盘

卡盘可分为自定心卡盘和单动卡盘两种。回转类零件在加工中心进行铣削加工时主要通过自定心卡盘作为定位夹具；并且由于卡盘没有相应的锁紧机构，不能在工作台上实现固定，因此需要另外安装压板实现工件在工作台上的固定。利用三爪的夹紧力将零件夹紧；回转类零件径向方向的加工大多采用分度头自定心卡盘作为零件的装夹和定位工具。图 2-19 所示为自定心卡盘。

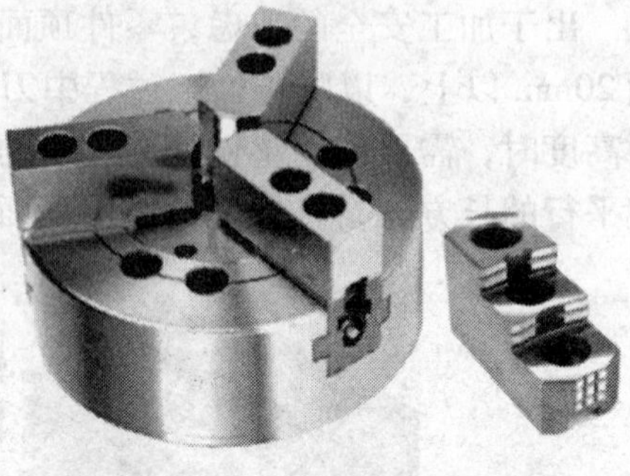

图 2-19　自定心卡盘

1. 自定心卡盘的装夹原理

将锁紧手柄的旋转运动通过传动锥齿轮传递到卡盘，使卡盘表面的传动螺旋齿带动卡爪底部与之配合的齿形，从而使三个卡爪在卡盘底座三个固定轨迹内向内或向外移动，实现零件的夹紧或松开，如图 2-20 所示。

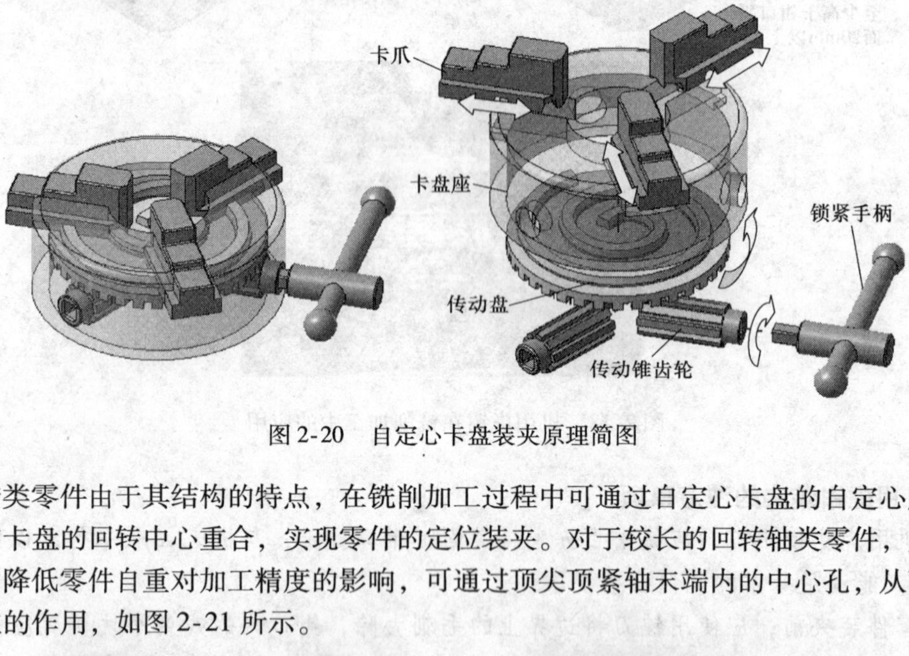

图 2-20　自定心卡盘装夹原理简图

回转类零件由于其结构的特点，在铣削加工过程中可通过自定心卡盘的自定心原理将零件轴线与卡盘的回转中心重合，实现零件的定位装夹。对于较长的回转轴类零件，为了在加工过程中降低零件自重对加工精度的影响，可通过顶尖顶紧轴末端内的中心孔，从而起到支承和定位的作用，如图 2-21 所示。

a)

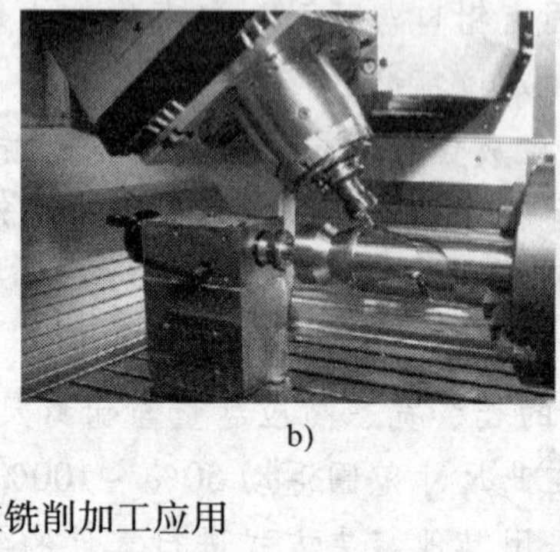

b)

图 2-21　自定心卡盘在铣削加工应用

a）回转类零件的装夹　b）较长回转轴类零件的装夹

2. 卡盘装夹的注意事项

1）充分考虑毛坯的伸出长度，避免刀柄与卡爪发生干涉，包括刀具路径的规划也要考虑在其中。毛坯伸出长度=零件总加工深度+所使用刀柄最大半径值+10mm以上的安全距离。

2）在铣削加工过程中，尽管零件在卡盘上的转动速度较小，但零件装夹尺寸至少保证在毛坯直径的15%或以上，并通过锁紧手柄对零件施加足够的夹紧力。

3）对于零件长度大于直径3倍以上的毛坯，切削加工过程中切削力较大或对零件加工精度要求较高的场合，应使用与分度卡盘相配对的尾座顶尖顶紧零件另一端面，以提高零件的抗冲击能力、装夹定位精度和最终的加工精度。

4）准备闲置一段时间或长期闲置后使用的卡盘，应对其传动结构做润滑保养，即将卡盘内部的主体传动零件拆卸下来，使用毛刷、抹布将内部传动结构间的切屑和杂物清理干净，装配卡盘时需要对各部分传动结构添加润滑油。

三、压板

压板装夹是一种较为灵活的装夹形式，主要应用于毛坯零件长、宽、高尺寸较大而一般夹具规格无法满足其要求、零件重量较重而其他夹具无法承受其重量或毛坯受自身结构的制约不能承受径向夹紧力的场合。

压板夹具一般需要成套购买，其中包括几种长度尺寸规格的压板、螺栓、螺母、T形块和三角形支承垫铁，如图2-22所示。

图2-22　压板夹具

1. 压板的装夹原理

压板装夹是将螺母在螺栓上的旋转运动转化为压板的上下运动，从而实现零件的装夹。螺栓两头的外螺纹分别与T形块和锁紧螺母配合联接，T形块与工作台内部的T形槽相互配合，使T形块只能沿槽内X方向平移而不能向上或向下移动，操作人员使用扳手锁紧螺母使压板做向下运动，并在垫铁和毛坯之间产生夹紧力，从而实现对毛坯的夹紧或松开，如图2-23所示。

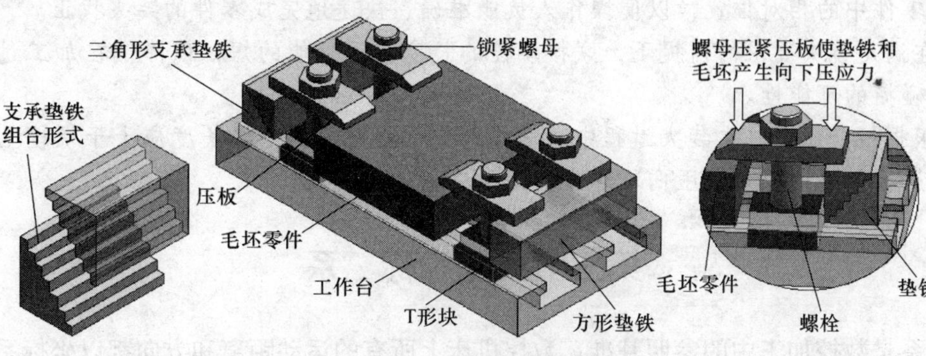

图2-23　压板装夹原理

加工切削区域有特殊要求的零件时，可使用螺母将两根螺栓接驳成一根用于零件的装夹。在底部使用垫铁支承零件的装夹结构中，为了提高零件刚度，可在零件底部放置两个支承座，以减少切削时的振动，如图 2-24 所示。

使用螺母将两根
螺栓接驳成一根
可调整高度
的支承座
在零件底部放置支承
座以减小切削振动
支承垫铁

图 2-24　压板装夹在铣削加工应用（一）

当零件允许在其结构内加工出装夹工艺台时，应尽量少用或不使用垫铁支承的装夹工艺，以提高零件装夹的稳定性。由于零件上的装夹工艺台能容纳压板宽度，因此可直接将零件装夹到工作台上，如图 2-25 所示。

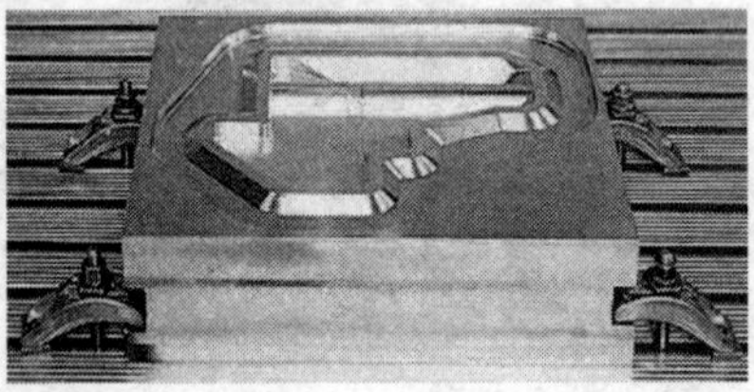

图 2-25　压板装夹在铣削加工应用（二）

2. 压板装夹的注意事项

1）应优先使用零件直接装夹在工作台上的装夹方式，尽可能地减少使用垫铁支承的装夹方式，以提高切削加工的稳定性和加工运行时的安全性。

2）使用垫铁支承的装夹方式时，编程人员需要充分考虑到零件装夹时的压板和联接螺栓的伸出位置，并要保证在编程过程中刀具路径与夹具不发生干涉，加工程序单中也应标注出压板在零件中的相对位置，以便操作人员能准确、快速地完成零件的装夹找正。

3）在满足装夹要求的前提下，联接螺栓的长度应尽可能的短，以降低在加工过程中刀具与螺栓碰撞的可能性。

4）根据杠杆原理，在装夹过程中，螺栓至支承座之间的压板长度应大于螺栓至被夹持零件处的压板长度，以保证压向零件上的正压力是最大的。

第三节　坐　标　系

坐标系是数控加工中的参照基准，数控机床上所有的运动距离和方向都以坐标系作为参照，可形象地将坐标系理解为运动距离和方向的“起跑线”。

数控机床的坐标系可分为机床坐标系和零件加工坐标系两种。机床坐标系用于确定机床各轴的运动距离和方向，零件加工坐标系用于确定实际加工过程中刀具运动的距离和方向。

一、机床坐标系

对于数控机床，由于其位移测量装置的特点，机床每次开机后需要将各运动轴进行回零操作，以便位移装置寻找到测量的起始点，各轴上测量装置的起始点便是机床的坐标系。机床坐标系由机床生产厂家根据机床类型确定，因此不同类型机床的机床坐标系是不相同的。

在立式数控铣床中，主轴为主运动轴，可通过右手笛卡儿坐标系对机床运动方向作判断，即操作人员面对机床正面方向伸出右手，将大拇指、食指和中指在空间上分别错开90°，大拇指指向即为 X 轴的正方向，食指指向为 Y 轴正方向，中指指向为 Z 轴正方向。然后就可以根据右手螺旋判断出三个移动轴上所对应的 A、B、C 三个旋转轴的方向，如图 2-26 所示。

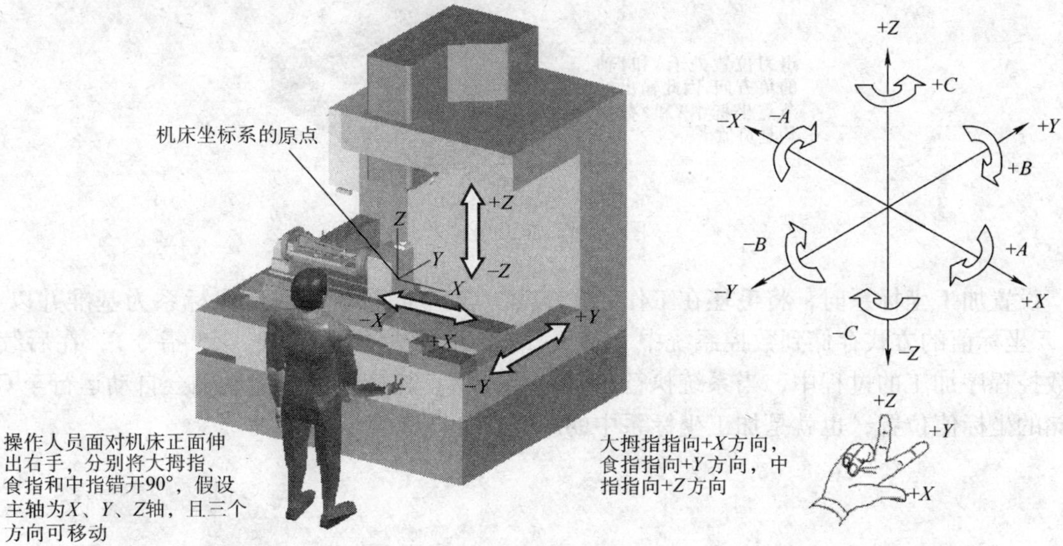

图 2-26 机床坐标系

在数控编程过程中必须指定编程的工作平面，以便数控系统以此作为参照计算刀具的偏置数值和进行极坐标编程。工作平面由两个坐标轴组成，如 X 轴和 Y 轴组成 XY 平面，在准备功能 G 代码中被定义为 G17；Z 轴和 X 轴组成 ZX 平面，在准备功能 G 代码中被定义为 G18；Y 轴和 Z 轴组成 YZ 平面，在准备功能 G 代码中被定义为 G19。当坐标系中任意两轴被定义为工作平面后，第三轴即为刀具轴且方向垂直于该平面，如图 2-27 所示。

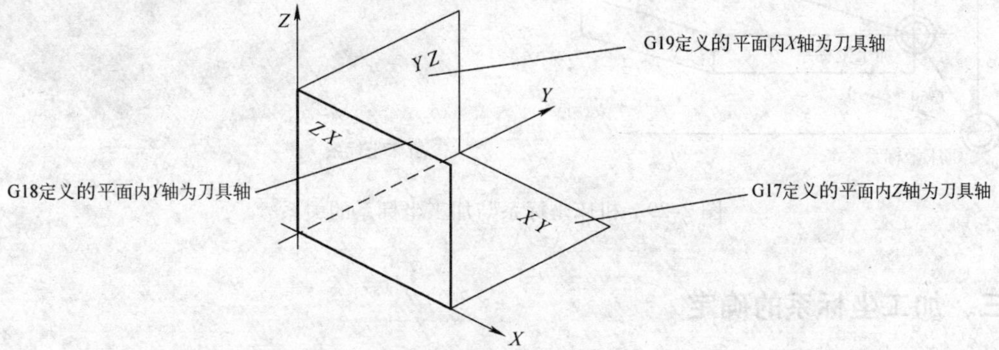

图 2-27 工作平面的定义

二、加工坐标系

加工坐标系作为零件加工时刀具运动距离和方向的参照，主要由编程人员根据零件加工工艺和结构特点在程序编制的过程中确定。加工坐标系的确定决定了刀具的运动方向和距离，如刀具运行轨迹平行于 X 轴，该段轨迹输出的坐标节点只能在 X 方向上移动，如图 2-28 所示。

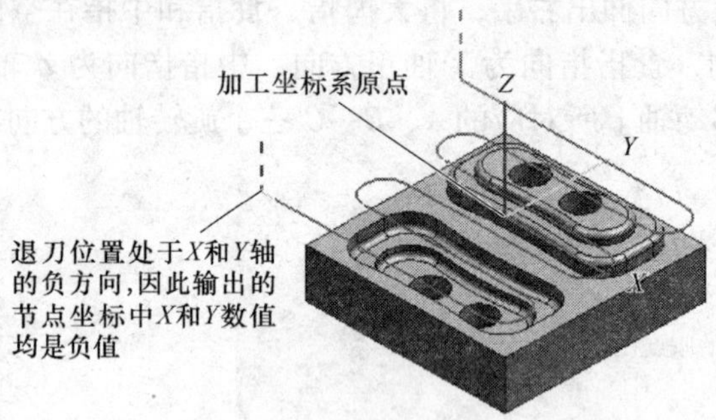

图 2-28　加工坐标系

设置加工坐标系时，将毛坯在工作台上的某一点空间位置以机床坐标系为基准并以 X、Y、Z 坐标值的方式存储到数控系统中（如 FANUC 系统中可用 G54、G55 指令），在后续运行数控程序加工的过程中，当系统执行至 G54 指令时，机床的三个运动轴会自动运行至 G54 存储的坐标值位置，也就是加工坐标系中的原点，如图 2-29 所示。

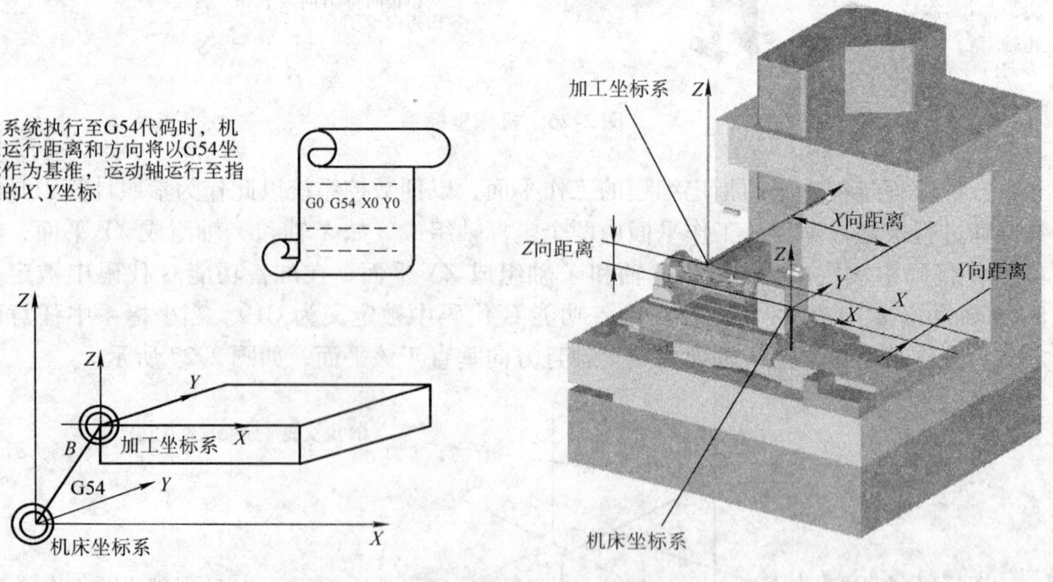

图 2-29　机床坐标系与加工坐标系的关系

三、加工坐标系的确定

加工坐标系决定了零件在机床上的装夹和找正方式，因此确定零件加工坐标系时应遵循便于操作人员快捷简便操作的原则。对不同类型的零件，应合理确定其加工坐标系。长方体毛坯的加工坐标系的确定按照不同零件的工艺要求可分为两种，其原点分别是选择在毛坯顶面中心或在顶面的边界点。

将加工坐标系设在零件顶面中心，能实现最终加工后的零件模型边界到毛坯边界的距离均等。此确定坐标系的方法主要应用于需要对各个边界的毛坯余量进行控制的零件加工中，以及零件需要正反面加工时各个边界要求进行磨削等精密加工中。

对于一些异形类零件，由于其加工工艺对毛坯的限制，将加工坐标系设在零件顶面中心的方法不能保证二次装夹后零件的加工精度，故采用将坐标系设在顶面边界点的方法，保证二次装夹后的零件找正精度，从而满足零件最终的加工要求，如图 2-30 所示。

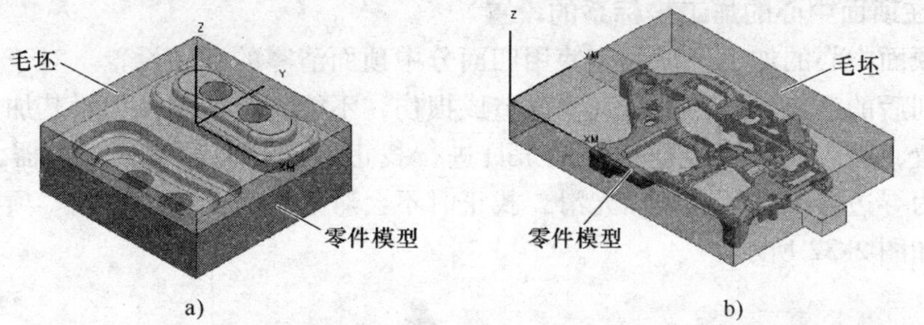

图 2-30　长方体毛坯加工坐标系的设置

a）加工坐标系设置在零件顶面中心　b）加工坐标系设置在顶面边界点

对于毛坯属于回转体类型的零件，其加工坐标系应根据所使用机床的特点将一个坐标轴设在回转体的中心线上，便于零件的找正和装夹，如图 2-31 所示。

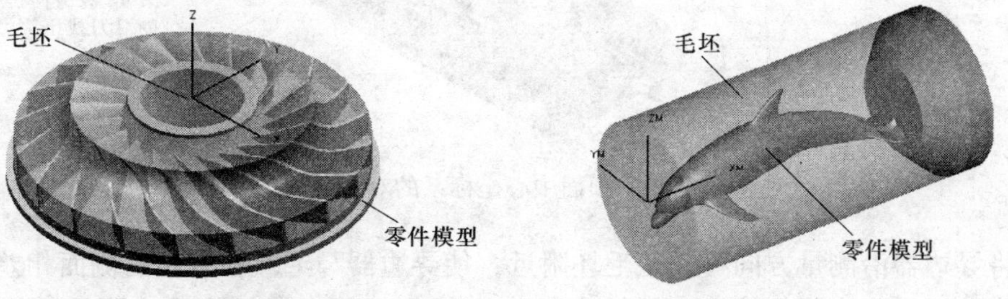

图 2-31　回转体毛坯加工坐标系的确定

第四节　加工坐标系的设置

零件加工坐标系确定完成后，实际加工过程中还需要对相应的毛坯进行对刀找正。不同的毛坯，由于其结构形状的不同导致所使用的对刀找正方法是不相同的，因此需要对不同类型的毛坯采用方便、快捷的对刀找正方法，以将工艺过程中设置的加工坐标系在实际操作过程中确定下来，即确定加工坐标系在机床坐标系中的位置。

数控铣削加工中遇到的毛坯零件形状不尽相同，但可将毛坯划分为长方体和圆柱体两大类型。在加工坐标系中，确定加工坐标系常用的辅助工具有弹簧式寻边器和深度百分表。弹簧式寻边器主要用来寻找毛坯中心，而深度百分表则用来寻找毛坯顶面高度。如果加工毛坯为铝件且四周毛坯余量足够，也可使用铣刀直接对毛坯进行对刀找正以确定加工坐标系，减少工时。

一、长方体毛坯加工坐标系的设置

在数控铣削加工中长方体类型的毛坯最为常见，如模具的动、定模板，型芯和型腔等。不同结构特点的毛坯，所确定的加工坐标系是不完全一致的，如长方体毛坯加工坐标系原点设置形式可分为两种：一种将加工坐标系原点设在毛坯的顶面中心，另一种则设在毛坯顶面的两边界交点处。

1. 原点在顶面中心的加工坐标系的设置

原点在顶面中心的加工坐标系应使用四面分中顶面清零的方法设置。对于表面经过平面磨床精密磨削后的毛坯，为了不对其表面造成损伤，不能直接使用铣刀对其加工坐标系进行对刀找正设置，而应使用间接找正辅助工具进行找正设置，如弹簧式寻边器、杠杆百分表等。这是因为寻边器工作区域表面光滑，找正时不会对毛坯表面造成影响。顶面中心坐标系的对刀找正如图 2-32 所示。

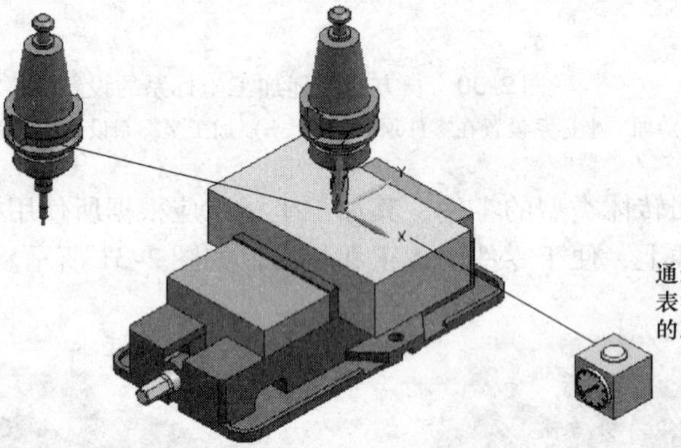
通过弹簧式寻边器实现X、Y方向的对刀找正
通过深度百分表实现Z方向的对刀找正
Y
X

图 2-32　顶面中心坐标系的对刀找正

首先将寻边器沿测量方向移动至毛坯附近，使寻边器与毛坯被测量的侧面相差一个工作区域半径值，记录下当前数控机床系统中 X 方向的坐标值；然后将寻边器移动至另一侧面进行测量，令寻边器与毛坯被测量的另一侧面也相差一个工作区域半径值，再次记录下第二次测量所得的 X 方向的坐标值，如图 2-33 所示。因此，加工坐标系原点在机床坐标系中的 X 坐标值为

$$\text{加工坐标系原点在机床坐标系中的}X\text{坐标值}=\frac{\text{第一次测量的}X\text{坐标值}-\text{第二次测量的}X\text{坐标值}}{2}$$

参照找正毛坯 X 方向中心的方法，找正其 Y 方向中心并记录下 Y 方向中心的坐标值，如图 2-34 所示。类似地，加工坐标系原点在机床坐标系中的 Y 坐标值为

$$\text{加工坐标系原点在机床坐标系中的}Y\text{坐标值}=\frac{\text{第一次测量的}Y\text{坐标值}-\text{第二次测量的}Y\text{坐标值}}{2}$$

完成毛坯 X 方向和 Y 方向中心坐标的找正后需要对其 Z 方向中心坐标进行找正。深度百分表是属于百分表中的一种测量，由于其精度较高和使用方便而广泛应用于加工坐标系中

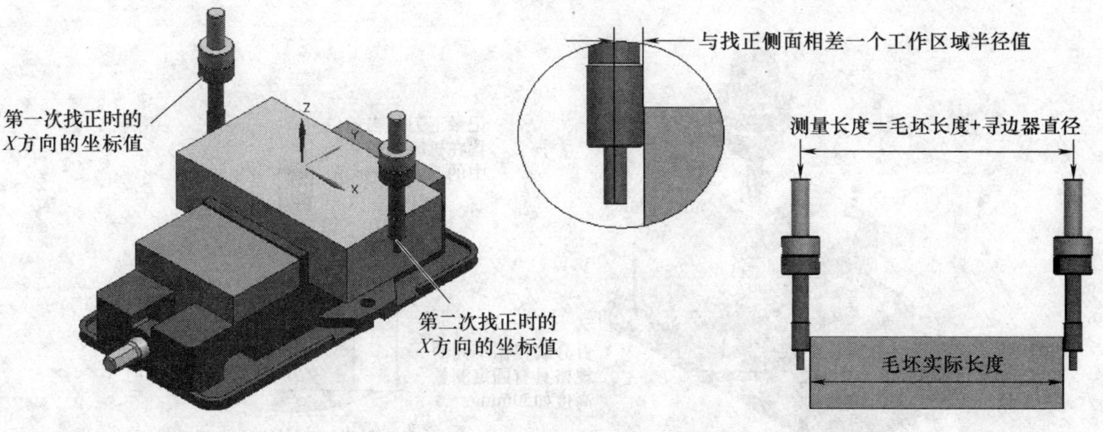

图 2-33 毛坯在坐标系 X 方向的找正

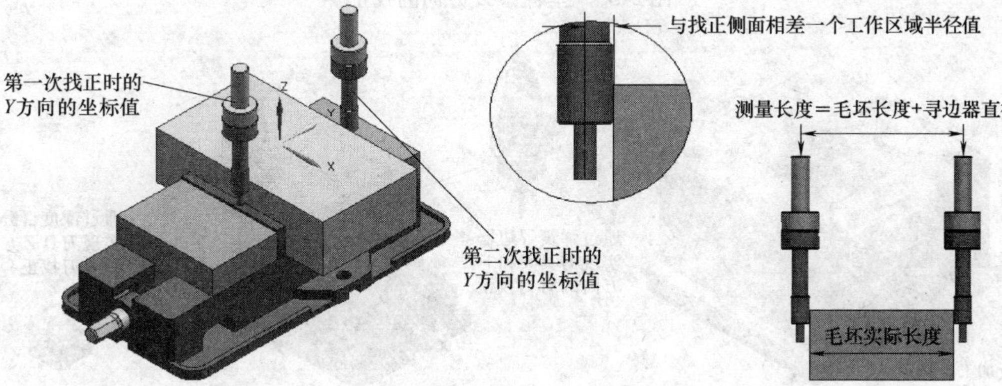

图 2-34 毛坯在坐标系 Y 方向的找正

Z 方向的找正。

测量毛坯顶面中心的 Z 方向坐标值采用的是间接对刀的方法。首先深度百分表的测量深度是一定值，如图 2-35 所示的深度百分表其测量高度定值为 50mm，即当表内指针指向零位时百分表工作区域至毛坯顶面的距离相差 50mm。但是，数控机床操作人员需要的尺寸是刀具底面至毛坯顶面之间的距离。根据机床主轴运动的正负方向的判断，毛坯顶面的坐标则等于刀具当前坐标值减去百分表上的固定高度 50mm，即刀具当前值再向 –Z 方向下降 50mm，计算公式为

加工坐标系在机床坐标系中的 Z 坐标值 = 刀具 Z 方向坐标值 – 百分表设置高度

2. 原点在顶面两边界交点的加工坐标系的找正

零件结构特点不同，所确定的加工坐标系也是不相同的，如精密塑料模具上的模架零件毛坯虽然属于长方体类型，但由于模具对动、定模具的重复定位精度有较高的要求，且各模板的长、宽尺寸公差范围较宽，因此模板的加工坐标系原点不能设置在毛坯的顶面中心上，而应该设置在模板顶面的两边界交点上，以便加工各种模板时能使用统一的加工基准，装配后能保证动、定模具的相对位置精度。顶面两边界交点加工坐标系的设置如图 2-36 所示。

首先使用寻边器移动至测量方向，使寻边器与毛坯被测量的端面相差一个工作区域半径

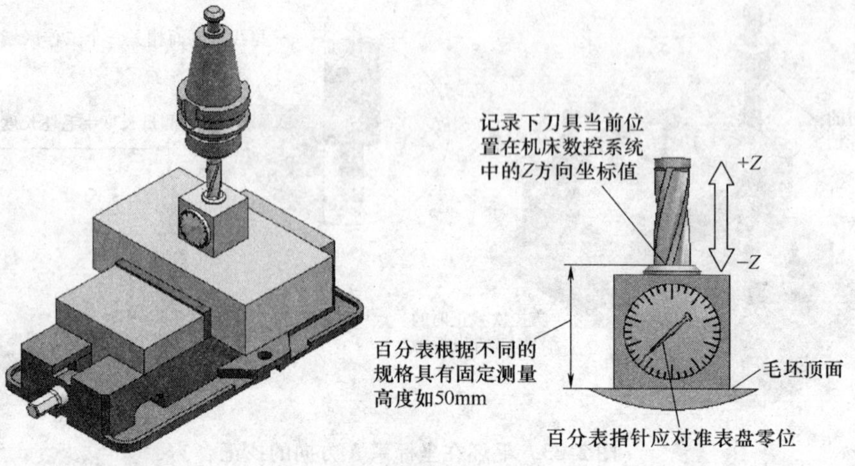
记录下刀具当前位
置在机床数控系统
中的Z方向坐标值
+Z
–Z
百分表根据不同的
规格具有固定测量
高度如50mm
毛坯顶面
百分表指针应对准表盘零位

图 2-35　坐标系 Z 方向的找正

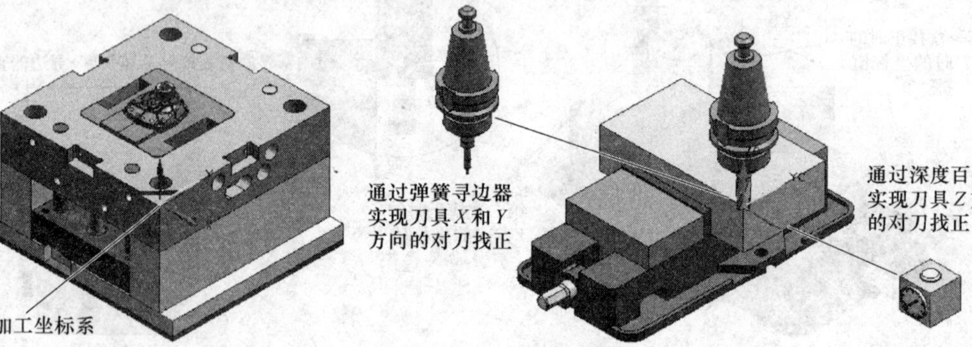
通过弹簧寻边器
实现刀具X和Y
方向的对刀找正
通过深度百分表
实现刀具Z方向
的对刀找正
模板加工坐标系

图 2-36　顶面两边界交点坐标系的设置

值，记录下当前数控机床系统中的 X 方向的坐标值；然后将寻边器沿 Z 方向抬高，使寻边器向 $-X$ 方向移动一个寻边器半径，再次记录下当前寻边器 X 方向的坐标值，如图 2-37 所示。于是，加工坐标在机床坐标系中的 X 坐标值为

加工坐标系在机床坐标系中的 X 坐标值 = 第一次测量坐标值 − 寻边器半径

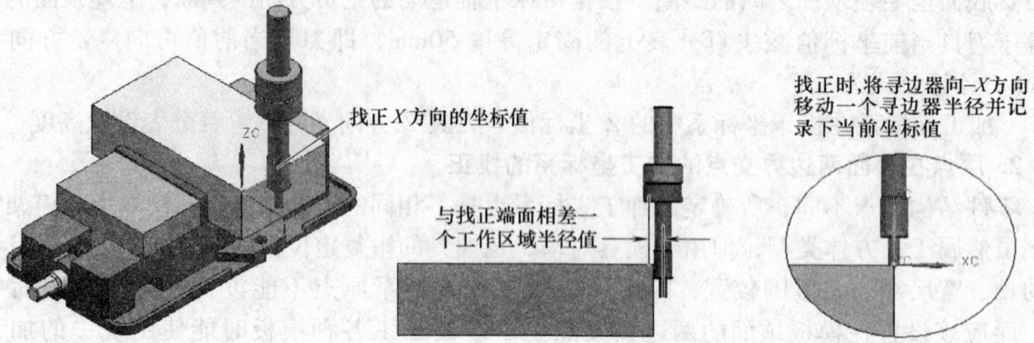
找正X方向的坐标值
与找正端面相差一
个工作区域半径值
找正时,将寻边器向–X方向
移动一个寻边器半径并记
录下当前坐标值
XC

图 2-37　毛坯在坐标系 X 方向的找正

参照找正 X 方向坐标的方法找正 Y 方向坐标并记录下 Y 方向中心的坐标值，如图 2-38 所示。

于是加工坐标系在机床坐标系中的 Y 坐标值 = 第一次测量坐标值 - 寻边器半径

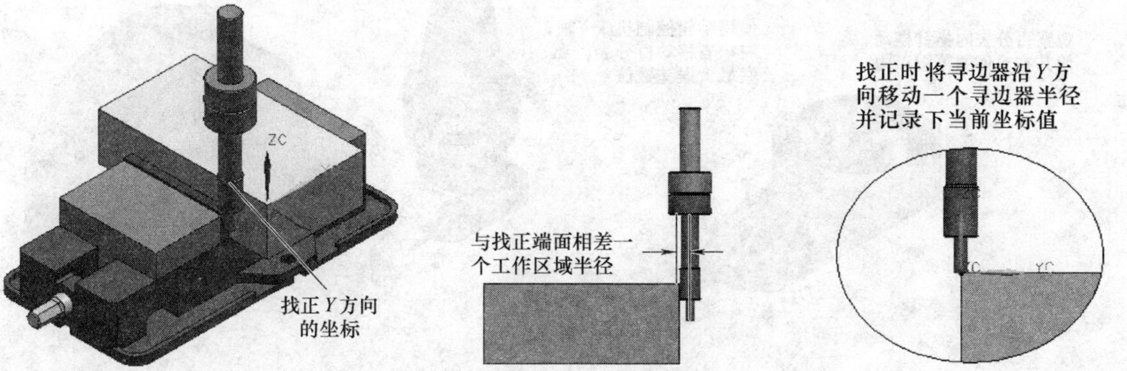
ZC
找正 Y 方向的坐标
与找正端面相差一个工作区域半径
找正时将寻边器沿 Y 方向移动一个寻边器半径并记录下当前坐标值
YC

图 2-38　毛坯在坐标系 Y 方向的找正

完成毛坯 X 方向和 Y 方向坐标的找正后，需要对毛坯的 Z 方向坐标进行找正。与毛坯在顶面中心坐标系的找正一样，在两边界中心坐标系中，毛坯 Z 方向中心坐标也用深度百分表进行找正，如图 2-35 所示。

二、圆柱体毛坯加工坐标系的设置

圆柱体毛坯余量较为充足时，不需要对毛坯的轴线中心做太过于精确的调整，只需使用寻边器找正确定其在加工坐标系，即 X、Y 和 Z 坐标值便可。如果毛坯外形已经数控精车而成或毛坯长度尺寸较大且对尺寸和相对位置精度要求较高，那么此时圆柱体毛坯需要使用杠杆百分表找正其轴线，使加工余量均匀。杠杆百分表用来找正圆柱体毛坯外径与自定心卡盘的同轴，弹簧寻边器则用于找正确定圆柱体 X、Y 和 Z 三个方向的坐标原点，如图 2-39 所示。

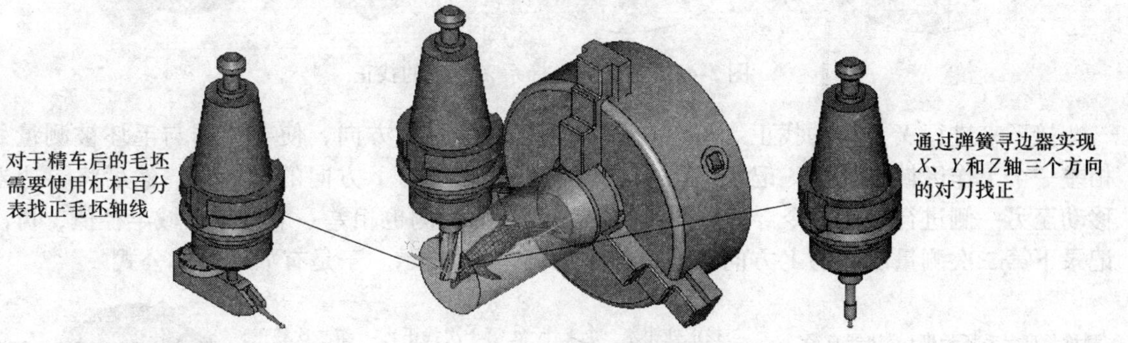
对于精车后的毛坯需要使用杠杆百分表找正毛坯轴线
通过弹簧寻边器实现 X、Y 和 Z 轴三个方向的对刀找正

图 2-39　圆柱体毛坯的找正

找正圆柱体毛坯与自定心卡盘同轴时，使杠杆百分表的测头与毛坯圆柱表面最大素线接触，通过手轮控制器控制机床 X 轴，令百分表测头在毛坯外表面的有效范围内移动，通过观察百分表表内指针的摆动情况确定毛坯上的最大偏移位置，然后通过胶锤等辅助工具轻轻敲击毛坯，直至毛坯与自定心卡盘同轴，即表的指针在允许范围内摆动，如图 2-40 所示。

找正毛坯的轴线与卡盘轴线同轴后，需要通过对刀的方式设置毛坯的加工坐标系。将寻

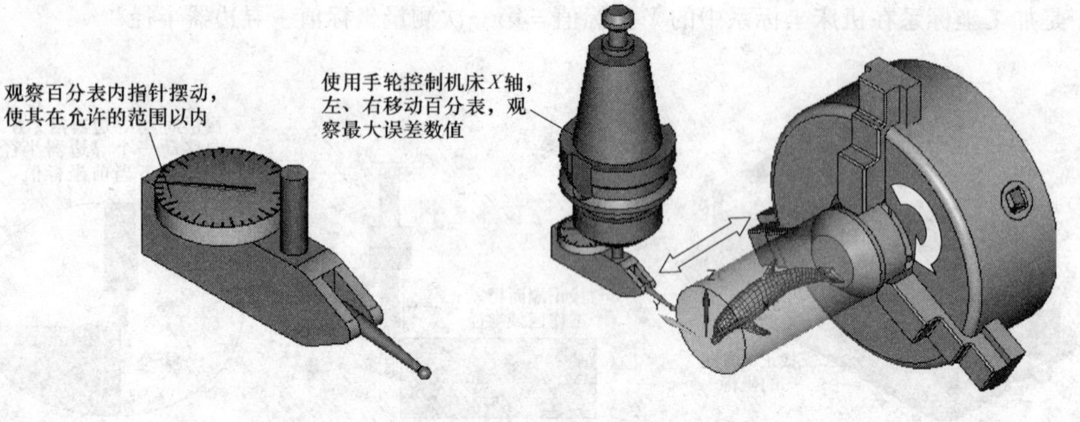
观察百分表内指针摆动，使其在允许的范围以内
使用手轮控制机床X轴，左、右移动百分表，观察最大误差数值

图 2-40　校正毛坯的轴线

边器沿测量方向移动至毛坯附近，使寻边器与毛坯被测量的端面相差一个工作区域半径值，记录下当前寻边器在数控机床系统中的 X 方向的坐标值。然后将寻边器沿 Z 方向抬高，向 X 方向移动一个寻边器半径的距离，再次记录下当前寻边器 X 方向的坐标值，如图 2-41 所示。于是，毛坯 X 方向的中心坐标值计算公式为

毛坯 X 方向的中心坐标值 = 第一次测量的坐标值 - 寻边器半径

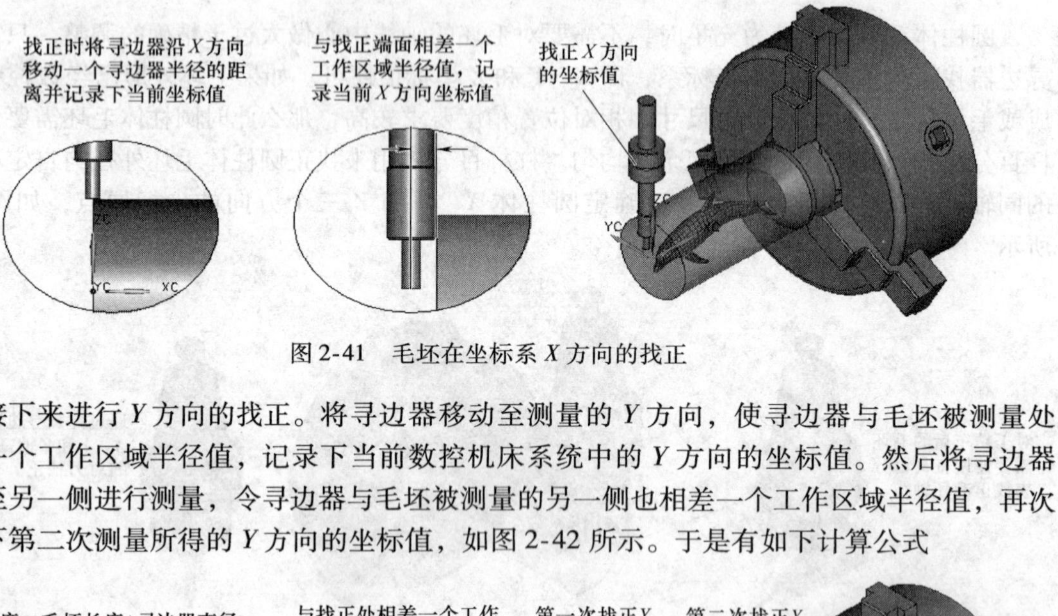
找正时将寻边器沿X方向移动一个寻边器半径的距离并记录下当前坐标值
与找正端面相差一个工作区域半径值，记录当前X方向坐标值
找正X方向的坐标值

图 2-41　毛坯在坐标系 X 方向的找正

接下来进行 Y 方向的找正。将寻边器移动至测量的 Y 方向，使寻边器与毛坯被测量处相差一个工作区域半径值，记录下当前数控机床系统中的 Y 方向的坐标值。然后将寻边器移动至另一侧进行测量，令寻边器与毛坯被测量的另一侧也相差一个工作区域半径值，再次记录下第二次测量所得的 Y 方向的坐标值，如图 2-42 所示。于是有如下计算公式

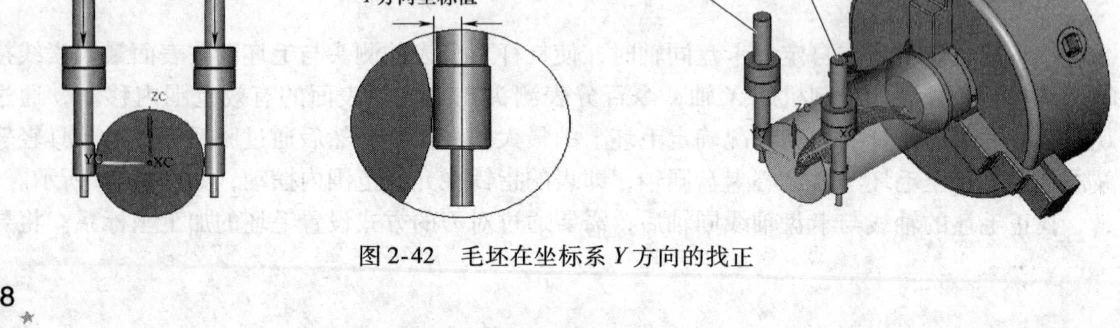
测量长度＝毛坯长度+寻边器直径
与找正处相差一个工作区域半径值，记录当前Y方向坐标值
第一次找正Y方向坐标值
第二次找正Y方向坐标值

图 2-42　毛坯在坐标系 Y 方向的找正

$$\left|\text{毛坯}Y\text{方向的中心坐标值}\right|=\frac{\text{第一次测量}Y\text{坐标值}-\text{第二次测量}Y\text{坐标值}}{2}$$

测量毛坯顶面 Z 方向坐标值采用的是间接对刀的方法。将深度百分表放置在工作台上，用基准刀具进行对刀。由于深度百分表的测量高度为一定值如 50mm，当表内指针指向零位时百分表工作区域顶面至机床工作台的距离高度为 50mm，数控机床操作人员只需记录下当前数控系统上 Z 方向的坐标值，然后减去百分表上的固定高度 50mm，即将刀具与工作台之间的差值清除，最后将此坐标值加上卡盘中心至工作台的 Z 方向高度尺寸，即得圆柱体毛坯 Z 方向的加工坐标系原点的 Z 坐标值，如图 2-43 所示，其计算公式为

毛坯 Z 方向坐标 = 刀具 Z 方向坐标值 − 百分表设置高度 + 卡盘中心高度

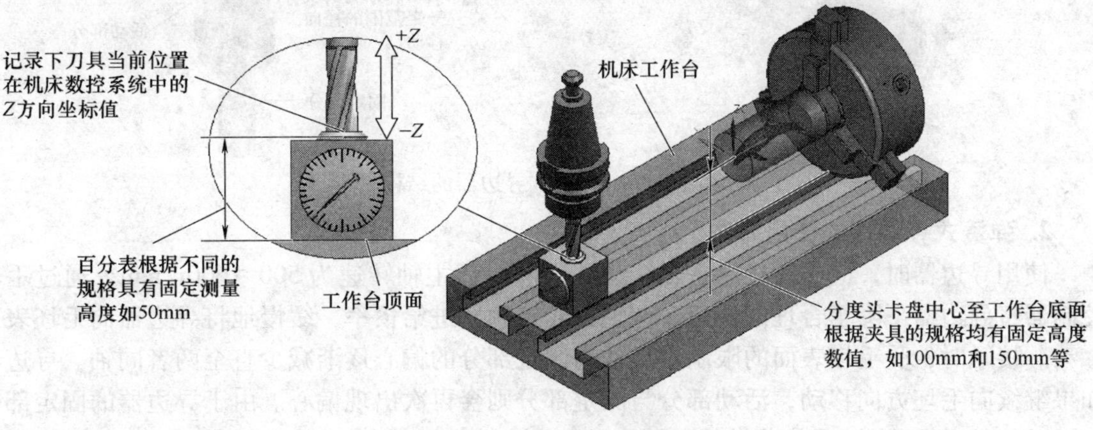
记录下刀具当前位置
在机床数控系统中的
Z方向坐标值
+Z
−Z
机床工作台
百分表根据不同的
规格具有固定测量
高度如50mm
工作台顶面
分度头卡盘中心至工作台底面
根据夹具的规格均有固定高度
数值，如100mm和150mm等

图 2-43　坐标系 Z 方向找正

第五节　分中找正辅助工具

毛坯零件的加工坐标系确定后，如何能在数控机床上设置，主要通过相关的分中找正辅助工具和相应的找正方法分别对毛坯特征进行找正。

分中找正工具是找正设置零件加工坐标系的常用辅助性工具，不同的分中找正辅助工具具有不同的分中找正原理。应用分中找正工具自身的工作原理和相应的找正方法，可实现被加工零件中心的找正。

分中找正工具的种类主要分为机械式和光电式两种。机械式主要有弹簧式寻边器、杠杆百分表和机械指针式百分表三种。光电式主要是光电接触式探针找正工具。普通数控铣削加工中以弹簧式寻边器、杠杆百分表和深度百分表三种最为常用。

一、弹簧式寻边器

1. 弹簧式寻边器的结构

弹簧式寻边器结构简单、价格便宜、使用方便，广泛应用于数控铣床或加工中心对毛坯零件的分中找正环节，如图 2-44 所示。

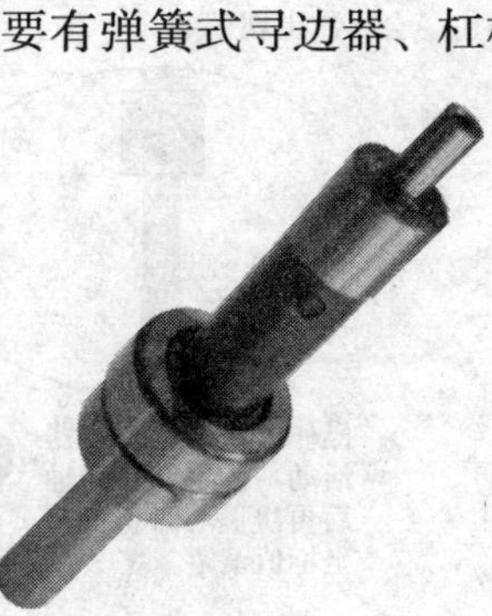

图 2-44　弹簧式寻边器

弹簧式寻边器的结构可分为固定部分和活动部分，内部通过一根弹簧联接二者。固定部分通过弹簧夹头和刀柄安装在机床主轴上，活动部分可在寻边器的径向产生一定范围的移动，工作区域用作对毛坯进行分中。活动部分按其直径不同可分为两个工作区域，大直径工作区域主要用于毛坯内、外表面的分中，小直径工作区域主要用于大直径工作区域无法进入的孔类内表面的分中，如图 2-45 所示。

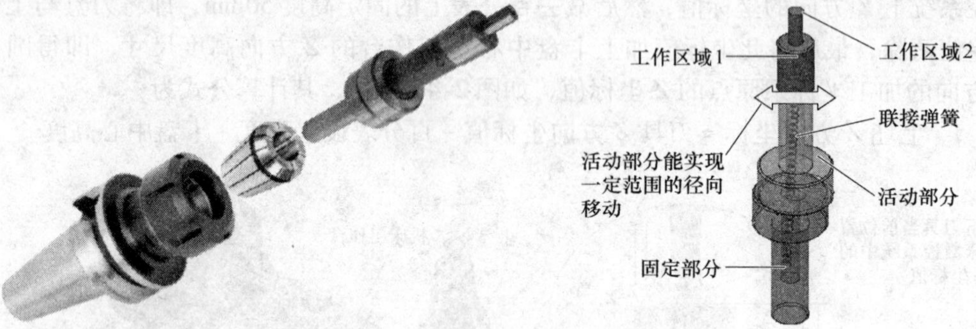
工作区域1
工作区域2
联接弹簧
活动部分能实现
一定范围的径向
移动
活动部分
固定部分

图 2-45　弹簧式寻边器的结构

2. 弹簧式寻边器的使用方法

使用寻边器时，应先使机床主轴转动并必须保证主轴转速为 500 ~ 600r/min。通过手轮控制器将寻边器下降至合理的位置，调整手轮控制器进给倍率，缓慢地将寻边器向毛坯表面移动。接触时，受毛坯表面的限制，活动与固定部分的偏心逐渐减少直至两者同轴。寻边器如果继续向毛坯方向移动，活动部分与固定部分则会再次出现偏心。由于寻边器的固定部分与活动部分的同轴很难依靠肉眼判断，因此操作人员应把手轮控制器进给倍率调整为 0.01mm，使寻边器继续向毛坯方向移动，直至手轮移动一格后寻边器的活动部分与固定部分再次出现偏心，此时便将当前主轴运动方向坐标值清零。

弹簧式寻边器的使用方法参照找正内容如图 2-46 所示。

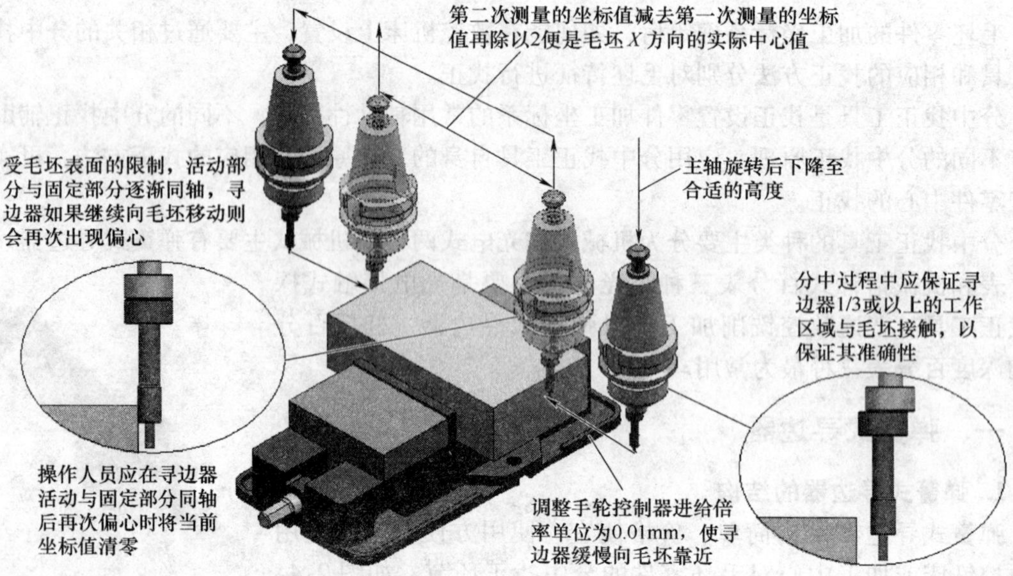
第二次测量的坐标值减去第一次测量的坐标
值再除以2便是毛坯X方向的实际中心值
受毛坯表面的限制，活动部
分与固定部分逐渐同轴，寻
边器如果继续向毛坯移动则
会再次出现偏心
主轴旋转后下降至
合适的高度
分中过程中应保证寻
边器1/3或以上的工作
区域与毛坯接触，以
保证其准确性
操作人员应在寻边器
活动与固定部分同轴
后再次偏心时将当前
坐标值清零
调整手轮控制器进给倍
率单位为0.01mm，使寻
边器缓慢向毛坯靠近

图 2-46　弹簧式寻边器的使用

3. 使用弹簧式寻边器的注意事项

1）保证主轴转速为500～600r/min，防止寻边器发生损坏导致人身意外事故的发生和保证寻边器的灵敏度。

2）分中过程中应保证寻边器1/3或以上工作区域与毛坯接触，以保证其准确性。

3）使用手轮控制器将寻边器移动至毛坯时，必须将进给倍率降低，避免寻边器与毛坯发生撞击造成寻边器损坏。

二、杠杆百分表

1. 杠杆百分表的结构

杠杆百分表属于机械式精密测量量具，常用于找正夹具或零件某一表面与工作台的平行度，也可用来找正毛坯零件的中心，如图2-47所示。

图2-47 杠杆百分表

杠杆百分表主要由表盘、联接部分、固定部分和测量杆四大主体结构组成。表盘内圈刻有数值刻度，指针用来指出当前所测量的读数，表盘可绕指针固定轴作旋转运动。使表盘内的零位与指针对齐，用作标记当前位置。联接部分将其余三大结构连成一体，并且内部装有将测量杆旋转运动转化为指针旋转运动的传动机构。固定部分与弹簧夹头联接，便于将百分表装夹在刀柄上用于零件的测量找正。测量杆的球头部分主要用作对毛坯零件的找正，杆可绕着起始端作旋转运动。

杠杆百分表的固定部分有两种形式，一种是在联接部分的末端做成燕尾槽结构，以便与夹紧机构配合使用，另一种则是在联接部分上做成圆柱体形式，以便直接与刀具的弹簧夹头联接，如图2-48所示。

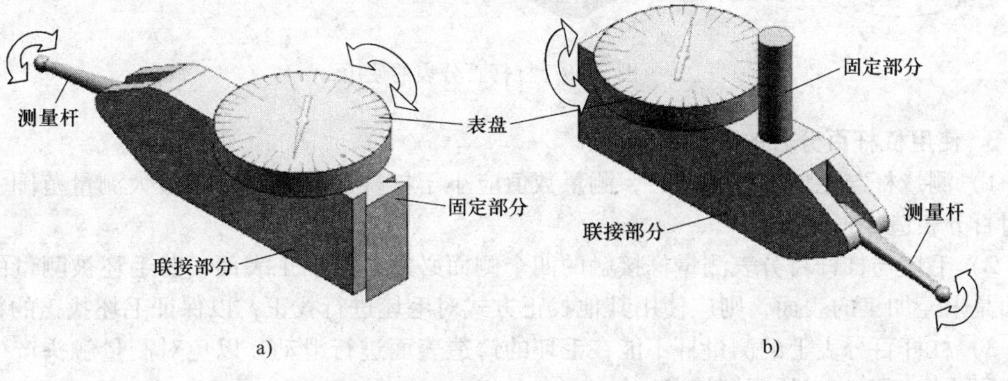

图2-48 杠杆百分表主体结构
a）燕尾槽结构 b）圆柱体形式

2. 杠杆百分表的使用方法

使用杠杆百分表对毛坯进行找正时，应使用手轮控制器缓慢将主轴下降至合理位置，然后将杠杆百分表向$-X$方向移动直至其与毛坯侧面接触，手动旋转主轴使杠杆百分表绕Z方向旋转，观察杠杆百分表的指针摆动，手动将表盘零位刻度与指针摆动的最大指向位置的数值对齐，记录下当前机床数控系统中的 X 方向坐标值或将 X 方向坐标值清零。

手动将杠杆百分表旋转一个角度使其测量杆离开毛坯表面，通过手轮控制器将主轴上升至安全高度后再向 $-X$ 方向移动至另一个需要找正的毛坯侧面。杠杆百分表下降至合理位置后，向 X 方向移动直至杠杆百分表与毛坯侧面接触，手动旋转主轴使杠杆百分表绕 Z 方向旋转，观察其指针摆动。手动将表盘零位与指针摆动的最大指向位置的数值对齐，记录下当前机床数控系统中的 X 方向坐标值，如图 2-49 所示。毛坯 X 方向中心计算公式如下

$$|\text{毛坯} X \text{方向中心}| = \frac{\text{第一次测量} X \text{坐标值} - \text{第二次测量} X \text{坐标值}}{2}$$

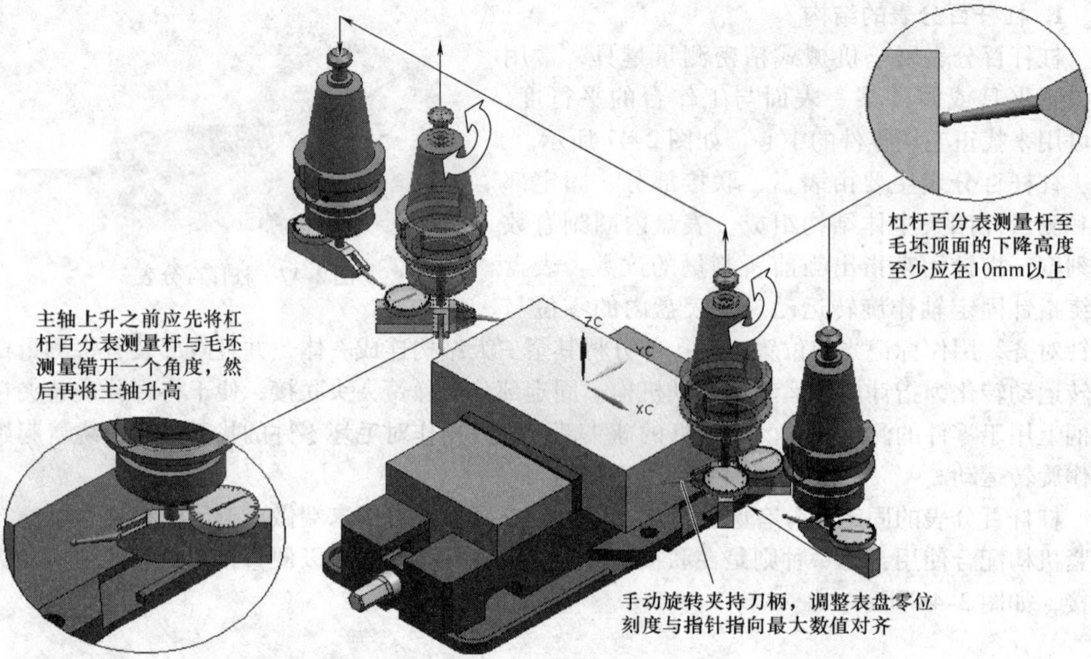
杠杆百分表测量杆至
毛坯顶面的下降高度
至少应在10mm以上
主轴上升之前应先将杠
杆百分表测量杆与毛坯
测量错开一个角度，然
后再将主轴升高
ZC
YC
XC
手动旋转夹持刀柄，调整表盘零位
刻度与指针指向最大数值对齐

图 2-49　杠杆百分表的使用

3. 使用杠杆百分表的注意事项

1）测量杆与毛坯零件接触后，测量数值应小于杠杆百分表允许的最大测量范围，以避免对百分表造成损坏。

2）毛坯与杠杆百分表测量杆接触的四个侧面必须是已加工表面，若毛坯被测量的四个侧面是未经加工的表面，则应使用其他找正方式对毛坯进行找正，以保证毛坯找正的精度。

3）杠杆百分表上的测量杆不能在毛坯的铸造表面进行滑动，以免对测量触头产生磨损从而影响杠杆百分表的测量精度。

三、深度百分表

1. 深度百分表的结构

深度百分表用于设定加工坐标系原点在机床坐标系中 Z 向坐标值的找正操作，将深度百分表直接放置在毛坯顶面可用来测量刀具长度，得出刀具底面至毛坯顶面之间的距离，通过相应的补偿功能实现 Z 方向的找正对刀，如图 2-50 所示。

深度百分表的主体结构主要包括表座、指针、表盘、测量工作区域和模式转换旋钮。其中，表座用于放置百分表；指针和表盘用于 Z 方向深度数值测量；测量工作区域表面与刀具底面接触，在刀具的下压力的作用下使测量工作区域作上下运动从而带动指针旋转；模式转换旋钮用于百分表工作模式的设定，如图 2-51 所示。

图 2-50　深度百分表

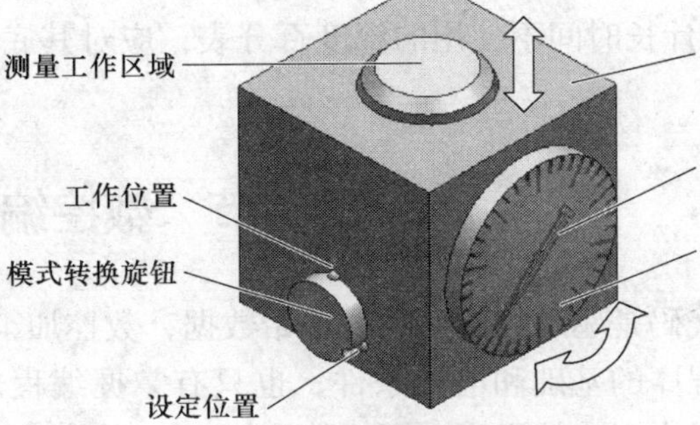
测量工作区域
表座
指针
工作位置
表盘
模式转换旋钮
设定位置

图 2-51　深度百分表的主体结构

2. 深度百分表的使用

使用深度百分表进行加工坐标系的 Z 方向找正之前，需要对测量工作区域的测量深度进行找正。深度百分表的测量深度有 50mm、100mm 和 150mm 等多种规格，如规格为 50mm 的深度百分表的模式转换旋钮处于设定位置，将测量工作区域下压至下止点时工作区域顶面至百分表表座底面的距离为 50mm，此时旋转表盘位置将表盘上的零位调整至与指针指向对齐。松开测量工作区域后，待下次工作区域下降至指针指向表盘零位时，工作区域表面至百分表底座底面的距离为已设定的标准高度 50mm。

将旋钮调整至工作位置后，将刀具下降至测量工作区域的顶面，然后使用手轮控制器继续向 $-Z$ 方向下降并观察表盘内指针的指向。当指针指向已设置好的表盘零位时说明刀具下降距离已到位，即刀具底面与百分表表座底面相差一个 50mm 标准高度，如图 2-52 所示。

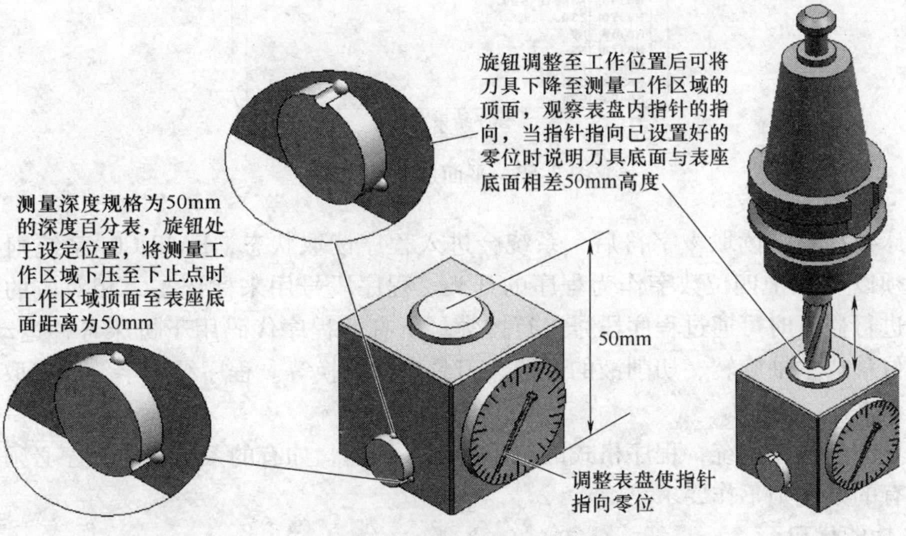
旋钮调整至工作位置后可将
刀具下降至测量工作区域的
顶面，观察表盘内指针的指
向，当指针指向已设置好的
零位时说明刀具底面与表座
底面相差50mm高度
测量深度规格为50mm
的深度百分表，旋钮处
于设定位置，将测量工
作区域下压至下止点时
工作区域顶面至表座底
面距离为50mm
50mm
调整表盘使指针
指向零位

图 2-52　深度百分表的使用

3. 使用深度百分表的注意事项

1）模式转换旋钮处于设定位置时，深度百分表不能用作毛坯的找正，以保护其不被破坏。

2）深度百分表准备安装到机床工作台或毛坯顶面时，应将深度百分表底座和工作台面上的切屑杂物清理干净后再放置深度百分度，以免影响其测量精度。

3）深度百分表在使用过程中刀具与测量工作面接触后，刀具的下降和上升速度不宜过快。

4）预计长时间不使用的深度百分表，应对其底座和测量工作区域涂防锈油，防止锈斑的产生。

第六节　数控编程规则

数控代码是驱动机床运动的原始数据，数控加工技术人员熟练掌握数控编程格式是正确编制数控程序的基础和前提条件；也只有掌握编程规则，才能对错误的程序作出合理的修改，使之成为正确的程序，用于数控加工。

一、数控程序的组成

数控代码的顺序编排必需按照相应的标准进行，如我国制定的关于 G 功能代码和 M 功能代码的 JB3208-1999 标准和国际通用的 ISO 1056-1975 所规定的 G、M 功能代码标准。一个完整的数控程序应包括程序开始字符、O 加上四位数字、程序段号、程序和程序结束字符五大部分，如图 2-53 所示。

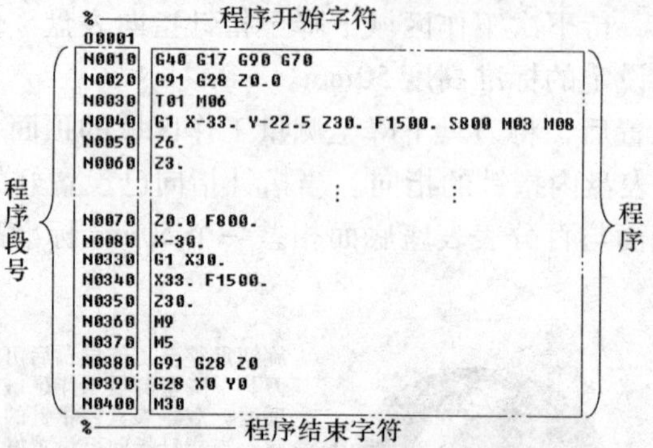
%
程序开始字符
O0001
N0010 G40 G17 G90 G70
N0020 G91 G28 Z0.0
N0030 T01 M06
N0040 G1 X-33. Y-22.5 Z30. F1500. S800 M03 M08
N0050 Z6.
N0060 Z3.
程序段号
N0070 Z0.0 F800.
N0080 X-30.
N0330 G1 X30.
N0340 X33. F1500.
N0350 Z30.
N0360 M9
N0370 M5
N0380 G91 G28 Z0
N0390 G28 X0 Y0
N0400 M30
程序
%
程序结束字符

图 2-53　平面加工 G 代码

当机床数控系统读取% 字符后，系统会进入程序读取状态，FANUC0i 系统则要求程序的首段必须以 O 加上四位数字作为程序的开头。程序段号用来标记与之相对应的程序，当程序需要进行修改时可通过程序段号进行搜索。所有的程序代码用于机床各种运动的控制，包括轴的位移、主轴旋转、切削液的开启、刀具自动更换等。程序结束字符用来取消系统的程序读取状态。

对于不同的数控系统，程序格式的编排是不一样的，如有的系统要求程序必须以% 开始和结束，有的系统则不作要求。

1. G 功能代码

以 G 开头的程序指令代码统称为准备功能代码，简称 G 代码。G 代码定义机床在何种特定的运动模式下执行后续的程序代码。G 代码由地址码 G 后加两位数字组成，表 2-2 为我国参照 ISO 国际标准所制定的 G 代码，分别定义了从 G00 至 G99 共 100 种不同的程序运行模式。

表 2-2 准备功能代码

代 码	功能保持到被取消或由同样字母表示的程序指令所代替	功能仅在所出现的程序段内有作用	功 能	代 码	功能保持到被取消或由同样字母表示的程序指令所代替	功能仅在所出现的程序段内有作用	功 能
G00	a		快速点定位	G50	#（d）	#	刀具长度 0/ - 补偿
G01	a		直线插补	G51	#（d）	#	刀具长度 0/ - 补偿
G02	a		顺时针圆弧插补	G52	#（d）	#	刀具长度 0/ - 补偿
G03	a		逆时针圆弧插补	G53	f		注销直线偏移
G04		*	暂停	G54	f		直线偏移 *X*
G05	#	#	不指定	G55	f		直线偏移 Y
G06	a		抛物线插补	G56	f		直线偏移 Z
G07	#	#	不指定	G57	f		直线偏移 *XY*
G08		*	加速	G58	f		直线偏移 *XZ*
G09		*	减速	G59	f		直线偏移 YZ
G10 ~ G16	#	#	不指定	G60	h		准确定位 1（精）
G17	c		*XY* 平面选择	G61	h		准确定位 2（中）
G18	c		*ZX* 平面选择	G62	h		准确定位（粗）
G19	c		*YZ* 平面选择	G63		*	攻螺纹
G20 ~ G32	a	#	不指定	G64 ~ G67	#	#	不指定
G33	a		等螺距螺纹加工	G68	#（d）	#	内角刀具偏置
G34	a		增螺距螺纹加工	G69	#（d）	#	外角刀具偏置
G35	a		减螺距螺纹加工	G70 ~ G79	#	#	不指定
G36 ~ G39	#	#	永不指定	G80	e		取消固定循环
G40	d		取消刀具半径和长度补偿	G81 ~ G89	E		固定循环
G41	d		刀具左补偿	G90	j		绝对尺寸
G42	d		刀具右补偿	G91	j		相对尺寸
G43	#（d）	#	刀具长度正补偿	G92		*	预置寄存
G44	#（d）	#	刀具长度负补偿	G93	k		时间倒数进给率
G45	#（d）	#	刀具长度 +/ + 补偿	G94	k		每分钟进给
G46	#（d）	#	刀具长度 +/ - 补偿	G95	k		主轴每转进给
G47	#（d）	#	刀具长度 -/ - 补偿	G96	I		恒定速度
G48	#（d）	#	刀具长度 -/ + 补偿	G97	I		主轴每分钟转速
G49	#（d）	#	刀具长度 0/ + 补偿	G98 ~ G99	#	#	不指定

注：1. “#” 表示相应指令如选作特殊用途，必须在程序格式中说明。

2. 如在直线插补控制中没有刀具补偿，则 G43 ~ G52 可被指定其他用途。

3. 表中括号中的字母 “d” 表示对应的指令可以被同列中没有标注字母 “d” 的指令注销或代替，亦可被有字母 “d” 的指令注销或代替。

4. G45 ~ G52 的功能可用于机床上任意两个预定的坐标。

5. 控制器上没有 G53 ~ G59、G63 功能时，可以指定其他用途。

G 代码按照运行过程中的有效性可分为模态代码和非模态代码两类。表 2-2 第二列中有字母标注行所对应的 G 代码均为模态代码。表 2-2 中，第二列中字母相同的 G 代码为一组，为了避免程序代码的冲突，同组的代码不能在同一段程序内出现，如 G00 ~ G03 为同组代码，因此在同一段程序内只能使用一个该组的 G 代码。

模态代码最大的特点是：一旦执行代码，后续的程序运行中机床均以该代码指定的运动方式运动。如当程序执行 G00 后，后续的程序控制的运动均以快速点定位模式进行，只有当同组的模态指令如 G01 被执行后，G00 指定的快速点定位运动模式才会被替换。非模态代码是指该段代码只能在当前所在的程序段内有效，如 G08 和 G09 等。

表 2-2 第四列中的“不指定”代码，表示当前暂不对其进行定义，待标准修改时可以用于指定新的运动模式。“永不指定”代码表示所对应的 G 代码永远不指定其运动模式。

2. M 功能代码

以 M 字母开头的程序代码统称为辅助功能代码，简称 M 功能代码。辅助功能代码用于控制主轴旋转、切削液开和关、刀具自动更换等为完成零件加工在机床上所使用的辅助功能。辅助功能代码由 M 字母后加上两位数字组成，分别定义了从 M00 至 M99 共 100 种不同的辅助运行模式。表 2-3 为我国参照 ISO 国际标准所制定的 M 代码，分别列出了 100 种辅助运动的定义。

表 2-3　辅助功能代码

代码	功能开始时间		功能保持到被注销或被适当的指令代替	功能只在所出现的程序段内有效	功能	代码	功能开始时间		功能保持到被注销或被适当的指令代替	功能只在所出现的程序段内有效	功能
	与程序段指令执行同时开始	在程序段指令执行完成后开始					与程序段指令执行同时开始	在程序段指令执行完成后开始			
M00		*		*	程序停止	M08	*		*		1 号切削液开
M01		*		*	计划停止	M09	*	*	*		切削液关
M02		*		*	程序结束	M10		*	*		夹紧
M03	*		*		主轴顺时针方向	M11	*	*	*		松开
M04	*		*		主轴逆时针方向	M12	*	*	*	*	不指定
M05		*	*		主轴停止	M13	*				主轴顺时针方向，切削液开
M06		*		*	换刀	M14	*				主轴逆时针方向，切削液开
M07	*		*		2 号切削液开	M15	*			*	正运动

（续）

代码	功能开始时间：与程序段指令执行同时开始	功能开始时间：在程序段指令执行完成后开始	功能保持到被注销或被适当的指令代替	功能只在所出现的程序段内有效	功能	代码	功能开始时间：与程序段指令执行同时开始	功能开始时间：在程序段指令执行完成后开始	功能保持到被注销或被适当的指令代替	功能只在所出现的程序段内有效	功能
M16	*			*	负运动	M50	*		*		3号切削液开
M17 ~ M18	*	*	*	*	不指定	M51	*		*		4号切削液开
M19		*	*		主轴定向停止	M52 ~ M54	*	*	*	*	不指定
M20 ~ M29	*	*	*	*	永不指定	M55	*		*		刀具直线位移位，位置1
M30		*		*	纸带结束	M56	*		*		刀具直线位移位，位置2
M31	*		*	*	互锁旁路	M57 ~ M59	*	*	*	*	不指定
M32 ~ M35	*	*	*	*	不指定	M60		*		*	更换工作
M36	*		*		进给范围1	M61	*		*		工件直线位移位，位置1
M37	*		*		进给范围2	M62	*		*		工件直线位移位，位置2
M38	*		*		主轴速度范围1	M63 ~ M70	*	*	*	*	不指定
M39	*		*		主轴速度范围2	M71	*		*		工件角度位移位，位置1
M40 ~ M45	*	*	*	*	如有急需作为齿轮换挡，此外不指定	M72	*		*		工件角度位移位，位置2
M46 ~ M47	*	*	*	*	不指定	M73 ~ M89	*	*	*	*	不指定
M48		*	*		注销 M49	M90 ~ M99	*	*	*	*	永不指定
M49	*		*		进给率修正旁路						

注：1. “*”表示相应指令如选作特殊用途，必须在程序格式中说明。

2. M90 ~ M99 可以指定为特殊用途。

3. S、F、T功能代码

S为主轴旋转指令，用于控制主轴每分钟的旋转速度。S功能代码由字母S后加上旋转速度数值组成。如果程序段中只有S指令，系统执行至该段指令时会出现错误报警，因此S指令在程序段中必须与M03或M04辅助功能指令配合使用，如S800 M03表示主轴以800r/min的转速正转。

F指令用于程序控制机床各轴运动时的运动速度。F功能代码由字母F后加上进给速度数值组成。F指令运行前需要通过G指令来指定其运行模式，与F指令相配合使用的G代码有G93、G94和G95，系统默认的运行模式是G94模式，即F指令中进给速度的单位为mm/min。如执行“G94　F1500”时，系统将以1500mm/min的速度控制指定轴运动；若执行“G95　F0.2”，系统将以0.2mm/r的速度控制相应轴的运动。

T指令为程序控制机床刀库进行自动更换刀具的指令。T功能代码由字母T后加上两位刀具刀号数值组成。同样，T指令需要与M06辅助功能指令配合使用，如执行“T01　M06”时，加工中心上刀库系统会将当前刀具放回原刀库，然后在刀库调用01号刀具。

绝大多数用于加工的数控程序根据加工运动的需要将各种不同功能代码综合而成，如机床对程序的预读、加工平面选择、运行代码运动单位、刀具补偿、更换刀具和各种插补功能等，从而形成对数控机床的各种运动进行控制。例如，以下平面加工程序的执行过程如图2-54所示。

```
%;
O0001
N0010 G40 G17 G90 G70;                  取消刀具补偿，加工平面为XY平面，绝对尺
                                        寸，米制
N0020 G91 G28 Z0.0;                     相对尺寸，主轴上升至Z方向最高
N0030 T01 M06;                          调用1号刀具，执行换刀
N0040 G01 G90 X-33. Y-22.5 Z30.
S1800 M03 M08 F1500;                    直线插补运动，运行至指定坐标点，速度
N0050 Z6.;                              为1500mm/min，主轴正转
N0060 Z3.;
N0070 Z0.0 F800.;
N0080 X-30.;
N0090 X26.;
N0100 G03 X30. Y-18.5 R4.;
N0110 G01 Y-18.24;
N0120 G03 X26.76 Y-15. R3.24;           逆时针圆弧插补，(26.76，-15)为终
N130 G01 Y-26.;                         点坐标，圆弧半径为3.24mm
N0140 G02 X-30. Y-11. R4.;
N0150 G01 Y-10.74;
N0160 G02 X-26.76 Y-7.5 R3.24;          顺时针圆弧插补，(-26.76，-7.5)为终点
N0170 G01 X26.;                         坐标，圆弧半径为3.24mm
N0180 G03 X30. Y-3.5 R4.;
N0190 G01 Y-3.24;
```

```
N0200  G03  X26.76  Y0.0  R3.24;
N0210  G01  X-26.;
N0220  G02  X-30.  Y4.  R4.;
N0230  G01  Y4.26;
N0240  G02  X-26.76  Y7.5  R3.24;
N0250  G01  X26.;
N0260  G03  X30.  Y11.5  R4.;
N0270  G01  Y11.76;
N0280  G03  X26.76  Y15.  R3.24;
N0290  G01  X-26.;
N0300  G02  X-30.  Y19.  R4.;
N0310  G01  Y19.26;
N0320  G02  X-26.76  Y22.5  R3.24;
N0330  G01  X30.;
N0340  X33.  F1500;
N0350  Z30.;
N0360  M09;                      关闭切削液
N0370  M05;                      主轴停
N0380  G91  G28  Z0.0;           相对尺寸，主轴上升至Z方向
N0390  G28  X0.0  Y0.0           X轴和Y轴运行至机床坐标系
N04700  M30;                     程序结束
%;
```

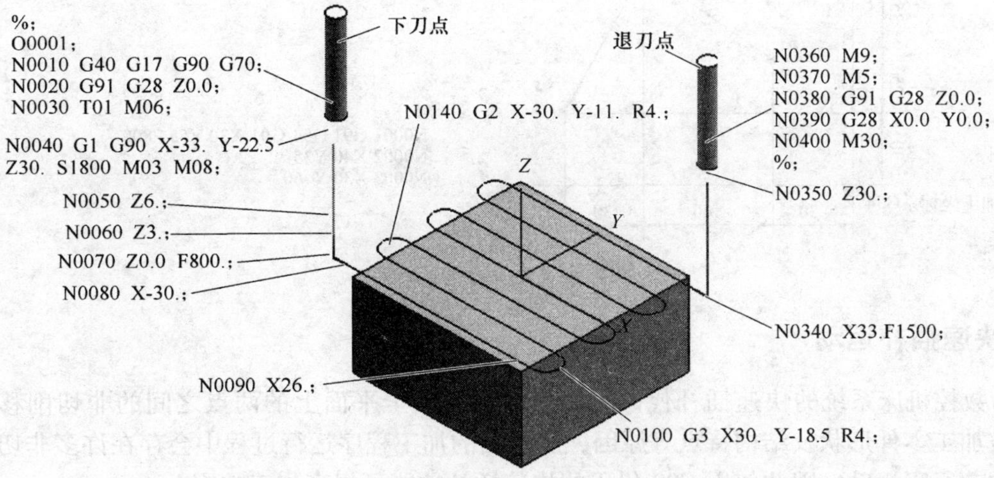
%;
O0001;
N0010 G40 G17 G90 G70;
N0020 G91 G28 Z0.0;
N0030 T01 M06;
N0040 G1 G90 X-33. Y-22.5
Z30. S1800 M03 M08;
N0050 Z6.;
N0060 Z3.;
N0070 Z0.0 F800.;
N0080 X-30.;
下刀点
N0140 G2 X-30. Y-11. R4.;
Z
Y
退刀点
N0360 M9;
N0370 M5;
N0380 G91 G28 Z0.0;
N0390 G28 X0.0 Y0.0;
N0400 M30;
%;
N0350 Z30.;
N0340 X33.F1500;
N0090 X26.;
N0100 G3 X30. Y-18.5 R4.;

图 2-54　平面加工数控程序

二、绝对尺寸与相对尺寸

数控程序的编程规则按照参照坐标的不同可分为绝对坐标编程和相对坐标编程两种。使用绝对尺寸方式进行程序编制时，运动轨迹上的所有点的 X、Y 和 Z 方向的坐标值均以加工

坐标系作为参照定出。例如，如图 2-55 所示，刀具由 $P1$ 点运动至 $P2$ 点，再由 $P2$ 点运动至 $P3$ 点，用绝对尺寸编程时 $P1$ 点的坐标值为 $X=30$，$Y=55$，$P2$ 点的坐标值为 $X=70$，$Y=90$，$P3$ 点的坐标值为 $X=100$，$Y=30$。

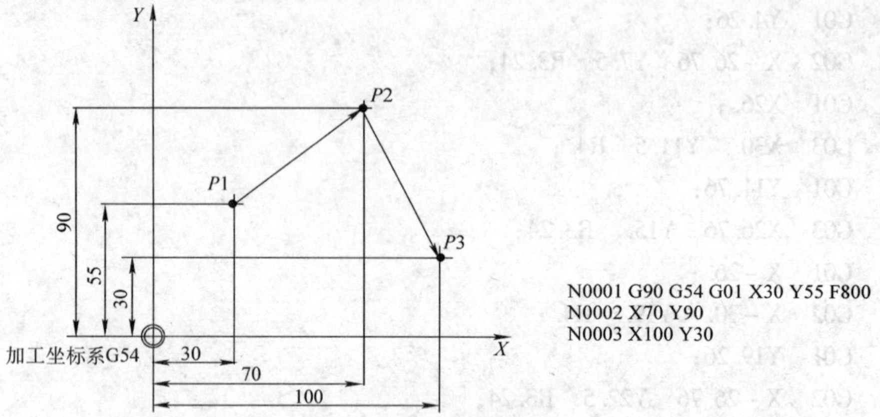

图 2-55　绝对尺寸编程

使用相对尺寸进行编程时，运动轨迹上所有点的 X、Y 和 Z 方向的坐标值均以前一个运动结束点的坐标值作为参照定出，第一个点以加工坐标系作为参照。例如，如图 2-56 所示刀具由 $P1$ 点运动至 $P2$ 点，再由 $P2$ 点运动至 $P3$ 点，使用相对尺寸编程时，$P1$ 点的坐标值为 $X=30$，$Y=55$，$P2$ 点的坐标值为 $X=40$，$Y=35$，$P3$ 点的坐标值为 $X=30$，$Y=-60$。

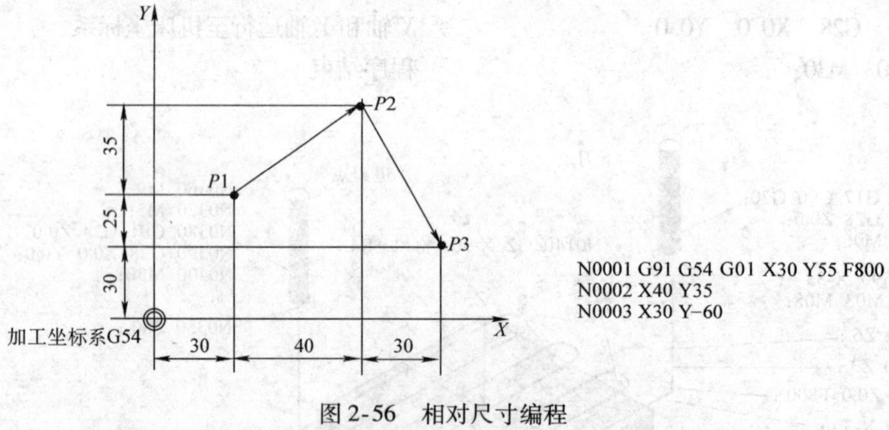

图 2-56　相对尺寸编程

三、快速插补运动

G00 为数控机床系统的快速插补代码，用于刀具在安全平面上的两点之间的非切削移动。由于被加工零件形状及结构特点等原因，编制出的加工程序运行过程中会存在许多非切削状态下的空行程运动，因此使用 G00 代码的快速插补功能可提高加工效率。

快速插补的速度由机床厂家通过数控系统进行设定，如某数控机床系统将快速插补运动速度设置为 6000mm/min，那么当程序执行至“G00　X××Y××Z××”程序段时，机床将以 6000mm/min 的速度对 X、Y、Z 三个坐标值进行插补。快速插补程序的格式需要与具体的 X、Y 或 Z 坐标轴移动数值配合使用，如“G00　X300　Y100　Z50”。此外，插补运动可以是单个轴、两轴或三轴作插补运动。

快速插补根据数控系统的设置运行方式可分为折线插补和直线插补两种。其中，折线插补如图 2-57a 所示，首先在 X 轴和 Y 轴两轴间按 1∶1 的距离进行交替插补直至完成短距离方向上的 Y 轴的数值插补，然后对 X 轴做单轴插补直至 X 方向完成插补。直线插补如图 2-57b 所示，将由始至终均以 X 轴和 Y 轴交替进行的插补方式直至完成程序段中的 X 和 Y 坐标值插补。

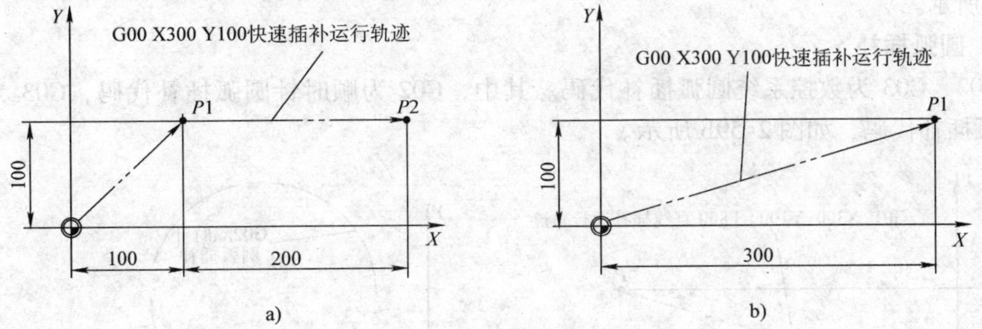

图 2-57 快速插补运动
a）折线插补 b）直线插补

需要注意的是，数控机床系统定义的快速插补若为折线插补的方式，则容易造成刀具与被加工零件发生碰撞，导致机床故障或人身安全事故的发生。特别是加工较为复杂的塑料模具型腔时，内部岛屿众多的情况下更不能使用折线方式运行的快速插补，如图 2-58 所示。

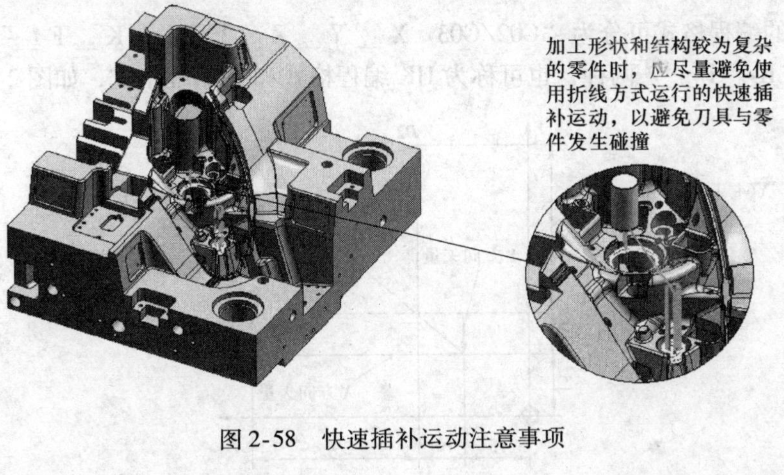

图 2-58 快速插补运动注意事项

因此，在数控系统中最好能将系统参数的快速插补定义为直线插补。如果数控机床生产厂家不能提供系统相关技术支持或系统参数，编程人员必须在程序编制的过程中将刀具运行轨迹中的 G00 指定快速插补强制转化为 G01 指定的直线插补方式，以避免机床故障或人身安全事故的发生。

四、直线插补和圆弧插补

1. 直线插补

G01 为数控系统直线插补运动代码，用于指定机床各轴按 G01 指定的相关坐标轴进行直线插补运动。按照机床结构类型的不同，G01 指定的直线插补可控制单个或多个运动轴同时进行插补运动。

G01 直线插补指令的格式为：G01　X__ Y__ Z__ A__ B__ C__ F__。其中，X、Y、Z 为线性轴移动目标处的坐标点，A、B、C 为旋转轴的旋转角度，F 为各轴运动时的进给速度。直线插补运动不论是单轴运动或多轴运动，将始终保持向坐标点进行直线插补，如图 2-59a 所示。

2. 圆弧插补

G02、G03 为数控系统圆弧插补代码。其中，G02 为顺时针圆弧插补代码，G03 为逆时针圆弧插补代码，如图 2-59b 所示。

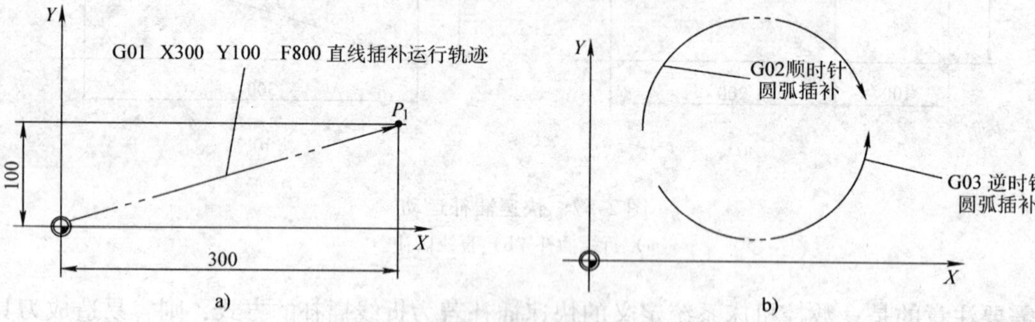

图 2-59　直线插补和圆弧插补

a）直线插补　b）圆弧插补

圆弧插补的编程格式可分为“G02/G03　X__ Y__ Z__ I__ J__ K__ F__”和“G02/G03　X__ Y__ Z__ R__ F__”两种，也可称为 IJK 编程格式和 R 编程格式，如图 2-60 所示。

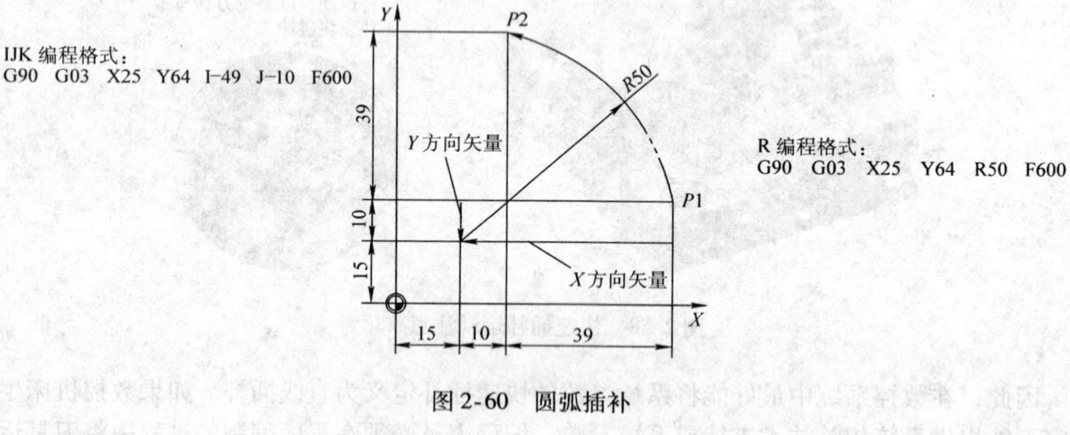

图 2-60　圆弧插补

“G02/G03　X__ Y__ Z__ I__ J__ K__ F__”格式可用于圆弧或整圆的插补，其中 X、Y、Z 为圆弧的终点坐标值，I 为圆弧起点至圆心的矢量在 *X* 轴上的投影长度，J 为圆弧起点至圆心的矢量在 *Y* 轴上的投影长度。当矢量方向与坐标轴正方向同向时，I、J 后的数值取正值；如果矢量方向与坐标轴正方向相反时，I、J 数值取负值。对于整圆插补加工，其圆弧的起始点与终点重合，因此可通过 IJK 编程格式实现，如图 2-61 所示。

“G02/G03　X__ Y__ Z__ R__ F__”格式大多用于小于 360°圆弧段的插补。其中 X、Y、Z 为圆弧的终点坐标值，R 为圆弧半径值。对于 R 格式的圆弧插补，需要对 R 值的正负

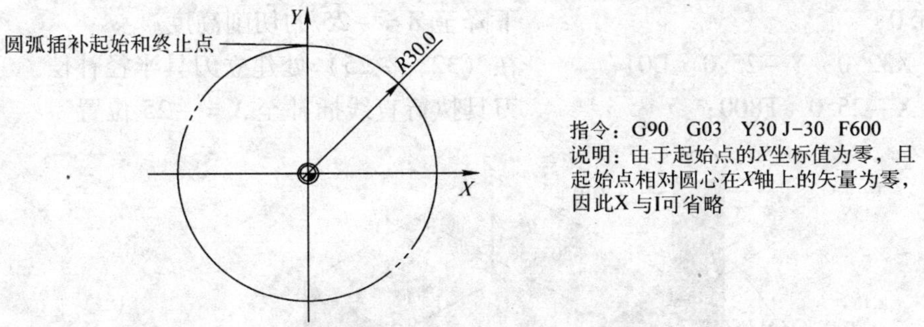

图 2-61 整圆插补

做相应的规定：如果圆心角 $\alpha>180°$ 圆弧半径值取负值；圆心角 $\alpha\leqslant180°$，圆弧半径值取正值，如图 2-62 所示。

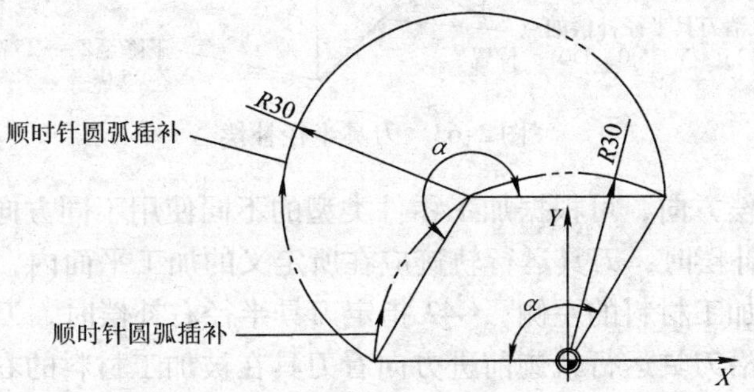

图 2-62 R 值的正负取值

五、刀具补偿

刀具补偿可分为刀具的半径补偿和长度补偿两种。

1. 刀具半径补偿

在程序预定的轨迹上偏置一个刀具半径的补偿称为刀具半径补偿。由于手工编程时计算出的刀具运行轨迹均是以刀具圆心计算，因此在实际机床加工过程中需要对所用的不同直径的刀具给定一个半径补偿量，以正确地完成零件轮廓的切削。

半径补偿的编程格式为：G17/G18/G19　G00/G01　G41/G42　X __ Y __ D __ F __。其中，G17/G18/G19 指定刀具轴垂直方向所对应的平面，X、Y 为执行补偿运动时的终点坐标值，G41 指定刀具左补偿，G42 指定刀具右补偿，D 后的值为调用系统储存器中补偿数值的编号，F 为执行 G01 运动时的进给率。

取消刀具半径补偿的程序格式：G00/G01　G40　X __ Y __。刀具执行切削加工前，必须指定垂直刀具轴平面内的两个坐标，用于建立或取消刀具半径补偿。

例 2.6.1（图 2-63）

G17　G90　G54　G00　X45.0　Y-40.0　Z30.0　M03　S800;

指定刀具轴垂直平面为 XY 平面，按绝对尺寸运行至（45，-40，30），主轴正转且转速为 800r/min

Z－25.0；　　　　　　　　　　　　　下降至 Z＝－25 的切削高度
G41　X32.0　Y－25.0　D01；　　　　在（32，－25）处建立刀具半径补偿
G01　X－25.0　F800；　　　　　　　 刀具执行直线插补至 X＝－25 位置

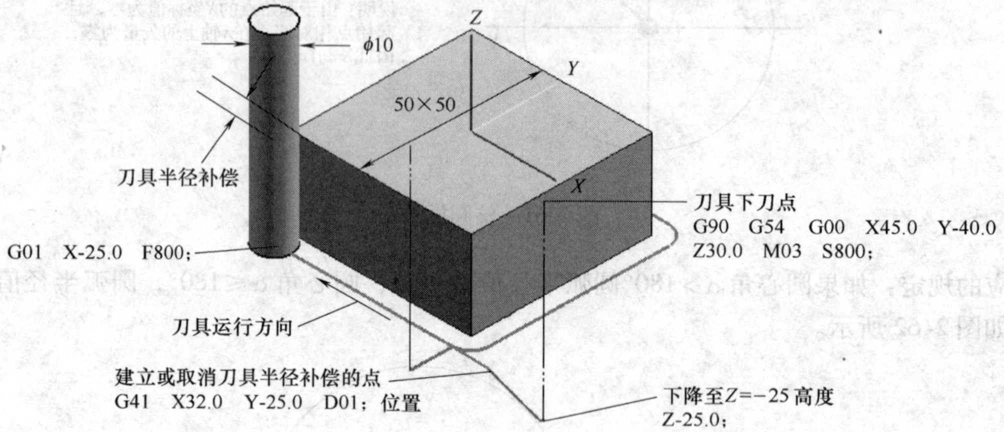

ϕ10
Z
Y
50×50
X
刀具半径补偿
刀具下刀点
G90　G54　G00　X45.0　Y-40.0
Z30.0　M03　S800；
G01　X-25.0　F800；
刀具运行方向
建立或取消刀具半径补偿的点
G41　X32.0　Y-25.0　D01；位置
下降至Z=−25 高度
Z-25.0；

图 2-63　刀具半径补偿

对于刀具半径补偿方向，可根据加工零件类型的不同使用不同方向的刀具半径补偿。用 G41 指定刀具半径左补偿时，刀具运行轨迹应在所定义的加工平面内，并且沿刀具运行轨迹前进方向看刀具在被加工材料的左侧；G42 指定刀具半径右补偿时，刀具运行轨迹应在所定义的加工平面内，且沿刀具运行轨迹前进方向看刀具在被加工材料的右侧，如图 2-64 所示。

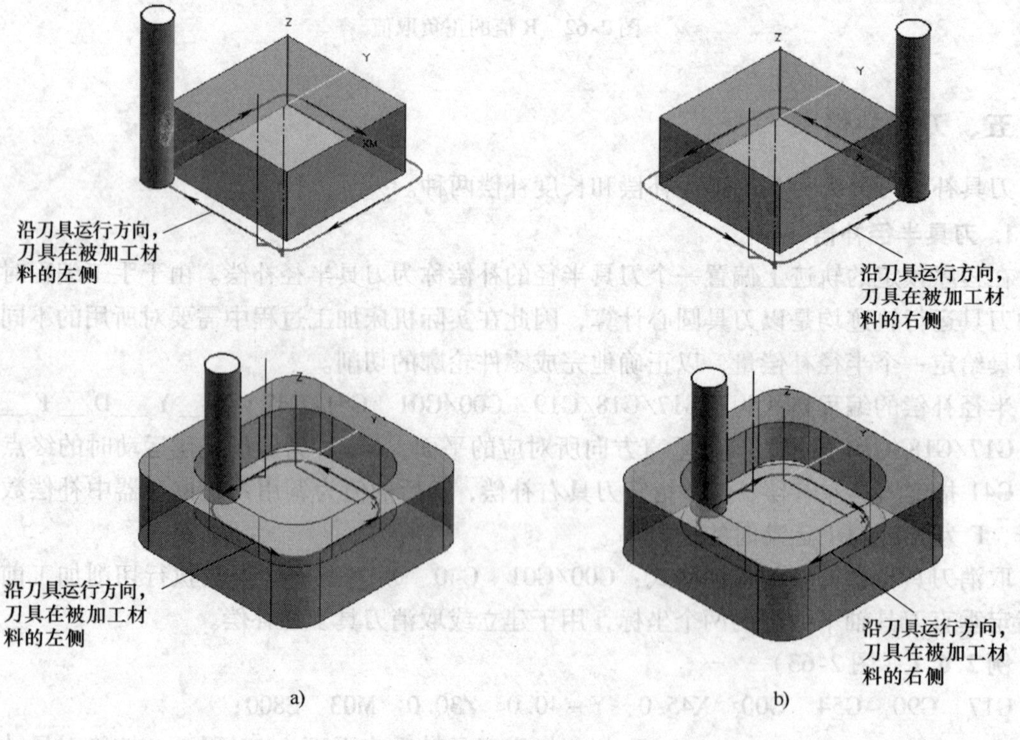

沿刀具运行方向，
刀具在被加工材
料的左侧
沿刀具运行方向，
刀具在被加工材
料的右侧
沿刀具运行方向，
刀具在被加工材
料的左侧
沿刀具运行方向，
刀具在被加工材
料的右侧
a)
b)

图 2-64　刀具半径补偿方向定义

a）刀具半径左补偿指令 G41　b）刀具半径右补偿指令 G42

使用 G41 刀具半径补偿功能无论加工型腔或型芯均属于顺铣加工，而 G42 刀具半径补偿功能无论加工型腔或型芯均属于逆铣加工。

2. 刀具长度补偿

刀具长度方向上的补偿称为刀具长度补偿。在零件加工过程中可能会使用多种不同类型的刀具，且每把刀具在刀柄上的伸出长度均不相等，因此需要对不同的刀具在长度方向上进行补偿，以保证每把调用的刀具在 Z 方向的定位高度均相同，满足零件在深度方向上的加工要求。

刀具长度补偿的编格式为：G43/G44　G00/G01　Z __ H __ F __。其中，G43 指定刀具长度向 $+Z$ 方向补偿，G44 指定刀具长度向 $-Z$ 方向补偿；G00 和 G01 指定执行补偿时的运动方式；Z 为执行补偿时的运动终点坐标值；H 为调用系统储存器中补偿数值的编号；F 为执行 G01 指令指定的运动时的进给率。

取消刀具长度补偿的编程格式为：G49　G00/G01　Z __ F __。其中，G49 为取消刀具 Z 方向的补偿指令；G00 和 G01 指定执行补偿时的运动方式；Z 为执行补偿时的运动终点坐标值；F 为执行 G01 指定的运动模式下的进给率。

例 2.6.2　设 H01 = 50mm，执行下列程序。

G17　G90　G54　G00　X0.0　Y0.0　Z0.0；指定刀具轴垂直平面为 XY 平面，按绝对尺寸运行至（0，0，0）点

G43　Z100.0　H01；　执行刀具长度补偿，刀具运行至 Z = 150.0 处

G01　Z50.0　F800；　执行直线插补运动，刀具运行至 Z = 100.0 处

G49　Z0.0　F50；　刀具运行至 Z 坐标零点，如图 2-65 所示

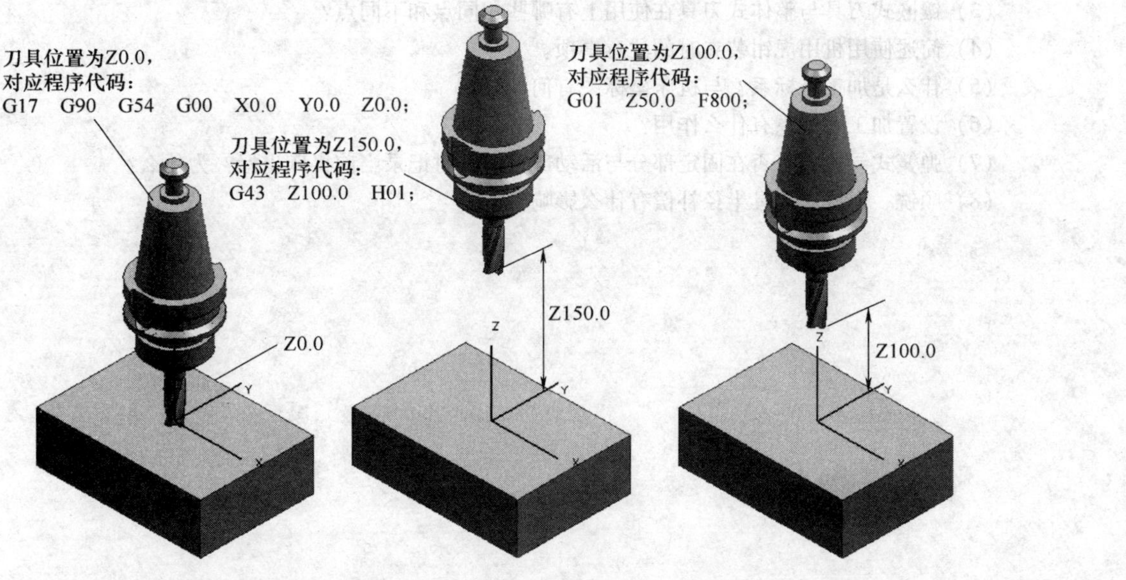
刀具位置为Z0.0，
对应程序代码：
G17　G90　G54　G00　X0.0　Y0.0　Z0.0；
刀具位置为Z150.0，
对应程序代码：
G43　Z100.0　H01；
刀具位置为Z100.0，
对应程序代码：
G01　Z50.0　F800；
Z0.0
Z150.0
Z100.0
Z
Y
X

图 2-65　刀具长度补偿

需要使用多把刀具完成零件加工时，可使用刀具长度补偿功能对不同长度的刀具进行补偿，H 指定的补偿数值可取正数也可取为负数，当补偿数值取负数时 G43 与 G44 所指定的长度补偿方向相反，如图 2-66 所示。

例 2.6.3 如图 2-66 所示，使用 T01 刀具作为基准刀进行刀具长度补偿。

G43 刀具长度补偿方式：T01 H01 = 0，T02 H02 = -20，T03 H03 = -40。

G44 刀具长度补偿方式：T01 H01 = 0，T02 H02 = 20，T03 H03 = 40。

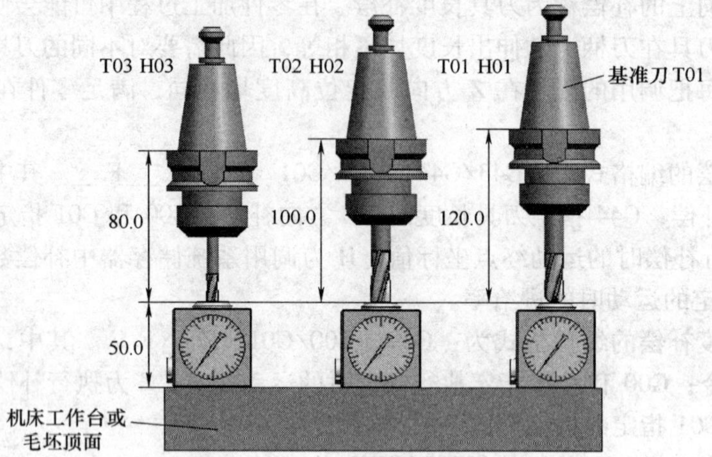

图 2-66 刀具长度补偿在对刀上的应用

复 习 题

（1）简述立式铣刀的主要结构。

（2）常用的五种刀具材料是什么？

（3）镶嵌式刀具与整体式刀具在使用上有哪些相同点和不同点？

（4）简述使用机用虎钳装夹时的注意事项。

（5）什么是加工坐标系？与机床坐标系有何异同？

（6）设置加工坐标系有什么作用？

（7）弹簧式寻边器是否在固定部分与活动部分同轴时记录当前机床坐标？为什么？

（8）顺铣、逆铣对刀具半径补偿有什么影响？

第三章

加工中心的操作

主要内容

- 加工中心的操作基础
- FANUC 0iMC 系统机床的操作
- SIEMENS 802D 系统机床的操作

第一节　加工中心的操作基础

一、三轴加工中心

加工中心比数控铣床多了一个能实现自动换刀的刀库，这也是加工中心与数控铣床的主要区别。加工中心的其他硬件结构与数控铣床大体一致。

1. 机床结构

立式加工中心的基本外形及结构大致相同，现以图 3-1 所示的 VMC 1100 型立式加工中心为例对其外观和内部主要结构进行介绍。

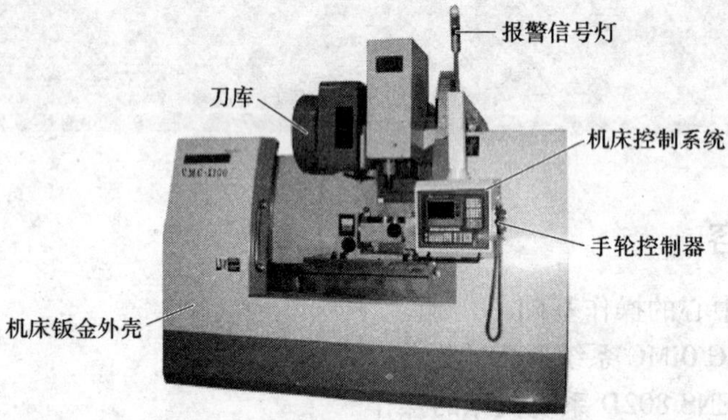

图 3-1　VMC 1100 型立式加工中心

VMC 1100 型立式加工中心的内部主要结构包括主轴、换刀系统、机械传动系统、工作台和机床底座，如图 3-2a 所示。三轴立式加工中心 X 轴与 Y 轴的运动主要依靠工作台的前、后、左、右移动来实现，其 Z 轴的运动则通过主轴的上、下移动实现，机床各轴运动的正负方向可根据右手笛卡儿坐标系来判定，如图 3-2b 所示。

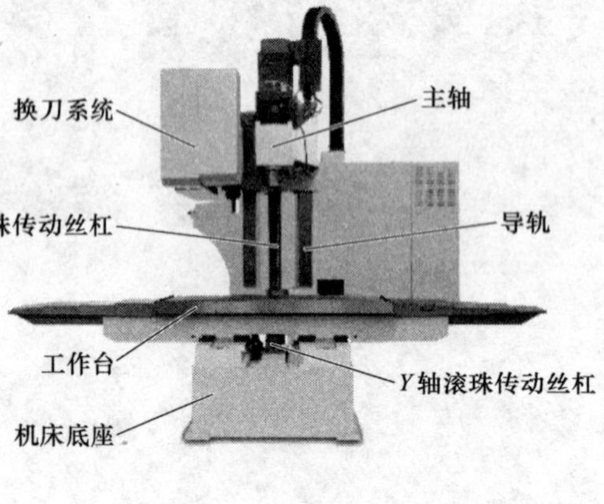

a)

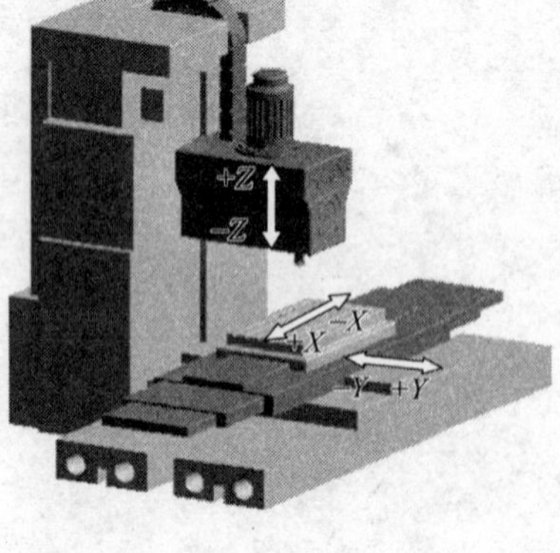

b)

图 3-2　机床的基本结构及运动方向

a）机床基本结构　b）机床各轴运动方向的正负

2. 手轮控制器

手轮控制方式作为手动控制机床的一个有效补充，常用于零件分中找正、对刀等需要操作人员近距离操控机床的操作当中。手轮控制方式能让操作人员从便于操作、观察的最佳角度对机床进行操控，因此每个机床操作者必须熟练掌握手轮控制器的操作。图 3-3 所示为手轮控制器。

手轮控制器由固定部分、控制轴旋钮、倍率旋钮和手轮组成。其中，固定部分可悬挂在机床相应的挂钩上，用于固定手轮；通过控制轴旋钮可分别实现对机床三个运动轴进行控制，当控制轴旋钮处于“OFF”位置时手轮控制器对机床各轴的控制无效；通过进给倍率旋钮可控制手轮每转动一格时选定轴所发生的线性位移量，“×1”、“×10”、“×100”分别表示手轮每转动一格，线性轴移动 0.001mm、0.010mm、0.100mm；手轮部分主要通过顺时针和逆时针旋转产生脉冲，从而使机床的运动轴发生位移。

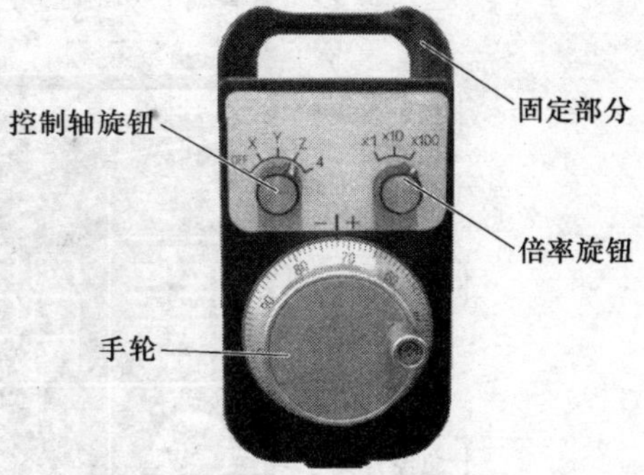

图 3-3　手轮控制器

二、FANUC 数控系统

FANUC 0i MC 数控系统凭借良好的性价比和稳定性在目前数控机床系统当中较为常见。

1. FANUC 数控系统的分类

日本发那科公司是全球工厂自动化设备、机器人、智能机器和数控系统的制造商，是世界上最大的专用数控系统生产厂家之一，所生产的数控系统占据了全球近 70% 的市场份额。公司成立于 1956 年，现已开发出四十多种系列的数控系统，目前生产的数控装置有 F0、F10、F11/F12/F15、F16、F18 系列。

FANUC 数控系统凭借其较高的集成度、良好的稳定性、高精度插补技术、快捷的通信功能等特点广泛应用于数控机床，在国内的数控机床中占据较大的市场份额。FANUC 0i MC 系列数控系统操控简便，具有良好的性价比，主要应用于小型机床和经济型机床，且有一定的代表性。

认识机床各主要部件的运动结构能为日后熟练操作机床打下良好的理论基础，以便掌握机床内部的运动结构。除了机床主体结构以外，操作人员对机床辅助设备的日常保养和维护认识也至关重要，因为这关系到机床能否顺利运行。

2. FANUC 数控系统的操控面板

FANUC 数控系统的操控面板主要有原厂面板和非原厂面板。其中，原厂面板为系统供应商推荐的面板，非原厂面板则是各个加工中心生产厂家根据不同的需要设计制造的系统面板。两种面板均能实现对机床的操控，只是部分按键位置有所不同。图 3-4 所示为 FANUC 0i MC 数控系统的操控面板。

FANUC 0i MC 数控系统的操控面板功能介绍见表 3-1。

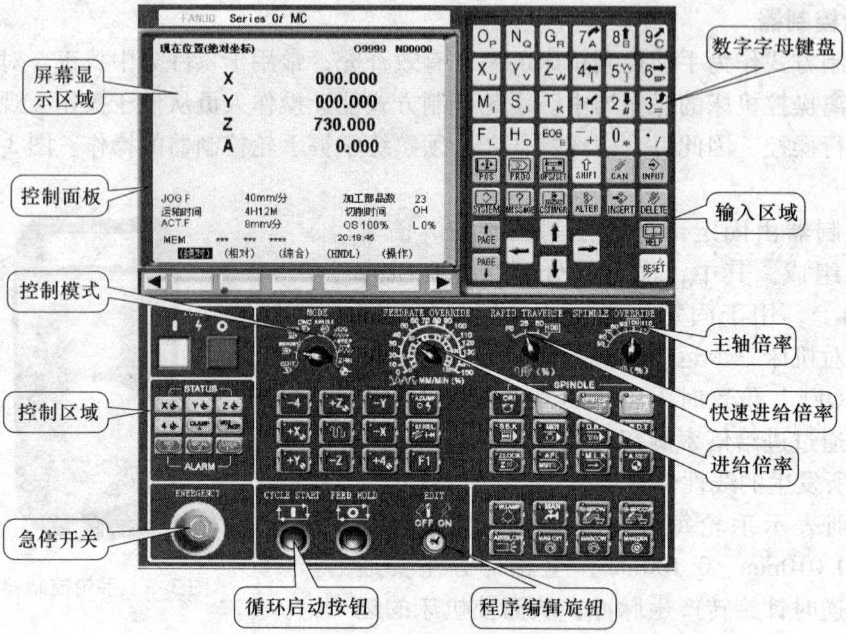

图 3-4　FANUC 0i MC 数控系统的操控面板

表 3-1　FANUC 0i MC 数控系统的操控面板功能

面 板 按 键	功　能
	返回键/软菜单键/菜单扩展键盘
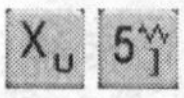	字母键/数字键
	位置键/程序键/偏置键/上挡键/取消键/输入键
	参数键/信息键/用户键/替换键/插入键/删除键
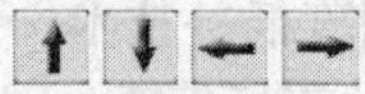	光标上移/光标下移/光标左移/光标右移
	上翻页键/下翻页键/帮助键/复位键
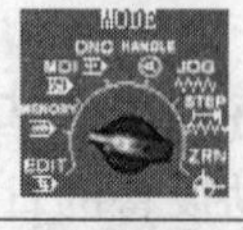	手轮方式/手动方式/单步/回零方式编辑方式/自动方式/MDI 方式/DNC 方式
	进给倍率调整旋钮
	快速进给倍率调整旋钮
	主轴转速倍率调整旋钮

（续）

面 板 按 键	功 能
	快速进给倍率调整旋钮循环停止/循环起动/主轴正转/主轴停止/主轴反转
	移动轴选择/快速移动键
	急停开关
	接通机床电源/关闭机床电源

三、SIEMENS 数控系统

1960 年德国西门子公司推出第一款“SINUMERIK”品牌的工业数控产品，其第一款路径控制系统是在分散电气元件的基础上开发的，第一款电脑数控系统 SINUMERIK 500C 于 1973 年推出，最初只是用于车铣加工。此后微处理器的普及使西门子公司在 20 世纪 70 年代中期首次推出了用于零件加工程序管理和传输的群控网络（DNC）。仅三年之后，西门子公司又推出具有多通道和内置可编程序控制器（PLC）的 SINUMERIK System 8，此产品不仅可以用于车床和铣床，也适用于钻削和冲压机床。

SINUMERIK 840D 属于西门子 SINUMERIK 系列中的高端数控系统。该系统具有数字驱动技术和开放式数控内核，使得定制软件模块可以集成到数控系统中。1996 年，西门子公司发布了 SINUMERIK 安全集成功能——首创的数控安全集成解决方案。SINUMERIK 系列中的 ShopMill 和 ShopTurn 系统，是面向车间级应用的图形化编程系统，它使用户零件程序可以通过图形化接口完成。为提高机械制造商和用户的生产力，西门子公司随后扩大了业务范围，包括基于网络的机床状态监控和用于机床仿真和虚拟样机的机电一体化支持服务。

1. SIEMENS 数控系统的分类

西门子公司的主要数控系统产品结构由 802、810D 和 840D 组成，如图 3-5 所示。

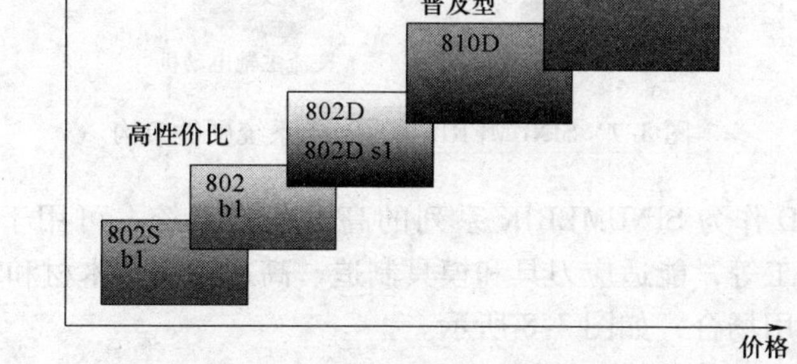

图 3-5　SIEMENS 数控系统产品

SINUMERIK 802 系列数控系统包括 802S/Se/Sbase line、802C/Ce/Cbase line、802D 等型号，是西门子公司 20 世纪 90 年代末开发的集 CNC、PLC 于一体的经济型数控系统，其性价比较高，比较适合于经济型和普及型的车床、铣床、磨床，近年来在国产经济型、普及型数控机床上有大量的应用。SINUMERIK 802 系列数控系统的共同特点是结构简单、体积小、可靠性高；此外系统软件功能也较强，如图 3-6 所示。

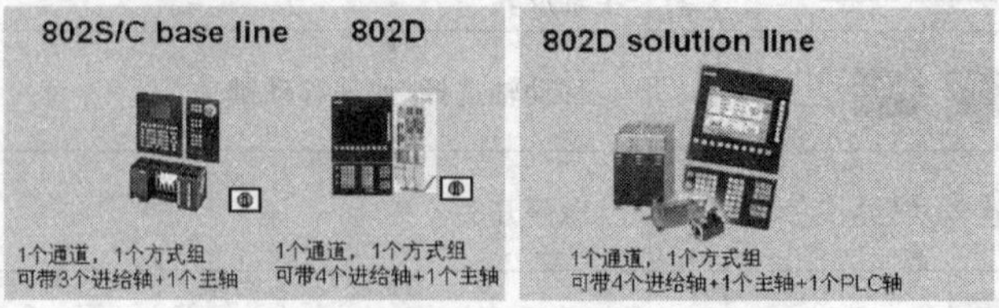

图 3-6　SINUMERIK 802 数控系统

SINUMERIK 802 系列数控系统为手工编程提供了丰富多样的编程指令，可以满足各种不同类型常规零件的加工需求。除了能正常运行 G 代码指令以外，SINUMERIK 802 数控系统还提供了大量模块化编程功能代码指令，提高人机对话编程的效率。

802D 数控系统与 802S 数控系统、802C 数控系统有较大的不同，在功能上比 802S/C 数控系统有了改进与提高，它采用 SIEMENS PCU210 模块，控制轴数为 4 轴/4 轴联动，如图 3-7 所示。

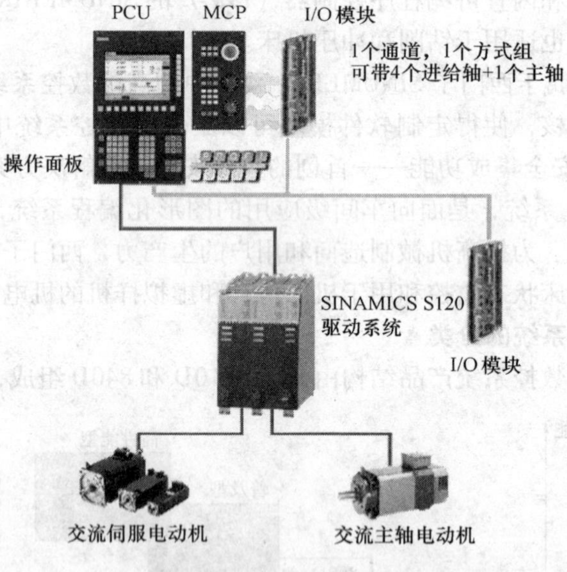

图 3-7　SINUMERIK 802D sl 系统硬件架构

SINUMERIK 840D 作为 SINUMERIK 系列的高端数控系统，可用于车削、钻削、铣削、磨削、冲压、激光加工等，能适应刀具和模具制造、高速切削、木材和玻璃加工、传送线和回转分度机等加工应用场合，如图 3-8 所示。

2. SIEMENS 数控系统的操控面板

SIEMENS 数控系统的操控面板主要有原厂面板和非原厂面板。其中，原厂面板为系统供应商推荐的面板，非原厂面板则是各个加工中心生产厂家根据不同的需要设计制造的系统面板。系统操控面板可分为屏幕显示区域、输入区域和控制区域三大部分，如图 3-9 所示。

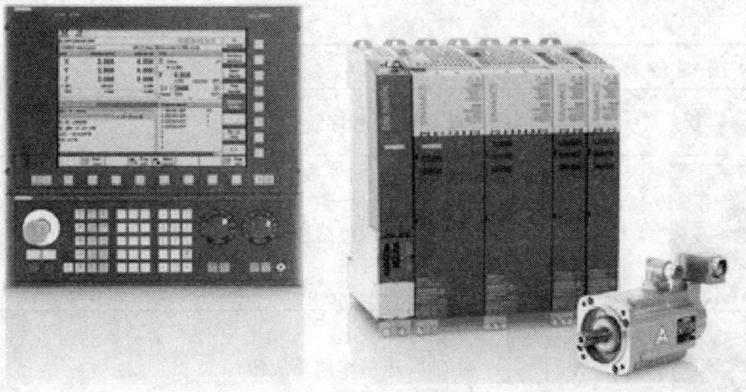

图 3-8 SINUMERIK 840D

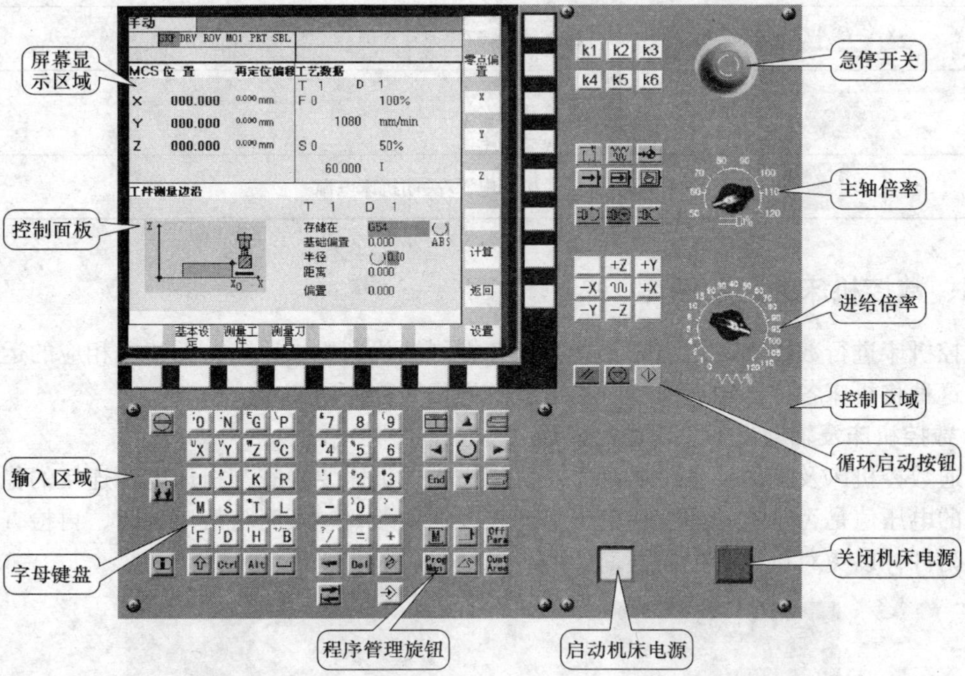

图 3-9 SINUMERIK 802D 数控系统的操控面板

SINUMERIK 802D 系统操控面板功能按钮介绍见表 3-2。

表 3-2 SINUMERIK 802D 系统操控面板功能

面板按键	功 能
	软菜单键/字母键/数字键
	报警应答/通道转换/信息键/转换键/输入键
	点动/手动/回原点/自动/单段/MDA
	光标上移/光标下移/光标左移/光标右移/选择键

（续）

面板按键	功　能
	加工操作/程序管理
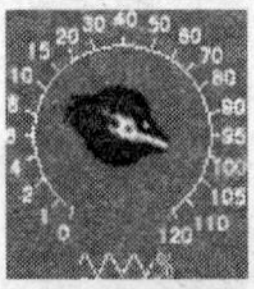	进给倍率调整旋钮
	主轴转速倍率调整旋钮
	复位/循环保持/循环起动/主轴正转/主轴停止/主轴反转
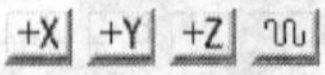	移动轴选择/快速移动键
	急停开关
	接通机床电源/关闭机床电源

四、数控机床的起动回零

数控机床进行数控加工之前需要让机床各控制轴找到机械原点，并建立相应的运动距离参照，这种将机床各控制轴返回机床参考点的操作简称为回零。

1. 数控机床及辅助设备总电源的接通

接通数控机床及辅助设备总电源后，机床操作人员需要检查与机床电源连接的稳压设备所显示的电压值是否正常。如发现电压出现较大的偏差，应及时将机床关闭，再检查机床相关电气附件，以免对机床产生损害，如图 3-10 所示。

图 3-10　检查机床电源稳压器电压

2. 数控机床润滑系统油液高度的检查

数控机床起动之前，必须检查机床内部运动机构润滑油油箱的储油液面，必须达到机床维修保养说明书中指定的安全值，如不能达到相应液面高度，应添加润滑油后再起动机床，如图 3-11 所示。

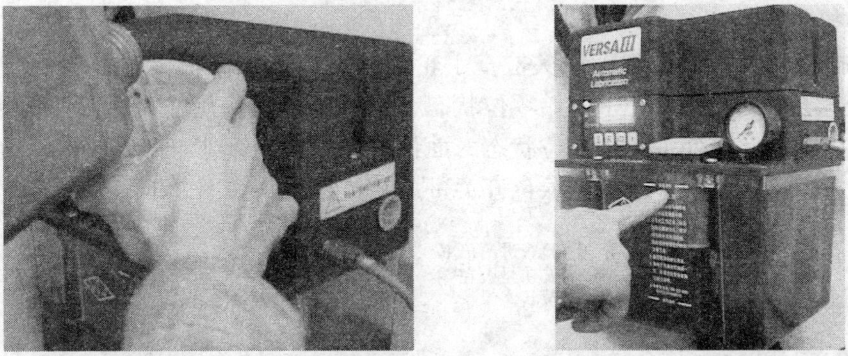

图 3-11　润滑系统的润滑油液面高度

3. 空压机的开启

开启空压机时必须先清空气罐中的废水和废气，开动空压机后压缩空气气压要达到 0. 8MPa，保证气压的稳定，以满足机床各个气压机构的气源，如图 3-12 所示。

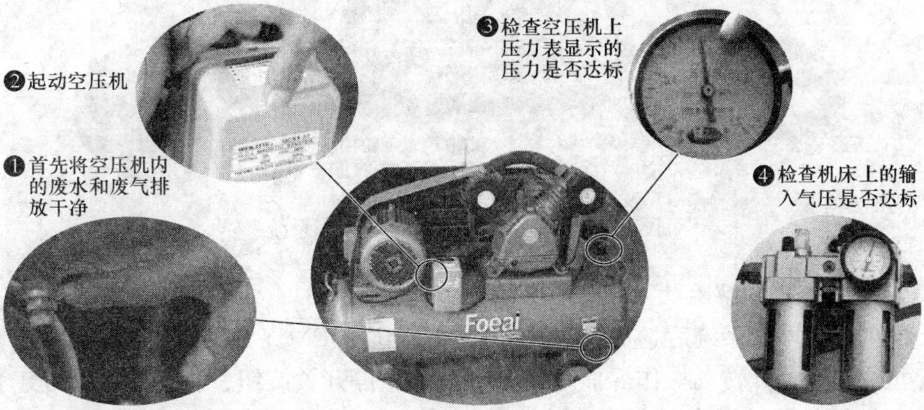
❷起动空压机
❸检查空压机上压力表显示的压力是否达标
❶首先将空压机内的废水和废气排放干净
❹检查机床上的输入气压是否达标
Foeai

图 3-12　空压机的开启

4. 数控机床总电源的接通

接通数控机床电源时应注意保持操作人员双手的干燥和洁静，避免切削液、油污、金属切屑等导电体渗入电源开关，导致漏电意外的发生。此外，开启电源开关时应干脆利落地将开关旋钮拨向通电方向，机床操作人员应避免较短时间内来回将电源开关在通电与断电之间频繁切换，以免损坏机床的电气元件，如图 3-13 所示。

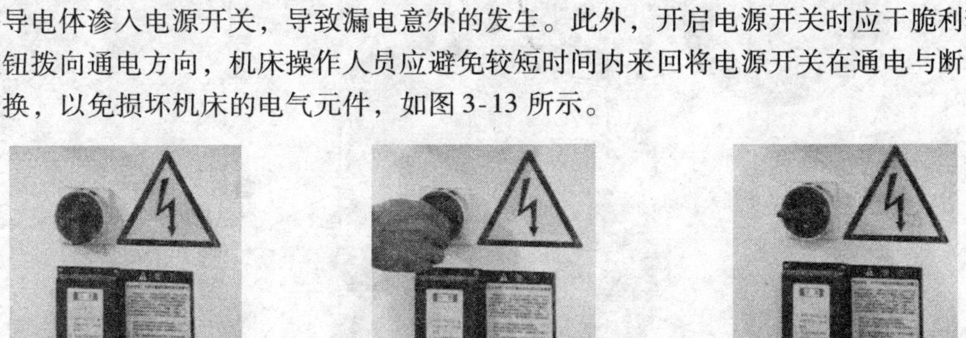

机床电源关闭状态　　手动开启电源　　机床电源开启状态

图 3-13　接通机床总电源

5. 数控机床数控系统的进入

启动数控机床面板开关前应依次检查手轮控制器中的控制轴旋钮是否处于“OFF”状态，主轴转速倍率旋钮是否处于初始零位状态，快速进给倍率旋钮是否处于初始零位状态，线性进给倍率旋钮是否处于初始零位状态，面板急停开关是否处于急停状态，检查完毕后打开面板开关透明塑料保护盒，按下绿色开关进入数控系统，如图 3-14 所示。

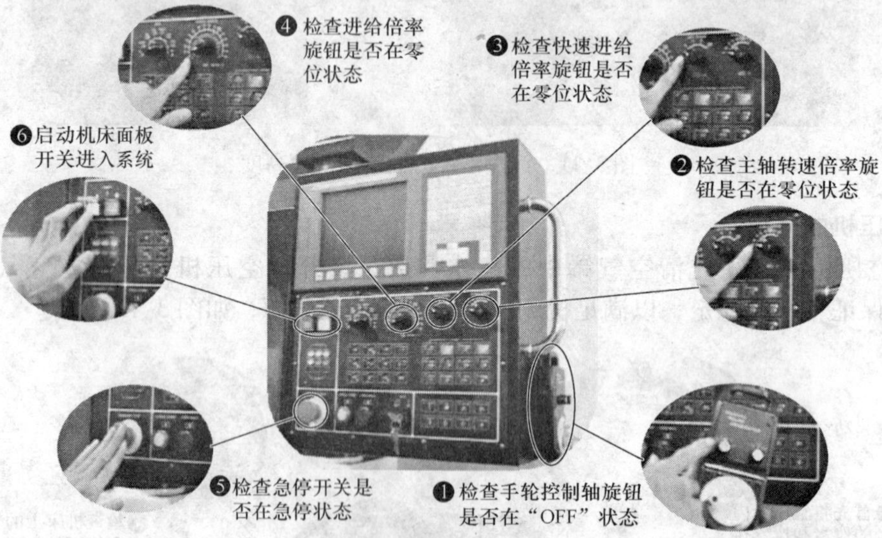
④检查进给倍率旋钮是否在零位状态
③检查快速进给倍率旋钮是否在零位状态
⑥启动机床面板开关进入系统
②检查主轴转速倍率旋钮是否在零位状态
⑤检查急停开关是否在急停状态
①检查手轮控制轴旋钮是否在“OFF”状态

图 3-14 起动机床面板开关进入系统

6. 急停开关报警的解除

进入数控机床操作系统后，屏幕出现“1000 EMERGENCY STOP”急停开关报警，机床操作人员可通过顺时针转动操作界面左下方红色的急停开关旋钮，将急停开关处于暂时关闭状态，然后在数字字母键盘区域按“RESET”按钮，去除屏幕上的报警信息提示，如图 3-15所示。

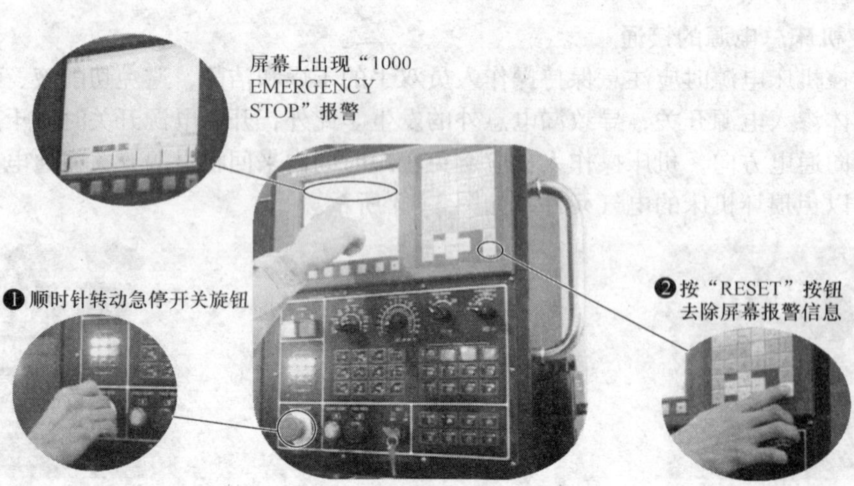
屏幕上出现“1000 EMERGENCY STOP”报警
①顺时针转动急停开关旋钮
②按“RESET”按钮去除屏幕报警信息

图 3-15 解除急停开关报警

7. 机床各轴的回零

解除急停开关报警后，需要对机床 X 轴、Y 轴和 Z 轴进行回机床参考点操作，便于各轴做线性移动时进行移动距离的参考。返回机床参考点的过程中，应首先使 Z 轴返回参考点，避免机床工作台上的物件与主轴发生干涉，然后操作 X 轴和 Y 轴依次返回参考点，如图3-16所示。

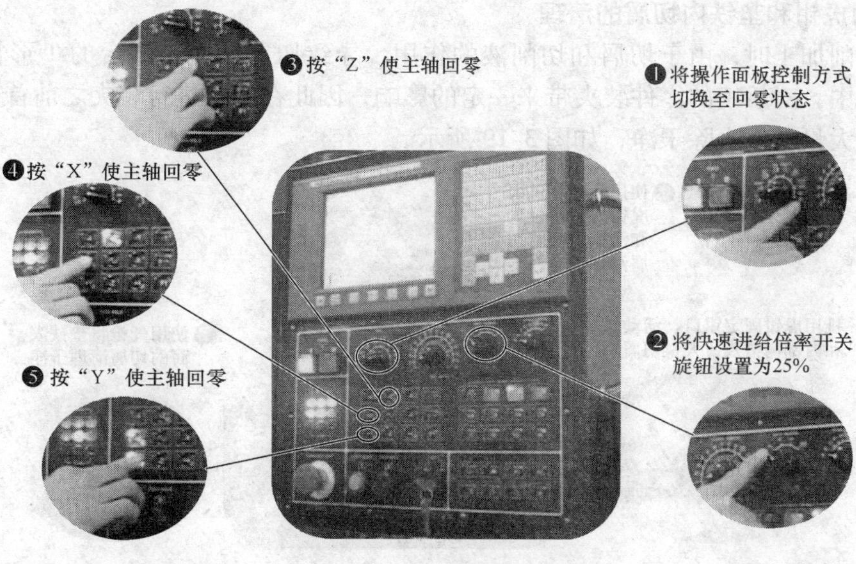
❸按“Z”使主轴回零
❶将操作面板控制方式切换至回零状态
❹按“X”使主轴回零
❷将快速进给倍率开关旋钮设置为25%
❺按“Y”使主轴回零

图3-16 机床各轴回零

机床各轴回零后，Z 轴零点在机床 Z 轴正方向行程最大值处，X 轴零点在工作台 X 轴正方向行程最大值处，Y 轴零点在工作台 Y 轴正方向行程最大值处，如图3-17所示。

机床各轴回零后，主轴在 XY 平面对应于工作台 X 轴和 Y 轴的零点位置，此时应将工作台手动移动至一个较为合适的位置，便于后续零件的装夹和机床操作，如图3-18所示。

图3-17 机床各轴回零后状态

图3-18 调整机床工作台位置

五、毛坯的装夹

完成机床各轴回零操作后，可将毛坯装夹在工作台的机用虎钳上。不同类型零件的装夹均有不同的装夹要求和技术要点，下面将以较为常见的六面体零件装夹为例详细介绍该类型零件的装夹要点。

1. 机用虎钳和垫铁内切屑的清理

机床切削加工时，由于切屑和切削液的作用，导致切屑粘在工作台的T形槽、机用虎钳内部沟槽中，对后续的零件装夹带来一定的影响，因此在零件进行装夹之前首先要将工作台和夹具的大量切屑去除干净，如图3-19所示。

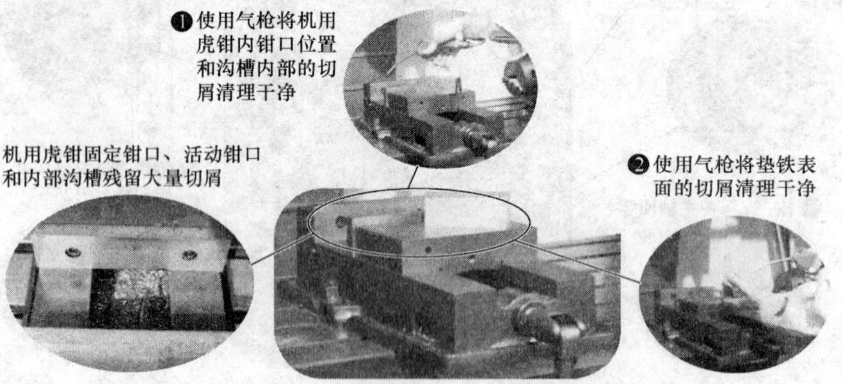
❶使用气枪将机用虎钳内钳口位置和沟槽内部的切屑清理干净
机用虎钳固定钳口、活动钳口和内部沟槽残留大量切屑
❷使用气枪将垫铁表面的切屑清理干净

图3-19　清理机用虎钳和垫铁内的杂物

2. 毛刺的去除

毛坯从锯式切割机上切除下来后在毛坯的边界上残留着凹凸不平的毛刺，这些毛刺给后续的毛坯装夹带来许多不良影响。首先，毛刺使毛坯底面不能与垫铁顶面贴紧，导致切削加工过程中在刀具切削力的作用下，毛坯容易产生振动，影响加工后的零件尺寸精度和表面粗糙度；其次，毛坯边界上的毛刺非常锋利，容易对操作人员造成伤害。因此，毛坯装在机用虎钳上之前，应使用扁锉依次将毛坯各边界上的毛刺去除，如图3-20所示。

图3-20　去除毛坯毛刺

3. 垫铁的放置

当毛坯高度尺寸小于机用虎钳钳口高度时，在正常加工过程中为了使刀具与机用虎钳不会发生干涉，装夹在机用虎钳上的毛坯需要使用垫铁来支承，且毛坯在钳口的伸出高度必须等于零件总的加工深度再加上12～20mm的安全距离。垫铁在加工过程中对毛坯起支承作

用，改善其切削过程中的受力情况，使切削更加稳定。

放置垫铁时，首先使用干净抹布将垫铁支承或与毛坯底面贴合面上的细小切屑清理干净，然后将机用虎钳固定钳口和活动钳口两侧和底面的切屑清理干净，依次放置与固定钳口和活动钳口贴合的垫铁，放置过程中应将垫铁轻轻地放入机用虎钳的钳口内，尽可能避免操作过程中垫铁的尖角与机用虎钳钳口出现撞击导致钳口起凹坑的现象，如图3-21所示。

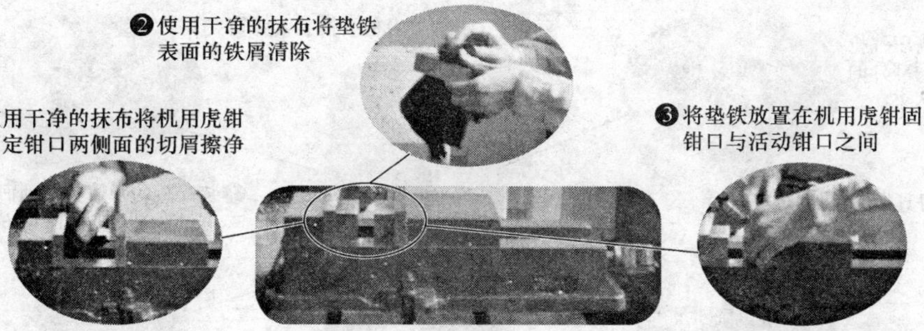
❷使用干净的抹布将垫铁表面的铁屑清除
❶使用干净的抹布将机用虎钳固定钳口两侧面的切屑擦净
❸将垫铁放置在机用虎钳固定钳口与活动钳口之间

图3-21 放置垫铁

4. 毛坯的夹紧

放置垫铁后，可通过专用内六角扳手转动机用虎钳上的传动螺母，通过螺杆螺母传动副带动活动钳口将毛坯夹紧在机用虎钳上。

由于螺杆螺母传动副是间隙配合，在活动钳口在夹紧毛坯的过程中因受毛坯的反作用力具有向上翘起的趋势，从而导致毛坯底面与垫铁顶面不能处于完全贴合的状态。因此，在装夹毛坯的过程中需要一边通过扳手将传动螺母锁紧，一边使用铜棒敲击毛坯顶面，使毛坯底面与垫铁顶面完全贴合，如图3-22所示。

❷用铜棒敲打毛坯，使毛坯底面与垫铁顶面贴合
❶使用扳手将毛坯进行初步预紧，使毛坯固定
❸使用内六角扳手将传动螺母锁紧

图3-22 夹紧毛坯

六、刀具的安装

数控加工前应将所有切削加工用的刀具准备好，刀具安装顺序应遵循先内后外的原则，以刀具为中心向外扩展。普通加工中心的刀具安装大致可分为将刀具安装到弹簧夹头中，安装刀柄与拉钉并锁紧，将弹簧夹头安装到刀柄上，将刀柄安装到主轴上四个步骤。

1. 刀具装到弹簧夹头中

因刀具切削刃非常锋利，所以将刀具装到弹簧夹头过程中应手持刀具的刀柄部分，慎防割伤手指。刀具装到弹簧夹头之前应使用高压气枪将刀柄上的杂物吹走，避免杂物和刀柄一起装入弹簧夹头后对其装配精度产生影响。刀具安装进入弹簧夹头时，应双手轻轻地将刀柄装入弹簧夹头，装配后的刀具切削刃与弹簧夹头顶面至少保持 1 ~1.5 倍刀具直径的安全距离，如图 3-23 所示。

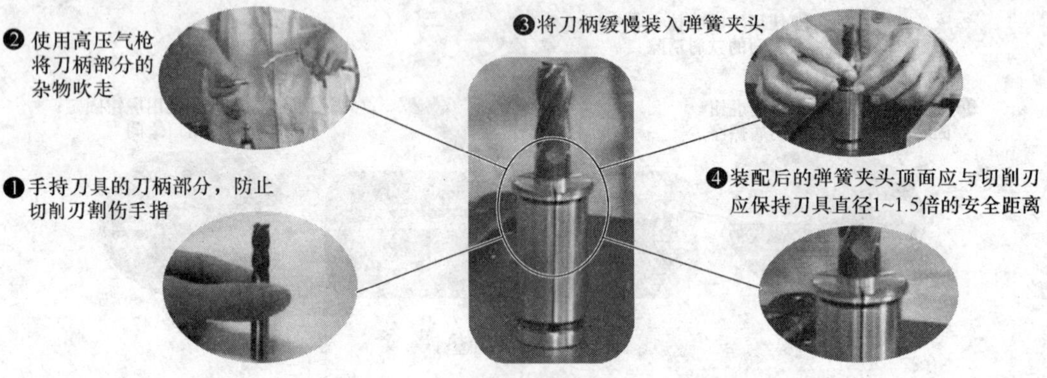

❷ 使用高压气枪将刀柄部分的杂物吹走
❸将刀柄缓慢装入弹簧夹头
❶手持刀具的刀柄部分，防止切削刃割伤手指
❹装配后的弹簧夹头顶面应与切削刃应保持刀具直径1~1.5倍的安全距离

图 3-23　刀具装到弹簧夹头中

2. 锁紧刀柄拉钉

刀具弹簧夹头通过拉钉锁紧到主轴上，刀具装配的过程中需要使用扳手对拉钉进行锁紧，如图 3-24 所示。

❶手动将拉钉的外螺纹旋转装入刀柄内螺纹处
❷使用扳手将拉钉锁紧

图 3-24　拉钉的锁紧

3. 弹簧夹头装入刀套中

将弹簧夹头装到刀套中时，应将弹簧夹头外径的切屑通过高压气枪吹干净，缓慢地将弹簧夹头装入刀套内，然后将刀套放到锁紧底座上使用专用扳手将刀套锁紧，如图 3-25 所示。

4. 刀柄与主轴的装配

刀套锁紧后可将其装到机床主轴上。手动将面板控制方式设置为“JOG”（手动方式），使用高压气枪将刀柄锥柄上的杂物吹走，防止将刀具装到主轴上时影响刀柄与主轴锥孔之间的配合精度和刀具旋转时的稳定性；将刀具放入主轴内锥孔内，按主轴上的装刀按钮使主轴内部的刀具锁紧机构松开；左手将手持的刀具向上顶使刀具锥柄部分与主轴贴合，松开装刀按钮使锁紧机构收缩锁紧，从而锁紧刀柄，如图 3-26 所示。

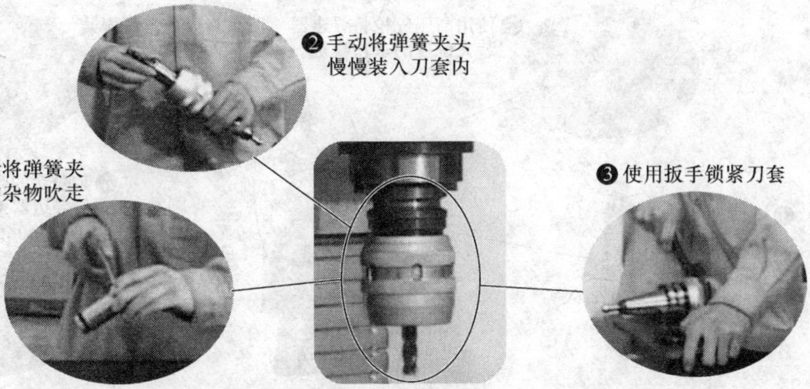
②手动将弹簧夹头慢慢装入刀套内
①使用高压气枪将弹簧夹头外径部分的杂物吹走
③使用扳手锁紧刀套

图 3-25 装配弹簧夹头到刀套

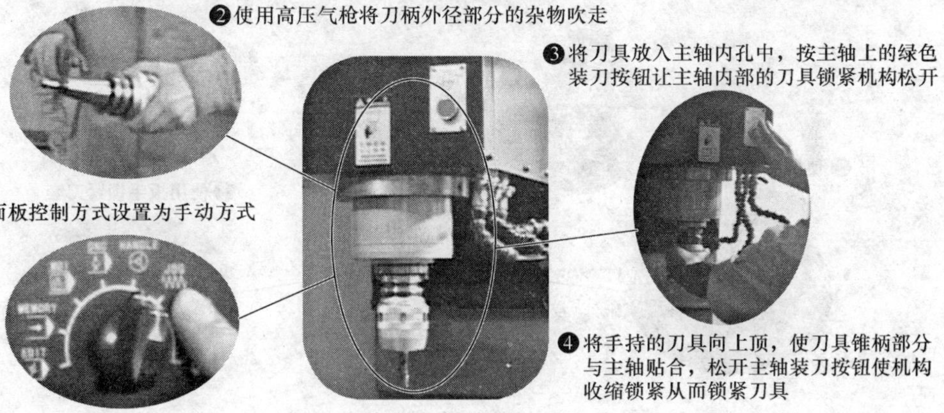
②使用高压气枪将刀柄外径部分的杂物吹走
③将刀具放入主轴内孔中，按主轴上的绿色装刀按钮让主轴内部的刀具锁紧机构松开
①将面板控制方式设置为手动方式
④将手持的刀具向上顶，使刀具锥柄部分与主轴贴合，松开主轴装刀按钮使机构收缩锁紧从而锁紧刀具

图 3-26 刀柄与主轴的装配

七、寻边器的安装

数控加工前应将所有需要使用的工具准备好。寻边器作为毛坯分中找正的常用工具，其装夹顺序应遵循先内后外的原则以寻边器为中心向外扩展。

1. 寻边器装入弹簧夹头中

将寻边器装入弹簧夹头的过程中，由于寻边器属于较为精密的找正工具，需要将寻边器清理干净后才能装入。安装时，要手持寻边器的非工作部分将其装入弹簧夹头，装配后的寻边器工作区域与弹簧夹头顶面应保持 10～15mm 的避空距离，如图 3-27 所示。

2. 弹簧夹头与刀套的装配

将弹簧夹头装配到刀套时，应将弹簧夹头表面的切屑通过高压气枪吹干净，缓慢地将弹簧夹头装入刀套内，然后将刀套放到锁紧底座上使用专用扳手将刀套锁紧，如图 3-28 所示。

3. 刀柄在主轴上的安装

寻边器在刀套上锁紧后可将其安装在机床主轴上。使用高压气枪将刀具锥柄上的杂物吹走，防止装到主轴上影响其与主轴锥孔之间的配合精度和刀具旋转时的稳定性；将刀柄放入主轴内锥孔内，按主轴上的装刀按钮使主轴内部的刀具锁紧机构松开；将手持的刀柄向上顶，使刀具锥柄部分与主轴内锥孔贴合，松开装刀按钮使锁紧机构收缩锁紧从而锁紧刀柄，如图 3-29 所示。

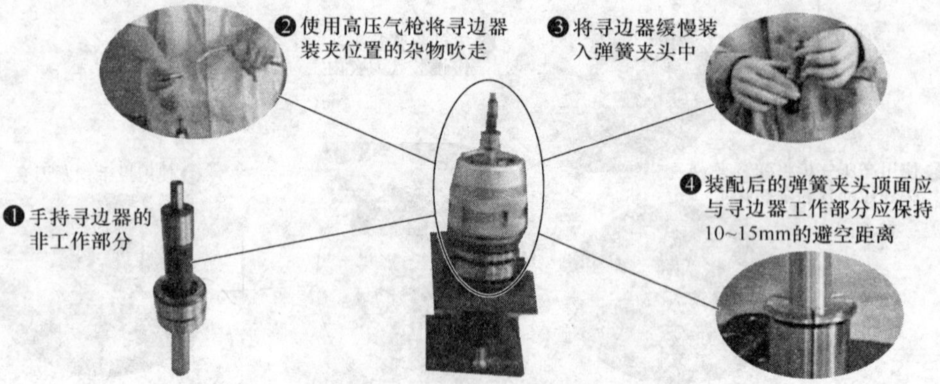
❷使用高压气枪将寻边器装夹位置的杂物吹走
❸将寻边器缓慢装入弹簧夹头中
❹装配后的弹簧夹头顶面应与寻边器工作部分应保持10~15mm的避空距离
❶手持寻边器的非工作部分

图 3-27　将寻边器放置到弹簧夹头内

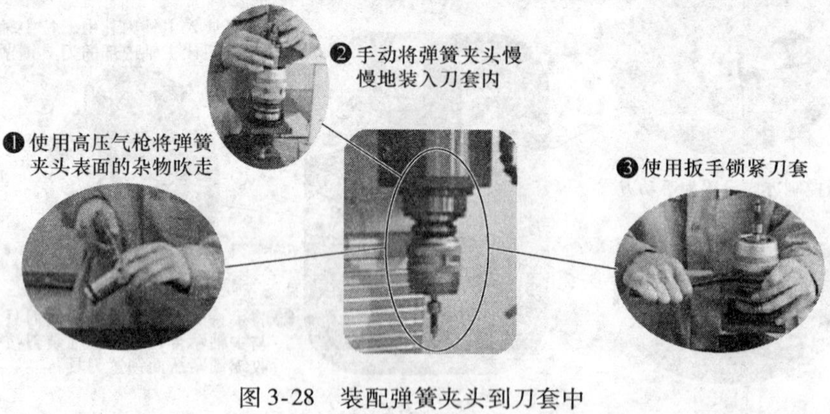
❷手动将弹簧夹头慢慢地装入刀套内
❶使用高压气枪将弹簧夹头表面的杂物吹走
❸使用扳手锁紧刀套

图 3-28　装配弹簧夹头到刀套中

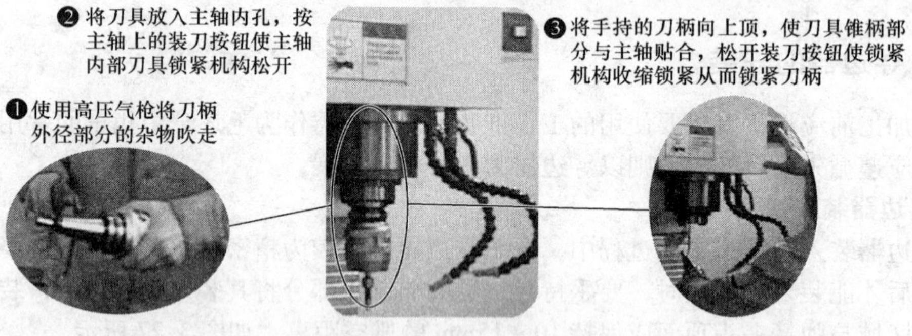
❷将刀具放入主轴内孔，按主轴上的装刀按钮使主轴内部刀具锁紧机构松开
❸将手持的刀柄向上顶，使刀具锥柄部分与主轴贴合，松开装刀按钮使锁紧机构收缩锁紧从而锁紧刀柄
❶使用高压气枪将刀柄外径部分的杂物吹走

图 3-29　安装刀柄上主轴

第二节　FANUC 0i MC 系统机床的操作

一、加工坐标系的设置

运行数控加工程序进行加工之前必须建立一个零件的加工坐标系作为参考基准，用于建立每段数控程序运行距离的测量参照。通常零件加工坐标系由编程人员根据零件的

加工工艺和外形特征综合考虑后确定，机床操作人员只需按照图样标注加工坐标系位置，然后使用分中找正仪器对零件的加工坐标进行设定。下面介绍试切法对刀直接设置加工坐标系。

1. 起动主轴

对零件的加工坐标系进行设置前，应将分中找正辅助工具安装到机床主轴上，如偏心式寻边器、光电式寻边器和3D探针式寻边器等。对于一些毛坯外形加工余量较大或被加工零件分中找正精度要求不高的情况，可通过试切法对刀来设置加工坐标系。

使用试切法对刀时，应将装夹好的刀具装到机床的主轴上，然后通过机床控制面板将控制方式切换到“MDI”方式，按数字字母键“PROG”，将机床屏幕切换至程序界面，在程序界面内输入“M03 S500”指令，输入“EOB”程序分段号和“INSERT”键插入程序段，按机床“循环起动”按钮，令主轴沿顺时针旋转，如图3-30所示。

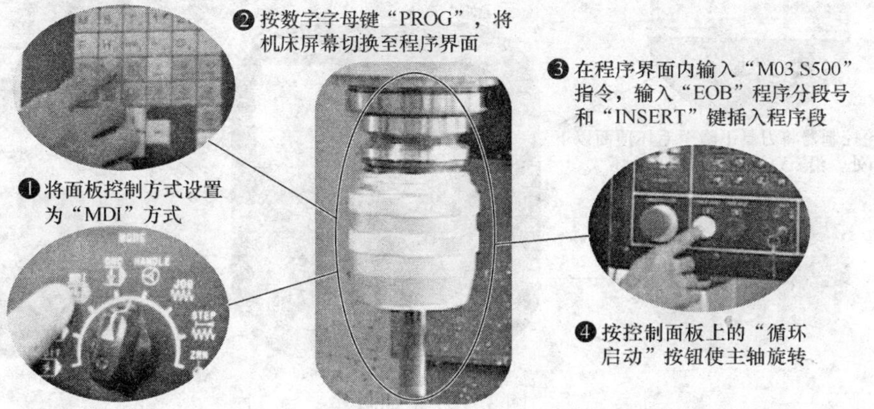
❷ 按数字字母键“PROG”，将机床屏幕切换至程序界面
❸ 在程序界面内输入“M03 S500”指令，输入“EOB”程序分段号和“INSERT”键插入程序段
❶ 将面板控制方式设置为“MDI”方式
❹ 按控制面板上的“循环启动”按钮使主轴旋转

图3-30 起动主轴

2. *X* 轴分中

主轴起动旋转后，将面板主轴转速倍率设置为“100%”，将面板控制方式设置为“HANDLE”手轮方式，按“POS”键将面板切换至位置界面，按控制面板“主轴正转”按钮起动主轴旋转，如图3-31所示。

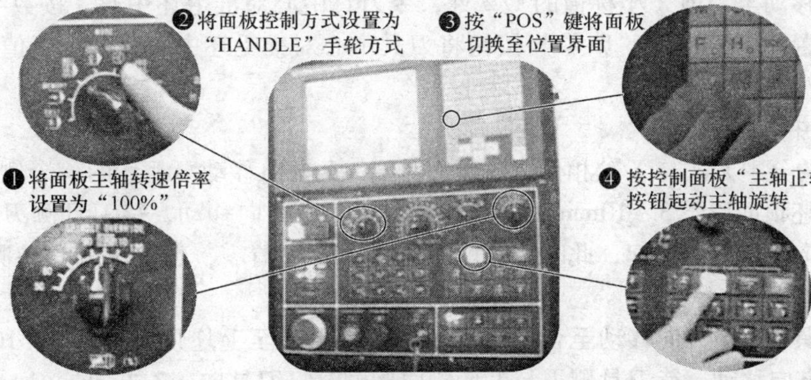
❷ 将面板控制方式设置为“HANDLE”手轮方式
❸ 按“POS”键将面板切换至位置界面
❶ 将面板主轴转速倍率设置为“100%”
❹ 按控制面板“主轴正转”按钮起动主轴旋转

图3-31 切换至手轮模式

由于本节使用的是尺寸为 100mm × 60mm × 30mm 的六面体毛坯，编程时其加工坐标系原点定在毛坯顶面中心，因此操作人员对此类坐标系的设置可通过对毛坯的四个侧面进行 *X* 方向和 *Y* 方向分中，将毛坯顶面设置为 *Z* 轴零点的方法设定加工坐标系。

起动主轴以后，通过手轮控制器将刀具缓慢下降至毛坯顶面以下 3 ~ 10mm 处，然后使刀具沿 − *X* 轴方向缓慢靠近毛坯，当刀具侧刃将毛坯侧面切出切屑时说明刀具接触到毛坯的侧面。此时应在屏幕“相对位置”处将当前 *X* 轴坐标归零。归零操作主要起到建立参考测量点的作用，如图 3-32 所示。

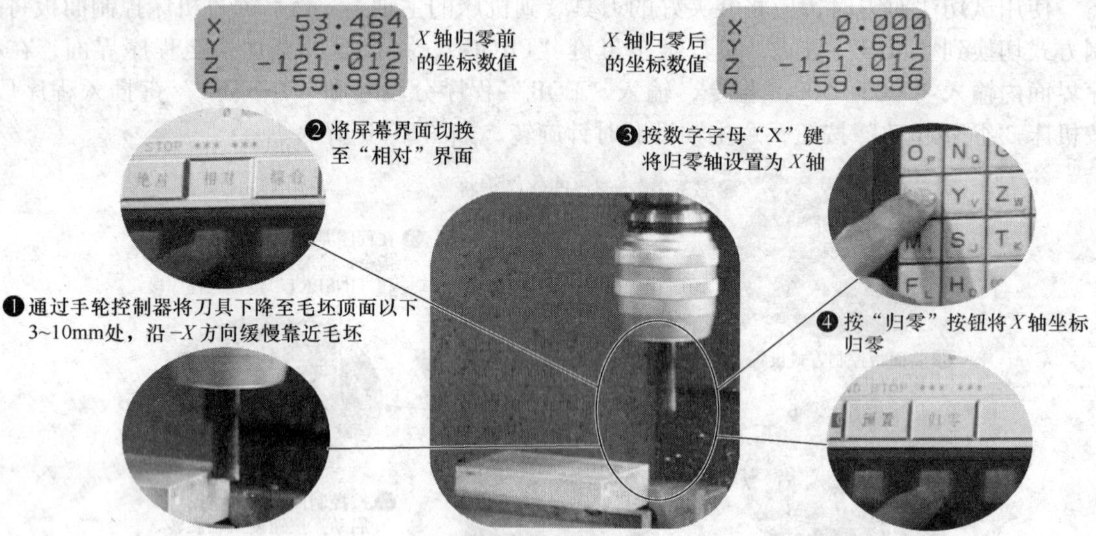
X 53.464
Y 12.681
Z -121.012
A 59.998
X 轴归零前的坐标数值
X 轴归零后的坐标数值
X 0.000
Y 12.681
Z -121.012
A 59.998
❷将屏幕界面切换至“相对”界面
❸按数字字母“X”键将归零轴设置为 X 轴
❶通过手轮控制器将刀具下降至毛坯顶面以下3~10mm处，沿 −X 方向缓慢靠近毛坯
❹按“归零”按钮将 X 轴坐标归零

图 3-32　*X* 轴归零

X 轴归零后，通过手轮控制器将刀具向 + *Z* 方向抬起，抬至安全高度后将刀具沿 − *X* 移动至毛坯另一侧面进行分中找正。

通过手轮控制器将刀具缓慢下降至毛坯顶面以下 3 ~ 10mm 处，然后刀具沿 + *X* 轴方向缓慢靠近毛坯，当刀具侧刃将毛坯侧面切出切屑时说明刀具接触到毛坯的侧面。通过手轮控制器将刀具向 + *Z* 方向抬起。读取屏幕上 *X* 轴坐标值，得出毛坯在 *X* 方向上的总长。使用手轮将工作台移动至当前 *X* 坐标值的 1/2 处，令刀具中心对准毛坯中心，按数字字母“X”键将归零轴设置为 *X* 轴，按“归零”按钮将刀具中心对准毛坯中心时的坐标值归零，如图 3-33所示。

3. *Y* 轴分中

Y 轴方向的分中方式与 *X* 轴相似，先将刀具沿 + *Y* 方向移动至毛坯的一个侧面，缓慢将刀具下降至毛坯顶面以下 3 ~ 10mm 处，再将刀具沿 − *Y* 方向移动，待刀具侧刃与毛坯侧面接触时将刀具向 + *Z* 方向抬起，此时将当前 *Y* 轴方向位置清零，建立 *Y* 方向的测量基准点，如图 3-34 所示。

然后将刀具向 − *Y* 方向移动至合适距离，将刀具下降至毛坯顶面以下 3 ~ 10mm 处，再将刀具沿 + *Y* 方向移动，待刀具侧刃与毛坯侧面接触时将刀具向 + *Z* 方向抬刀，此时取当前 *Y* 轴方向位置坐标值的 1/2 便是加工坐标系 *Y* 轴的中心点，如图 3-35 所示。

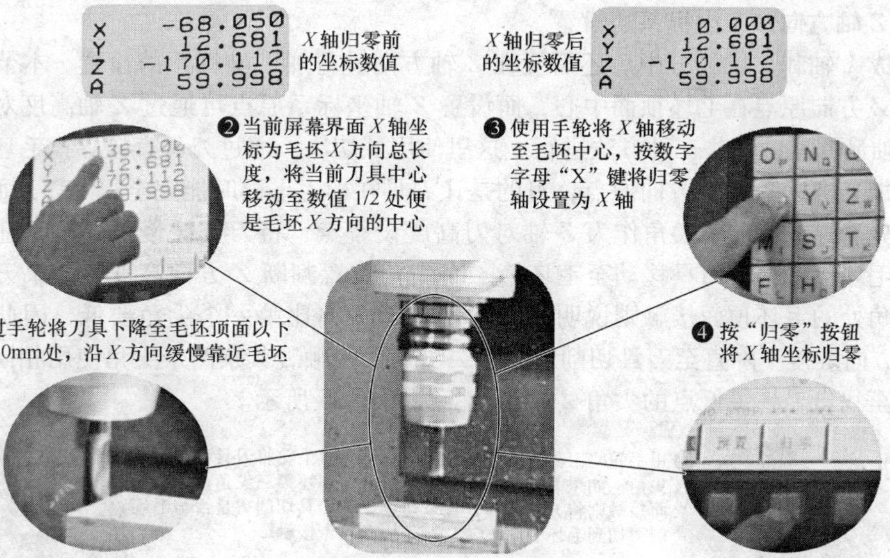
X -68.050
Y 12.681
Z -170.112
A 59.998
X轴归零前的坐标数值
X轴归零后的坐标数值
X 0.000
Y 12.681
Z -170.112
A 59.998
❷当前屏幕界面X轴坐标为毛坯X方向总长度，将当前刀具中心移动至数值1/2处便是毛坯X方向的中心
❸使用手轮将X轴移动至毛坯中心，按数字字母"X"键将归零轴设置为X轴
❶通过手轮将刀具下降至毛坯顶面以下3~10mm处，沿X方向缓慢靠近毛坯
❹按"归零"按钮将X轴坐标归零

图 3-33　*X* 轴分中

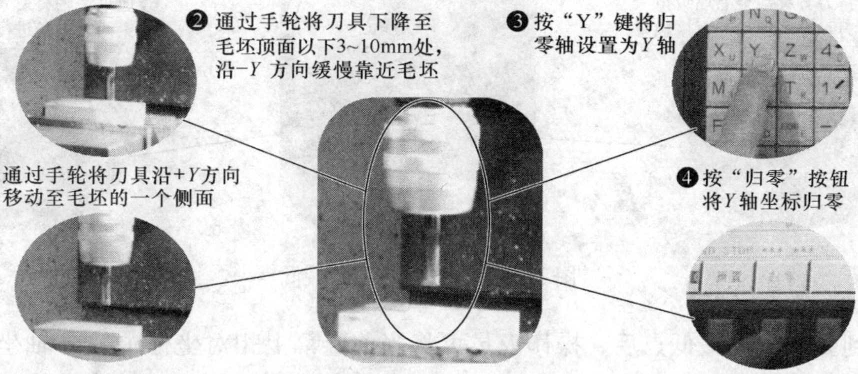
❷通过手轮将刀具下降至毛坯顶面以下3~10mm处，沿-Y方向缓慢靠近毛坯
❸按"Y"键将归零轴设置为Y轴
❶通过手轮将刀具沿+Y方向移动至毛坯的一个侧面
❹按"归零"按钮将Y轴坐标归零

图 3-34　*Y* 轴归零

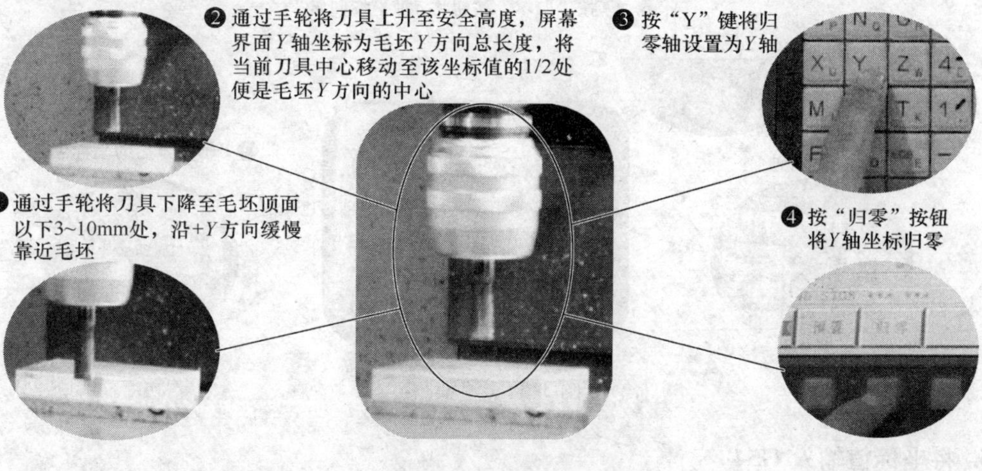
❷通过手轮将刀具上升至安全高度，屏幕界面Y轴坐标为毛坯Y方向总长度，将当前刀具中心移动至该坐标值的1/2处便是毛坯Y方向的中心
❸按"Y"键将归零轴设置为Y轴
❶通过手轮将刀具下降至毛坯顶面以下3~10mm处，沿+Y方向缓慢靠近毛坯
❹按"归零"按钮将Y轴坐标归零

图 3-35　*Y* 轴分中

4. Z 轴方向加工坐标系的设置

完成 X 轴和 Y 轴的分中后还需要在 Z 轴方向进行加工坐标系的设置。本节六面体加工坐标系 Z 方向原点在毛坯顶面中心，而设置 Z 轴坐标系原点可通过 Z 轴高度对刀仪、滚刀法、Z 轴最低点试切法三种方法进行。这里使用试切法，通过刀具直接寻找毛坯顶面最低点来设定加工坐标系 Z 轴方向原点，目的是让刀具在加工平面时能完全将毛坯顶面去除。

首先选择毛坯一个尖角作为 Z 轴对刀高度设置点，将刀具缓慢下降至毛坯顶面直至切削刃与毛坯接触，将刀具移动至毛坯第二个尖角位置判断 Z 方向高度，如果刀具不能与第二个尖角处的毛坯顶面接触则说明第二角落在 Z 方向比第一个尖角要低，因此继续将刀具向 -Z 方向缓慢下降直至刀具切削刃与第二尖角面接触。其余两个尖角使用相同方法进行对刀，直至找出毛坯最低点的尖角 Z 轴坐标，如图 3-36 所示。

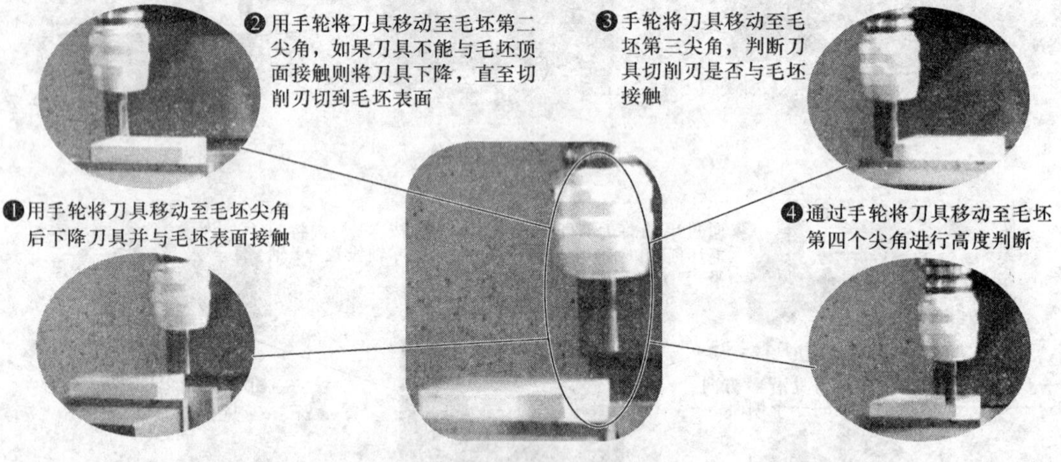
❷用手轮将刀具移动至毛坯第二尖角，如果刀具不能与毛坯顶面接触则将刀具下降，直至切削刃切到毛坯表面
❸手轮将刀具移动至毛坯第三尖角，判断刀具切削刃是否与毛坯接触
❶用手轮将刀具移动至毛坯尖角后下降刀具并与毛坯表面接触
❹通过手轮将刀具移动至毛坯第四个尖角进行高度判断

图 3-36　寻找毛坯顶面最低点

寻找到 Z 轴方向最低点后，操作人员可将当前屏幕上相对坐标中的 Z 轴坐标值进行清零，建立一个相对参考点，便于后续加工坐标系的设置，如图 3-37 所示。

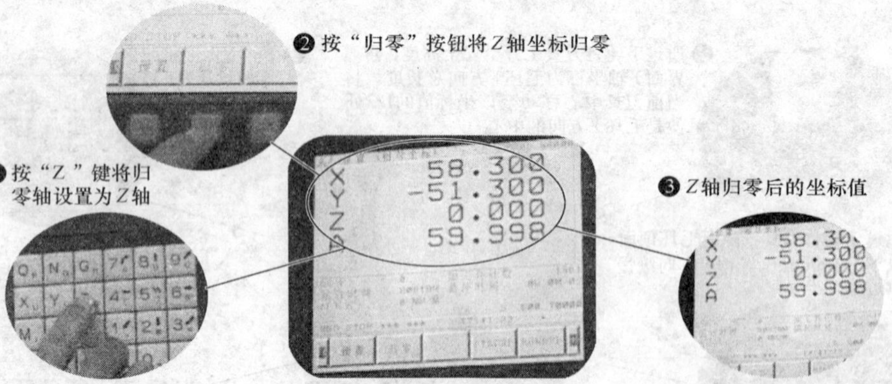
❷按“归零”按钮将Z轴坐标归零
❶按“Z”键将归零轴设置为Z轴
❸Z轴归零后的坐标值
X 58.300
Y -51.300
Z 0.000
A 59.998

图 3-37　Z 轴归零

5. 将坐标值输入 G54

完成毛坯 X、Y 和 Z 方向对刀后，应将零件加工坐标系原点的绝对坐标值储存在 G54 当

中，当系统读至“G54 G00 X0 Y0 Z0”程序段时，自动将三个运动轴移动至相应的坐标值。图 3-38 所示为设置 G54 中的“X”坐标。

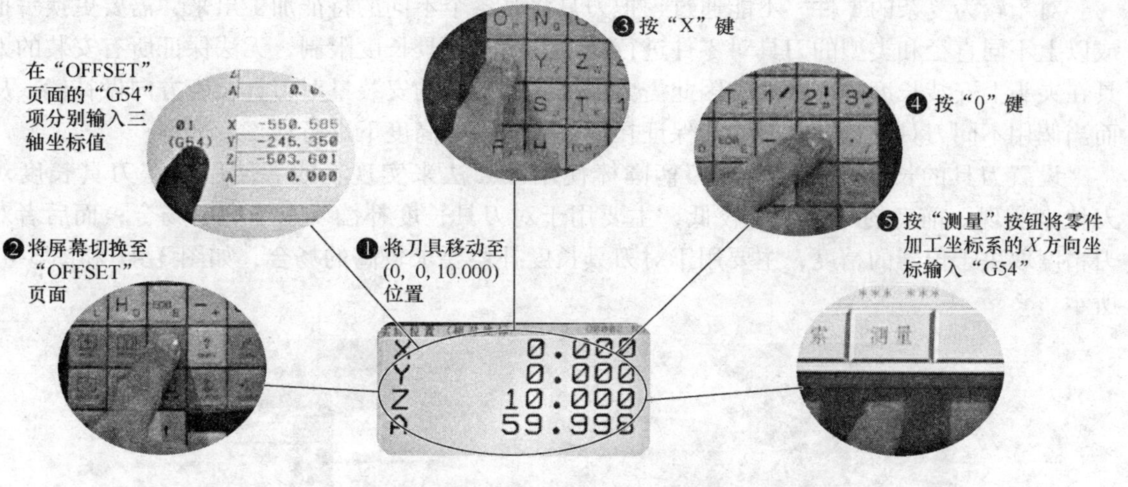
在“OFFSET”页面的“G54”项分别输入三轴坐标值
❸按“X”键
❹按“0”键
❷将屏幕切换至“OFFSET”页面
❶将刀具移动至(0, 0, 10.000)位置
❺按“测量”按钮将零件加工坐标系的X方向坐标输入“G54”
X 0.000
Y 0.000
Z 10.000
A 59.998

图 3-38 设置 G54 中的“X”坐标

使用相同的方法设置 G54 中的“Y”坐标，如图 3-39 所示。

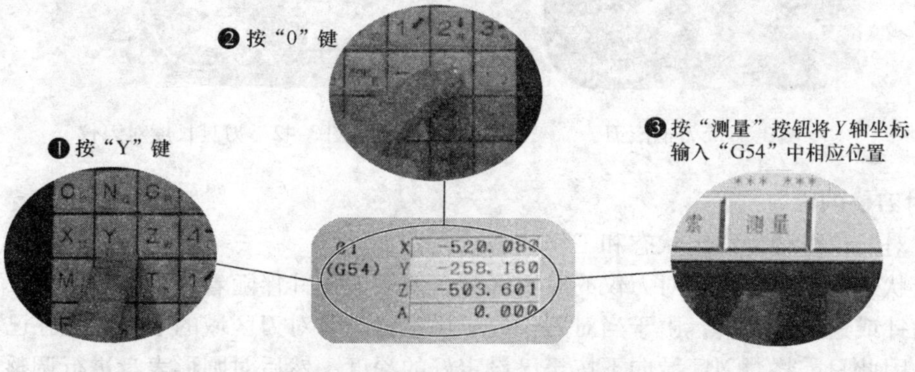
❷按“0”键
❸按“测量”按钮将Y轴坐标输入“G54”中相应位置
❶按“Y”键
01 X -520.080
(G54) Y -258.160
Z -503.601
A 0.000

图 3-39 设置 G54 中的“Y”坐标

为了便于避免刀具长期停留在毛坯表面造成不必要的磨损，Z 轴清零后应通过手轮将刀具移动至（0，0，10）的位置，然后将当前的 Z 坐标输入 G54 当中，如图 3-40 所示。

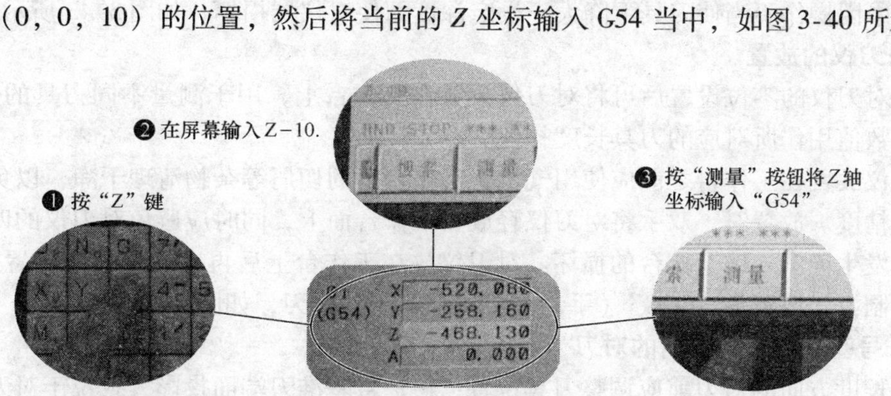
❷在屏幕输入Z−10.
❸按“测量”按钮将Z轴坐标输入“G54”
❶按“Z”键
01 X -520.080
(G54) Y -258.160
Z -468.130
A 0.000

图 3-40 设置 G54 中的“Z”坐标

二、刀具长度补偿的设置

对于较为复杂的零件，不能通过一把刀具将其各个不同的特征加工出来，需要更换一把或以上不同直径和类型的刀具对零件进行加工。由于刀具长度限制，无法保证所有安装的刀具在夹头上安装长度的一致性，因此需要根据不同刀具的安装量对刀具长度方向做补偿，从而当调用不同刀具进行加工时均能保证在同一设定参考高度下进行加工。

设置刀具的长度补偿可通过刀柄圆棒使用滚刀法来实现，或者使用精密刀具长度对刀仪来实现。前者的对刀精度较低，主要用于对刀具长度补偿要求不高的场合；而后者对刀精度取决于仪器的精度，主要用于对刀具长度补偿要求较高的场合，如图 3-41 和图 3-42 所示。

图 3-41　刀柄滚刀

图 3-42　刀具长度对刀仪

1. 对刀仪的设置

长度对刀仪可分为设定状态和工作状态。

设定状态下，双手按下对刀仪的对刀区域，使表内指针伴随着对刀区域的上、下运动而产生顺时针或逆时针旋转，由于当对刀仪处于设定状态时对刀区域的下降只能在已设定好的深度内，因此只需将对刀区域向下按至已设定好的深度，然后对圆形表盘进行调整，使指针指向表盘的零位即完成对刀仪的设置。

工作状态下，对刀仪的对刀区域下降深度可大于设定状态下的设定深度，从而避免刀具下降过程中因操作不当使刀具下降大于设定深度而使对仪器损坏，如图 3-43 所示。

2. 对刀仪的放置

完成对刀仪的零位设置后可将对刀仪放置在工作台上，用于测量不同刀具的伸出长度，测量后的数值用作所对应的刀具长度补偿。

对刀仪放置在工作台之前应使用气枪将工作台上的切屑等杂物清理干净，以免影响到后续对刀的精度。放置时，双手将对刀仪轻放在工作台面上，同时应避免对刀仪的四个尖角与工作台面发生撞击导致工作台的损坏。对刀仪放在工作台上后再次检查放置位置是否正确，将面板控制方式设置为"JOG"（手动方式）后换上基准刀，如图 3-44 所示。

3. 一号基准刀长度方向的对刀

刀具长度方向的对刀前应调整刀具位置，使一号基准刀端面投影大致位于对刀仪顶面的圆形对刀区域范围内。通过手轮控制器缓慢地将主轴沿 $-Z$ 方向下降，当一号基准刀端面与

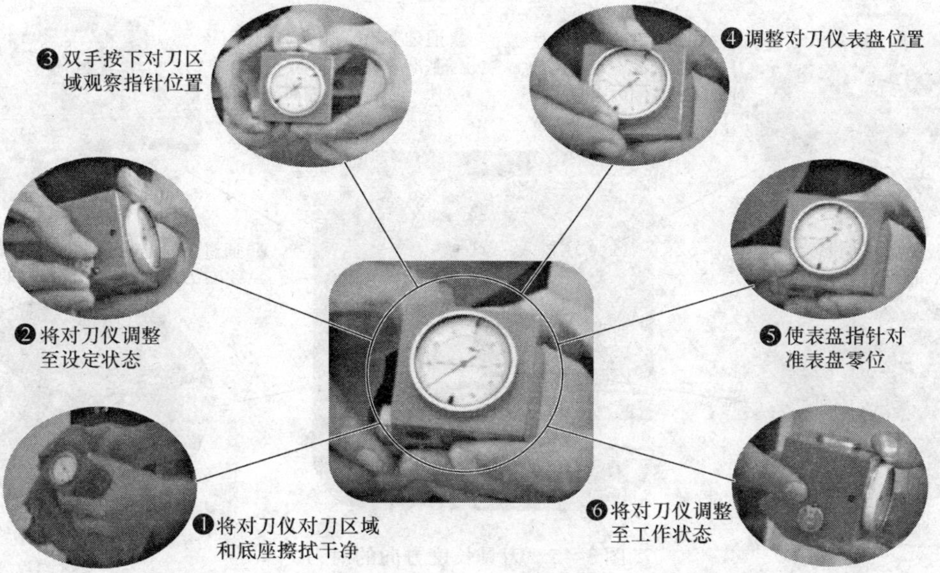
❸双手按下对刀区
域观察指针位置
❹调整对刀仪表盘位置
❷将对刀仪调整
至设定状态
❺使表盘指针对
准表盘零位
❶将对刀仪对刀区域
和底座擦拭干净
❻将对刀仪调整
至工作状态

图 3-43 对刀仪的设置

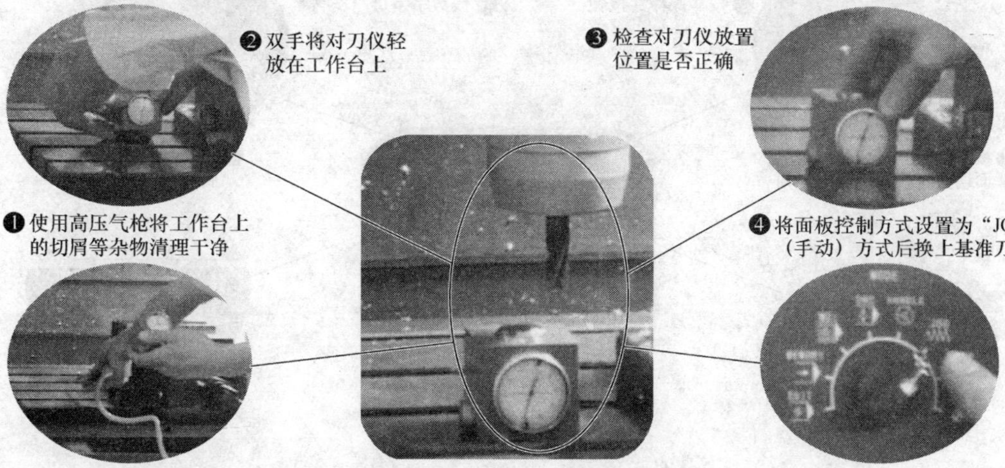
❷双手将对刀仪轻
放在工作台上
❸检查对刀仪放置
位置是否正确
❶使用高压气枪将工作台上
的切屑等杂物清理干净
❹将面板控制方式设置为"JOG"
(手动)方式后换上基准刀

图 3-44 放置对刀仪

对刀仪对刀区域的距离在 5mm 范围以内时将手轮控制器进给倍率降低一级，继续使一号基准刀下降，直至对刀仪指针指向已设置好的零位处，如图 3-45 所示。

4. Z 轴归零

刀具下降至对刀仪的零位后，在系统控制面板上将当前的 Z 轴坐标清零，用于建立一个参考坐标点。待换上第二把刀具后，其与当前刀具的参考坐标点的差值便是两把刀具之间的实际长度差值。

将系统控制面板切换至相对界面，按“操作”按钮，按数字字母键“Z”，在屏幕界面下按“归零”按钮，将 Z 轴相对坐标对零，如图 3-46 所示。

5. 第二把刀具的调用

完成第一把刀具的长度对刀以后需要更换第二把刀具进行刀具长度补偿测量，测量后两

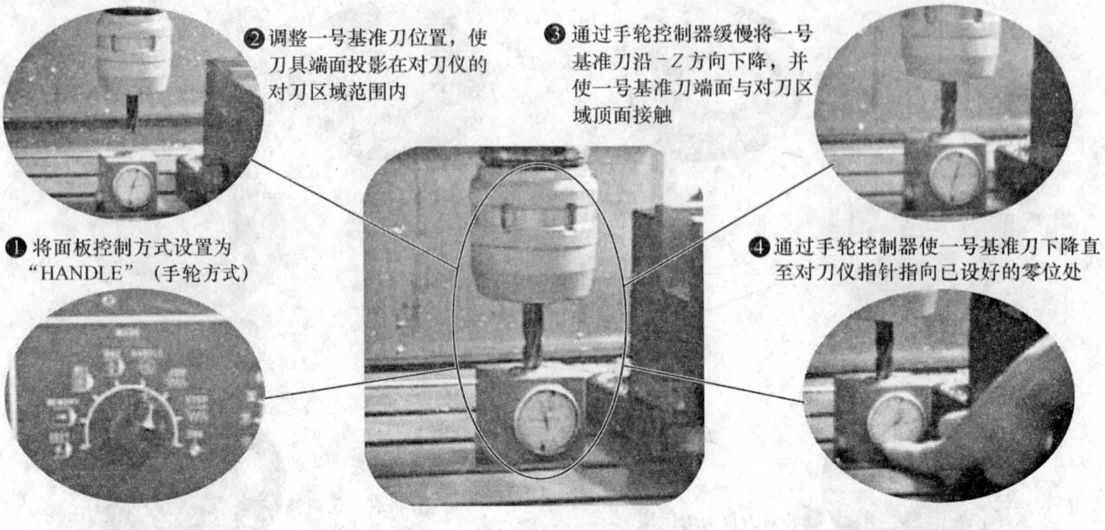
❷调整一号基准刀位置，使刀具端面投影在对刀仪的对刀区域范围内
❸通过手轮控制器缓慢将一号基准刀沿 -Z 方向下降，并使一号基准刀端面与对刀区域顶面接触
❶将面板控制方式设置为“HANDLE”（手轮方式）
❹通过手轮控制器使一号基准刀下降直至对刀仪指针指向已设好的零位处

图 3-45　刀具长度方向的对刀

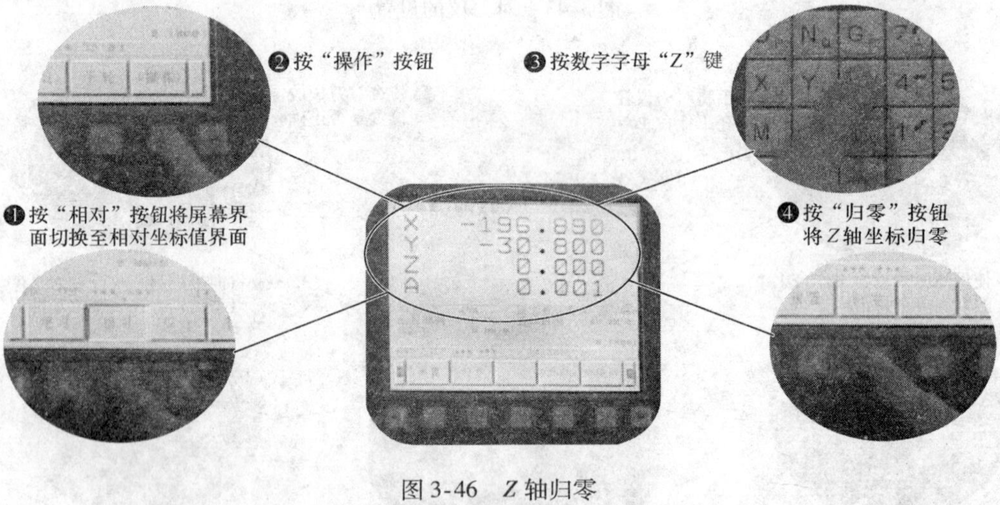
❷按“操作”按钮
❸按数字字母“Z”键
❶按“相对”按钮将屏幕界面切换至相对坐标值界面
❹按“归零”按钮将 Z 轴坐标归零
X -196.890
Y -30.800
Z 0.000
A 0.001

图 3-46　*Z* 轴归零

把刀具的长度差值便是第二把刀具的长度补偿数值。

调用第二把刀具之前应使用手轮控制器先将一号基准刀缓慢沿 +*Z* 方向抬起至安全高度，将面板控制方式设置为“MDI”，然后在屏幕界面输入调用第二把刀具的指令代码，按下“循环启动”按钮后机床执行换刀操作，如图 3-47 所示。

6. 第二把刀具长度方向的对刀

完成换刀动作后，应调整第二把刀具的位置，使刀具端面尽可能在 *XY* 方向上与对刀仪顶面圆形的对刀区域对齐，便于刀具的下降。

通过手轮控制器缓慢地将主轴沿 -*Z* 方向下降，当刀具端面与对刀仪对刀区域的距离在 5mm 范围以内时将手轮控制器进给倍率降低一级，继续使刀具下降，直至对刀仪指针指向已设置好的零位处，如图 3-48 所示。

7. 第二把刀具的 *Z* 轴差值

对刀仪处于零位时，可通过查看数控系统屏幕上的 *Z* 坐标数值来判断第二把刀具与基

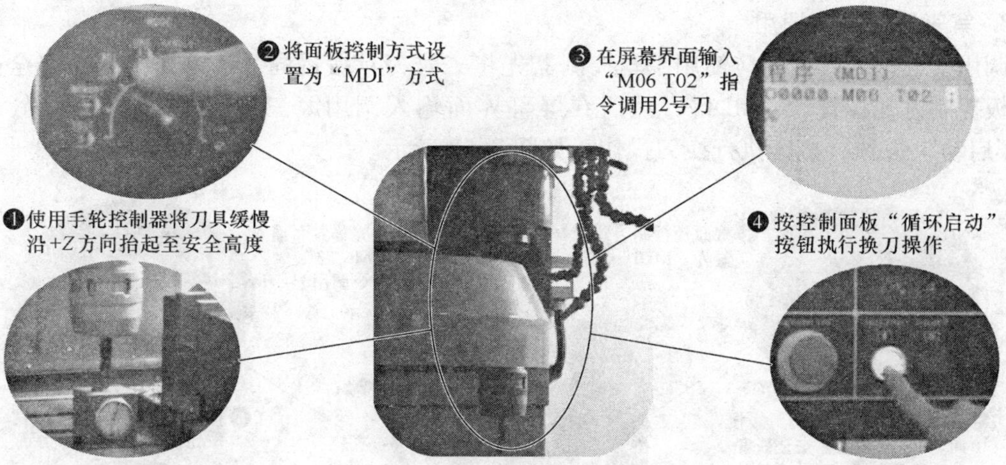
❷将面板控制方式设置为“MDI”方式
❸在屏幕界面输入“M06 T02”指令调用2号刀
程序 (MDI)
O0000 M06 T02 ;
❶使用手轮控制器将刀具缓慢沿+Z方向抬起至安全高度
❹按控制面板“循环启动”按钮执行换刀操作

图 3-47 调用第二把刀具

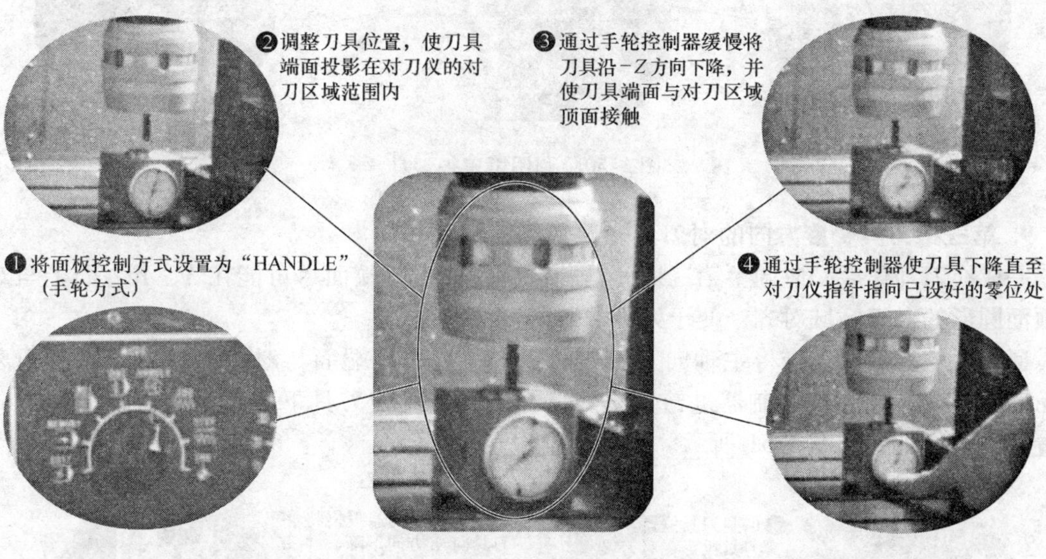
❷调整刀具位置，使刀具端面投影在对刀仪的对刀区域范围内
❸通过手轮控制器缓慢将刀具沿-Z方向下降，并使刀具端面与对刀区域顶面接触
❶将面板控制方式设置为“HANDLE”(手轮方式)
❹通过手轮控制器使刀具下降直至对刀仪指针指向已设好的零位处

图 3-48 第二把刀具长度方向的对刀

准刀具之间的刀具长度差值。如图 3-49 所示，对刀后 Z 轴为负值，说明第二把刀具比基准刀要短 15.411mm。得出差值后应记录下当前刀具 Z 方向上的差值便于后续输入刀具长度补偿。

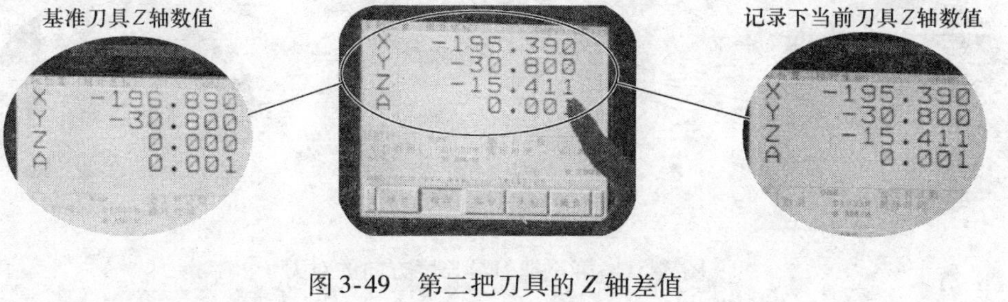
基准刀具Z轴数值
X -196.890
Y -30.800
Z 0.000
A 0.001
X -195.390
Y -30.800
Z -15.411
记录下当前刀具Z轴数值
X -195.390
Y -30.800
Z -15.411
A 0.001

图 3-49 第二把刀具的 Z 轴差值

8. 第三把刀具的调用

调用第三把刀具之前应使用手轮控制器先将二号刀具缓慢向 +Z 方向抬起至安全高度，将面板控制方式设置为“MDI”，然后在屏幕界面输入调用第三把刀具的指令代码，按下“循环启动”按钮，机床执行换刀操作，如图 3-50 所示。

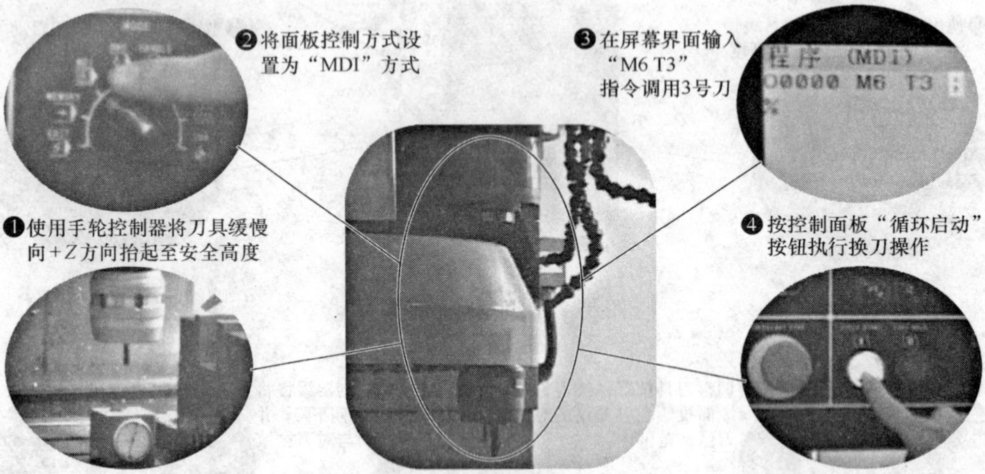
❷将面板控制方式设置为“MDI”方式
❸在屏幕界面输入“M6 T3”指令调用3号刀
程序 (MDI)
O0000 M6 T3
❶使用手轮控制器将刀具缓慢向+Z方向抬起至安全高度
❹按控制面板“循环启动”按钮执行换刀操作

图 3-50　调用第三把刀具

9. 第三把刀具长度方向的对刀

完成换刀动作后，应调整第三把刀具的位置，使刀具端面尽可能在 X、Y 方向上与对刀仪顶面圆形的对刀区域对齐，便于刀具的下降。

通过手轮控制器缓慢将主轴向 -Z 方向下降，当刀具端面与对刀仪对刀区域的距离在 5mm 范围以内时将手轮控制器进给倍率降低一级，继续使刀具下降直至对刀仪指针指向已设置好的零位处，如图 3-51 所示。

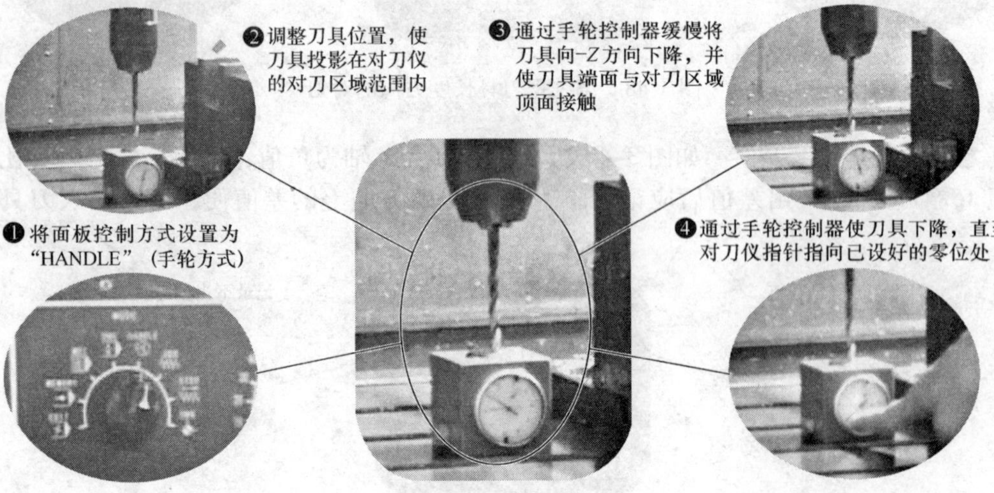
❷调整刀具位置，使刀具投影在对刀仪的对刀区域范围内
❸通过手轮控制器缓慢将刀具向-Z方向下降，并使刀具端面与对刀区域顶面接触
❶将面板控制方式设置为“HANDLE”（手轮方式）
❹通过手轮控制器使刀具下降，直至对刀仪指针指向已设好的零位处

图 3-51　第三把刀具长度方向的对刀

10. 第三把刀具的 Z 轴差值

对刀仪处于零位时，可通过查看数控系统屏幕上的 Z 坐标数值来判断第三把刀具与基准刀具之间的刀具长度差值。如图 3-52 所示，对刀后 Z 轴为正值，说明第三把刀具比基准刀要长 22.938mm。得出差值后应记录下当前刀具 Z 方向上的差值，便于后续输入刀具长度补偿。

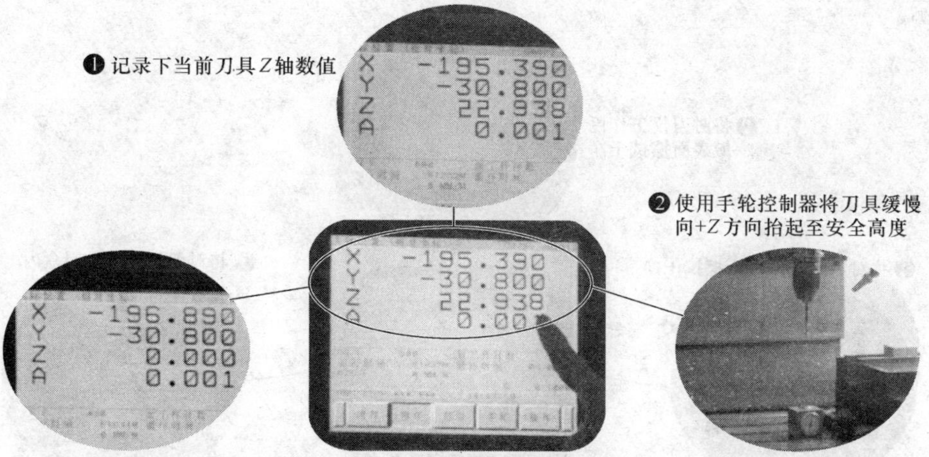
❶ 记录下当前刀具 Z 轴数值
X -195.390
Y -30.800
Z 22.938
A 0.001
❷ 使用手轮控制器将刀具缓慢向+Z 方向抬起至安全高度
X -196.890
Y -30.800
Z 0.000
A 0.001

图 3-52 第三把刀具的 Z 轴差值

11. 刀具长度补偿数据的输入

经过测量得出第二和第三把刀具与基准刀之间的长度差值后，应将长度差值作为刀具长度补偿值输入，便于后续程序执行到“G43 H02”或“G43 H03”刀具长度补偿指令后能自动调用刀具长度补偿值，对刀具的长度做相应的补偿。

具体操作步骤为：将屏幕页面切换至“OFS/SET”下的“偏置”页面，将光标移动至编号为“002”的刀具长度补偿输入框内，输入测量的数值 -15.411，按数字字母键“INPUT”将数值输入。然后使用同样的方式将数值 22.938 输入编号为“003”的刀具长度补偿输入框内，如图 3-53 所示。

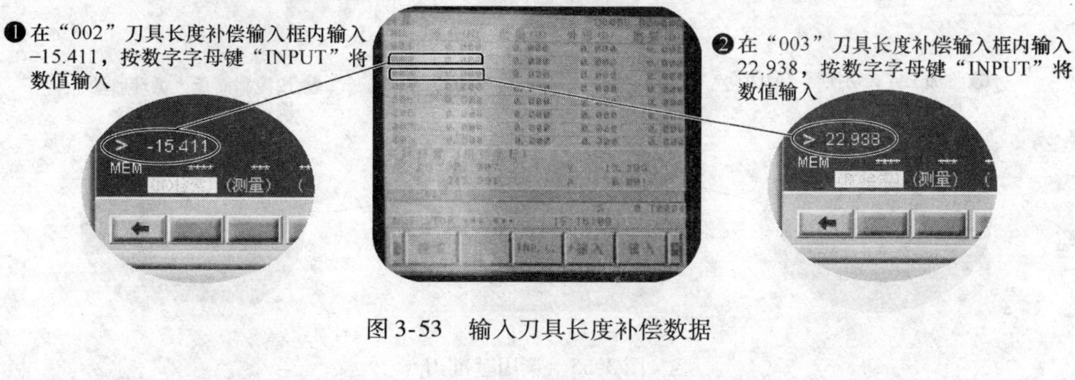
❶ 在“002”刀具长度补偿输入框内输入 -15.411，按数字字母键“INPUT”将数值输入
> -15.411
MEM
(测量)
❷ 在“003”刀具长度补偿输入框内输入 22.938，按数字字母键“INPUT”将数值输入
> 22.938
MEM
(测量)

图 3-53 输入刀具长度补偿数据

三、加工坐标系的复核

完成毛坯加工坐标系的设置和刀具长度补偿设置后，需要对已完成设置的加工坐标系的

正确性进行复核，以保证后续调用程序自动加工过程中坐标值处于正确的位置。这里主要复核加工坐标系中 Z 向高度和 X、Y 方向位置。

1. 长度对刀仪的拆卸

完成刀具长度补偿设置后需要将长度对刀仪从工作台上取下，使用干净的抹布将对刀仪底座和顶面工作区域表面的油污和杂物擦拭干净，保证下次使用时对刀仪的对刀精度，如图 3-54 所示。

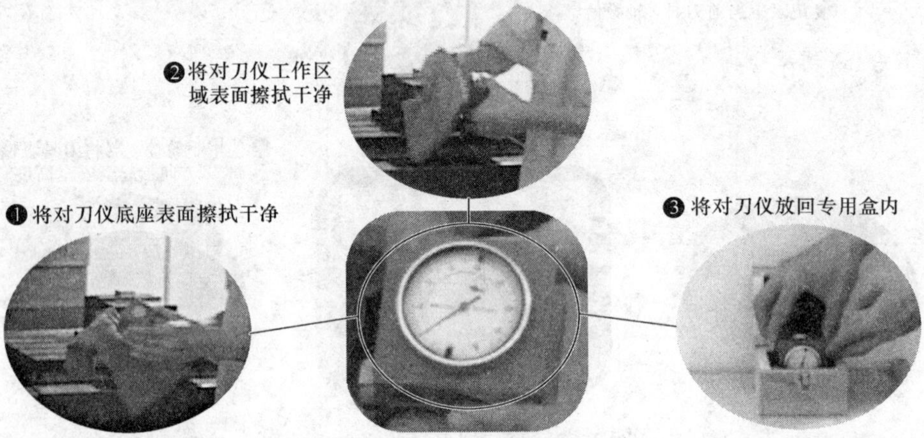
❷将对刀仪工作区域表面擦拭干净
❶将对刀仪底座表面擦拭干净
❸将对刀仪放回专用盒内

图 3-54　取下长度对刀仪

2. 调用基准刀

为了便于检测加工坐标系的正确性，应调用一把便于测量的刀具用于后续的检测。平底铣刀相对于钻头而言，由于其底部具有完整的切削刃，有利于使用钢直尺以切削刃为基准做检测，因此调用一号基准刀用于加工坐标系的检测，如图 3-55 所示。

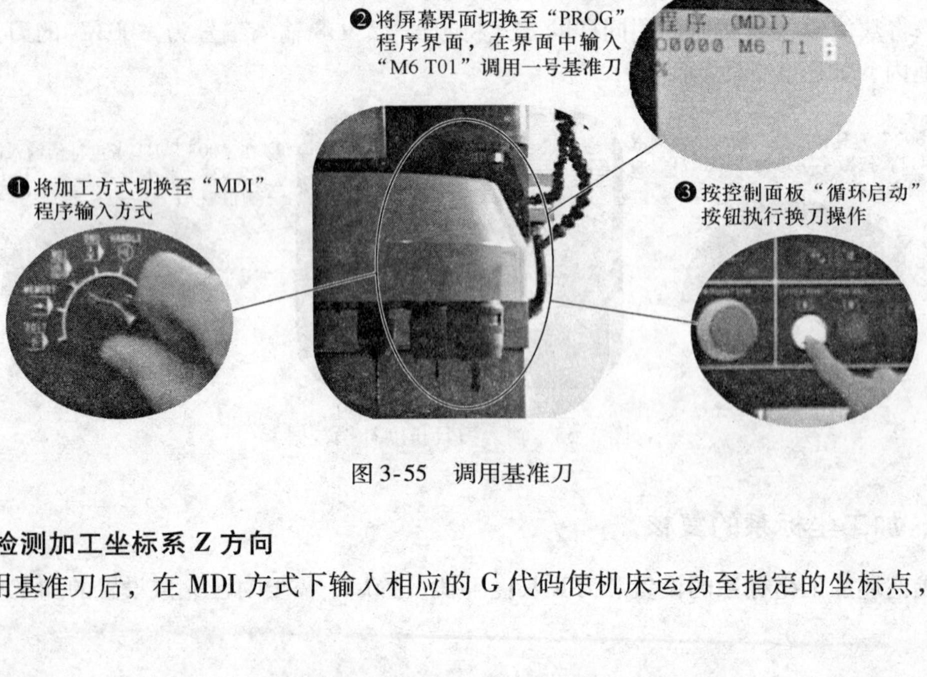
❷将屏幕界面切换至“PROG”程序界面，在界面中输入“M6 T01”调用一号基准刀
程序 (MDI)
00000 M6 T1
❶将加工方式切换至“MDI”程序输入方式
❸按控制面板“循环启动”按钮执行换刀操作

图 3-55　调用基准刀

3. 检测加工坐标系 Z 方向

调用基准刀后，在 MDI 方式下输入相应的 G 代码使机床运动至指定的坐标点，然后使

用钢直尺对刀具所处的高度位置进行测量，将测量后的数值与输入的 G 代码中 Z 数值作比较，判断加工坐标系高度方向是否设置正确，如图 3-56 所示。

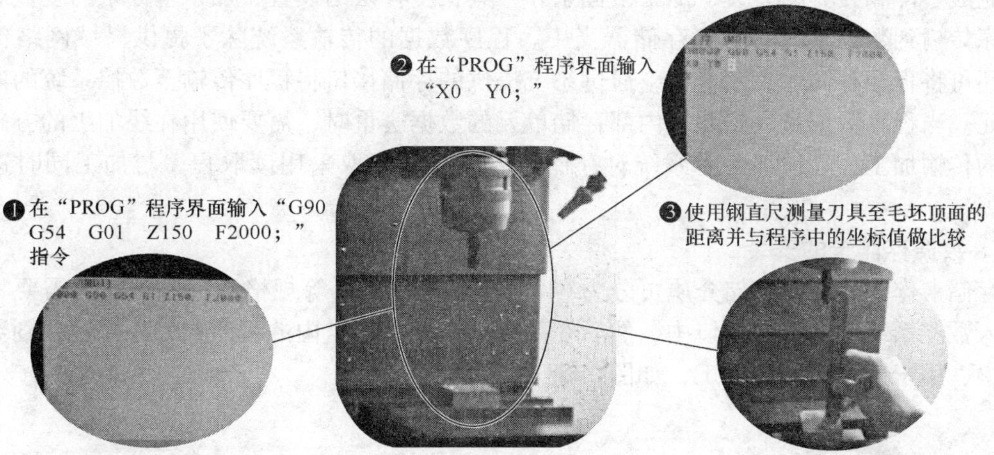
❷在“PROG”程序界面输入“X0 Y0；”
❶在“PROG”程序界面输入“G90 G54 G01 Z150 F2000；”指令
❸使用钢直尺测量刀具至毛坯顶面的距离并与程序中的坐标值做比较

图 3-56 检测加工坐标系 Z 方向

4. 加工坐标系 X、Y 方向的检测

除了复核加工坐标系 Z 方向以外，还需要对其 X、Y 方向进行复核，保证刀具位置在毛坯的 X、Y 方向中心。测量时用钢直尺零位边界紧贴刀具侧刃作为基准，读出刀具侧刃至毛坯侧边界的 X 方向距离，使用相同的方法测量侧刃至毛坯另一侧边界 X 方向的距离，然后比较两个读数的差值。毛坯较为粗糙的情况下，二者差值在 1mm 以内可视为刀具中心与毛坯中心大致重合，即加工坐标系 X 方向设置正确。参照上述方法继续完成 Y 方向的检测，如图 3-57 所示。

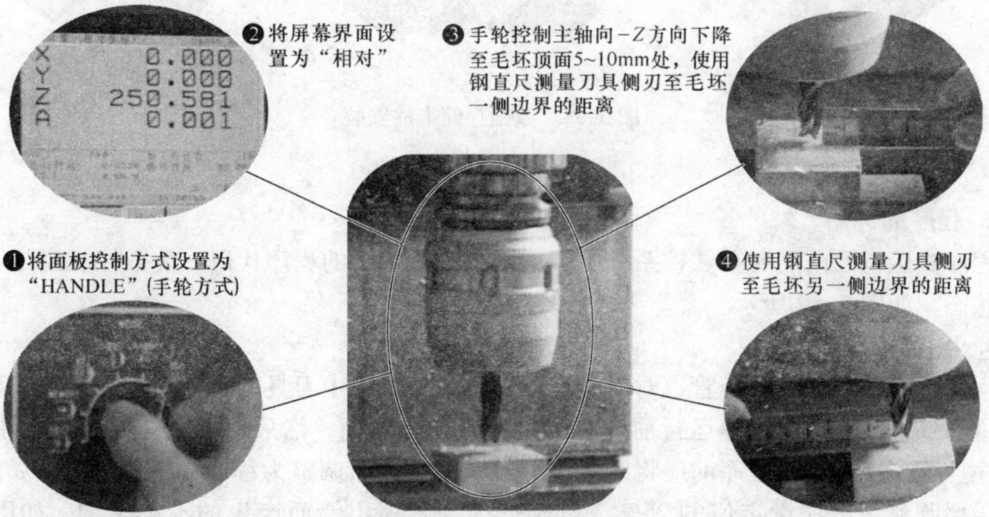
X 0.000
Y 0.000
Z 250.581
A 0.001
❷将屏幕界面设置为“相对”
❸手轮控制主轴向 -Z 方向下降至毛坯顶面5~10mm处，使用钢直尺测量刀具侧刃至毛坯一侧边界的距离
❶将面板控制方式设置为“HANDLE”(手轮方式)
❹使用钢直尺测量刀具侧刃至毛坯另一侧边界的距离

图 3-57 检测加工坐标系 X、Y 方向

四、程序的传输与试运行

完成零件和刀具的装夹、加工坐标系和刀具长度补偿的设置、加工坐标系的复核后，可将程序传输到数控系统的内部存储器当中。程序数据的传输系统除了提供局域网络传输以外，还可将程序存储在存储卡中，通过系统提供的存储接口将程序传输至数控系统的内部存储单元。当程序数据量大于系统内部存储单元的数据容量时，需要使用在线加工的方式进行程序的传输加工，在线加工时系统对存储卡内的程序读取采用读取程序与加工同时进行的方式。

1. 数据存储卡的安装

存储卡作为程序的存储介质可分为64M、128M、256M等规格。程序传输时需要将存储卡插入数控系统中的传输接口中，然后在系统内调用存储卡内的程序或将程序复制到数控系统当中，用于后续的数控加工，如图3-58所示。

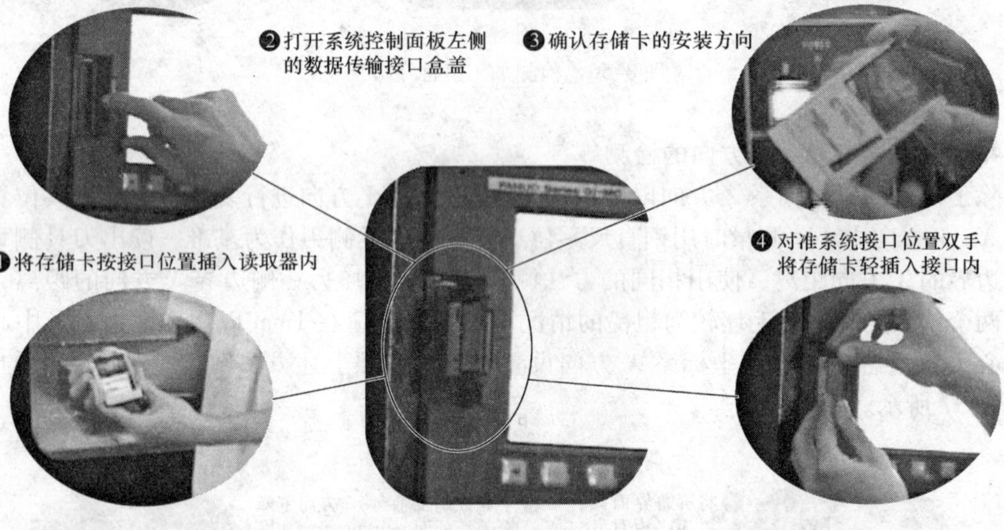
❷打开系统控制面板左侧
的数据传输接口盒盖
❸确认存储卡的安装方向
❶将存储卡按接口位置插入读取器内
❹对准系统接口位置双手
将存储卡轻插入接口内

图3-58　数据存储卡的安装

2. 程序的调用

程序试运行之前需要在数控系统中调用即将进行加工的程序代码，使数控机床处于等待运行状态，如图3-59所示。

3. 程序试运行

程序运行前应将切削液管道对准刀具，便于加工过程中刀具的冷却。为了避免因程序出错产生意外伤害事故，程序运行前应将机床的防护门关闭，然后按下“循环启动”按钮运行程序。第一次试运行程序前应将线性进给倍率由低逐渐调整为程序设定值的100%，快速进给倍率调整为程序设定值的25%，以降低因为程序出错而产生的不利影响，如图3-60所示。

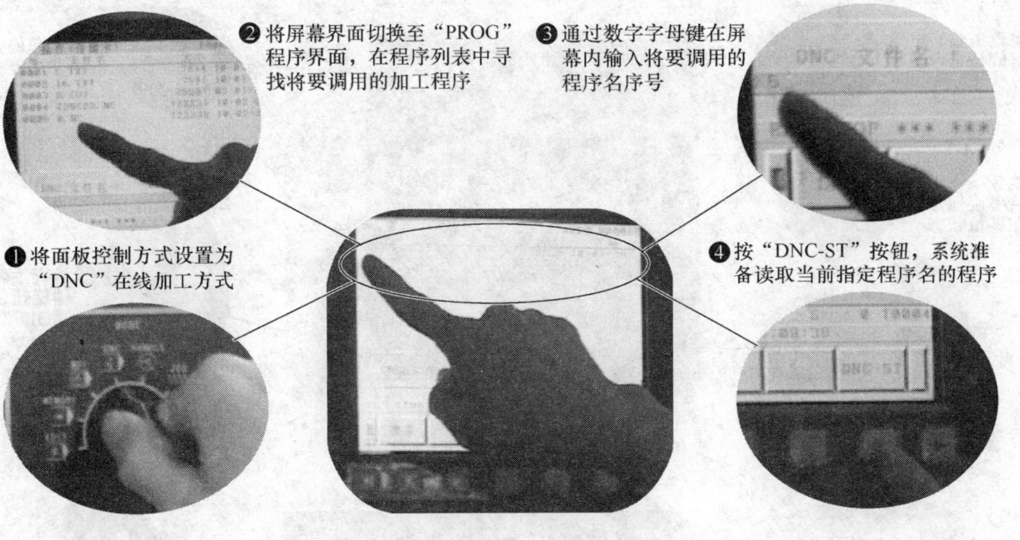
❷将屏幕界面切换至“PROG”程序界面，在程序列表中寻找将要调用的加工程序
❸通过数字字母键在屏幕内输入将要调用的程序名序号
❶将面板控制方式设置为“DNC”在线加工方式
❹按“DNC-ST”按钮，系统准备读取当前指定程序名的程序
DNC-ST

图 3-59　程序的调用

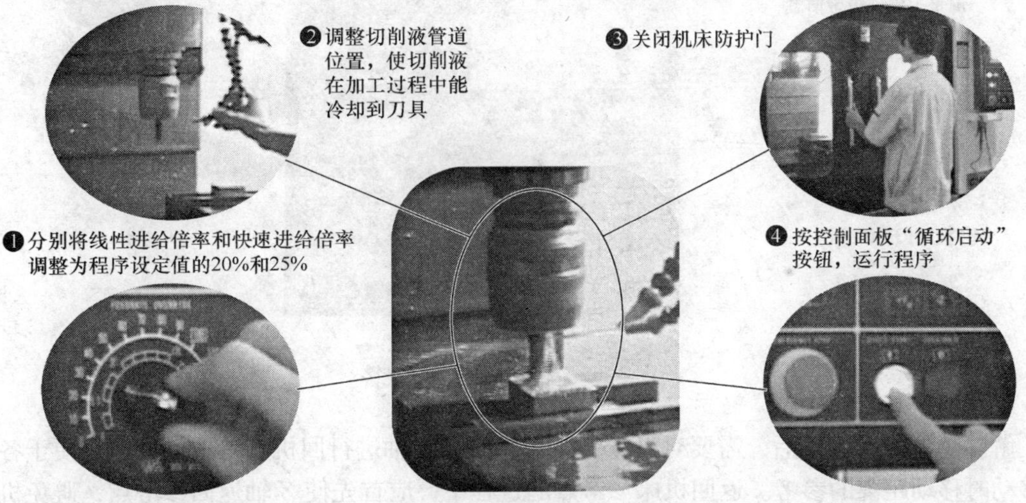
❷调整切削液管道位置，使切削液在加工过程中能冷却到刀具
❸关闭机床防护门
❶分别将线性进给倍率和快速进给倍率调整为程序设定值的20%和25%
❹按控制面板“循环启动”按钮，运行程序

图 3-60　程序试运行

第三节　SIEMENS 802D 系统机床的操作

一、机床数控系统的启动

按下机床面板开关前应依次检查是否处于急停状态，主轴转速倍率旋钮是否处于初始零位状态，线性进给倍率旋钮是否处于初始零位状态，手轮控制器中的控制轴旋钮是否处于“OFF”状态。检查完毕后按下绿色开关，启动数控系统，如图 3-61 所示。

进入数控系统后屏幕出现急停开关报警，机床操作人员可通过顺时针转动操作界面左下方红色的急停开关旋钮，然后按“RESET”（复位）键去除屏幕上的报警信息提示，如图 3-62所示。

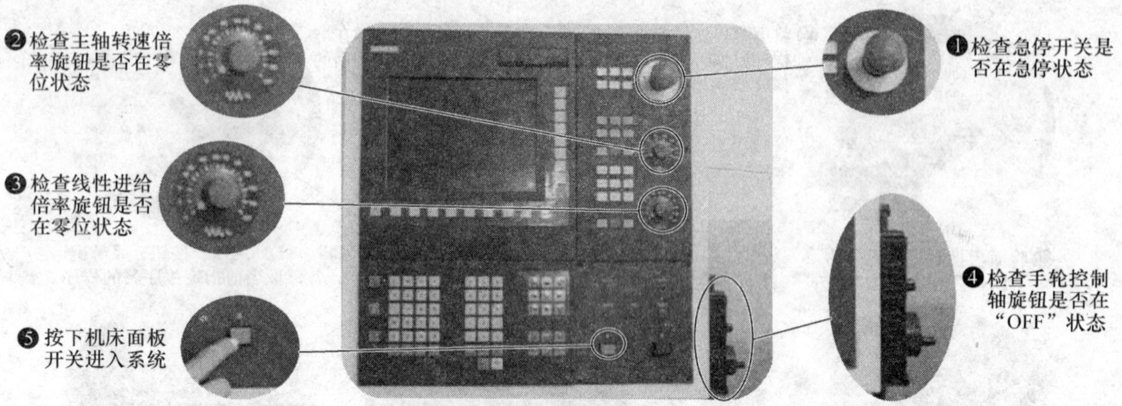
❷检查主轴转速倍率旋钮是否在零位状态
❶检查急停开关是否在急停状态
❸检查线性进给倍率旋钮是否在零位状态
❹检查手轮控制轴旋钮是否在“OFF”状态
❺按下机床面板开关进入系统

图 3-61　数控系统的启动

SIEMENS
屏幕上出现报警信息
❶顺时针转动急停开关旋钮
❷按“RESET”(复位)键去除屏幕报警信息

图 3-62　解除急停开关报警

解除急停开关报警后，需要对机床 X 轴、Y 轴和 Z 轴进行回机床参考点操作，便于各轴线性移动时移动距离的参考。返回机床参考点的过程中，应首先使 Z 轴返回参考点，避免机床工作台上的物件与主轴发生干涉，然后操作 X 轴和 Y 轴依次返回参考点，如图 3-63 所示。

对机床各轴回零操作后，Z 轴零点在机床 +Z 方向行程最大值处，X 轴零点在工作台 +X 方向行程最大值处，Y 轴零点在工作台 +Y 方向行程最大值处，如图 3-64 所示。

机床各轴回零后主轴在 XY 平面对应于工作台 X 轴和 Y 轴的零点位置，此时应将工作台手动移动至一个较为合适的位置，便于后续零件的装夹和机床操作，如图 3-65 所示。

二、加工坐标系的设置

1. 主轴起动

对零件的加工坐标系进行设置前，应将使用的分中找正辅助工具安装到机床主轴上，如偏心式寻边器、光电式寻边器和 3D 探针式寻边器等。对于一些毛坯外形加工余量较大或被加工零件分中找正精度要求不高的情况，可使用试切法通过刀具旋转对毛坯进行加工坐标系的设置。

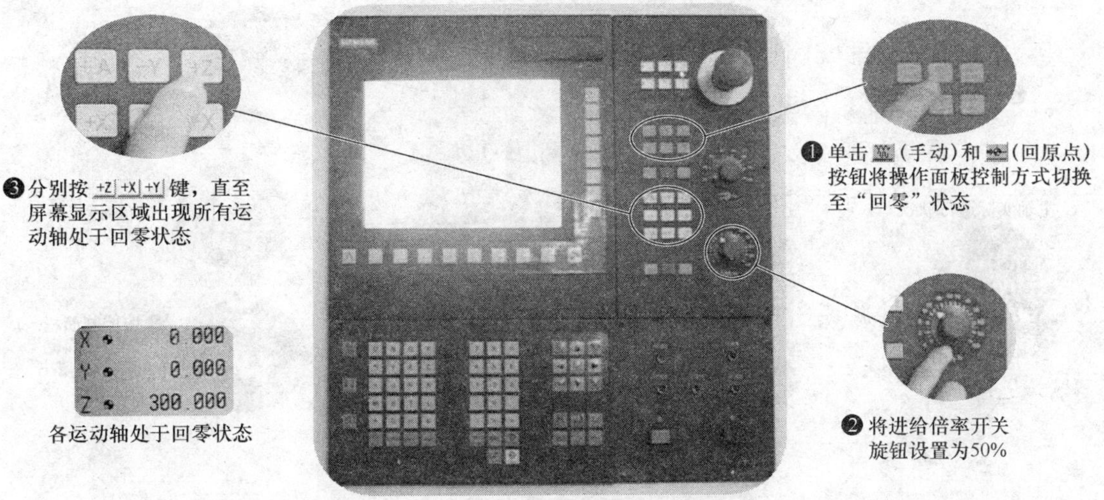
❶单击（手动）和（回原点）按钮将操作面板控制方式切换至“回零”状态
❷将进给倍率开关旋钮设置为50%
❸分别按 +Z +X +Y 键，直至屏幕显示区域出现所有运动轴处于回零状态
X 0.000
Y 0.000
Z 300.000
各运动轴处于回零状态

图 3-63 机床各轴回零

图 3-64 机床各轴回零后状态

图 3-65 调整机床工作台位置

使用寻边器对刀，应将装夹好的寻边器和刀柄安装到机床的主轴上，然后通过机床控制面板将控制方式切换到“MDA”方式，输入主轴正转 G 代码，将主轴旋转倍率设置为100%，按机床“循环启动”按钮，令主轴沿顺时针旋转，如图 3-66 所示。

2. *X* 轴分中

起动主轴旋转后，可将系统控制模式切换到手动状态，使用手轮控制工作台的左、右移动和主轴的上、下移动，对毛坯进行加工坐标系的设定。

将寻边器移动至毛坯附近，通过手轮将相应的控制轴移动 0.01mm，使寻边器工作部分与固定部分处于错开状态。在控制面板内依次按下（加工操作）按钮、“测量工件”按钮和“零点偏置”按钮，将屏幕显示区域界面切换至“零点偏置”界面，将光标移动至“G54”下的“X”位置，如图 3-67 所示。

按“测量工件”按钮，将屏幕显示区域切换至“测量工件”界面，按“X”按钮将输入坐标轴设置为 *X* 轴，将光标移动至“储存在”位置后按（选择）按钮切换至“G54”

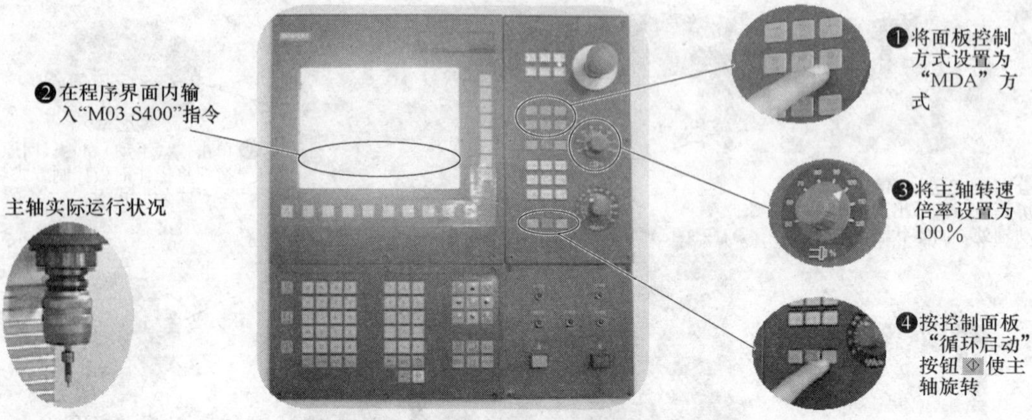
❶将面板控制方式设置为“MDA”方式
❷在程序界面内输入“M03 S400”指令
主轴实际运行状况
❸将主轴转速倍率设置为100%
❹按控制面板“循环启动”按钮使主轴旋转

图 3-66　确起动主轴旋转

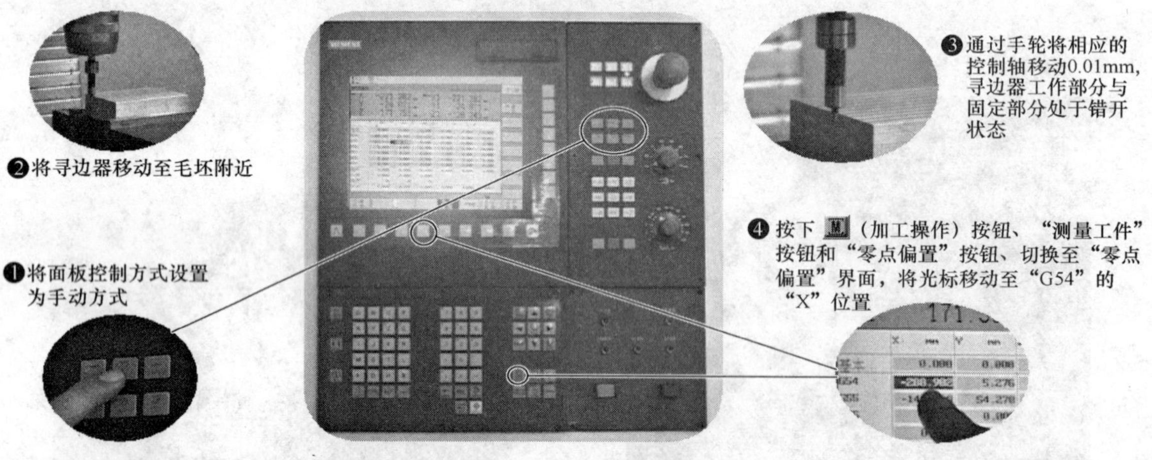
❷将寻边器移动至毛坯附近
❸通过手轮将相应的控制轴移动0.01mm，寻边器工作部分与固定部分处于错开状态
❶将面板控制方式设置为手动方式
❹ 按下（加工操作）按钮、“测量工件”按钮和“零点偏置”按钮、切换至“零点偏置”界面，将光标移动至“G54”的“X”位置

图 3-67　移动寻边器至毛坯一个侧面

坐标系，将光标移动至“距离”位置后按【设置零偏】按钮，将当前的 X 轴坐标输入 G54。按“零点偏移”按钮进入“零点偏置”界面后，单击“更改有效”按钮保存坐标系设置，如图 3-68 所示。

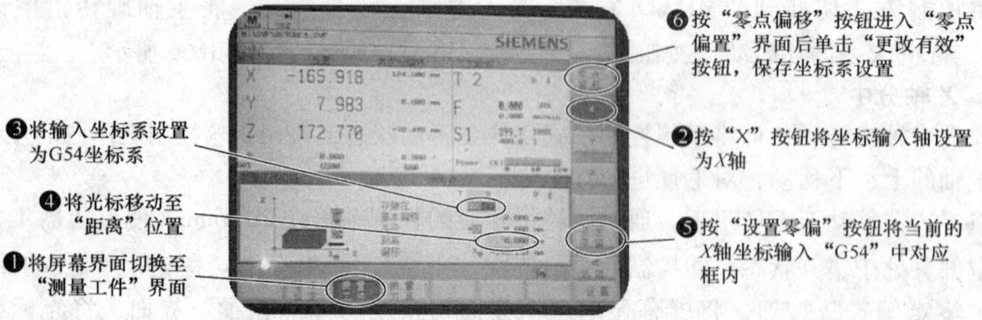
SIEMENS
X -165.918
Y 7.983
Z 172.770
❻按“零点偏移”按钮进入“零点偏置”界面后单击“更改有效”按钮，保存坐标系设置
❷按“X”按钮将坐标输入轴设置为X轴
❸将输入坐标系设置为G54坐标系
❹将光标移动至“距离”位置
❺按“设置零偏”按钮将当前的X轴坐标输入“G54”中对应框内
❶将屏幕界面切换至“测量工件”界面

图 3-68　将第一边界 X 坐标输入 G54

按“+Z”键将主轴上升至安全高度，将寻边器移动至毛坯另一侧面，然后通过手轮使

相应控制轴移动0.01mm，寻边器固定部分与活动部分处于错开状态。在控制面板内依次按下[M]（加工操作）按钮、“测量工件”按钮和“零点偏置”按钮，将屏幕显示区域界面切换至“零点偏置”界面，将光标移动至“G55”下的“X”位置，如图3-69所示。

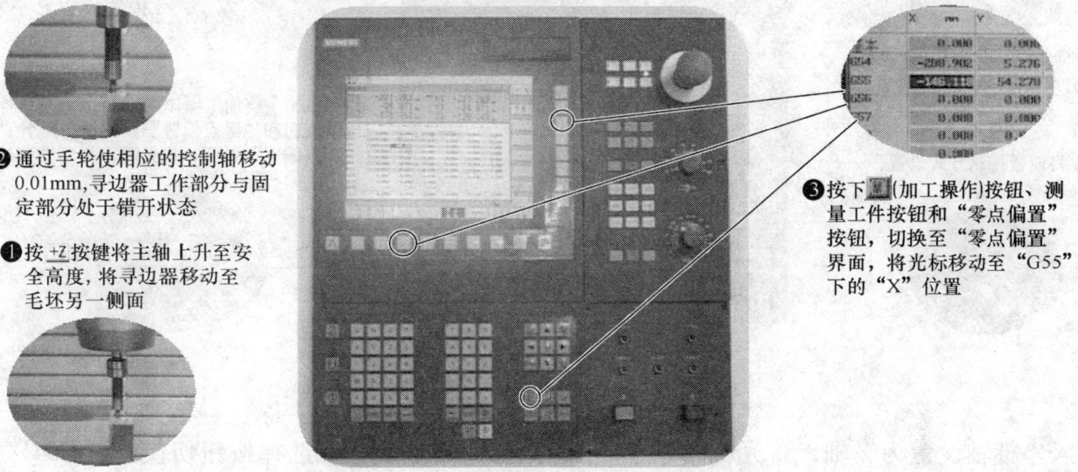
❷通过手轮使相应的控制轴移动0.01mm,寻边器工作部分与固定部分处于错开状态
❶按+Z按键将主轴上升至安全高度，将寻边器移动至毛坯另一侧面
❸按下[M](加工操作)按钮、测量工件按钮和“零点偏置”按钮，切换至“零点偏置”界面，将光标移动至“G55”下的“X”位置

图3-69　移动寻边器至毛坯另一个侧面

按“测量工件”按钮将屏幕显示区域切换至“测量工件”界面，按“X”按钮将输入坐标轴设置为 X 轴，将光标移动至“储存在”位置后按[O]（选择）按钮切换至“G55”坐标系，将光标移动至“距离”位置后按“设置零偏”按钮计算出当前位置偏置量。按“零点偏移”按钮进入“零点偏置”界面后单击“更改有效”按钮保存坐标系设置，如图3-70所示。

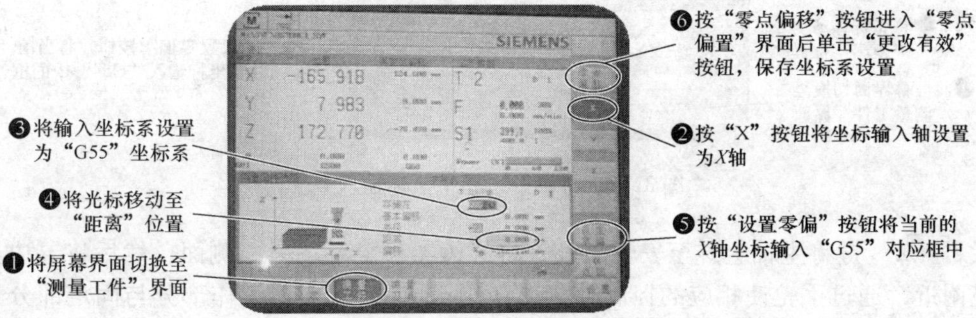
SIEMENS
❻按“零点偏移”按钮进入“零点偏置”界面后单击“更改有效”按钮，保存坐标系设置
❸将输入坐标系设置为“G55”坐标系
❷按“X”按钮将坐标输入轴设置为X轴
❹将光标移动至“距离”位置
❺按“设置零偏”按钮将当前的X轴坐标输入“G55”对应框中
❶将屏幕界面切换至“测量工件”界面

图3-70　将第二边界 X 坐标输入G55

3. Y 轴分中

将寻边器移动至毛坯 Y 方向侧面附近，通过手轮将相应控制轴移动0.01mm，使寻边器工作部分与固定部分处于错开状态。

在控制面板内依次按下[M]（加工操作）按钮、“测量工件”按钮和“零点偏置”按钮，将屏幕显示区域界面切换至“零点偏置”界面，将光标移动至“G54”下的“Y”位置，如图3-71所示。

按“测量工件”按钮将“屏幕显示区域”切换至“测量工件”界面，按“Y”按钮将

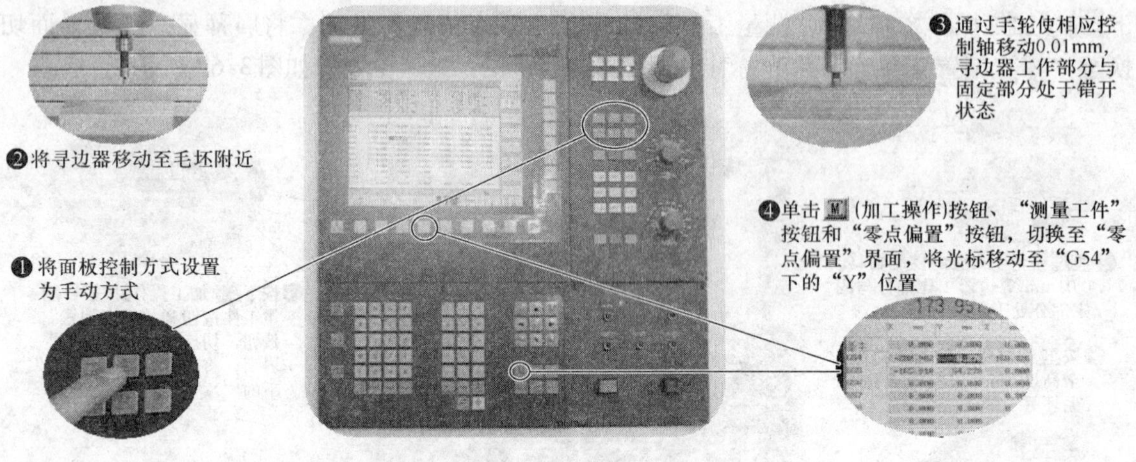
❷将寻边器移动至毛坯附近
❸通过手轮使相应控制轴移动0.01mm，寻边器工作部分与固定部分处于错开状态
❹单击 (加工操作)按钮、“测量工件”按钮和“零点偏置”按钮，切换至“零点偏置”界面，将光标移动至“G54”下的“Y”位置
❶将面板控制方式设置为手动方式

图 3-71　移动寻边器至毛坯一个侧面

输入坐标轴设置为 Y 轴，将光标移动至“储存在”位置后按选择按钮切换至“G54”坐标系，将光标移动至“距离”位置后按“设置零偏”按钮，计算出当前位置偏置量。按“零点偏移”按钮进入“零点偏置”界面后单击“更改有效”按钮保存坐标系设置，如图 3-72 所示。

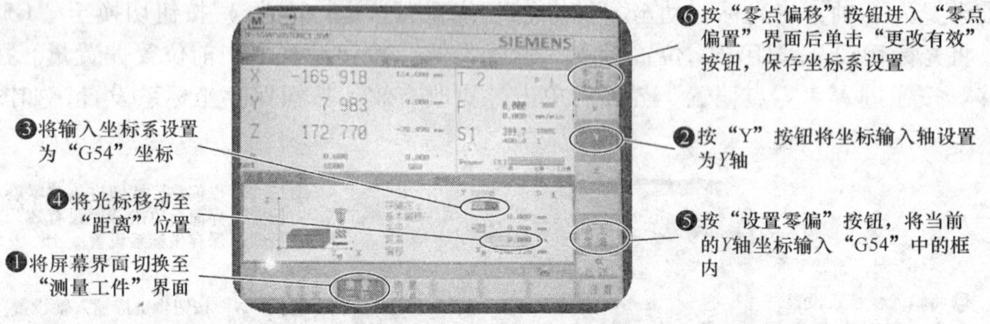
❻按“零点偏移”按钮进入“零点偏置”界面后单击“更改有效”按钮，保存坐标系设置
❸将输入坐标系设置为“G54”坐标
❷按“Y”按钮将坐标输入轴设置为Y轴
❹将光标移动至“距离”位置
❺按“设置零偏”按钮，将当前的Y轴坐标输入“G54”中的框内
❶将屏幕界面切换至“测量工件”界面

图 3-72　将第一边界 Y 坐标输入 G54

按“+Z”键将主轴上升至安全高度，将寻边器移至毛坯另一侧面，然后将寻边器移动至毛坯附近，通过手轮使相应的控制轴移动 0.01mm，使寻边器工作部分与固定部分处于错开状态。在控制面板内依次按下（加工操作）按钮、测量工件按钮和“零点偏置”按钮，将屏幕显示区域界面切换至“零点偏置”界面，将光标移动至“G55”下的“Y”位置，如图 3-73 所示。

按“测量工件”按钮将屏幕显示区域切换至“测量工件”界面，按“Y”按钮将输入坐标轴设置为 Y 轴，将光标移动至“储存在”位置后按（选择）按钮切换至“G55”坐标系，将光标移动至“距离”位置后按“设置零偏”按钮，计算出当前位置偏置量。按“零点偏移”按钮进入“零点偏置”界面后单击“更改有效”按钮保存坐标系设置，如图 3-74 所示。

❷通过手轮使相应的控制轴移动0.01mm,寻边器工作部分与固定部分处于错开状态
❶按+Z按键将主轴上升至安全高度,将寻边器移动至毛坯另一侧面
❸单击(加工操作)按钮、“测量工件”按钮和“零点偏置”按钮，切换至“零点偏置”界面，将光标移动至“G55”下的“Y”位置

图 3-73　移动寻边器至毛坯另一侧面

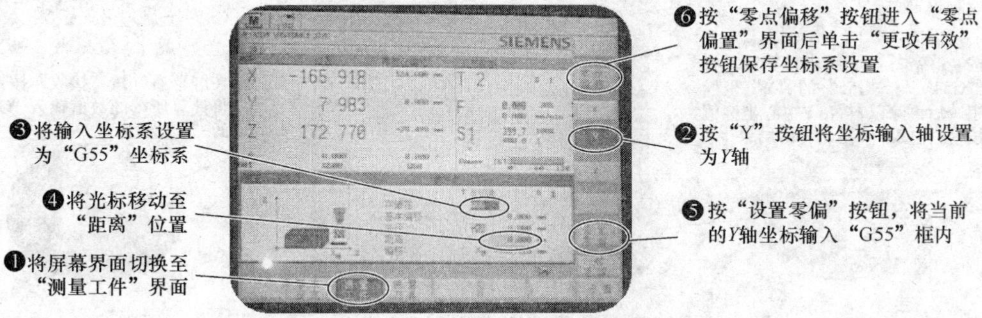
SIEMENS
❻按“零点偏移”按钮进入“零点偏置”界面后单击“更改有效”按钮保存坐标系设置
❸将输入坐标系设置为“G55”坐标系
❷按“Y”按钮将坐标输入轴设置为Y轴
❹将光标移动至“距离”位置
❺按“设置零偏”按钮，将当前的Y轴坐标输入“G55”框内
❶将屏幕界面切换至“测量工件”界面

图 3-74　将第二边界 Y 坐标输入 G55

4. 坐标系中心的计算

X 轴和 *Y* 轴分中找正时，分别将四个边界的位置坐标储存在 G54 和 G55 坐标系的“X”和“Y”中，对 *X* 和 *Y* 方向的坐标值除以 2 所得坐标值才是该轴的中心坐标。因此，需要对已储存的坐标系进行计算，SIEMENS 802D 系统提供了计算器，能方便地对各个坐标值进行计算。

将光标移动至“G54”的“X”坐标位置，在控制面板上按（等于）按钮调出计算器，将“G54”与“G55”的“X”坐标相减，按（输入）按钮计算出结果，再将计算后数值除以 2 得出毛坯 *X* 轴方向上的中心坐标值，在屏幕右方按“接收”按钮将计算所得的数值输入“G54”的“X”坐标，如图 3-75 所示。

将光标移动至“G54”的“Y”坐标位置，在控制面板上按（等于）按钮调出计算器，将“G54”与“G55”的“Y”坐标相减按（输入）按钮计算出结果，再将计算后数值除以 2 得出毛坯 *Y* 轴方向上的中心坐标值，在屏幕右方按“接收”按钮将计算所得的数值输入“G54”的“Y”坐标，如图 3-76 所示。

将机床控制方式切换到“MDA”方式，输入“M30”循环结束代码后按机床（循环启动）按钮，令主轴停止旋转，如图 3-77 所示。

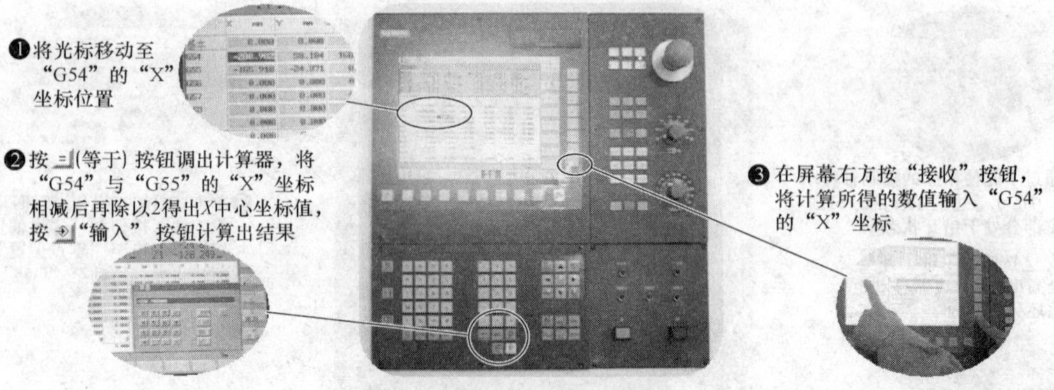
❶将光标移动至“G54”的“X”坐标位置
❷按 (等于) 按钮调出计算器，将“G54”与“G55”的“X”坐标相减后再除以2得出X中心坐标值，按 “输入” 按钮计算出结果
❸在屏幕右方按“接收”按钮，将计算所得的数值输入“G54”的“X”坐标

图 3-75　计算 *X* 方向中心坐标

❶将光标移动至“G54”的“Y”坐标位置
❷按 (等于) 按钮调出计算器，将“G54”与“G55”的“Y”坐标相减后再除以2得出Y中心坐标值，按 (输入) 按钮计算出结果
❸在屏幕右方按“接收”按钮，将计算所得的数值输入“G54”的“Y”坐标

图 3-76　计算 *Y* 方向中心坐标

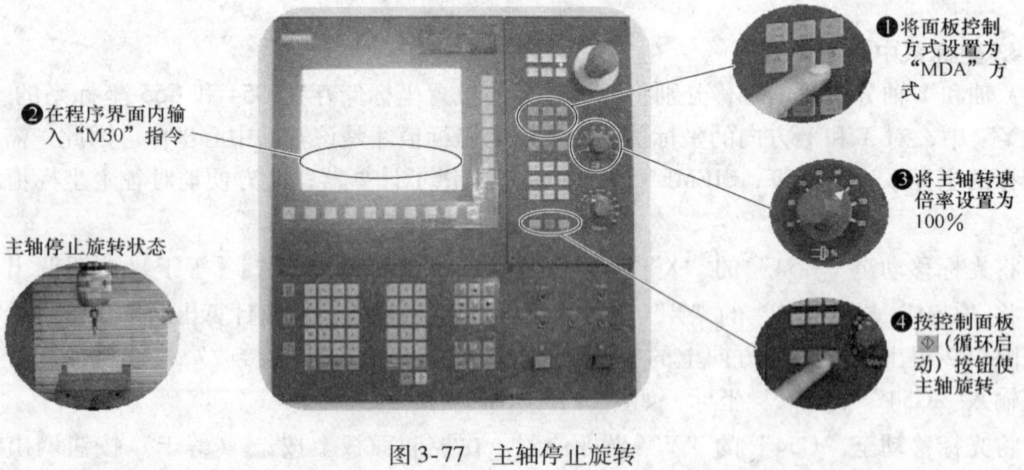
❶将面板控制方式设置为“MDA”方式
❷在程序界面内输入“M30”指令
❸将主轴转速倍率设置为100%
❹按控制面板 (循环启动) 按钮使主轴旋转
主轴停止旋转状态

图 3-77　主轴停止旋转

三、加工坐标系的复核

1. 加工坐标系 *X* 方向的检测

通过钢直尺直接对毛坯的 *X* 和 *Y* 方向进行测量比较，复核寻边器是否处于毛坯 *X* 和 *Y*

方向中心。复核 X 方向时，用钢直尺零位边界紧贴寻边器工作部分圆柱侧面作为基准，读出寻边器工作部分圆柱侧面至毛坯一侧边界的 X 向距离，接着用相同的方法测量侧刃至毛坯另一侧边界的 X 方向距离，然后比较两个距离的差值。毛坯较为粗糙的情况下，二者差值在 1mm 以内可视为寻边器中心与毛坯中心大致重合，即加工坐标系 X 方向设置正确，如图 3-78 所示。

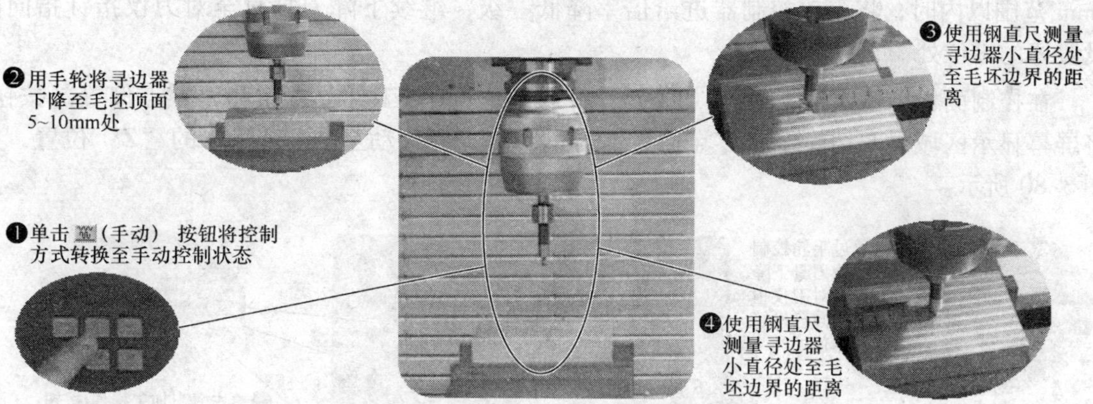
❷用手轮将寻边器下降至毛坯顶面5~10mm处
❸使用钢直尺测量寻边器小直径处至毛坯边界的距离
❶单击（手动） 按钮将控制方式转换至手动控制状态
❹使用钢直尺测量寻边器小直径处至毛坯边界的距离

图 3-78 检测加工坐标系 X 方向

2. 加工坐标系 Y 方向的检测

参照上述方法继续完成 Y 方向的检测。测量时用钢直尺零位边界紧贴寻边器工作部分圆柱侧面作为基准，读出寻边器工作部分圆柱侧面至毛坯一侧边界的 Y 向距离，接着用相同的方法测量侧刃至毛坯另一侧边界 Y 方向的距离，然后比较两个距离的差值。毛坯较为粗糙的情况下，二者差值在 1mm 以内可视为寻边器中心与毛坯中心大致重合，即加工坐标系 Y 方向设置正确。完成加工坐标系的检测后，将主轴移动至安全高度位置，如图 3-79 所示。

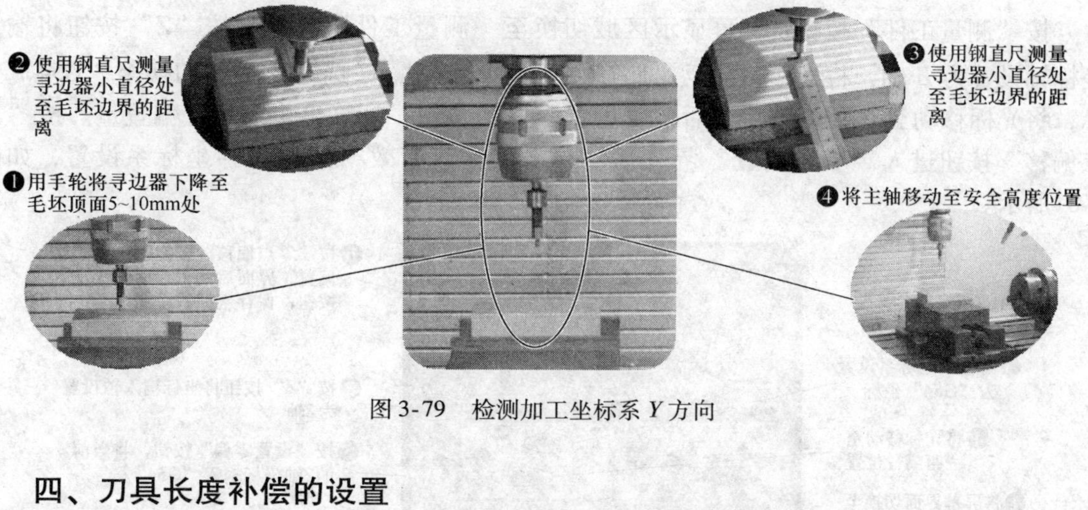
❷使用钢直尺测量寻边器小直径处至毛坯边界的距离
❸使用钢直尺测量寻边器小直径处至毛坯边界的距离
❶用手轮将寻边器下降至毛坯顶面5~10mm处
❹将主轴移动至安全高度位置

图 3-79 检测加工坐标系 Y 方向

四、刀具长度补偿的设置

1. 对刀仪的设置

设置对刀仪时可参考本章第二节关于 FANUC 系统机床的操作部分。

2. 对刀仪的放置

对刀仪设置可参考本章第二节相关内容。

3. 刀具长度方向上的对刀

刀具长度方向对刀前应调整刀具位置，使刀具端面大致对准对刀仪顶面的圆形对刀区域。通过手轮控制器缓慢将主轴向 $-Z$ 方向下降，待刀具端面与对刀仪对刀区域的距离在5mm范围以内时，将手轮控制器进给倍率降低一级，继续下降刀具直至对刀仪指针指向已设置好的零位处。

在控制面板内依次按下（加工操作）按钮、“测量工件”按钮和“零点偏置”按钮，将屏幕显示区域界面切换至“零点偏置”界面，将光标移动至“G54”下的“Z”位置，如图3-80所示。

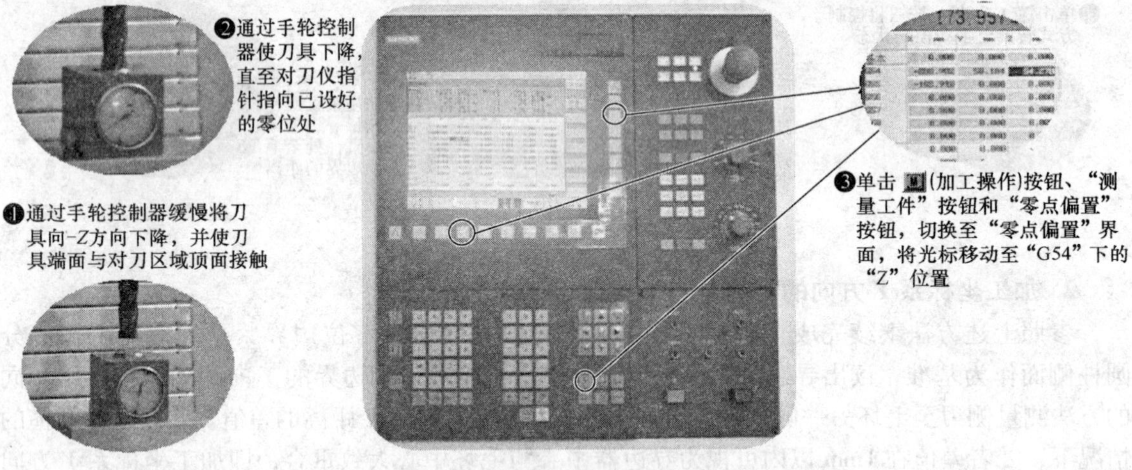
❷通过手轮控制器使刀具下降，直至对刀仪指针指向已设好的零位处
❶通过手轮控制器缓慢将刀具向-Z方向下降，并使刀具端面与对刀区域顶面接触
❸单击（加工操作）按钮、“测量工件”按钮和“零点偏置”按钮，切换至“零点偏置”界面，将光标移动至“G54”下的“Z”位置

图3-80　刀具长度方向的对刀

按“测量工件”按钮将屏幕显示区域切换至“测量工件”界面，按“Z”按钮将输入坐标轴设置为 Z 轴，将光标移动至“储存在”位置后按（选择）按钮切换至“G54”坐标，将光标移动至“距离”位置后按“设置零偏”按钮，计算出当前位置偏置量。按“零点偏移”按钮进入“零点偏置”界面后，单击“更改有效”按钮保存坐标系设置，如图3-81所示。

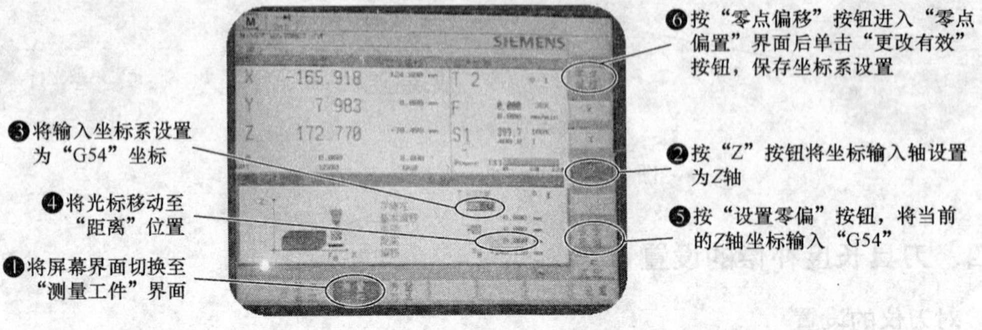
SIEMENS
X -165.918
Y 7.983
Z 172.770
❻按“零点偏移”按钮进入“零点偏置”界面后单击“更改有效”按钮，保存坐标系设置
❸将输入坐标系设置为“G54”坐标
❷按“Z”按钮将坐标输入轴设置为Z轴
❹将光标移动至“距离”位置
❺按“设置零偏”按钮，将当前的Z轴坐标输入“G54”
❶将屏幕界面切换至“测量工件”界面

图3-81　将当前 Z 轴高度坐标输入G54

4. 计算 Z 轴实际高度坐标

由于 Z 方向对刀采用间接对刀方法，刀具至毛坯顶面相隔了一个对刀仪设置的高度距离，因此需要将已输入“G54”中“Z”位置的坐标值减去一个对刀仪的高度数值。

将光标移动至“G54”的“Z”位置，在控制面板上按 $\equiv$（等于）按钮调出计算器，将“G54”的“Z”坐标减去对刀仪高度“50.0”，然后按【输入】按钮计算出结果，在屏幕右方按“接收”按钮将计算所得的数值输入“G54”的“Z”坐标，如图 3-82 所示。

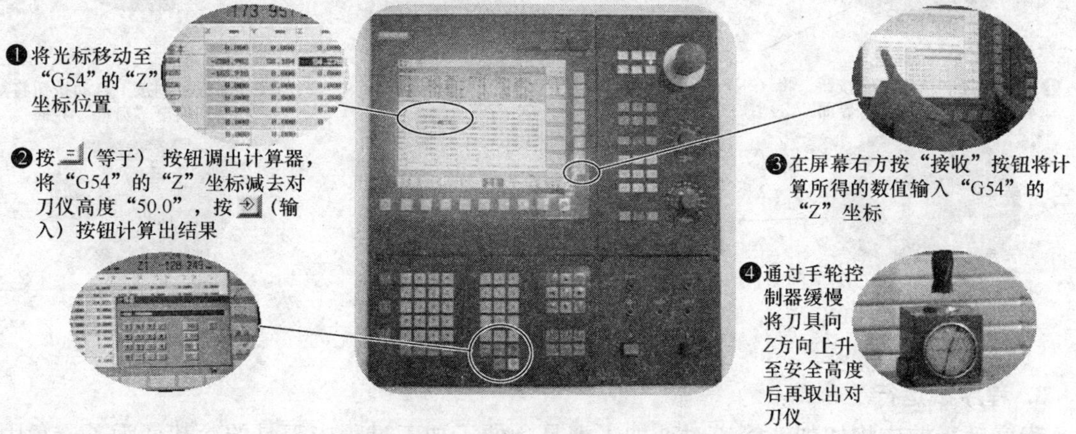
❶将光标移动至“G54”的“Z”坐标位置
❷按 (等于) 按钮调出计算器，将“G54”的“Z”坐标减去对刀仪高度“50.0”，按 (输入) 按钮计算出结果
❸在屏幕右方按“接收”按钮将计算所得的数值输入“G54”的“Z”坐标
❹通过手轮控制器缓慢将刀具向Z方向上升至安全高度后再取出对刀仪

图 3-82　计算 Z 方向高度坐标

5. 长度对刀仪的拆卸

取下长度对刀仪时，操作步骤可参考本章第二节 FANUC 系统机床的操作。

五、程序的传输与试运行

1. 数据储存卡的安装

SIEMENS 802D 数控系统提供 CF 类型存储卡程序传输接口，作为程序的存储介质可分为 64M、128M、256M 等规格。程序传输时需要将 CF 存储卡插入数控系统的传输接口，然后在系统内调用 CF 卡内的程序或将程序复制到数控系统当中，用于后续的数控加工，如图 3-83 所示。

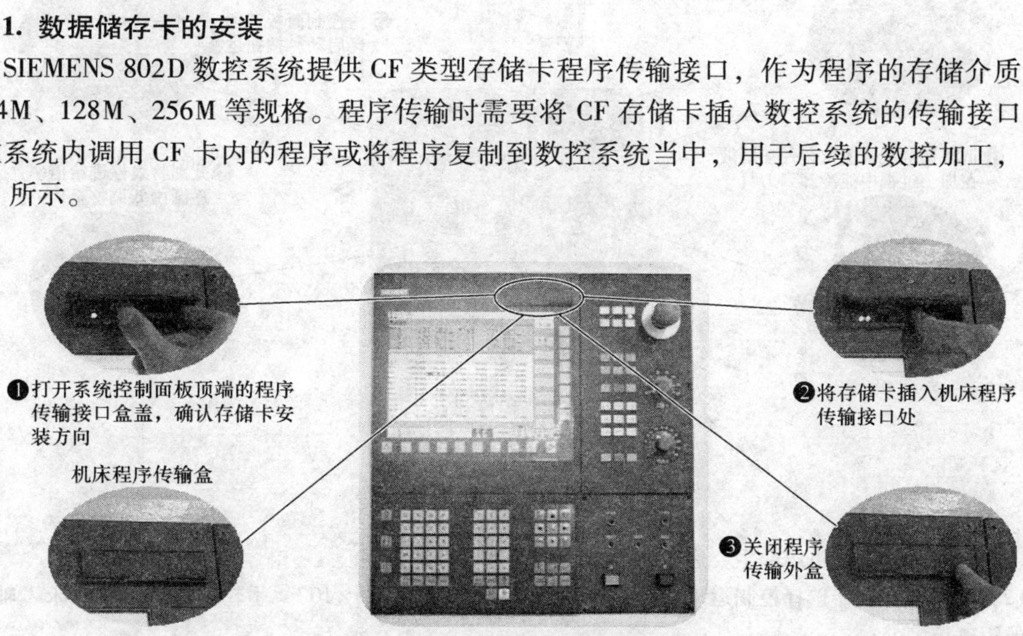
❶打开系统控制面板顶端的程序传输接口盒盖，确认存储卡安装方向
机床程序传输盒
❷将存储卡插入机床程序传输接口处
❸关闭程序传输外盒

图 3-83　装配数据储存卡

2. 调用程序

程序试运行之前需要在数控系统中调用即将进行加工的程序代码，使数控机床处于等待运行状态，如图 3-84 所示。

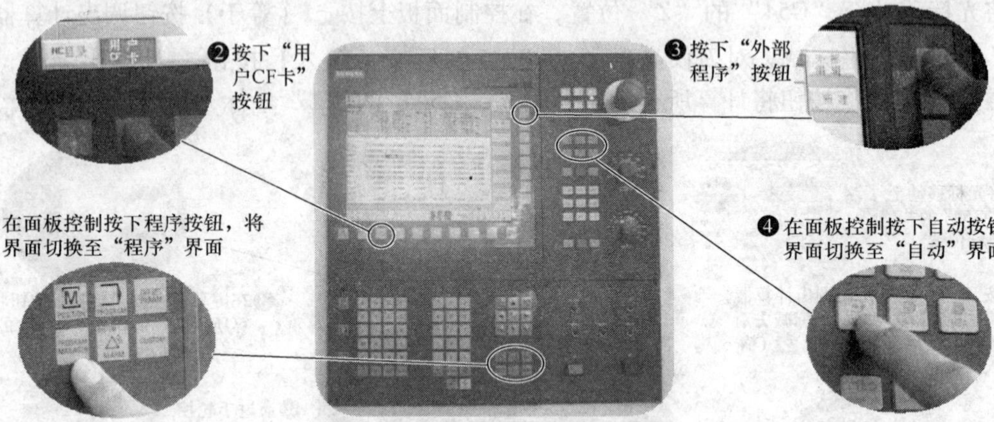
❶在面板控制按下程序按钮，将界面切换至“程序”界面
❷按下“用户CF卡”按钮
❸按下“外部程序”按钮
❹在面板控制按下自动按钮将界面切换至“自动”界面

图 3-84　调用程序

3. 程序试运行

程序运行前应将切削液管道对准加工刀具，便于加工过程中刀具的冷却。为了避免因程序出错产生意外伤害事故，程序运行前应将机床的防护门关闭后按下“循环启动”按钮运行程序。第一次试运行程序前应将线性进给倍率由低逐渐调整为程序设定值的 100%，快速进给倍率调整为程序设定值的 25%，以降低因为程序出错而产生的不利影响，如图 3-85 所示。

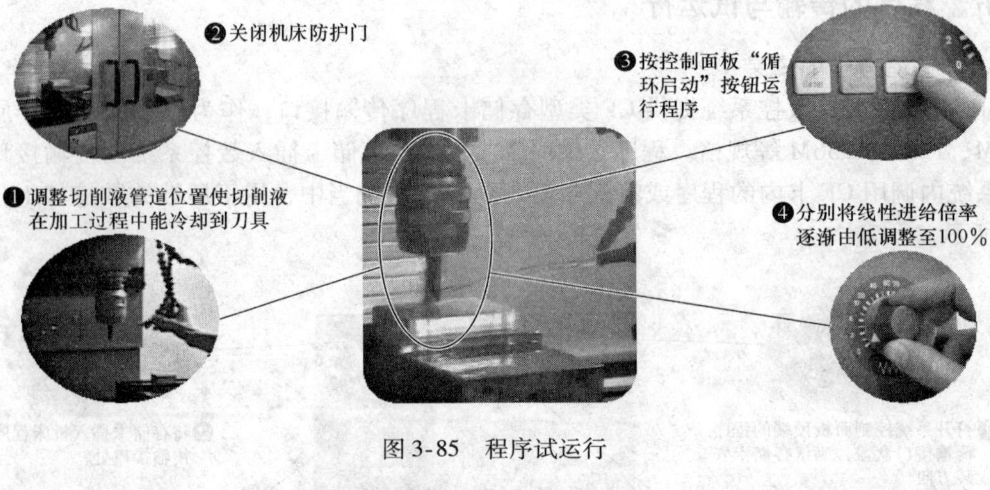
❶调整切削液管道位置使切削液在加工过程中能冷却到刀具
❷关闭机床防护门
❸按控制面板“循环启动”按钮运行程序
❹分别将线性进给倍率逐渐由低调整至100%

图 3-85　程序试运行

复 习 题

（1）简述三轴数控机床的主要运动结构。

（2）将手轮控制器选择控制运动轴为 X 轴，进给倍率调整为“×10”，手轮转动五格后机床 X 轴实际移动的距离是多少？

（3）简述 FANUC 系统机床回零的步骤有哪些？

（4）装夹毛坯时为什么要使用铜棒轻轻敲打毛坯表面？

（5）装夹毛坯时为什么要先预紧毛坯再敲打毛坯表面？

（6）使用试切法和使寻边器找正法设置加工坐标系有什么不同？

（7）为什么要复核加工坐标系？

（8）运行程序之前需要做哪些辅助工作来保证后续加工的顺利进行？

第四章

宏程序编程实例

主要内容

📖 数控铣削的宏程序编程概述
📖 SIEMENS 系统的宏程序编程基础
📖 SIEMENS 系统的宏程序综合实例 1
📖 SIEMENS 系统的宏程序综合实例 2
📖 SIEMENS 系统的宏程序特征加工实例

第一节 数控铣削的宏程序编程概述

数控编程是数控加工准备阶段的主要内容，通常包括：分析零件图样，确定加工工艺过程；计算走刀轨迹，得出刀位数据；编写数控加工程序；制作控制介质；校对程序及首件试切。数控编程有手工编程和自动编程两种方法。其中，手工编程是指编程的各个阶段均由人工完成；对于几何形状复杂的零件，需借助计算机使用规定的数控语言编写零件源程序，经过处理后生成加工程序，这种编程方法称为自动编程。

随着数控技术的发展，先进的数控系统不仅向用户编程提供了一般的准备功能和辅助功能，而且为编程提供了扩展数控功能的手段。例如数控系统的参数编程，应用灵活，形式自由，具备计算机高级语言的表达式、逻辑运算及类似的程序流程，使加工程序简练易懂，能够实现普通编程难以实现的功能。

手工编程是现场解决问题的主要方式，它具有操作简单、调整方便、效率高等特点。但是在加工相对复杂的零件时，简单的G代码编程满足不了实际生产需求，而利用CAM软件编程又比较烦琐，程序占用内存较大，且每次改动都必须重新生成程序，可读性差。此时利用宏程序编程则可以解决这一问题。宏程序编程具有程序简化、灵活等特点，所以在实际生产中掌握宏程序的编程方法已经成为操作者应掌握的一项技能。

宏程序是编程的高级形式，应用了大量的编程技巧，如数学模型的建立、数学关系的表达、加工刀具的选择、走刀方式的取舍等。特别是对于中等难度的零件加工，使用宏程序编程加工要比自动编程加工快得多，因为有时自动编程的程序长度可能是宏程序的几十倍、百倍甚至更多，加工时间大大增加。手工编程是自动编程的基础，在任何时候手工编程都是必需的。特别需要掌握的是宏程序编程方式，因为宏程序是自动编程的重要补充。

数控系统的变量有局部变量、公用变量和系统变量三种。

局部变量：在宏程序中局部使用的变量，它用于自变量转移。

公用变量：用户可以自由使用，它对于由主程序调用的各子程序及各宏程序来说是公用的。

系统变量：它能获取包含在机床处理器或内存中的只读或读/写信息，包括与机床处理器有关的交换参数、机床状态参数、加工参数等系统信息。

实际上，宏程序在加工程序中主要起到的是运算作用。宏程序一般分为A类宏程序和B类宏程序。A类宏程序是以“G65　H××　P#××　Q#××　R#××”的格式输入的，而B类宏程序则是以直接的公式和语言输入的，和C语言很相似，应用比较广。本章主要介绍B类宏程序的编写。

编程中变量的用途有四个：运算；递增或递减；与一个表达式比较之后，决定是否实现跳转功能的条件分支；将变量值传送到零件程序中去。其中运算又有：算术运算，包括赋值、加、减、乘、除、绝对值、四舍五入整数化、舍去小数点以下部分；函数运算，包括正弦、余弦、正切、反正切、平方根；逻辑操作，包括与、或；比较操作，包括等于、大于、小于、大于或等于、小于或等于、不等于。变量运算及示例见表4-1。

表 4-1　变量运算及示例

计算表达式	输入格式
100 +（67 * 3）	100 + 67 * 3- >301
sin（45°）	45 S- >0.707107
cos（45°）	45 C- >0.707107
4^2	4 Q- >16
$\sqrt{4}$	4 R- >2
（34 + 3 * 2）* 10	（34 + 3 * 2）* 10- >400

编程时确定加工路线的原则：

1）应尽量缩短加工路线，减少空行程时间以提高加工效率。

2）尽量使数值计算简单，程序段数量少，简化程序，减少编程工作量。

3）使被加工工件具有良好的加工精度和表面质量（如表面粗糙度）。

4）确定轴向移动尺寸时，应考虑刀具的引入长度和超越长度。

第二节　SIEMENS 系统的宏程序编程基础

一、R 参数编程基础

R 参数是 SINUMERIK 系统提供的宏程序编程变量，用于程序编制过程中对程序变量的赋值，通过对 R 参数变量进行赋值和运算，实现程序的编制。

1. R 参数的分类

R 参数一般可分为六大类：

1）*R*0 ~ *R*49 为系统传输参数，用于将参数赋值给固定循环或加工程序。

2）*R*50 ~ *R*99 为系统局部参数，用于在循环或程序内部做运算、处理。

3）*R*100 ~ *R*199 为系统整体参数，用于程序赋值运算中的结果储存。其中，*R*100 ~ *R*109 段为系统留用，*R*110 ~ *R*199 段为测量系统留用。

4）*R*200 ~ *R*499 为内部函数参数。其中 *R*200 ~ *R*219 用于循环转换时的分配，*R*220 ~ *R*239 用于程序运算时的编译，*R*240 ~ *R*299 用于内部运算分配的地址，*R*300 ~ *R*499 用于堆栈指针地址。

5）*R*500 ~ *R*599 为系统附加参数的地址段。

6）*R*900 ~ *R*999 为中央参数的地址段。

2. R 参数的赋值

（1）R 参数的赋值方法　R 参数的赋值可分为两种：一种是在 R 后直接赋予一个数值，如 *R*1 = 3.14，*R*2 = 0.7，*R*3 = 12.0 等；另一种可以在 R 后赋予一个运算表达式，如 *R*1 = *R*2 + *R*3/*R*4，*R*2 = SIN30，*R*3 = SQRT（*R*1 * *R*2）等。第一种的 R 后赋值常量的表示方式称为常量赋值，第二种的 R 后赋值表达式的表示方法称为变量赋值。

（2）R 参数编程常用运算符号　可执行的常用运算符号见表 4-2。

表 4-2 R 参数编程常用运算符号

符　号	说　明	符　号	说　明
+	加运算符	*	乘法运算符
-	减运算符	/	除法运算符
DIV	整型变量除运算符	NOD	整型求余
= =	等于号	< >	不等于
>	大于号	<	小于号
> =	大于或等于	< =	小于或等于
SIN ( )	正弦运算	COS ( )	余弦运算
ASIN ( )	反正弦运算	ACOS ( )	反余弦运算
TAN ( )	正切运算	ATAN ( )	反正切运算
SQRT ( )	平方根运算	TRUNC ( )	数值取整数
ROUND ( )	四舍五入取值	LN ( )	对数运算
ABS ( )	绝对值取值	EXP ( )	指数运算

（3）R 参数编程的赋值解析

1）$R1 = R2 + 1$ 表示将 $R2$ 变量所对应的数值加 1，运算后将结果再赋值给 $R1$。

2）$R2$ = COS（60）表示将计算出 COS（60）的数值赋值给 $R2$。

3）$X = R1$，$Y = R2$，$Z = R3$ 表示将 $R1$ 对应的数值赋值给 X，将 $R2$ 对应的数值赋值给 Y，将 $R3$ 对应的数值赋值给 Z。

3. 程序循环

宏程序编程主要通过程序循环分支控制的方法实现程序在不同条件下执行相应的程序，以达到程序按照已设定的分支路线自动运行的目的，这也是宏程序编程的魅力所在。分支控制主要由标记符和逻辑判断语句组成。

（1）标记符　需要由 2～8 个字母或字母与数字组合而成，标记符只起到分支控制的入口标记的作用。

（2）逻辑判断语句　程序运行时，分支控制主要通过逻辑判断语句来实现。逻辑判断又可分为有条件跳转和无条件跳转两种。

1）无条件跳转是指程序运行至此时一定要执行下列的程序跳转操作。例如“GOTOB AA;”，表示程序运行至当前程序段时，无条件向后转向标记符为 AA 的程序段处；“GOTOF AA;”，表示程序运行至当前程序段时，无条件向前转向标记符为 AA 的程序段处。

2）有条件转跳是指程序运行至此时，当满足判断语句条件就执行跳转操作，如果不满足条件则不执行跳转操作。有条件跳转指令只有占用一个独立程序段程序逻辑判断才有效。例如“IF R1 < 1 GOTOB AA;”，它表示当 $R1$ 数值小于 1 时，程序跳转至标记符号为 AA 处的程序段，当 $R1$ 数值不小于 1 时程序不执行跳转。

二、SIEMENS 系统常用的宏程序编程代码

常用的数控代码分类如图 4-1 所示。

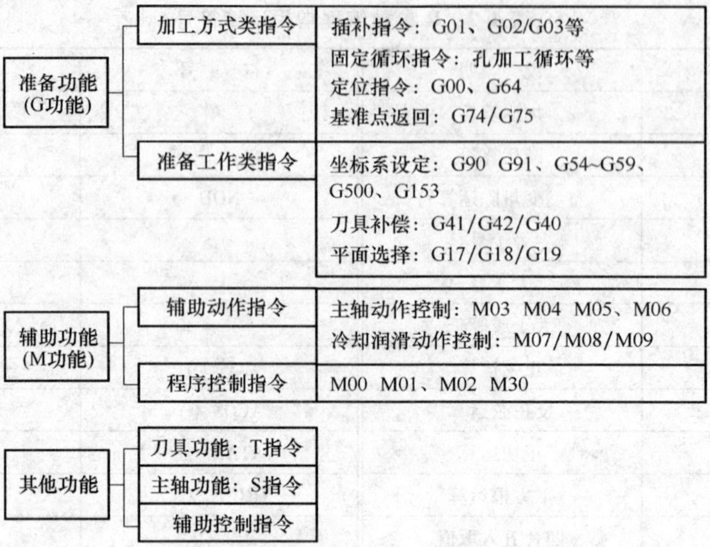

图 4-1　数控代码的分类

1. SIEMENS 宏程序常用的准备功能代码

SIEMENS 宏程序常用的准备功能代码见表 4-3。

表 4-3　SIEMENS 宏程序常用的准备功能代码

代　码	含　义	说　明	编　程
G00	快速点定位	1. 运动指令模态有效	在笛卡儿坐标系中：G00　X __ Y __ Z __; 在极坐标系中：G00　AP = __ RP __;
G01	直线插补		在笛卡儿坐标系中：G01　X __ Y __ Z __ F __; 在极坐标系中：G01　AP = __ RP　F __;
G02	顺时针圆弧插补		G02　X __ Y __ I __ J __ F __ 圆心或终点 G02　X __ Y __ CR = __ F __ 半径和终点 G02　AR = __ I __ J __ F __ 张角和圆心 G02　AR = __ X __ Y __ F. . 张角和终点 在极坐标系中：G02　AP = __ RP __ F __
G03	逆时针圆弧插补		G03 __；其他同 G02
G04	暂停	2. 特殊运行，程序段方式有效	G04　F __；或 G04　S __；单独程序段
G74	回参考点		G74X1 = 0 Y1 = 0 Z1 = 0；单独程序段
G75	回固定点		G75X1 = 0 Y1 = 0 Z1 = 0；单独程序段
TRANS	可编程偏置	3. 写存储器，程序段方式有效	TRANS　X __ Y __ Z __；单独程序段
ROT	可编程旋转		ROT　RPL = __；在当前的平面中旋转 G17 到 G19
MIRROR	可编程镜像功能		MIRROR X0；改变方向的坐标轴，单独程序段
ATRANS	附加的编程偏置		ATRANS X __ Y __ Z __；单独程序段
AROT	附加的可编程旋转		AROT RPL = __；在当前的平面中附加旋转 G17 到 G19；单独程序段
AMIRROR	附加的可编程镜像功能		AMIRROR X0；改变方向的坐标轴，单独程序段

（续）

代　码	含　义	说　明	编　程
G40	刀具半径补偿方式取消	4：刀尖半径补偿，模态有效	
G41	调用刀具半径补偿，刀具在轮廓左侧移动		
G42	调用刀具半径补偿，刀具在轮廓右侧移动		
G500	取消可设定零点偏置	5：可设定零点偏置，模态有效	
G54 ~ G59	可设定零点偏置		
G64	连续路径方式	6：定位性能，模态有效	

2. SIEMENS 宏程序常用的辅助功能代码（M 功能代码）

SIEMENS 宏程序常用的辅助功能代码见表 4-4。

表 4-4　辅助功能代码

代　码	说　明	代　码	说　明
M00	程序停	M05	主轴停
M01	选择停止	M06	换刀
M02	程序结束（复位）	M07	切削液 1 开
M03	主轴正转（CW）	M08	切削液 2 开
M04	主轴反转（CCW）	M09	切削液关

3. SIEMENS 宏程序常用的其他功能指令

1）刀具功能，包括 T 指令、D 指令。

2）主轴功能，包括 S 指令。

3）进给功能，包括 F 指令。

4）向后跳转指令，包括 GOTOB　MARKE 1。

5）向前跳转指令，包括 GOTOF　MARKE 1。

三、模拟加工与宏程序的运行

在机床上对已编制的宏程序进行模拟加工是对宏程序的正确性和安全性验证的有效方法之一，熟悉宏程序的仿真模拟能对掌握宏程序的编制起到相应的促进作用。

1. 模拟加工

模拟加工的操作步骤：

1）编程的刀具轨迹可以通过线图表示（*XY* 平面二维轨迹仿真），在打开需仿真的程序面板下选择[→]、[模拟]键，进入系统模拟仿真界面，如图 4-2 所示。

2）按数控启动键[◇]开始模拟所选择的零件程序。可通过进给倍率旋钮调节进给速度。

2. 零件程序的选择和运行

操作步骤：

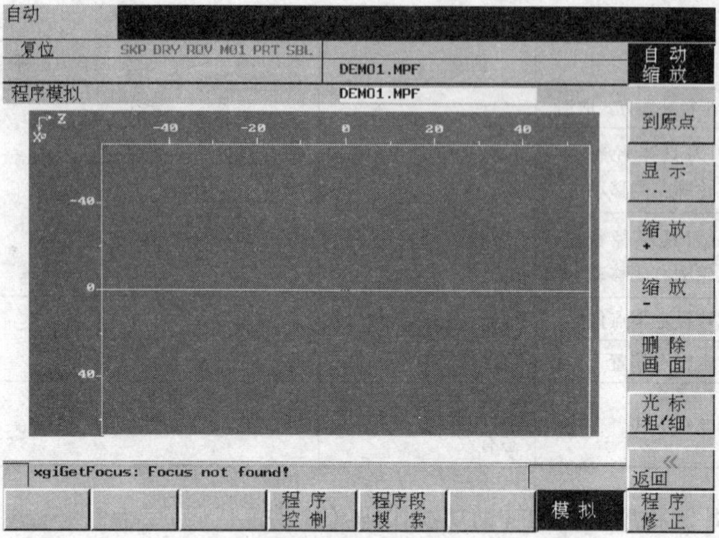

图 4-2　模拟仿真界面

1）按自动方式键选择自动工作方式。

2）按[OFFSET PARAM]键显示出系统中所有的程序。

3）通过[←][↑][↓][→]键把光标移动到指定的程序上。

4）按[执行]键选择待加工的程序，被选择的程序名显示在屏幕区“程序名”下。

5）如果有必要，你可以通过[程序控制]键确定程序的运行状态，如图 4-3 所示。

6）在“程序控制”窗口按动数控启动键[◇]执行零件程序。

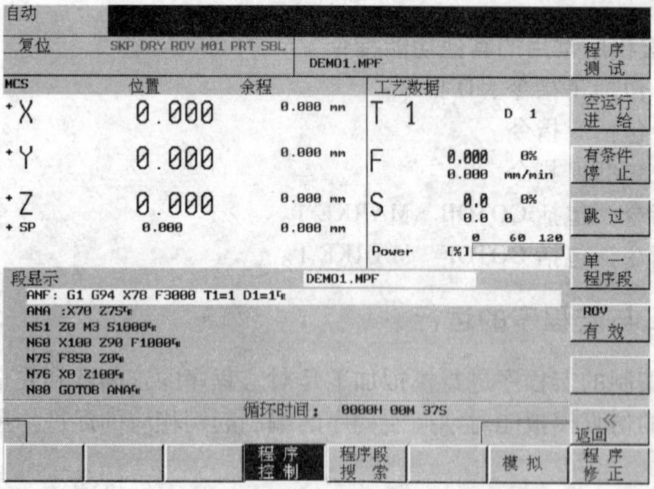

图 4-3　运行宏程序

第三节　SIEMENS 系统的宏程序综合实例 1

本实例主要考察倒角宏程序、二维轮廓宏程序和半球面宏程序几个独立宏程序的综合应用，毛坯长、宽、高尺寸为 50mm × 50mm × 30mm，主要加工区域为零件顶面高度为 10mm 的凸台位置，如图 4-4 所示。

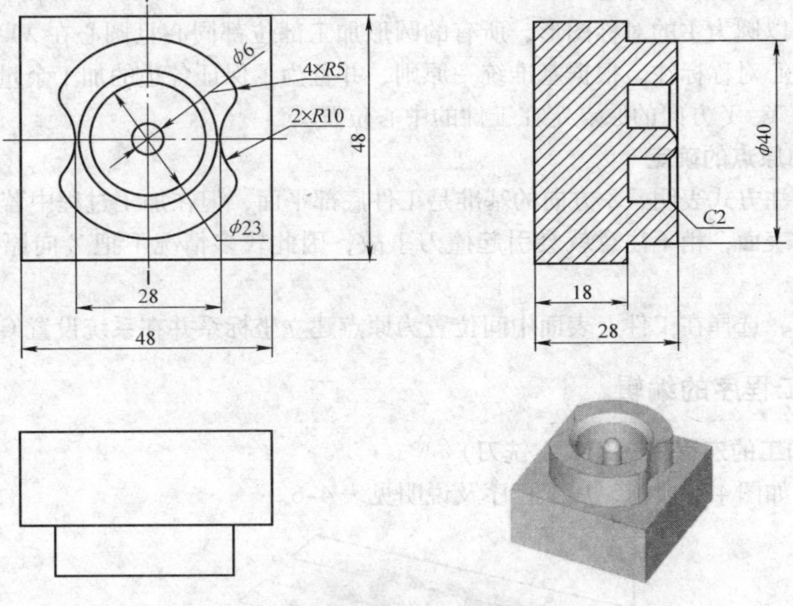

图 4-4 宏程序综合实例 1 零件图

一、零件分析

被加工零件的毛坯尺寸为 50mm × 50mm × 30mm，属较小型零件的加工，在选择刀具方面以满足加工要求的前提下尽可能减少换刀次数为原则，选用 *D*12、*D*8、*D*8*R*4 三把铣刀完成该零件的加工。

1. 加工步骤

1） *D*12 立铣刀加工上表面至 $Z=0$ 位置。

2） *D*12 立铣刀加工外轮廓至图样要求 48mm × 48mm（通过修改刀补得到粗、精加工）。

3） *D*12 立铣刀加工“8”字形外轮廓至图样要求（通过修改刀补得到粗、精加工）。

4） *D*8 立铣刀加工内圆形封闭槽，并精加工侧壁。

5） *D*8*R*4 球头铣刀加工 *SR*3mm 半球面。

6） *D*8*R*4 球头铣刀加工 *C*2 倒角。

2. 刀具及基本切削参数的选择（见表 4-5）

表 4-5 刀具及基本切削参数

刀 具 类 型	主轴转速 n/(r/min)	进给速度 v_f/(mm/min)	背吃刀量 a_p/mm
*D*12 立铣刀	900	600	0.5
*D*8 立铣刀	1400	500	0.5
*D*8*R*4 球头铣刀	1400	1200	0.05

二、坐标系的建立

1. *X*、*Y* 方向原点的确定

该零件是以圆为主的对称图形，所有的圆形加工部位都同心且圆心在 *XY* 平面中心，尺寸标注也为中心对称标注。根据基准统一原则，并且为了保证各边的加工余量均匀，编程加工时，同样把 *X*、*Y* 方向的原点定在工件的中心位置。

2. *Z* 方向原点的确定

图样的标注方式表明，*Z* 方向的基准是工件底部平面，但在加工过程中若把 *Z* 向的原点设在工件的下表面，稍不注意就会引起撞刀事故，因此较多情况下把 Z 向原点设在工件上表面。

综上所述，选择在工件上表面中间位置为原点建立坐标系并在系统设置 G54 零点偏置。

三、加工程序的编辑

1. 平面加工的宏程序（*D*12 立铣刀）

刀具轨迹如图 4-5 所示，加工程序及说明见表 4-6。

图 4-5　平面加工的刀具轨迹

表 4-6　加工程序及说明

加 工 程 序	程 序 说 明
G90　G64　G54　Z100　T01　F3000；	调 G54 零偏，并把刀具抬至起始高度
M03　S900　M08；	起动主轴，转速为 900r/min，并开启切削液
G01　X-32　Y30；	刀具快速移动至 *XY* 平面起刀点
Z5；	刀具快速下刀至安全高度
Z0　F300；	慢下刀至切削平面高度
R1 = 30；	*Y* 向加工参数变量 *R*1 赋初始值
AA：G01　X32　F600；	*X* 正向切削
R1 = R1 - 10；	*Y* 向移动变量计算
Y = R1；	*Y* 赋值
G01　X-32；	-*X* 向切削
R1 = R1 - 10；	*Y* 向移动变量计算

（续）

加工程序	程序说明
Y = R1；	Y 赋值
IF R1 > = −30 GOTOB AA；	循环条件判断
G00 Z100 F3000；	刀具退至起始高度
X0 Y0 M09；	XY 轴回零点位置并关闭切削液
M02；	复位

2. 外轮廓加工的宏程序（*D*12 立铣刀）：

刀具轨迹如图 4-6 所示，加工程序及说明见表 4-7。

图 4-6 外轮廓加工的刀具轨迹

表 4-7 加工程序及说明

加工程序	程序说明
G90 G64 G54 Z100 T01 F3000；	调 G54 零偏，并把刀具抬至起始高度
M03 S900 M08；	起动主轴，转速 900r/min，并开启切削液
G01 X0 Y0；	刀具快速移动至 XY 平面的中心点
X −37 Y37；	刀具快速移动至 XY 平面起刀点
R1 = 25.25；	X、Y 方向尺寸变量 R1 赋初始值
Z3；	刀具快速下刀至安全高度
Z −10 F300；	慢下刀至切削平面高度
AA：G41G01 X = −R1 Y = R1 F600；	调用刀补、轮廓加工循环
X = R1；	
Y = −R1；	
X = −R1；	
Y32；	
G40 G01X −37Y37；	
R1 = R1 −0.25；	
IF R1 > = 24 GOTOB AA；	

（续）

加工程序	程序说明
Z100；	刀具退至起始高度
X0 Y0 M09；	*XY* 轴回零点位置并关闭切削液
M02；	复位

3. "8"字形外轮廓加工的宏程序（*D*12 立铣刀）

刀具轨迹如图 4-7 所示，加工程序及说明见表 4-8。

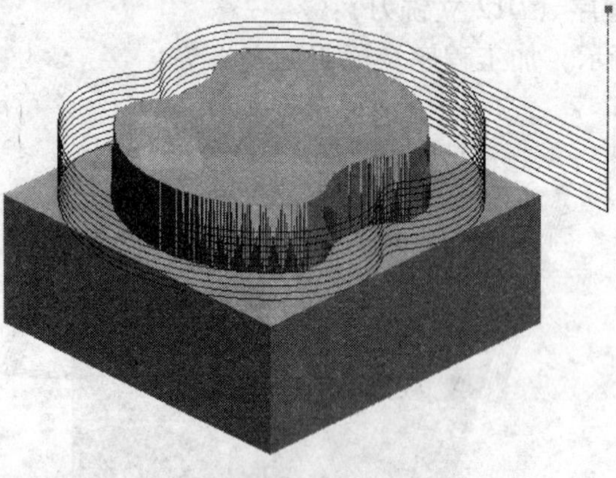

图 4-7 "8"字形轮廓加工的刀具轨迹

表 4-8 加工程序及说明

加工程序	程序说明
G90 G64 G54 G01 X0 Y0 Z100 F3000；	起始加工准备
M03 S900；	
X33 Y－27 M08；	
Z3；	
R1＝1；	*Z* 轴方向的背吃刀量变量 *R*1 赋初始值
BB：R1＝R1－1；	"8"字形外轮廓循环
G01Z＝R1 F300；	
G42X20Y-10T1D1F600；	
Y0；	
G03 X12 Y16 CR＝20；	
G03 X6 Y16 CR＝5；	
G02 X－6 Y16 CR＝10；	
G03 X－12 Y16 CR＝5；	
G03 X－12 Y－16 CR＝20；	
G03 X－6 Y－16 CR＝5；	
G02 X6 Y－16 CR＝10；	
G03 X12 Y－16 CR＝5；	
G03 X20 Y0 CR＝20；	

（续）

加工程序	程序说明
G01 X20 Y10 F800;	“8”字形外轮廓循环
G40 X33 Y－17 F2000;	
IF R1＞－10 GOTOB BB;	
G00 Z100 M09;	退刀
X0 Y0 M05;	
M02;	复位

4. 圆形封闭槽加工的宏程序（*D*8 立铣刀）

刀具轨迹如图 4-8 所示，加工程序及说明见表 4-9。

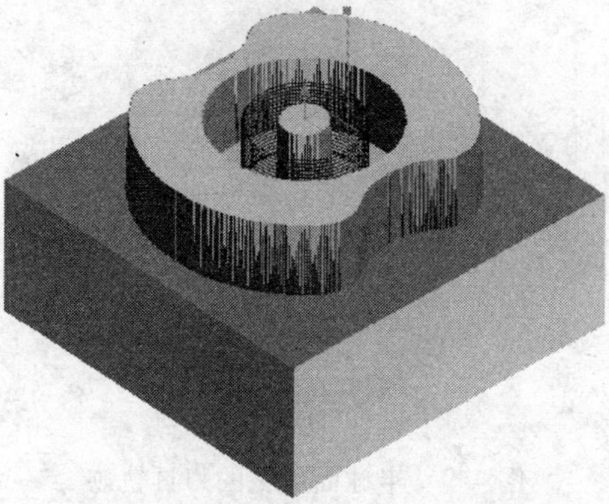

图 4-8 圆形封闭槽加工的刀具轨迹

表 4-9 加工程序及说明

加工程序	程序说明
G90 G64 G54 Z100 T 2 F3000;	起始加工准备
S1400 M03 M08;	
G01 X0 Y0;	
X7.25;	
Z0.5;	
R1＝0;	*Z* 轴方向的背吃刀量变量 *R*1 赋初始值
AA：G02 X7.25 Y0 I－7.25 J0 Z＝－R1 F500;	螺旋环切循环加工
R1＝R1＋0.5;	
IF R1＜＝10 GOTOB AA;	
G02 I＝－7.25 F500;	平圆形封闭槽底面
G04 F2;	暂停
G01 X7.5;	精加工圆形封闭槽内、外侧面
G02 X7.5 Y0 I－7.5 J0;	
G01X7;	
G02 X7 Y0 I－7J0;	

（续）

加工程序	程序说明
G01X7.25；	X 向退刀
Z100　F3000；	刀具退至起始高度
X0　Y0　M09；	XY 轴回零点位置并关闭切削液
M02；	复位

5. *SR*3mm 半球面加工的宏程序（*D*8*R*4 球形铣刀）

刀具轨迹如图 4-9 所示，加工程序及说明见表 4-10。

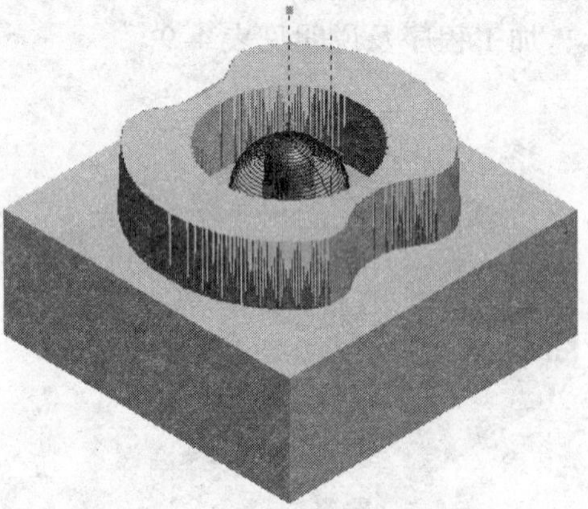

图 4-9　半球面加工的刀具轨迹

表 4-10　加工程序及说明

加工程序	程序说明
G90　G64　G54　Z100 M08 F5000；	起始加工准备
M03　S1400；	
X7.2　Y0；	
Z5；	
Z0　F100；	刀具快速下刀至安全高度
R3 = -0.05；	角度变量 R3 赋初始值
BB：R3 = R3 +0.05；	球面加工循环
R1 =（4 +3）*SIN（R3）；	
R2 =（4 +3）*COS（R3）；	
G01　Z = -R1　F100；	
X = R2；	
G02　I = -R2　F1500；	
IF　R3 < 89.95　GOTOB　BB；	
G01　Z100　F5000；	刀具退至起始高度
X0　Y0　M09；	X、Y 轴回零点位置并关闭切削液
M02；	复位

6. *C*2 倒角加工的宏程序（*D*8*R*4 球头铣刀）

刀具轨迹如图 4-10 所示，加工程序及说明见表 4-11。

表 4-11 加工程序及说明

加工程序	程序说明
G90 G01 G64 G54 Z100 F3000;	起始加工准备
S1400 M03 M08;	
X0 Y0;	
R1 = 11.5 − 4 * COS (45);	倒角半径变量 *R*1 赋初始值
R2 = 2 + 4 − 4 * SIN (45);	倒角 *Z* 向深度变量 *R*2 赋初始值
G01 Z3;	刀具快速下刀至安全高度
X = R1 − 1;	*X* 向移动变量 *R*1 赋初始值
AA: G01 Z = − R2 F500;	倒角循环加工
X = R1;	
G03 I = − R1F500;	
R2 = R2 − 0.05;	
R1 = R1 + 0.05 * TAN (45);	
IF R2 > = 0 GOTOB AA;	
G01 Z100 F3000;	刀具退至起始高度
X0 Y0 M09;	*X*、*Y* 轴回零点位置并关闭切削液
M02;	复位

四、加工效果图

最终加工后的效果如图 4-11 所示。

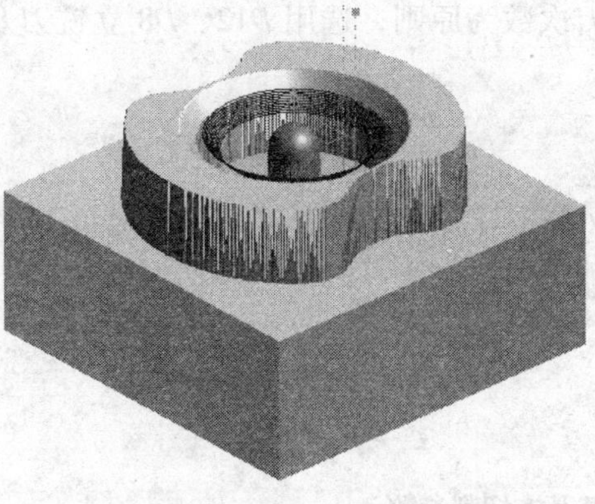

图 4-10 倒角加工的刀具轨迹

图 4-11 加工效果图

第四节 SIEMENS 系统的宏程序综合实例 2

本实例主要考察对各个独立宏程序的综合应用，毛坯长、宽、高尺寸为 50mm ×

50mm×30mm，主要加工区域为零件顶面高度为10mm的凸台位置，如图4-12所示。

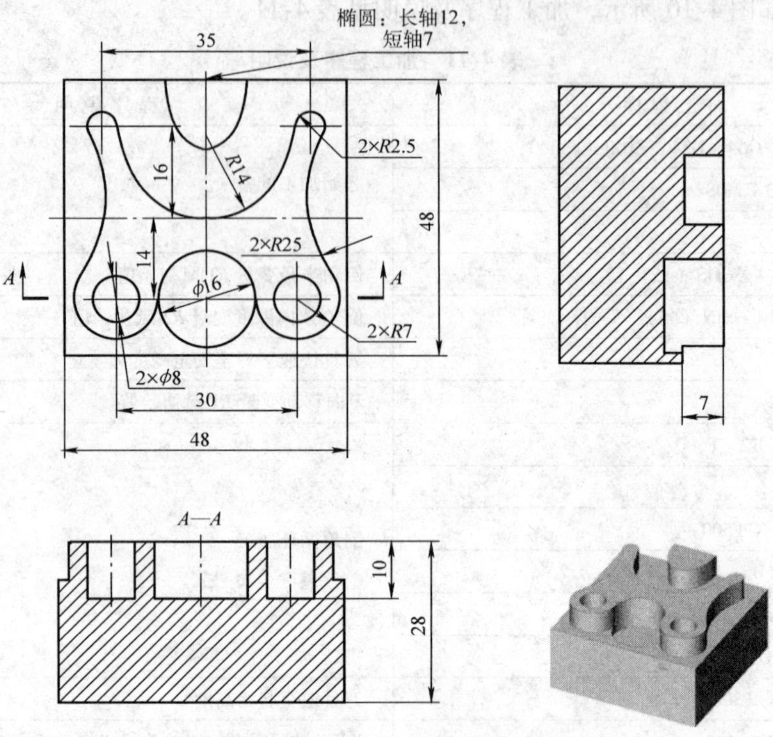

图4-12　宏程序综合实例2零件图

一、零件分析

被加工零件的毛坯尺寸为50mm×50mm×30mm，属较小型零件的加工，在选择刀具方面同样以满足加工要求的前提下尽可能减少换刀次数为原则，选用D12、D8立铣刀及D6钻头三把来完成该零件的加工。

1. 加工步骤

1）用D12立铣刀加工上表面至Z=0位置。

2）用D6钻头（D8立铣刀）进行不通孔的加工（介绍两种基本的钻孔编程方法）。

3）用D8立铣刀加工椭圆凸台，并精加工侧壁。

4）用D8立铣刀螺旋进给孔加工。

5）用D8立铣刀加工蝶形轮廓。

2. 刀具及基本切削参数的选择（表4-12）

表4-12　刀具及其基本切削参数

刀具类型	主轴转速 n/（r/min）	进给速度 v_f/（mm/min）	背吃刀量 a_p/mm
D12立铣刀	1200	600	0.5
D6钻头	1000	100	1
D8立铣刀	1500	500	0.5

二、坐标系的建立

1. X、Y 方向原点的确定

该零件是左右对称图形，各基本特征相对独立。根据基准统一原则，并且为了在加工时保证各边加工余量均匀，编程加工时同样把 X、Y 方向的原点定在工件中心位置。对各基本特征进行加工编程时，根据加工编程的要求，利用附加偏移的方法把坐标偏移到对应位置，以达到方便、简化编程的目的。

2. Z 轴方向原点的确定

图样的标注方式表明，Z 轴方向的基准是工件顶部平面，把 Z 向原点设在工件上表面，符合加工要求。

综上所述，选择在工件上表面中间位置建立坐标系并在系统设置 G54 零点偏置。

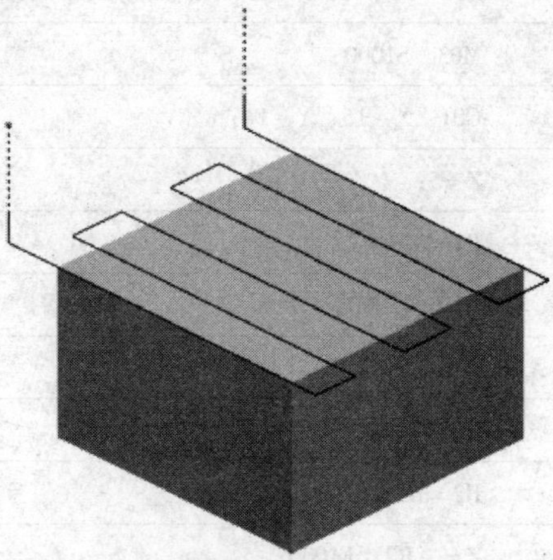

图 4-13 平面加工的刀具轨迹

三、加工程序的编辑

1. 平面加工的宏程序（D12 立铣刀）

刀具轨迹如图 4-13 所示，加工程序及说明见表 4-13。

表 4-13 加工程序及说明

加工程序	程序说明
G90 G64 G54 Z100 T01 F3000；	起始加工准备
M03 S1200 M08；	
G01 X-32 Y30；	
Z5；	刀具快速下刀至安全高度
Z0 F300；	慢下刀至切削平面高度
R1=30；	Y 向加工参数变量 R1 赋初始值
AA：G01 X32；	平面加工循环
R1=R1-10；	
Y=R1；	
G01 X-32；	
R1=R1-10；	
Y=R1；	
IF R1>-30 GOTOB AA；	
G01 Z100 F3000；	退刀
X0 Y0 M09；	刀具 X、Y 方向回零，关闭切削液
M05；	主轴停止
M02；	复位

2. 钻孔加工（方法一）**的宏程序**（*D*6 钻头 *D*8 立铣刀）

钻孔加工（方法一）加工时的刀具轨迹如图 4-14 所示，加工程序及说明见表 4-14。

表 4-14　加工程序及说明

加工程序	程序说明
G90　G64　G54　G01　X0　Y0　Z100　M08　F3000；	起始加工准备
M03　S1000；	
G01　X－15　Y－14；	
Z＝5；	刀具快速下刀至安全高度
R1＝0；	变量赋初始值
Z＝0　F300；	慢下刀至切削平面高度
AA：R1＝R1＋1；	进刀变量计算
G01　Z＝－R1　F100；	进刀轴赋值
R2＝R1－0.2；	退刀变量计算
Z＝－R2　F1000；	退刀赋值
IF　R1＜10　GOTOB　AA；	循环条件判断
G01　Z100　M9　F3000；	*Z* 向退刀至初始位
X0　Y0　M05；	*X*、*Y* 向退刀至初始位
M02；	复位

3. 钻孔加工（方法二）**的宏程序**（*D*6 钻头 *D*8 立铣刀）

钻孔加工（方法二）的刀具轨迹如图 4-15 所示，加工程序及说明见表 4-15。

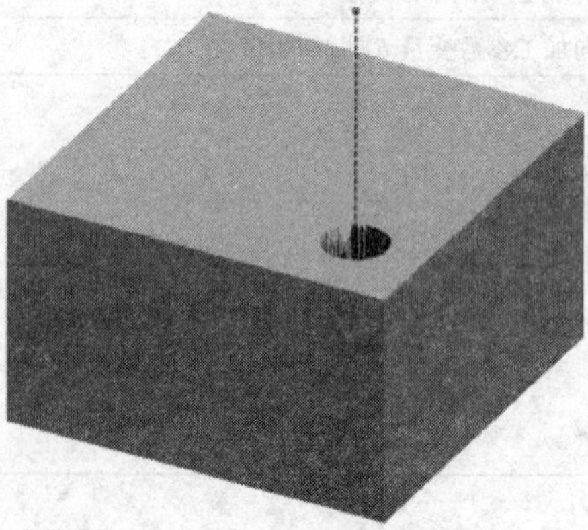

图 4-14　钻孔加工的刀具轨迹

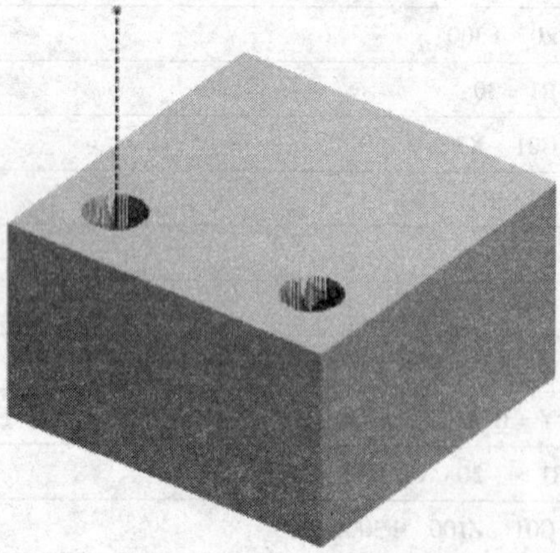

图 4-15　钻孔加工的刀具轨迹

表 4-15 加工程序及说明

加工程序	程序说明
G90 G64 G54 G01 X0 Y0 Z100 M08 F3000;	起始加工准备
M03 S1000;	
G01 X15 Y-14;	
Z3;	刀具快速下刀至安全高度
Z=0.2 F50;	工进至加工初始位
L1 P=10;	调用自程序，次数 10 次
G90 G54 G01 Z100 F3000;	调用绝对坐标，*Z* 向退刀至初始位
X0 Y0 M09;	*X*、*Y* 向退刀至初始位
M05;	主轴转动停止
M02;	复位
L1;	子程序名（不需写入程序内）
G91 G01 Z-1.2 F50;	调用相对坐标，刀具每次下刀 1.2mm
Z0.2;	刀具抬刀 0.2mm
RET;	子程序结束返回主程序

4. 半椭圆加工的宏程序（*D*8 立铣刀）及知识点

（1）宏程序　半椭圆加工的刀具轨迹如图 4-16 所示，加工程序及说明见表 4-16。

表 4-16 加工程序及说明

加工程序	程序说明
G90 G64 G54 G01 X0 Y0Z100 M08 F5000;	起始加工准备
M03 S1500;	
TRANS Y=24;	工件坐标沿 *Y* 轴正向偏移 24mm
X-15 Y31;	*X*、*Y* 向刀具移至加工起始位
Z3;	刀具快速下刀至安全高度
R2=0;	层高变量 *R*2 赋初始值
AA: R2=R2+1;	切削层高计算
Z=-R2 F300;	刀具下至加工层
G42 X-7 Y27 T01 D01 F500;	调用右刀补
Y24;	
R1=179.5;	角度变量赋初始值
BB: R1=R1+0.5;	椭圆加工循环
G01 X=7*COS（R1） Y=12*SIN（R1）;	
IF R1<360 GOTOB BB;	
Y30 F3000;	退刀
Z5;	

（续）

加工程序	程序说明
G40　X-15　Y35；	取消刀补
IF　R2<7　GOTOB　AA；	循环条件判断
G01　Z100　F3000；	Z 向退刀至初始位
TRANS；	坐标偏移取消
X0　Y0　M09；	X、Y 向退刀至初始位并关闭切削液
M05；	主轴转动停止
M02；	复位

（2）知识点

1）粗加工时需要将刀具半径补偿方向预留一定的加工尺寸，但要注意余量的选择，防止造成 R14mm 的圆弧过切。

2）精加工时改回实际刀具半径，另外把 R2 的初始赋值改为“6”即可用同一程序完成加工。

3）为方便椭圆加工编程，加工时把工件坐标系的 X、Y 向原点偏移至椭圆中心。

5. 螺旋进给加工孔的宏程序（D8 立铣刀）及知识点

（1）宏程序　螺旋进给加工孔的刀具轨迹如图 4-17 所示，其加工程序及说明见表 4-17。

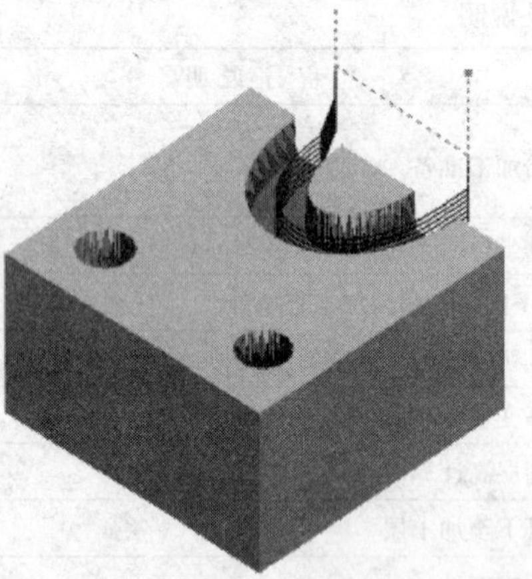

图 4-16　半椭圆加工的刀具轨迹

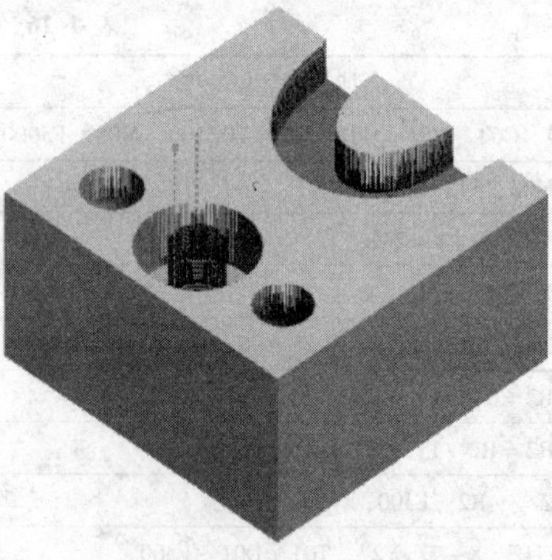

图 4-17　螺旋孔进给加工的刀具轨迹

表 4-17　加工程序及说明

加工程序	程序说明
G90　G64　G54　G01　X0　Y0　Z100　M08　F3000；	起始加工准备
S1500　M03；	
X0　Y-17.5；	
Z5；	刀具快速下刀至安全高度

（续）

加 工 程 序	程 序 说 明
Z0.5　F300；	工进至加工初始位
R1 =0.5；	层高变量 *R*1 赋初始值
AA：R1 = R1 −0.5；	螺旋切削加工循环
G02　X0　Y −17.5I0　J3.5　Z = R1　F500；	
IF　R1 > −10　GOTOB　AA；	
G02　J3.5　F100；	孔底清根
G01　Y −18；	精加工内孔壁
G02　J4　F100；	
G01　Y0；	*Y* 向退刀
Z100　F3000；	*Z* 向退刀至初始位
X0　Y0　M09；	*X*、*Y* 向退刀至初始位并关闭切削液
M02；	复位

（2）知识点

1）螺旋孔加工时，一般螺旋半径应为（0.4～0.9）倍的刀具半径。

2）若遇到孔的直径较大，需要二次螺旋粗加工的情况，则二次扩孔最大的螺旋半径等于第一次扩孔后孔的半径加上（0.4～0.9）倍的刀具直径。

3）为方便编程，同样可以把工件坐标系 *X*、*Y* 向原点偏移至圆孔中心。

6. 蝶形轮廓加工的宏程序（*D*8 立铣刀）

蝶形轮廓加工的刀具轨迹如图 4-18 所示，其加工程序及说明见表 4-18。

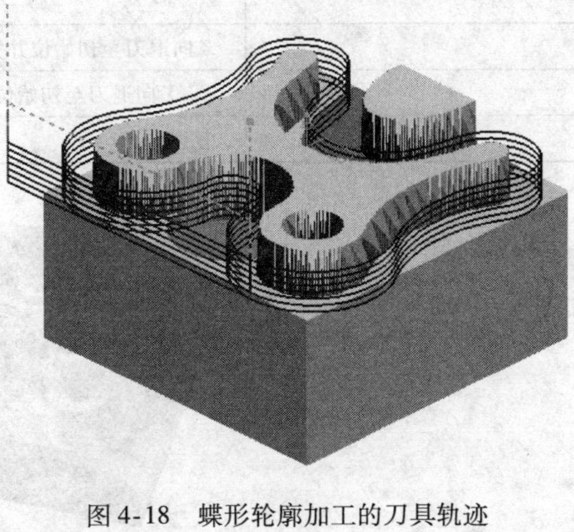

图 4-18　蝶形轮廓加工的刀具轨迹

表 4-18　加工程序及说明

加工程序	程序说明
G90　G64　G54　G01　X0　Y0　Z100　M08　F3000；	起始加工准备
S1500　M03；	
X－30　Y－30；	
Z5；	刀具快速下刀至安全高度
R1＝0；	层高变量 R1 赋初始值
AA：R1＝R1－1；	蝶形轮廓循环加工
Z＝R1；	
G42　X－25　Y－21　D01　T01；	
X15　Y－21；	
G03　X20.88　Y－10.21　CR＝7；	
G02　X19.71　Y14.84　CR＝25；	
G03　X15　Y16.6　CR＝2.5；	
G01　X13.58　Y10.62；	
G02　X－13.58　Y10.62　CR＝14；	
G01　X－15　Y16.6；	
G03　X－19.7　Y14.84　CR＝2.5；	
G02　X－20.88　Y－10.21　CR＝25；	
G03X－8　Y－14　CR＝－7；	
G02　X8　Y－14　CR＝8；	
G03　X15　Y－21　CR＝7；	
G01　Z5　F3000；	
G40　G01　X－30　Y－30　F3000；	
IF　R1＜－7　GOTOB　AA；	
Z100　M09；	Z 向退刀至初始位并关闭切削液
X0　Y0　M05；	X、Y 向退刀至初始位，主轴旋转停
M02；	复位

四、加工效果图

最终加工后的效果如图 4-19 所示。

图 4-19　加工效果图

第五节　SIEMENS 系统的宏程序特征加工实例

一、单面任意角度的倒角加工（球头铣刀刀尖对刀）

例 4.5.1　R2 = 30°，R3 = 60°，刀具半径参数变量 R5 = 5 的球头铣刀，*Z* 向直角边高 R10 = 8，Z 轴每次抬刀参数 R10 = 0.1，则 *X* 向每次位移量为 0.1mm × TAN60，工件有一个边长为 80mm，如图 4-20 所示。

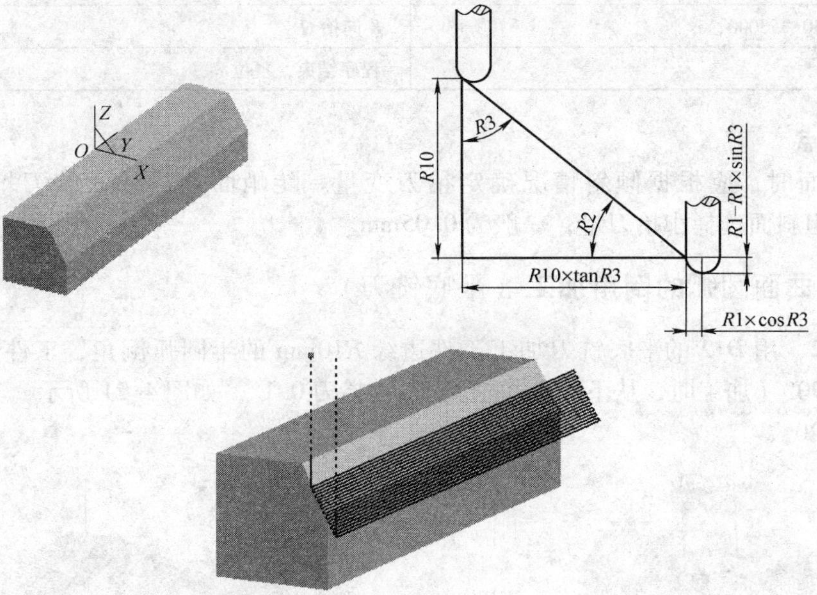

图 4-20　任意倒角的加工

1. 加工程序及说明（表 4-19）

表 4-19　加工程序及说明

加工程序	程序说明
G90　G64　G54　X0　Y0　F3000； S1500　M03　M08；	起始加工准备
R5 = 5；	刀具半径赋值
R1 = 40 + R5 × COS（60）；	*X* 向刀具加工起始位置设定
R2 = 8 + R5 − R5 × SIN（60）；	*Z* 向刀具加工起始高度设定
G01　X = R1　Y = −50；	刀具移动至 *X*、*Y* 方向加工预定起始位置
Z = −R2　F500；	刀具移动至 *Z* 方向加工预定起始位置
AA：G01　Y = 50；	*Y* 向切削加工
R2 = R2 − 0.1；	*Z* 向刀具抬刀增量计算
R1 = R1 −（0.1 × TAN（60））；	*X* 向刀具位移增量计算

（续）

加工程序	程序说明
Z = -R2　X = R1；	Z 向、X 向赋值
Y = -50；	Y 向切削加工
R2 = R2 - 0.1；	Z 向刀具抬刀增量计算
R1 = R1 -（0.1 × TAN（60））；	X 向刀具位移增量计算
Z = -R2　X = R1；	Z 向、X 向赋值
IF　R2 > = -0.1　GOTOB　AA；	满足 Z 向抬刀值条件时程序跳转至“AA”
G01　Z30　F3000；.	Z 向抬刀
M02；	程序结束，复位

2. 知识点

加工斜面时，应根据倾斜情况确定抬刀变量。陡峭面选择较大抬刀增量，一般为 0.1mm，平坦斜面选择小抬刀量，一般为 0.05mm。

二、外曲面圆弧的倒角加工（平底铣刀）

例 4.5.2　用 $D12$ 的平底铣刀加工工件边缘 $R10$mm 的半圆弧倒角，工件长 $Y = 80$mm，角度为 0° ~90°（加工时，从下往上切削），每次抬刀 0.1°，如图 4-21 所示，其加工程序及说明见表 4-20。

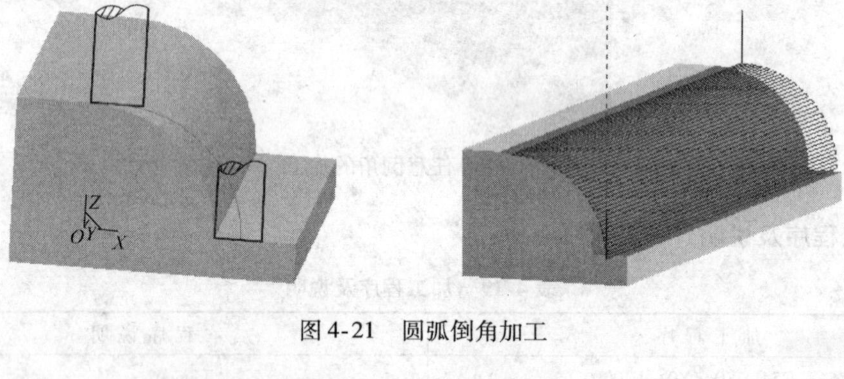

图 4-21　圆弧倒角加工

表 4-20　加工程序及说明

加工程序	程序说明
G90　G64　G54　Z100　M08　F5000； M03　S2000；	起始加工准备
X16Y -2；	X、Y 向刀具加工起始位置设定
R1 =0；	圆弧张角赋初始角度值
BB：Z = 10 × SIN（R1）；	Z 向赋值、位移
X = 10 × COS（R1）+6；	X 向赋值、位移
Y82；	Y 向切削加工
R1 = R1 +0.1；	角度增量计算

（续）

加工程序	程序说明
IF R1 > 90 GOTOF CC；	角度过切条件跳转至“CC”
Z = 10 × SIN（R1）；	*Z* 向赋值、位移
X = 10 × COS（R1） + 6；	*X* 向赋值、位移
Y = −2；	*Y* 向切削加工
R1 = R1 + 0.1；	角度增量计算
IF R1 < 90 GOTOB BB；	角度欠切条件跳转至“BB”
CC：Z100；	*Z* 向抬刀
M09；	关闭切削液
M05；	主轴旋转停止
M02；	程序结束，复位

三、半圆球面的螺旋加工（自下而上，刀心对刀）

例 4.5.3 用 *D*10*R*5 球头铣刀加工 *SR* = 30mm 的凸圆球面，螺旋进给，设 *XY* 平面角度增量为 *R*3 = 1°，*Z* 轴方向每转的角度增量为 1°，则 *XY* 平面每 1°的增量，*Z* 轴的抬刀角度为 *R*2 = 1 ÷ (360 ÷ 1)，如图 4-22 所示。

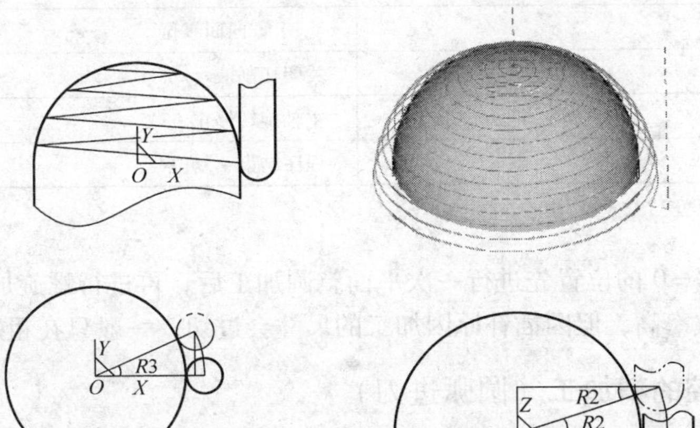

图 4-22 半圆球面的螺旋加工

1. 加工程序及说明（表 4-21）

表 4-21 加工程序及说明

加工程序	程序说明
R1 = 30 + 5；	*X* 向起刀位计算
R2 = 1 ÷ (360 ÷ 1)；	*Z* 轴抬刀角度初始值
R3 = 1；	*XY* 平面转角增量初始值

（续）

加工程序	程序说明
G90　G64　G54　Z100　F5000；	起始加工准备
M03　S2000；	
X0　Y0；	
X = R1 + 1；	刀具 X 向偏移 1mm 位移
Z0；	刀具 Z 向赋值、位移
X = R1F500；	刀具 X 向赋值、位移
G02　I = − R1；	半球底部清根
BB：G01X = R1 × COS（R2）× COS（R3）Y = R1 × COS（R2）× SIN（R3）Z = R1 × SIN（R2）F300；	刀具 X、Y、Z 方向空间插补加工
R2 = R2 +（1 ÷（360 ÷ 1））；	Z 向抬刀张角增量计算
R3 = R3 + 1；	X、Y 向张角增量计算
IF　R2 > = 90　GOTOF　CC；	符合 Z 向角度过切条件跳转至“CC”
IF　R3 < 360　GOTOB　BB；	符合 X、Y 向角度过切条件，跳转至“BB”
R3 = 0；	X、Y 向角度清零
GOTOB　BB；	无条件跳转至“BB”
CC：G01　Z = 100　F5000；	Z 向抬刀
X0　Y0；	X、Y 方向回零位
M09；	关闭切削液
M05；	主轴旋转停止
M02；	程序结束、复位

2. 知识点

1）刀具应在 Z = 0 的位置先进行一次平面整圆加工后，再进行螺旋加工。

2）螺旋加工效率高，但因插补原因加工的尺寸会过切，一般只在粗加工时选用。

四、椭圆型腔的精加工（圆弧进刀）

例 4.5.4　加工平面椭圆型腔，设椭圆的长宽高尺寸是 80mm × 60mm × 10mm，用 D10 的平底铣刀加工，可先用螺旋进给加工圆形内腔，如图 4-23 所示。

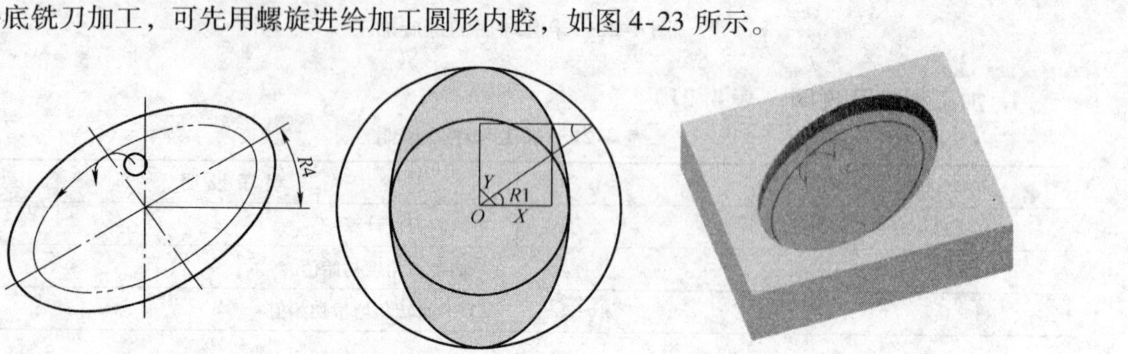

图 4-23　椭圆型腔的精加工

1. 加工程序及说明（表4-22）

表4-22 加工程序及说明

加工程序	程序说明
R1 = 90；	椭圆加工起始角度赋值
G90 G64 G54 Z100 M08 F5000；	起始加工准备
M03S2000；	
ROT RPL = R4；	工件坐标旋转（若椭圆无角度旋转则此段可省略）
X0 Y0；	刀具 *X*、*Y* 向移至坐标原点
Z-10；	刀具 *Z* 向赋值、位移
X-5Y5；	刀具 *X*、*Y* 向偏移（为刀具在45°圆弧切入准备）
G41 G01 X8 Y22 T1；	调用1号半径补偿，刀具在轮廓左侧移动
G03 X0 Y30I-8J0 F300；	刀具圆弧切入
BB：R1 = R1 + 0.1；	*X*、*Y* 向张角增量计算
G01 X = 40 × COS（R1） Y = 30 × SIN（R1）；	刀具 *X*、*Y* 向插补加工
IF R1 < 450 GOTOB BB；	*X*、*Y* 向角度过切条件件跳转至"BB"
G03X-8Y22I0J-8；	刀具圆弧切出
G01 Z100 F5000；	*Z* 向抬刀
ROT；	编程旋转取消
G40 X0 Y0 M09；	*X*、*Y* 向回零位，关闭切削液
M05；	主轴旋转停止
M02；	程序结束、复位

2. 知识点

1）加工椭圆应该用刀具补偿，在程序中用刀具偏移会出现节点、角度的错误导致工件过切、尺寸超差。

2）加工内椭圆在正常调用刀补时切入点会引起工件过切，应该旋转坐标把原 *Y* 轴正向改为 *X* 轴正向，把原 *X* 轴负向改为 *Y* 轴的正向，此时，把短半轴当长半轴计算，长半轴当短半轴计算，角度范围仍是0°~360°。

3）可先螺旋下刀加工圆形内腔，再调用刀补通过改变刀具半径完成型腔轮廓的粗、精加工。

五、外椭圆的精加工

例4.5.5 加工平面椭圆凸台，设椭圆长宽高尺寸是80mm×60mm×10mm，用 *D*10 的平底铣刀加工，如图4-24所示，其加工程序及说明见表4-23。

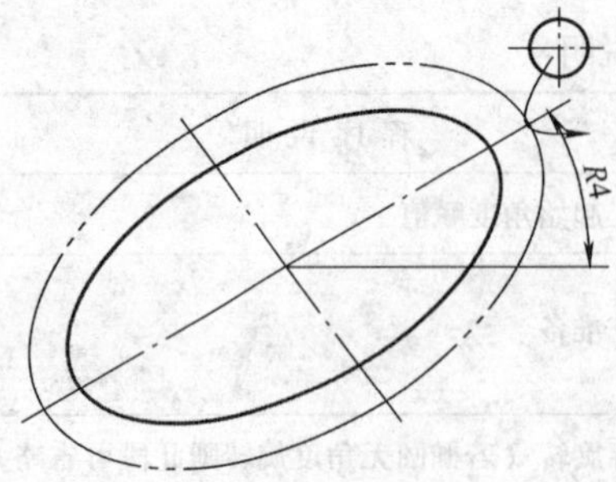

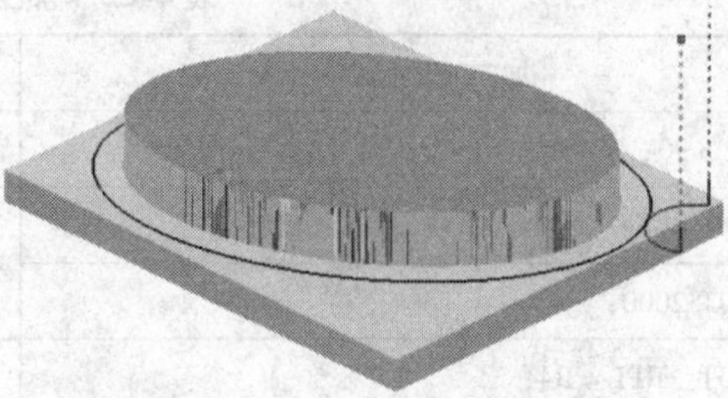

图 4-24　外椭圆的精加工

表 4-23　加工程序及说明

加工程序	程序说明
R1 = 360；	椭圆加工起始角度赋值
G90　G64　G54　Z100　M08　F5000；	起始加工准备
M03　S2000；	
ROT　RPL = R4；	工件坐标旋转（若椭圆无角度旋转则此段可省略）
X60　Y0；	刀具 *X*、*Y* 向偏移（为刀具在 45°圆弧切入准备）
Z – 10；	刀具 *Z* 向赋值、位移
G41　G01　X48　Y8　T1；	调用 1 号半径补偿，刀具在轮廓左侧移动
G03　X40　Y0　I0　J – 8　F300；	刀具圆弧切入
BB：R1 = R1 – 0.1；	*X*、*Y* 向张角递减量计算
G01　X = 40 × COS（R1）Y = 30 × SIN（R1）；	刀具 *X*、*Y* 向插补加工
IF　R1 > 0　GOTOB　BB；	*X*、*Y* 向角度过切条件跳转至“BB”
G03　X48　Y – 8　I8　J0；	刀具圆弧切出
G01　Z100　F5000；	*Z* 向抬刀
ROT；	可编程旋转取消
G40　X0　Y0　M09；	刀具半径补偿取消，*X*、*Y* 向回零位，关闭切削液
M05；	主轴旋转停止
M02；	程序结束，复位

六、外椭圆曲面加工（刀心对刀不使用刀补）

例 4.5.6　加工外椭圆曲面，设椭圆长宽高尺寸是 80mm × 60mm × 60mm，用 *D*4*R*2 的球头铣刀加工，如图 4-25 所示。

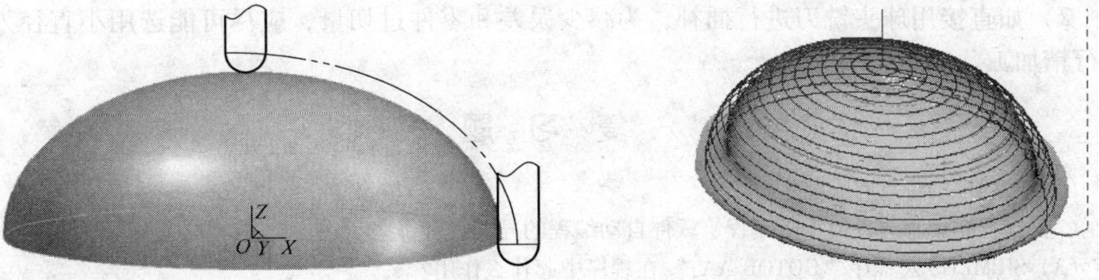

图 4-25 外椭圆曲面加工

1. 加工程序及说明（表 4-24）

表 4-24 加工程序及说明

加 工 程 序	程 序 说 明
R1 =0；	X、Y 向张角起始角度赋值
R2 =0；	Z 向张角起始角度赋值
R3 =40 +2；	X 向起始半径计算
R4 =30 +2；	Y 向起始半径计算
R5 =30 +2；	Z 向起始半径计算
G90 G64 G54 Z100 M08 F5000；	起始加工准备
M03 S3000；	
X52 Y10；	刀具 X、Y 向偏移（为刀具在 45°圆弧切入准备）
Z0；	刀具 Z 向赋值、位移
G02 X42 Y0 I6 J0；	刀具圆弧切入
BB：G01X = R3 × SIN（R1） Y = R4 × COS（R1）；	刀具 X、Y 向插补加工
R1 = R1 +0. 1；	X、Y 向张角增量计算
IF R1 < =360 GOTOB BB；	符合 X、Y 向角度过切条件跳转至“BB”
R1 =0；	X、Y 向张角起始角度归零
R2 = R2 +0. 2；	Z 向张角增量计算
R3 =42 × COS（R2）；	X 向半径计算
R4 =32 × COS（R2）；	Y 向半径计算
R5 =32 × SIN（R2）；	Z 向半径计算
Z = R5；	刀具 Z 向赋值、位移
IF R2 < =90 GOTOB BB；	符合 Z 向角度过切条件跳转至“BB”
Z100 M09 F5000；	Z 向抬刀，关闭切削液
G40 X0 Y0 M05；	X、Y 向回零位，主轴旋转停止
M02；	程序结束，复位

2. 知识点

1）球头铣刀加工在 X、Y、Z 轴方向暂时无法进行刀补，为了加工曲面时每个点都为合格尺寸，若选用平底铣刀加工，XY 平面采用刀补加工。

2）如直接用球头铣刀进行插补，为减少误差和零件过切量，应尽可能选用小直径刀具进行精加工。

复 习 题

（1）宏程序的特点有哪些？

（2）宏程序编程与普通手工编程、软件自动编程的异同点有哪些？

（3）SIEMENS宏程序“GOTOB AA;”在程序中起什么作用？

（4）请列举出两种以上钻孔加工程序的编制方法。

第五章

Mastercam X4 数控铣削加工

主要内容

- Mastercam X4 简介
- 公共参数的设置
- 基本曲线的绘制
- 基本曲线的编辑
- 实体的绘制
- 实体的编辑
- 特征转换
- 铣削加工
- 孔位加工
- 仿真模拟

第一节　Mastercam X4 简介

Mastercam 是美国 CNC Software 公司推出的一款计算机辅助设计与制造软件。Mastercam X4 作为 Mastercam 最新版本对图形绘制和加工程序的生成速度均有了较大幅度的提升。Mastercam 凭借简单易学和丰富的设计、加工功能成为当今计算机辅助设计与制造业界的主流软件之一。

Mastercam X4 包含计算机辅助设计和计算机辅助制造两大模块，能实现零件设计和数控加工程序的自动编制，其界面如图 5-1 所示。

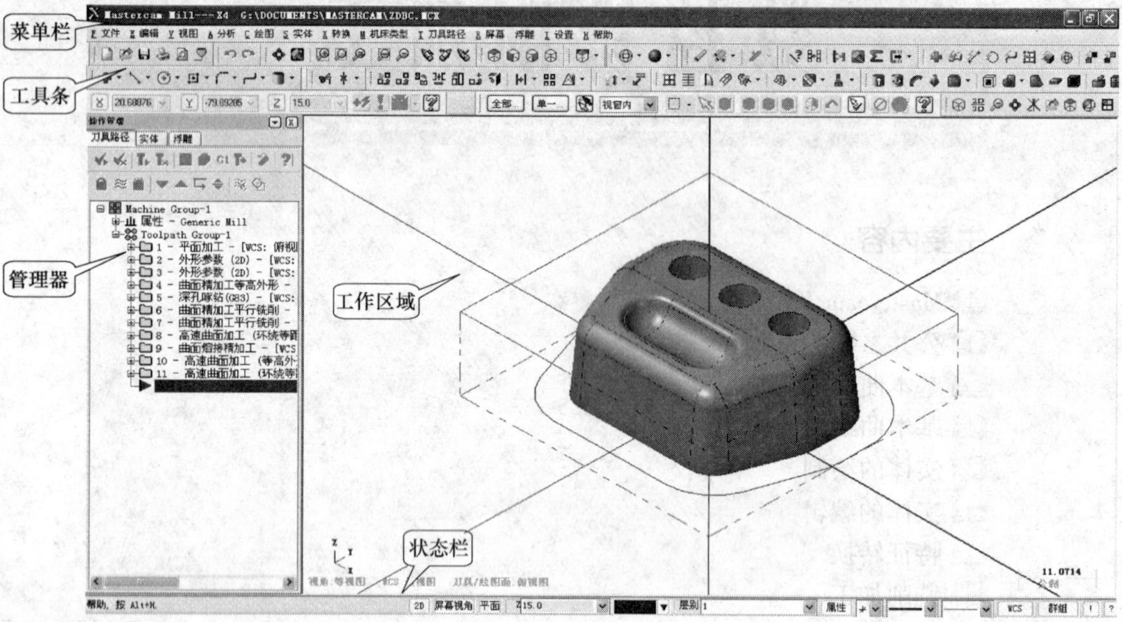

图 5-1　Mastercam X4 界面

Mastercam X4 的界面可分为菜单栏、工具条、管理器、状态栏和工作区域五大部分。

菜单栏：通过菜单栏可使用文件、编辑、视图、分析、绘图、实体、转换、机床类型、刀具路径、屏幕、浮雕、设置和帮助 13 个菜单内的命令，这些菜单内的命令涵盖了 Mastercam X4 的绝大部分功能。

工具条：通过工具条可直接使用工具条内的命令完成特定的操作，且工具条内的命令大多与菜单栏内的命令相互对应。常用的工具条有文件、加工定义、草图、修剪/打断、实体、转换、2D 刀具路径、曲面粗加工刀具路径和曲面精加工刀具路径等。

管理器：管理器分别记载刀具路径、实体和浮雕三种类型操作过程的先后历史记录。

状态栏：状态栏显示当前界面操作的公共参数的状态。设置的公共参数包括屏幕视角、平面、*Z* 向坐标、系统颜色、层别和属性等。

工作区域：工作区域用于在屏幕上显示已创建的图形或对图形进行绘图操作。

一、计算机辅助设计模块

Mastercam X4 的设计模块由图形转换功能、特征创建和编辑功能、分析功能三大部分组成。

1）Mastercam X4 的图形转换功能不仅能继承和编辑 Mastercam X4 之前版本所创建的文件，而且具有完善的数据转换功能，将中间数据文档转换至 Mastercam X4 的工作环境中，如 IGES 格式文档、Parasolid 格式文档、STEP 格式文档等。Mastercam X4 也可直接打开几种不同软件所创建的文档，减少不同类型文档因转换过程所造成的特征损失，如能直接打开 AutoCAD 创建的扩展名为“dwg”和“dxf”的文件、Pro/E 创建的扩展名为“Part”的文件、Rhino 3D 创建的扩展名为“3DM”的文件、SolidWorks 创建的扩展名为“sldprt”的文件、Catia 创建的扩展名为“catpart”的文件等。

2）Mastercam X4 的特征创建和编辑功能可分为二维曲线创建、三维曲线创建、曲面和实体特征的创建与编辑功能，用于完成零件外形结构的设计。二维曲线包括直线、圆弧、矩形、椭圆、二次曲线等。三维曲线包括如空间三维螺旋线和两曲面间的相交线等。曲面包括直纹曲面、牵引曲面、扫描曲面、网状曲面、曲面延伸和曲面偏置等。实体功能包括挤出实体、旋转实体、扫描实体、实体修剪、实体抽壳和布尔运算等。编辑功能包括曲线的修剪、延伸和各种曲线、曲面和实体特征的平移、旋转、阵列、缩放和投影等。

3）分析功能包括对曲线、曲面和实体特征的属性进行分析，测量两特征之间的距离，进行曲面表面积和实体体积分析、两特征之间的角度分析和曲面圆角的动态分析等。通过分析功能可充分了解对象的结构特性，为后续的设计和加工收集参考数据。

二、计算机辅助制造模块

1. Mastercam X4 计算机辅助制造流程

Mastercam X4 计算机辅助制造流程可分为加工属性的设置、加工程序的创建、加工程序的仿真模拟和数控代码的生成四个步骤。

1）加工属性的设置主要用于设置与后续加工程序相关的基本参数，如编程时使用的各种库文件路径的定义、程序行号设置、毛坯类型和相关尺寸的定义等。

2）加工程序的创建主要用于创建不同类型的刀具路径，完成零件的加工，如平面铣削加工、曲面粗加工、曲面精加工和钻孔加工等。

3）加工程序的仿真模拟主要用于对已生成的程序在软件内部进行仿真切削模拟，以便检查程序中的各种碰撞、过切等错误，有利于程序的后续修改。

4）数控代码的生成主要是通过已定义好的后处理文件，将刀具运行轨迹的程序源文件 NCI 通过一定的格式转换成数控机床可读取的数控代码。

2. Mastercam X4 计算机辅助制造的加工类型

Mastercam X4 计算机辅助制造可分为数控铣削加工、数控车削加工和数控线切割加工三大加工类型。

1）数控铣削加工包括特征加工、钻孔加工、艺术曲面雕刻加工、二维平面铣削、二维外形铣削、二维挖槽加工、曲面粗精加工、多轴铣削加工等。

2）数控车削加工包括轮廓粗、精车削加工，螺纹车削、铣削，端面车削加工，钻孔加工，切断加工，多轴车铣复合加工等。

3）数控线切割加工包括内外轮廓切割加工、无屑切割加工、4 轴轮廓切割加工和 5 轴轮廓切割加工等。

第二节　公共参数的设置

在进行零件设计之前必须对软件的绘图面、图素隐藏与显示、特征创建后的颜色和放置图层的位置等公共参数进行设置，便于后续设计工作的顺利进行以及工作效率的提高。

软件公共参数设置包括视图平面设置、图素隐藏与显示、图素颜色设置和图层设置四大部分。

一、视图平面的设置

进行零件设计之前应对零件在绘图区中的方位进行设定，屏幕视角用于确定零件在工作区域中的摆放位置，见表 5-1。

表 5-1　屏幕视角

图　标	说　明	快捷键
【俯视图】	单击按钮，在工作区域将模型零件以俯视图来显示	Alt + 1
【前视图】	单击按钮，在工作区域将模型零件以前视图来表示	Alt + 2
【后视图】	单击按钮，在工作区域将模型零件以后视图来表示	Alt + 3
【底视图】	单击按钮，在工作区域将模型零件以底视图来表示	Alt + 4
【右视图】	单击按钮，在工作区域将模型零件以右视图来显示	Alt + 5
【左视图】	单击按钮，在工作区域将模型零件以左视图来显示	Alt + 6
【等视图】	单击按钮，在工作区域将模型零件以等轴测视图来显示	Alt + 7
【指定视角】	单击按钮，可选择上述七种视图定位方式将模型零件在工作区域中显示	
【由图素定义视角】	单击按钮，可在工作区域中选取曲线用于定义视图的显示方位	
【由实体面定义视角】	单击按钮，可在工作区域中选取实体表面用于定义视图的显示方位	
【旋转定面】	单击按钮，可在工作区域中分别指定 X、Y、Z 任一轴为旋转轴和旋转角度用于定义视图的显示方位	
【动态旋转】	单击按钮，可在工作区域中指定一点作为旋转点并通过移动鼠标位置用于定义视图的显示方位	
【前一视角】	单击按钮，可将工作区域中视图的显示方位调整至上一个视图方位	Alt + P
【法线面视角】	单击按钮，可在工作区域选择直线而将直线的矢量方向定义出屏幕视角	
【屏幕视角 = 绘图面】	单击按钮，可将工作区域中视图的显示方位调整至与绘图面定义的方位一致	
【屏幕视角 = 刀具面】	单击按钮，可将工作区域中视图的显示方位调整至与刀具面定义的方位一致	
【另存为俯视图】	将当前零件绘图平面与刀具平面方位进行保存	

绘图面和刀具面视图的设置与刀具路径后处理有直接的关系，不同的绘图面和刀具面视图设置，后处理出数控代码的坐标节点位置和方位均不相同，因此必须按照零件的加工工艺合理选择绘图面和刀具面视图，见表5-2。

表5-2　绘图面和刀具面

图　标	说　明
【俯视图】	单击按钮，将俯视图设置为零件绘图平面与刀具平面
【前视图】	单击按钮，将前视图设置为零件绘图平面与刀具平面
【后视图】	单击按钮，将后视图设置为零件绘图平面与刀具平面
【底视图】	单击按钮，将底视图设置为零件绘图平面与刀具平面
【右视图】	单击按钮，将右视图设置为零件绘图平面与刀具平面
【左视图】	单击按钮，将左视图设置为零件绘图平面与刀具平面
【等角视图】	单击按钮，将等角视图设置为零件绘图平面与刀具平面
【指定视角】	单击按钮，将选择上述七种选择一种视图定位方式设置为零件绘图平面与刀具平面
【动态平面】	单击按钮，可在工作区域中指定坐标系原点和方位角定义零件绘图平面与刀具平面
【按图形定面】	单击按钮，可在工作区域中选取曲线特征用于定义零件绘图平面与刀具平面
【按实体面定面】	单击按钮，可在工作区域中选取实体表面用于定义视图的显示方位
【旋转定面】	单击按钮，可在工作区域中分别指定 *X*、*Y*、*Z* 任一轴为旋转轴和旋转角度用于定义零件绘图平面与刀具平面
【最后使用的绘图面】	单击按钮，系统自动将第一次使用平面恢复至零件绘图平面与刀具平面
【车床半径】/【车床直径】	设置回转类零件的零件绘图平面与刀具平面
【法线定面】	单击按钮，可在工作区域选择直线而将直线的矢量方向定义零件绘图平面与刀具平面
【绘图面等于屏幕视角】	单击按钮，可将工作区域中视图在屏幕上的显示方位定义为零件绘图平面与刀具平面
【绘图面等于 WCS】	单击按钮，可将零件绘图平面与刀具平面定义与 WCS 方位一致
【绘图面始终等于 WCS】	单击按钮，可将零件绘图平面与刀具平面始终定义与 WCS 方位一致，并且其余零件绘图平面与刀具平面设置方法均为无效状态
【绘图平面与刀具平面原点 X0. Y0. Z0】	可将工作区域中视图在屏幕上选择一特征点作为原点并建立零件绘图平面与刀具平面
【另存为俯视图】	将当前零件绘图平面与刀具平面方位进行保存

例 5.2.1　设置视图平面

1）在 Windows 系统依次选择“开始”/“程序”/“Mastercam X4”/“Mastercam X4”选项，进入 Mastercam X4 初始界面。

2）在“文件”菜单中选择“打开文件”或单击按钮，弹出“打开”对话框，在附盘中选择“example/Chap05/5.2.1”文件，并单击按钮打开文件，如图 5-2 所示。

3）在状态栏中将“屏幕视角”和“绘图面和刀具面视图”设置为“俯视图”设置视图状态，如图5-3所示。

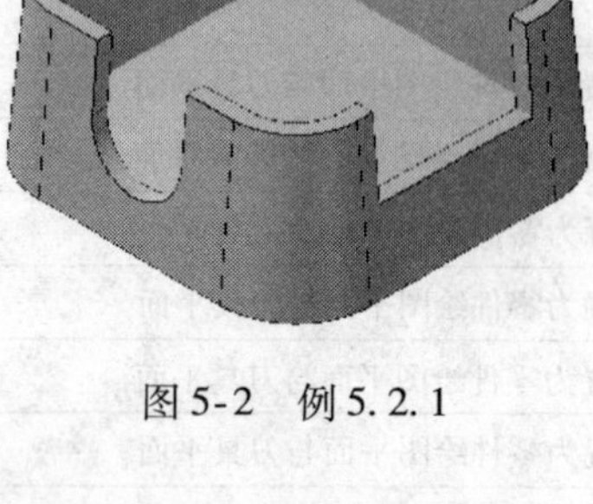
图5-2　例5.2.1

图5-3　俯视图状态

4）按键盘F9在工作区域中显示出十字基准线，在“草图器”工具条中单击按钮（矩形），弹出“矩形”悬浮工具条，然后在工具条中单击“设置基准点为中心点”按钮将矩形基准定义在图形中心，选择坐标原点作为矩形放置基准点，分别输入矩形的宽度和高度后单击按钮创建矩形，如图5-4所示。

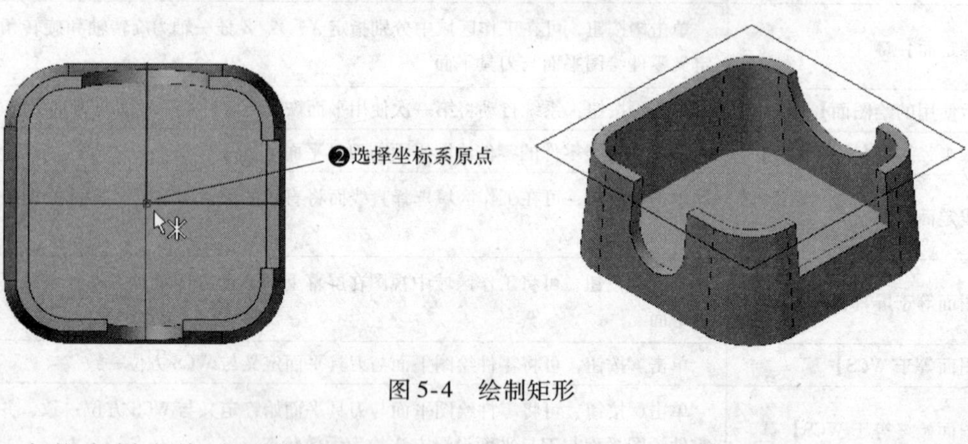

图5-4　绘制矩形

5）在状态栏中将“屏幕视角”和“绘图面和刀具面视图”设置为“前视图”设置视图状态，如图5-5所示。

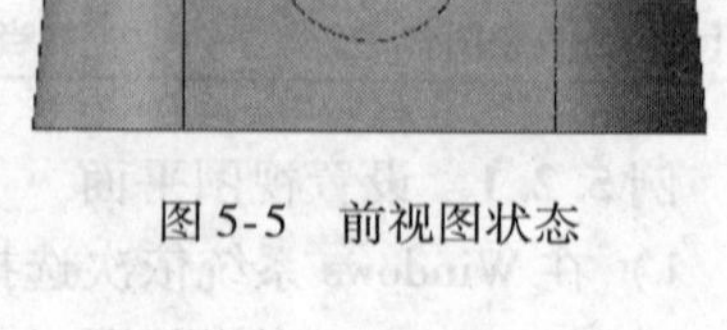
图5-5　前视图状态

6）在草图器中工具条中单击（矩形）按钮，弹出“矩形”悬浮工具条，在工具条单击设置基准点为中心点按钮将矩形基准定义在图形中心，选择坐标系原点作为矩形放置基准点，分别输入矩形的宽度和高度后单击按钮创建矩形，如图5-6所示。

7）在菜单栏中依次选择“文件”/“保存”选项保存文件。

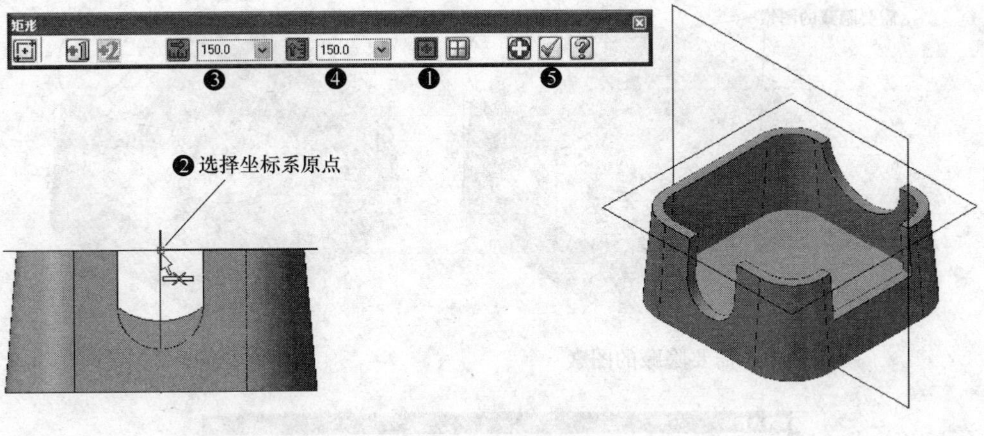

图 5-6 绘制矩形

二、图素的隐藏与显示

零件外形结构由直线、圆弧、二次曲线、曲面和实体等几种不同的图素组合而成，这些特征是组成零件内、外结构必不可少的基础元素。随着零件设计的进行，不断产生新的基础辅助元素，因此在设计过程中为了能更准确地对零件进行设计操作，而且又能够快速调用所需的基础辅助元素进行后续的设计操作，可通过 Mastercam X4 软件的图素的隐藏与实现功能来实现，如图 5-7 所示。

Mastercam X4 软件图素隐藏与显示功能见表 5-3。

表 5-3 隐藏与显示功能

图 标	说 明	快 捷 键
“隐藏图素”	单击按钮，在工作区域选取需要隐藏的图素将其隐藏	
“恢复隐藏图素”	单击按钮，在工作区域选取需要恢复的已隐藏图素，将其重新显示在工作区域内	
“恢复图素”	单击按钮，在工作区域选取需要唯一显示在工作区域内图素	Alt + E
“恢复部分图素”	单击按钮，在工作区域将已隐藏图素中部分图素重新显示在工作区域内	
“恢复更多图素”	单击按钮，将当前存在工作区域内图素隐藏	

例 5.2.2 图素隐藏与显示

1）在 Windows 系统依次选择“开始”/“程序”/“Mastercam X4”/“Mastercam X4”选项，进入 Mastercam X4 初始界面。

2）在“文件”菜单中选择“打开文件”或单击按钮，弹出“打开”对话框，在附盘中选择“example/Chap05/5. 2. 2”文件，并单击按钮打开文件，如图 5-8 所示。

3）在菜单栏的“屏幕”下拉列表中单击（隐藏图素）按钮，激活“标准选择”工具条，在工具条内将选取方式设置为（串联），选择需要隐藏的曲线后单击（结束选择）按钮，在工作区域内隐藏所选取的曲线，如图 5-9 所示。

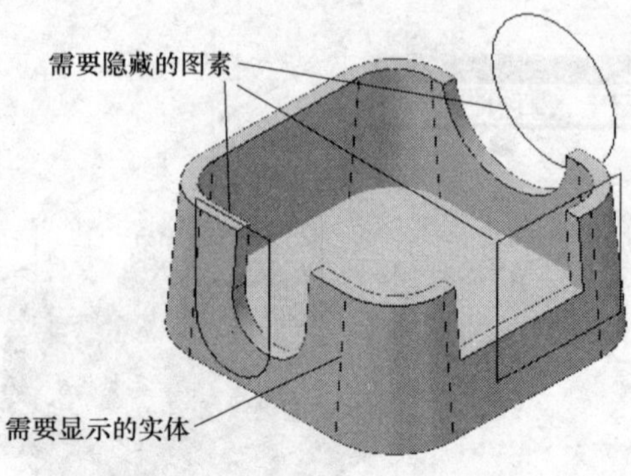

图 5-7　需要隐藏的图素

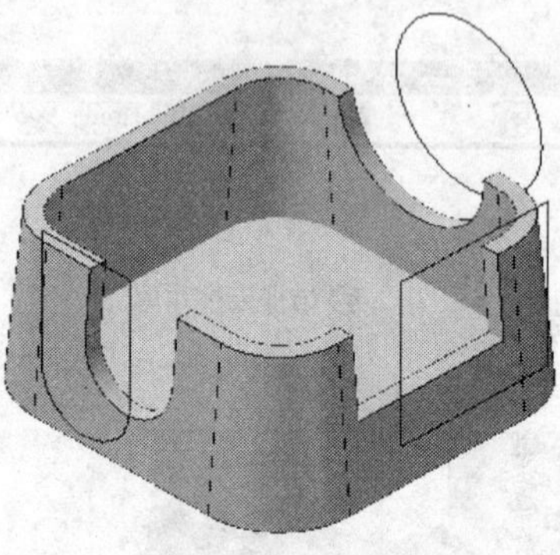

图 5-8　例 5.2.2

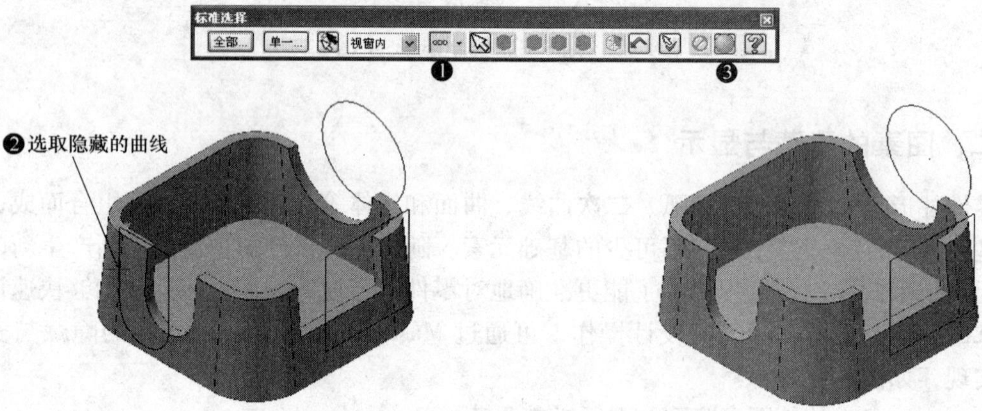

图 5-9　隐藏图素

4）在菜单栏的“屏幕”下拉列表中单击 （恢复隐藏图素）按钮，激活“标准选择”工具条，在工具条内将选取方式设置为 （串联），选择需要恢复隐藏的曲线后，单击 （结束选择）按钮，在工作区域内显示所选取的曲线，如图 5-10 所示。

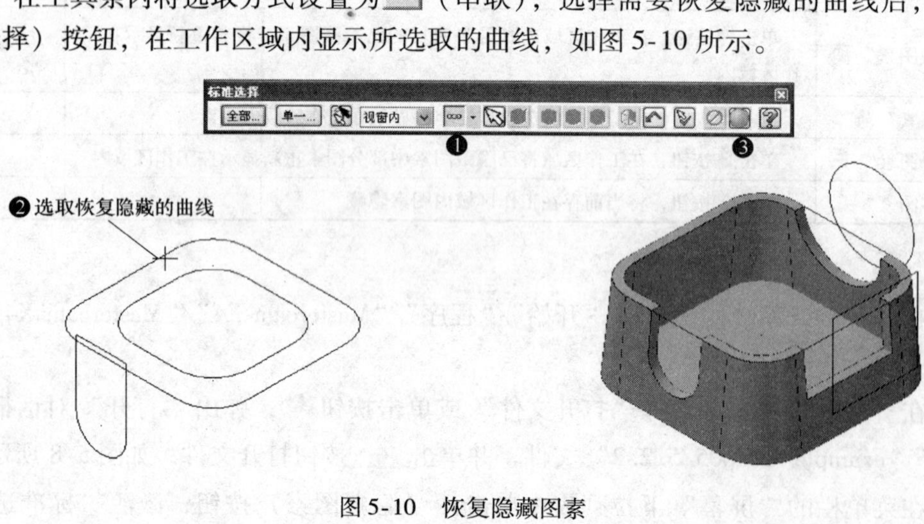

图 5-10　恢复隐藏图素

5）在菜单栏的“屏幕”下拉列表中单击 （恢复图素）按钮，激活“标准选择”工具条，选择需要保留在屏幕上的图素后单击结束选择按钮，在屏幕上显示已选取的图素，如图 5-11 所示。

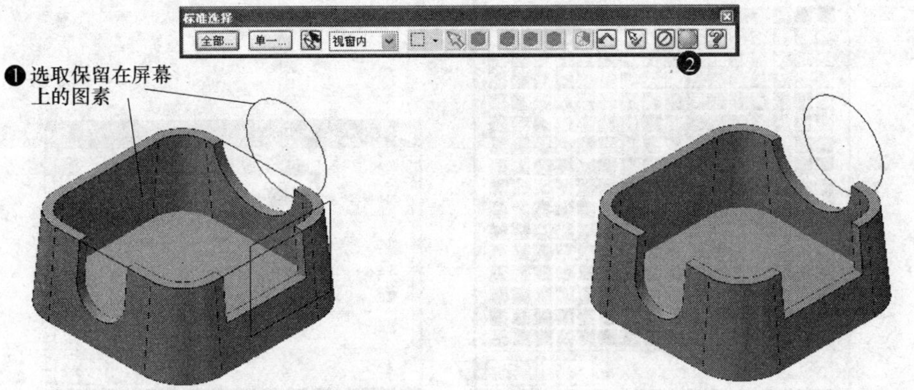

图 5-11 恢复图素

6）在菜单栏的“屏幕”下拉列表中单击（恢复部分图素）按钮，激活“标准选择”工具条，在工具条内将选取方式设置为（串联），选择需要重新显示在屏幕上的已隐藏图素后单击结束选择按钮，显示已选取的图素，如图 5-12 所示。

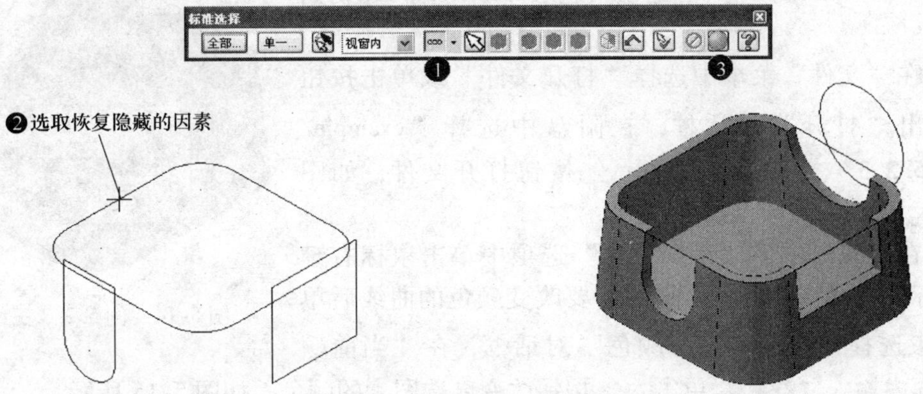

图 5-12 恢复部分图素

7）在菜单栏依次选择“文件”/“保存”选项，保存文件。

三、图素颜色的设置

当工作区域内共同放置几种不同的图素时，设计人员希望能将不同的图素设置不同的颜色加以区分，Mastercam X4 提供了相应的图素颜色设置功能，用于更改不同图素的颜色。

在状态栏中的“系统颜色”选项中单击鼠标右键，弹出“颜色”对话框，在对话框内可将 Mastercam X4 的工作区域内的图素设置不同的颜色。在“颜色”选项卡页面内，Mastercam X4提供了常见的 256 种颜色可供选择。当 256 种颜色不能满足用户需求时，可通过“自定义”选项卡内分别对“红色”、“绿色”和“蓝色”三个滑动杆进行调整来设置所需的颜色，如图 5-13 所示。

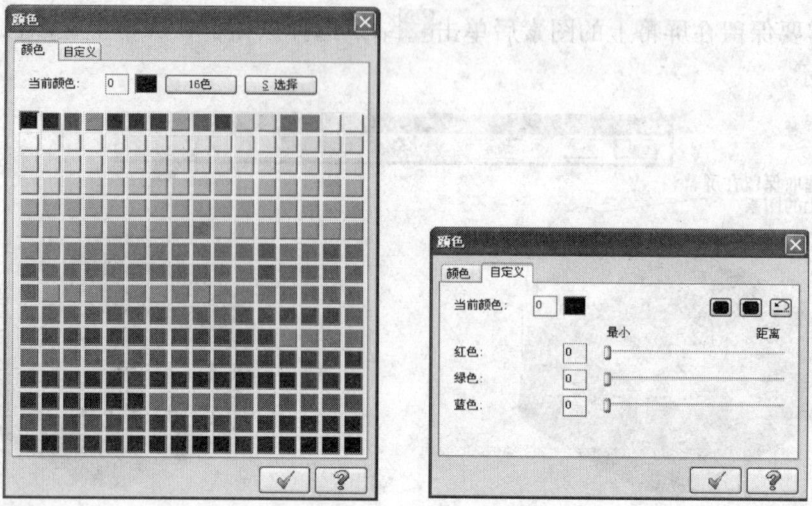

图 5-13　定义图素颜色

例 5.2.3　设置图素颜色

1）在 Windows 系统依次选择“开始”/“程序”/“Mastercam X4”/“Mastercam X4”选项，进入 Mastercam X4 初始界面。

2）在“文件”菜单中选择“打开文件”或单击按钮，弹出“打开”对话框，在附盘中选择“example/Chap05/5.2.3”文件，并单击按钮打开文件，如图 5-14所示。

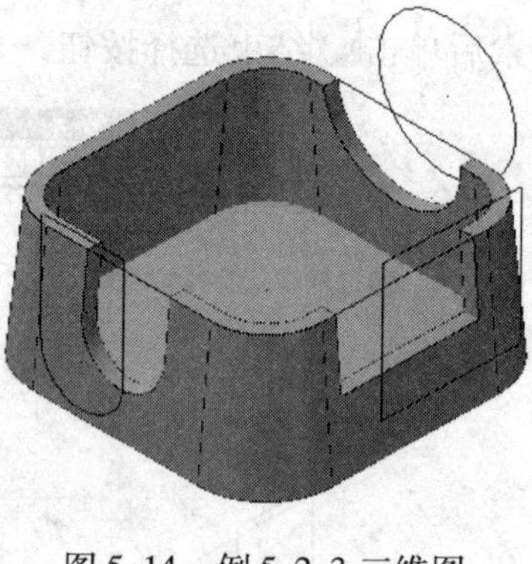

图 5-14　例 5.2.3 三维图

3）在状态栏中的“系统颜色”选项中单击鼠标右键激活“标准选择”工具条，选择需要改变颜色的曲线后单击结束选择按钮，弹出“颜色”对话框，在“当前颜色”选项内输入“224”，单击按钮改变已选图素的颜色，如图 5-15 所示。

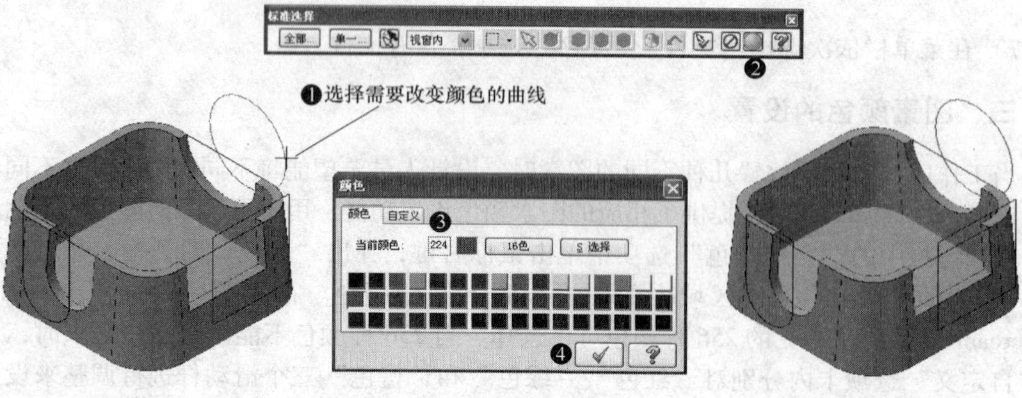

图 5-15　改变图素颜色

4）在状态栏中的“系统颜色”选项中单击鼠标右键激活“标准选择”工具条，选择需要改变颜色的实体后单击结束选择按钮，弹出“颜色”对话框，在“当前颜色”选项内输入“3”，单击按钮改变已选图素的颜色，如图 5-16 所示。

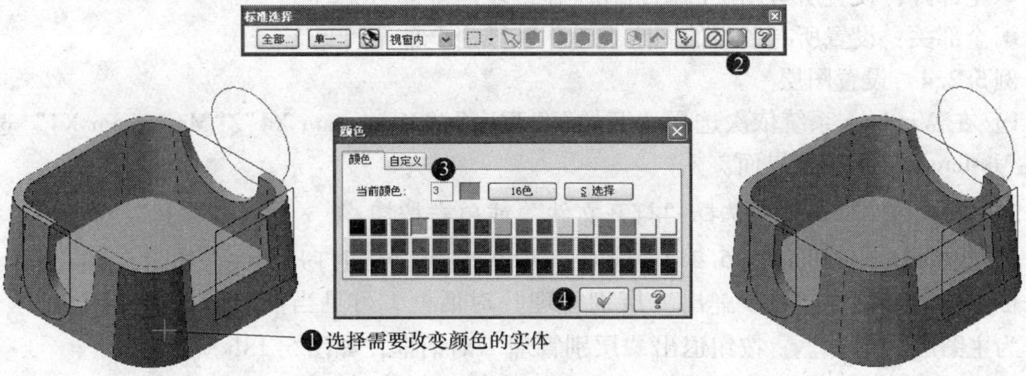

图 5-16　改变图素颜色

5）在菜单栏中依次选择“文件”/“保存”选项保存文件。

四、图层的设置

对于结构较为复杂的零件或者装配零件之间的设计，由于使用的辅助曲线、曲面或相互配合的零件众多，如果将所有的辅助图素都一并隐藏起来固然对零件初步设计不会产生影响，但随着辅助图素的不断增多，当需要编辑或修改到某一图素时，在隐藏界面中寻找众多重叠在一起的单一辅助图素显然会十分困难。因此，需要通过图层层别管理器将不同类型的图形分开管理，需要使用或编辑某类型图素时只需将该类型的图素显示在工作区域即可，这样有利于提高工作区域图素的清晰度，也可提高设计人员的工作效率，如图 5-17 所示。

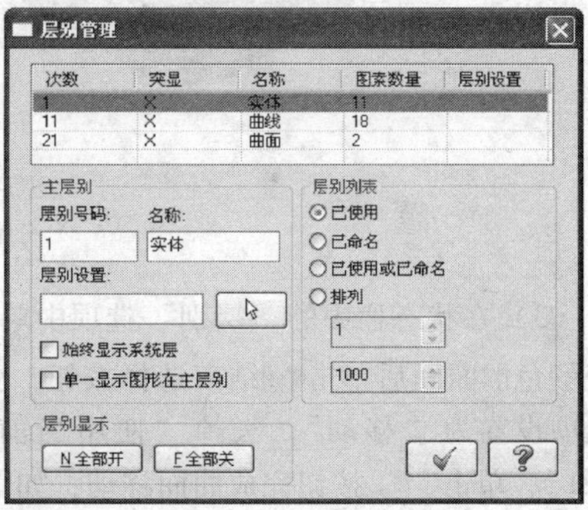

图 5-17　层别管理

- 层别号码：显示当前主图层号码。
- 名称：显示当前图层名称。
- 层别设置：单击按钮在工作区域内选择图素后，便可将图素所在的图层设置为当前的主图层。
- 始终显示系统层：将主图层的图素始终显示在工作区域内。当勾选此选项时，主图层内的“突显”功能无效，即不能改变主图层内图素的显示或隐藏。
- 单一显示图形在主层别：工作区域内唯一显示主图层内的图素，并将其余图层的图素隐藏。
- 已使用：显示当前图层已存在图素的图层编号。

- 已命名：显示已命名图层名称的图层编号。
- 已使用或已命名：显示已存在图素的图层和已命名图层名称的图层编号。
- 排列：将第 1 至第 1000 层的图层按顺序罗列显示。
- 全部开：设置所有图层的图素在工作区域内全部可见。
- 全部关：设置所有图层的图素在工作区域内全部不可见。

例 5.2.4 设置图层

1）在 Windows 系统依次选择“开始”/“程序”/“Mastercam X4”/“Mastercam X4”选项，进入 Mastercam X4 初始界面。

2）在“文件”菜单中选择“打开文件”或单击按钮，弹出“打开”对话框，在附盘中选择“example/Chap05/5.2.4”文件，并单击按钮打开文件，如图 5-18a 所示。在状态栏中双击“层别”选项弹出“层别管理”对话框，可见当前对话框内使用“1”号图层作为主图层，单击按钮退出“层别管理”对话框，如图 5-18b 所示。

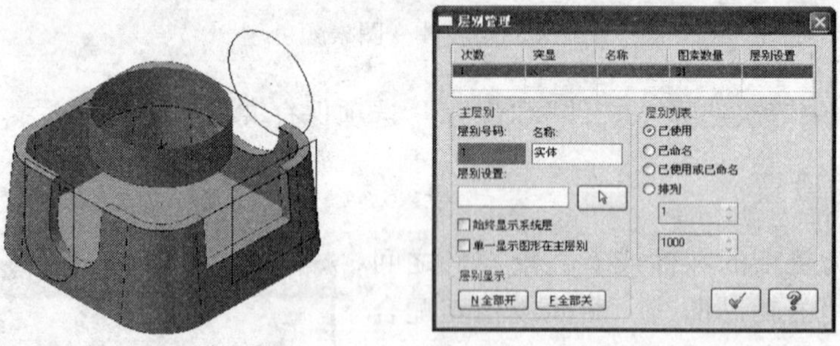

a) b)

图 5-18 例 5.2.4 图

a）三维图 b）层别管理器

3）在状态栏中的“层别”选项中单击鼠标右键激活“标准选择”工具条，选择需要改变颜色的曲面后单击结束选择按钮，弹出“改变层别”对话框，在对话框内将“操作”选项设置为“移动”，去掉“使用当前图层”选项勾选，将“图层编号”选项设置为“21”，单击按钮完成曲面移动，如图 5-19 所示。

图 5-19 移动曲面至图层

4）在状态栏中的“层别”选项中单击鼠标右键激活“标准选择”工具条，选择需要改变颜色的实体后单击结束选择按钮，弹出“改变层别”对话框，在对话框内将“操作”选项设置为“移动”，去掉“使用当前图层”选项勾选，将“图层编号”选项设置为“11”，单击按钮完成实体移动，如图5-20所示。

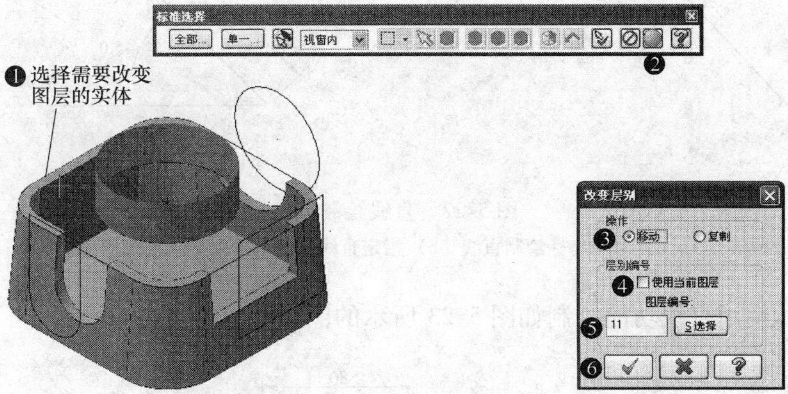

图5-20　移动实体至图层

5）在状态栏中双击“层别”选项弹出“层别管理”对话框，在对话框“名称”选项内分别将图层名称设置为“曲线”、“实体”和“曲面”，单击“层别设置”按钮在工作区域内选择实体图层“11”层为主图层，在“突显”属性区域内双击鼠标左键去掉1和21图层的“×”图素显示符号，使两个图层内的图素为不可见状态，单击按钮完成图层设置，如图5-21所示。

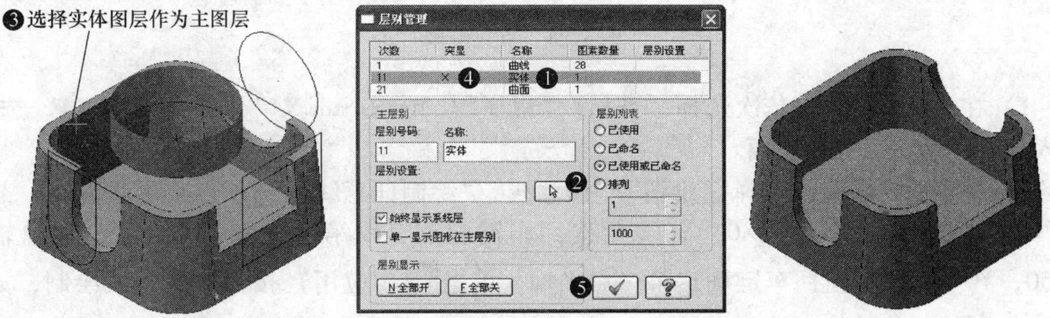

图5-21　图层设置

6）在菜单栏中依次选择“文件”/“保存”选项保存文件。

第三节　基本曲线的绘制

一、直线

直线可看作是某一点在两个指定位置之间的运动所形成的连续轨迹，也是组成零件二维轮廓的主要基本线段之一。直线的常用绘制方法可分为通过两点绘制直线和通过指定直线长度与角度绘制直线两种，如图 5-22 所示。

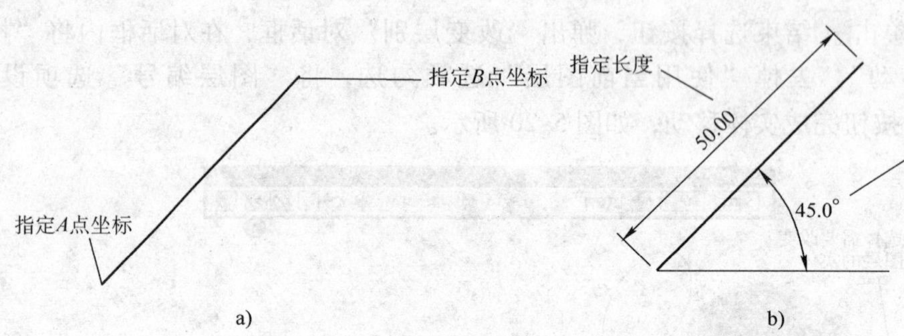

图 5-22　直线绘制方法

a）两点坐标绘制直线　b）指定直线长度与角度绘制直线

例 5.3.1　使用直线功能绘制如图 5-23 所示的图形

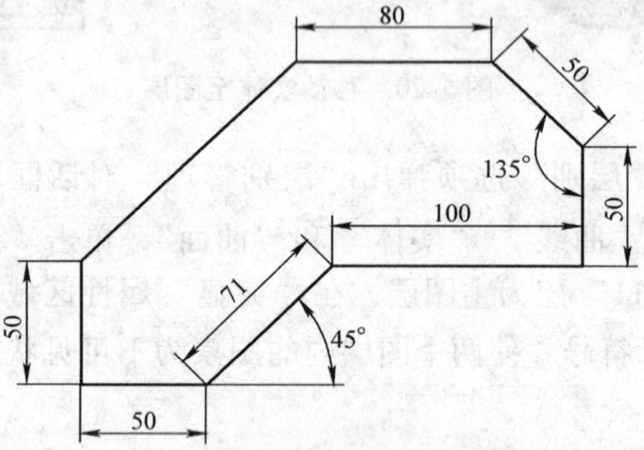

图 5-23　直线绘制

1）在 Windows 系统依次选择“开始”/“程序”/“Mastercam X4”/“Mastercam X4” 选项，进入 Mastercam X4 初始界面。

2）在菜单栏中依次选择“绘图”/“任意线”/“绘制任意线” 选项，激活“直线” 悬浮工具条，通过键盘输入“X0，Y0” 后按回车键确定直线第一点坐标，再通过键盘输入“X50，Y0” 后按键盘回车键确定第二点坐标，单击 （应用）按钮完成直线绘制，如图 5-24所示。

图 5-24　绘制两点直线

3）在工作区域内选择已创建直线的端点作为直线起始点（图 5-25a），在长度输入框内输入“71” 后按键盘回车键确定，在“角度” 输入框内输入“45” 后按键盘回车键确定，单击 应用按钮完成直线绘制，如图 5-25b 所示。

a)　　　　b)

图 5-25　绘制斜线

a）捕捉端点　b）完成后斜线

4）在工作区域内选择已创建直线的端点作为直线起始点（图 5-26a），在“直线”悬浮工具条内单击（水平）按钮切换直线绘制模式，在长度输入框内输入“100”后按键盘回车键确定，在工作区域内指定第二点坐标，单击（应用）按钮完成直线绘制，如图5-26b所示。

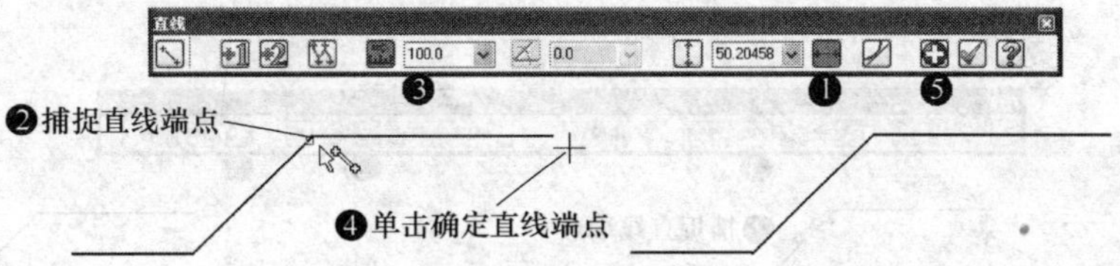

a)　　　　b)

图 5-26　绘制水平线

a）捕捉端点　b）完成后直线

5）在工作区域内选择已创建直线的端点作为直线起始点（图 5-27a），在“直线”悬浮工具条内单击（垂直）按钮切换直线绘制模式，在长度输入框内输入“50”后按键盘回车键确定，在工作区域内指定第二点坐标单击（应用）按钮完成直线绘制，如图5-27b所示。

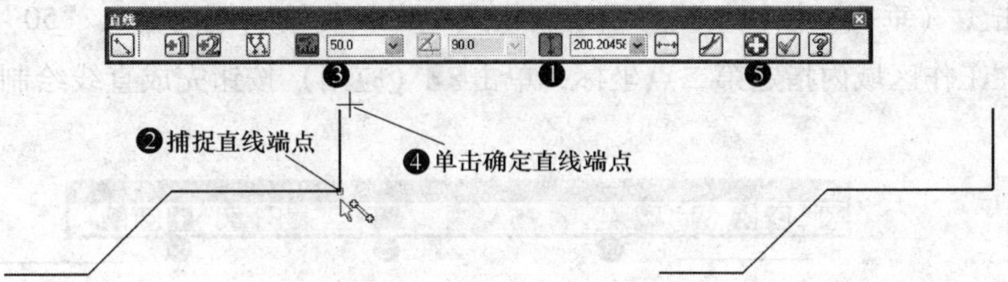

a)　　　　b)

图 5-27　绘制垂直线

a）捕捉端点　b）完成后直线

6）在工作区域内选择已创建直线的端点作为直线起始点（图5-28a），在“直线”悬浮工具条内单击（垂直）按钮取消垂直线绘制模式，在长度输入框内输入“50”，在角度输入框内输入“135”后按键盘回车键确定，在工作区域内指定第二点坐标，单击（应用）

按钮完成直线绘制，如图 5-28b 所示。

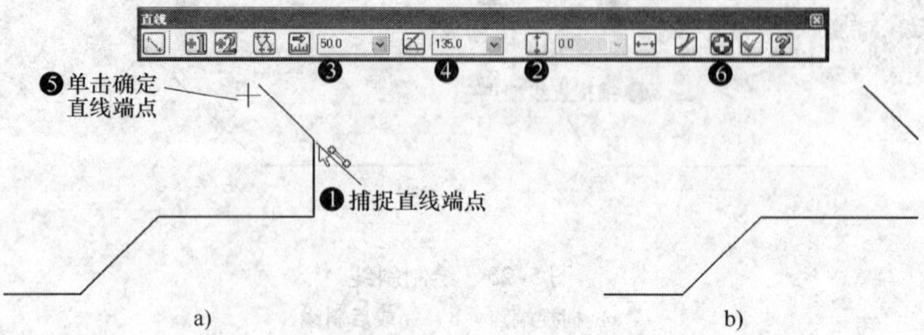

图 5-28　绘制斜线

a）捕捉端点　b）完成后直线

7）在工作区域内选择已创建直线的端点作为直线起始点（图 5-29a），在“直线”悬浮工具条内单击（水平）按钮切换直线绘制模式，在长度输入框内输入“80”后按键盘回车键确定，后在工作区域内指定第二点坐标，单击（应用）按钮完成直线绘制，如图 5-29b 所示。

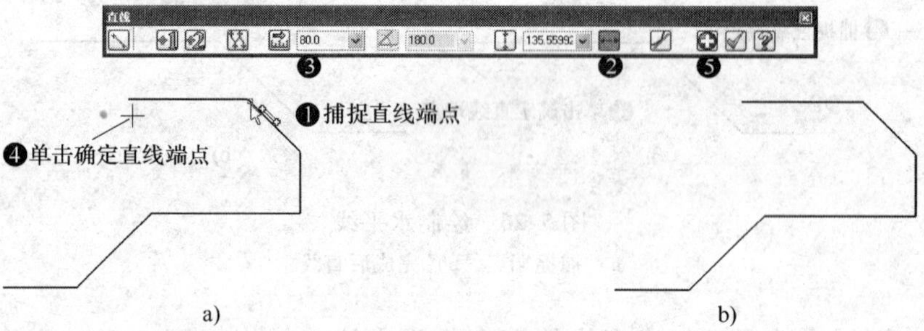

图 5-29　绘制水平线

a）捕捉端点　b）完成后直线

8）在工作区域内选择已创建直线的端点作为直线起始点（图5-30a），在“直线”悬浮工具条内单击（垂直）按钮切换直线绘制模式，在长度输入框内输入“50”后按键盘回车键确定，在工作区域内指定第二点坐标，单击（应用）按钮完成直线绘制，如图5-30b 所示。

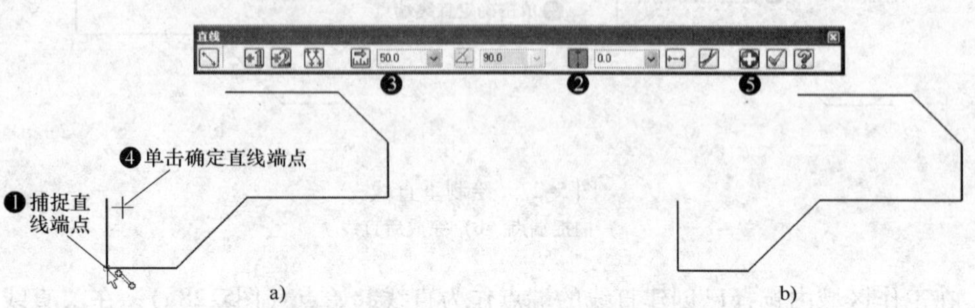

图 5-30　绘制垂直线

a）捕捉端点　b）完成后直线

9）在工作区域内捕捉垂直线的端点作为直线起始点（图5-31a），在“直线”悬浮工具条内单击（垂直）按钮取消垂直线绘制模式，捕捉水平线另一端点为直线第二点，单击（确定）按钮完成直线绘制，如图5-31b所示。

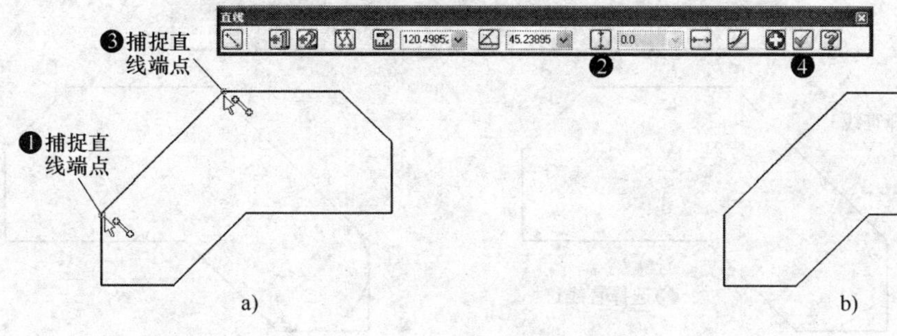

图5-31　绘制两点直线

a）捕捉端点　b）绘制完成后

10）在菜单栏中依次选择“文件”/“保存”选项保存文件。

二、圆弧

圆弧在二维图形中较为常见，其常用的绘制方法有通过指定圆弧中心与半径绘制圆弧、绘制图素间的相切圆弧及指定圆弧中心和起始终止扫掠角度绘制圆弧三种方式，如图5-32所示。

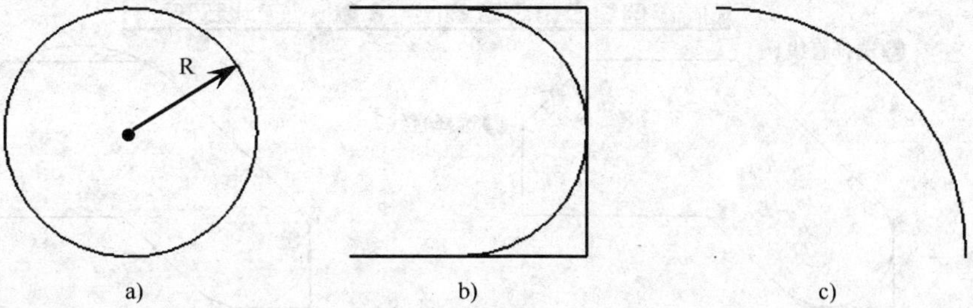

图5-32　圆弧绘制方法

a）指定圆弧中心与半径绘制圆弧　b）图素间的相切圆弧　c）指定圆弧中心和起始终止扫掠角度

例5.3.2　使用圆弧绘制功能绘制图形

1）在Windows系统依次选择“开始”/“程序”/“Mastercam X4”/“Mastercam X4”选项，进入Mastercam X4初始界面。

2）在“文件”菜单中选择“打开文件”或单击按钮，弹出“打开”对话框，在附盘中选择“example/Chap05/5.3.2”文件，并单击按钮打开文件，如图5-33所示。

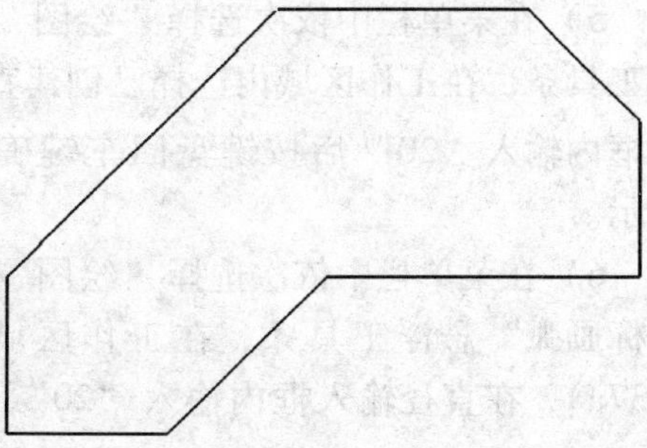

图5-33　例5.3.2图

3）在菜单栏中依次选择“绘图”/“圆弧”/“切

弧”选项，激活“切弧”悬浮工具条，在“切弧”悬浮工具条内单击（三个物体切弧）按钮切换圆弧绘制模式，在工作区域内依次选择三段直线作为与圆弧相切的直线，（图5-34a）绘制出切弧，如图5-34b所示。

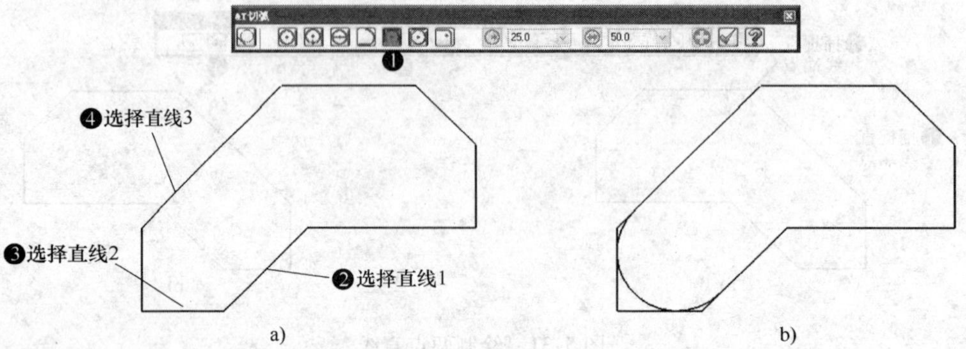

图5-34　绘制三物体切弧

a）选择相切直线　b）绘制切弧

4）在“切弧”悬浮工具条内单击（切二物体）按钮切换圆弧绘制模式，在直径输入框内输入“150”后按键盘回车键确定，在工作区域内依次选择两段直线（图5-35a）作为与圆弧相切的直线绘制出切弧，单击（确定）按钮完成切弧绘制，如图5-35b所示。

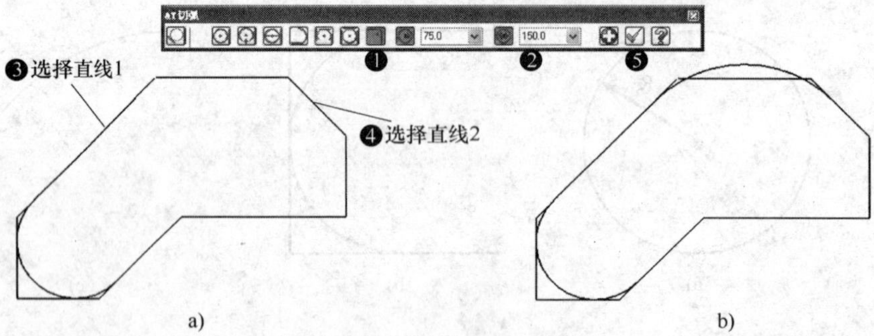

图5-35　绘制两物体切弧

a）选择相切直线　b）绘制切弧

5）在菜单栏中依次选择“绘图”/“圆弧”/“圆心+点”选项，激活“编辑圆心点”悬浮工具条，在工作区域内选择已创建直线的端点作为圆弧的圆心点（图5-36a），在直径输入框内输入“20”后按键盘回车键确定，单击（确定）按钮完成圆绘制，如图5-36b所示。

6）在菜单栏中依次选择“绘图”/“圆弧”/“极坐标圆弧”选项，激活“已知圆心，极坐标画弧”悬浮工具条，在工作区域内选择已创建直线的端点作为圆弧的圆心点（图5-37a），在直径输入框内输入“20”，起始角度设置为“90”，终止角度设置为“180”后按键盘回车键确定，单击（确定）按钮完成圆弧绘制，如图5-37b所示。

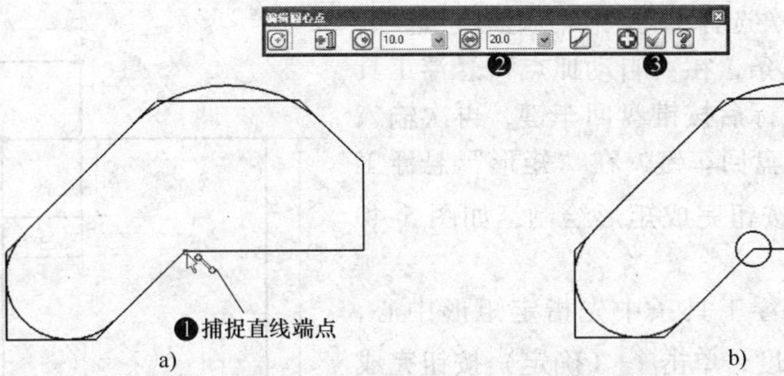

图 5-36　绘制圆

a）捕捉端点　b）完成圆的绘制

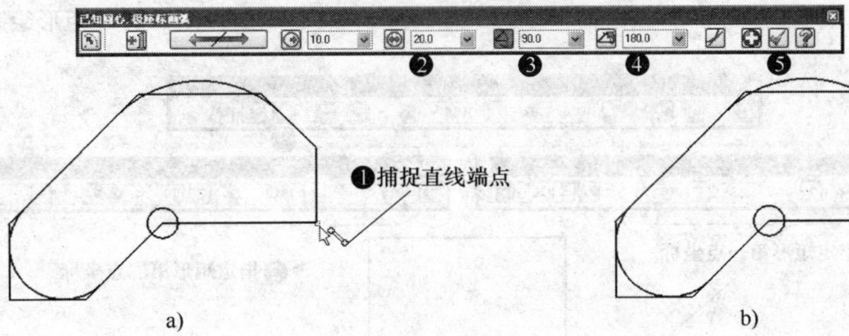

图 5-37　绘制极坐标圆弧

a）捕捉端点　b）完成圆弧绘制

7）在菜单栏中依次选择“文件”/“保存”选项保存文件。本实例文件保存后用于第四节基本的曲线编辑。

三、矩形

矩形绘制常用的画法可分为指定两对角点绘制矩形和指定中心坐标及长、宽尺寸绘制矩形两种，如图 5-38 所示。

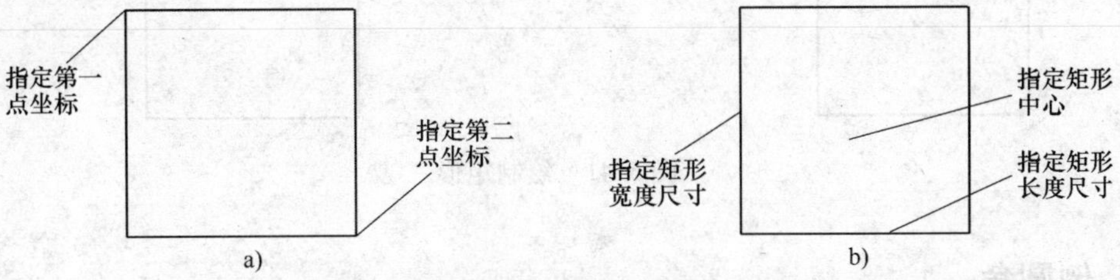

图 5-38　矩形绘制方法

a）指定对角点与长宽尺寸　b）指定中心与长宽尺寸

例 5.3.3　使用矩形绘制功能绘制图 5-39 所示的图形

1）在 Windows 系统依次选择“开始”/“程序”/“Mastercam X4”/“Mastercam X4”选项，进入 Mastercam X4 初始界面。

2）在菜单栏中依次选择“绘图”/“矩形”选项，激活“矩形”悬浮工具条，在“自动抓点”悬浮工具条中输入矩形第一点坐标后按键盘回车键，再次输入矩形第二点坐标后按键盘回车键，在“矩形”悬浮工具条单击（应用）按钮完成矩形绘制，如图 5-40 所示。

3）在“矩形”悬浮工具条中先指定矩形中心，然后指定矩形宽度和长度，单击（确定）按钮完成矩形绘制，如图 5-41 所示。

4）在菜单栏中依次选择“文件”/“保存”选项保存文件。

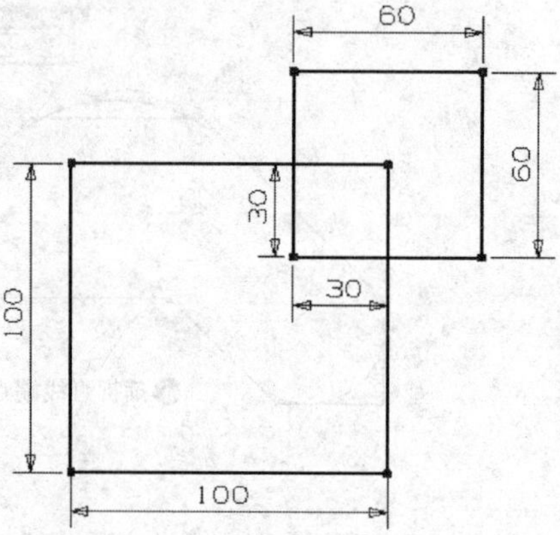

图 5-39　矩形绘制

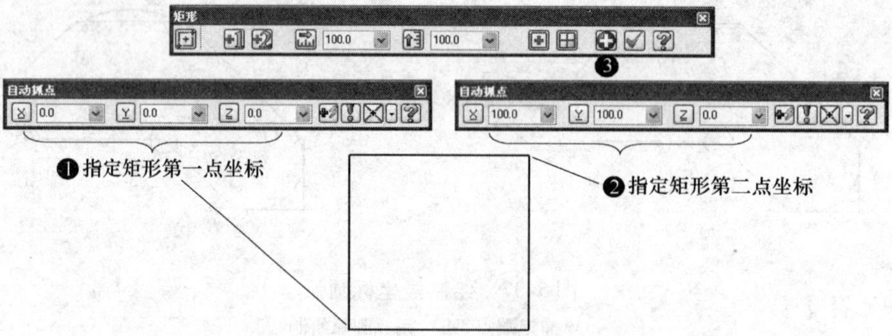

图 5-40　绘制矩形

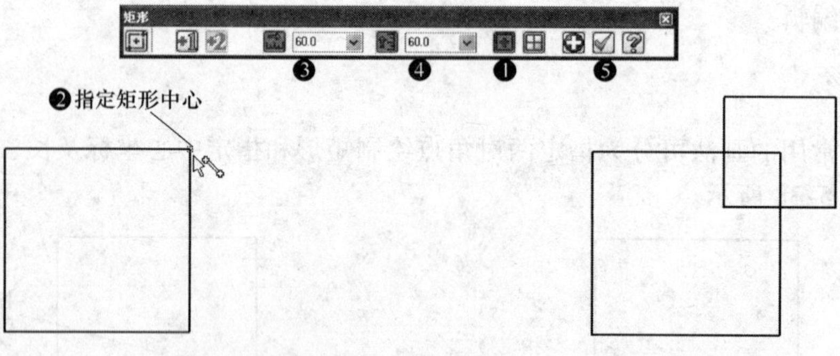

图 5-41　绘制矩形

四、倒圆角

在两图素间使用指定直径的圆弧过渡的方法称之为倒圆角。倒圆角绘制常用的画法可分为串连倒圆角和两图素间倒圆角两种，如图 5-42 所示。

例 5.3.4　使用倒圆角功能绘制图形（图 5-43）

1）在 Windows 系统依次选择“开始”/“程序”/“Mastercam X4”/“Mastercam X4”选项，进入 Mastercam X4 初始界面。

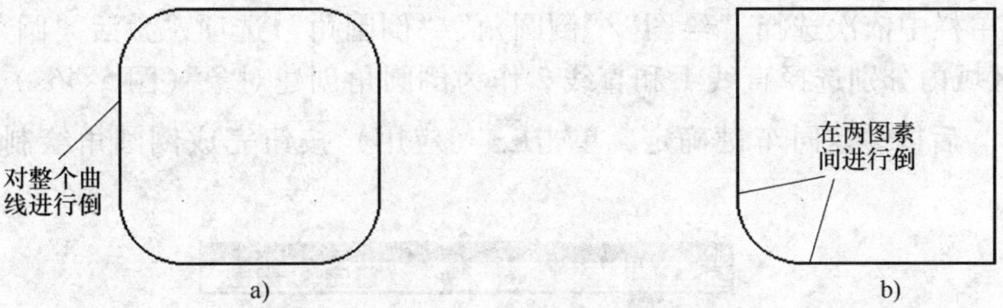

图 5-42 倒圆角绘制方法

a）串连倒圆角 b）两图素间倒圆角

2）在“文件”菜单中选择“打开文件”或单击按钮，弹出“打开”对话框，在附盘中选择“example/Chap05/5.3.4”文件，并单击按钮打开文件，如图 5-44 所示。

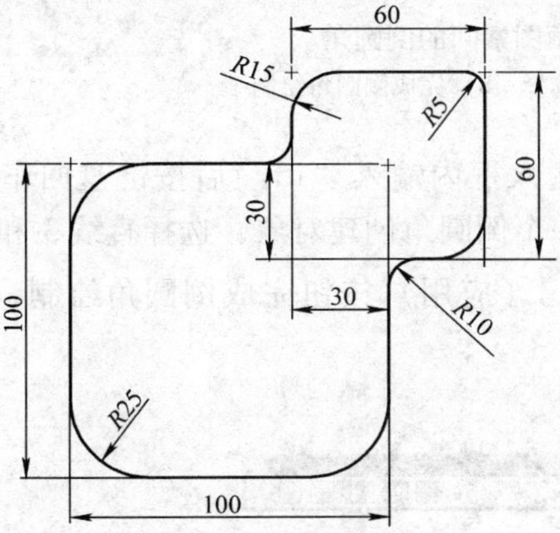

图 5-43 绘制倒圆角

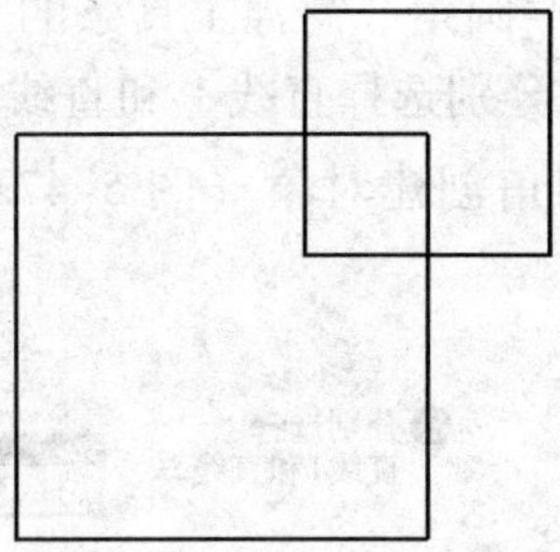

图 5-44 例 5.3.4 图

3）在菜单栏中依次选择“绘图”/“倒圆角”/“串连倒圆角”选项，激活“串连倒角”悬浮工具条和“串连选项”对话框，在工作区域内选择矩形曲线作为倒圆角对象，在“串连选项”对话框单击按钮完成倒圆角曲线的选取（图 5-45a），在半径输入框内输入“25”后按键盘回车键确定，单击（确定）按钮完成倒圆角绘制，如图 5-45b 所示。

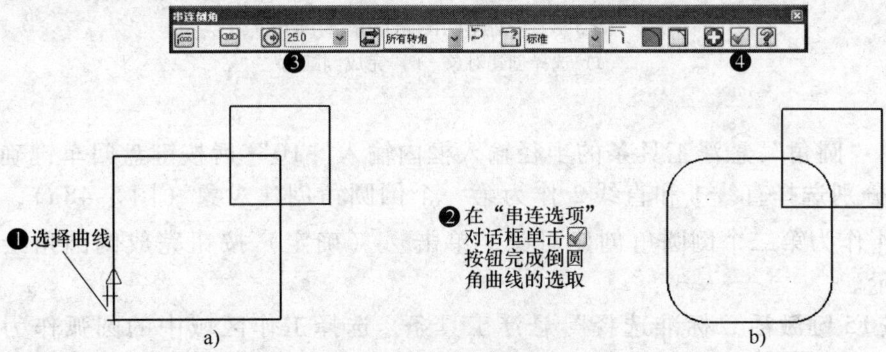

图 5-45 创建串连倒圆角

a）曲线选取 b）完成倒圆角绘制

4）在菜单栏中依次选择“绘图”/“倒圆角”/“倒圆角”选项，激活“圆角”悬浮工具条，在工作区域内分别选择直线 1 和直线 2 作为倒圆角创建对象（图 5-46a），在半径输入框内输入“5”后按键盘回车键确定，单击 （应用）按钮完成倒圆角绘制，如图 5-46b 所示。

图 5-46　创建两图素间的倒圆角

a）倒圆角创建对象的选择　b）完成倒圆角绘制

5）在“圆角”悬浮工具条的“半径”输入框内输入“15”后按键盘回车键确定，在工作区域内分别选择直线 1 和直线 2 作为第一个倒圆角创建对象，选择直线 3 和直线 4 作为第二个倒圆角创建对象（图 5-47a），单击 （应用）按钮完成倒圆角绘制，如图 5-47b 所示。

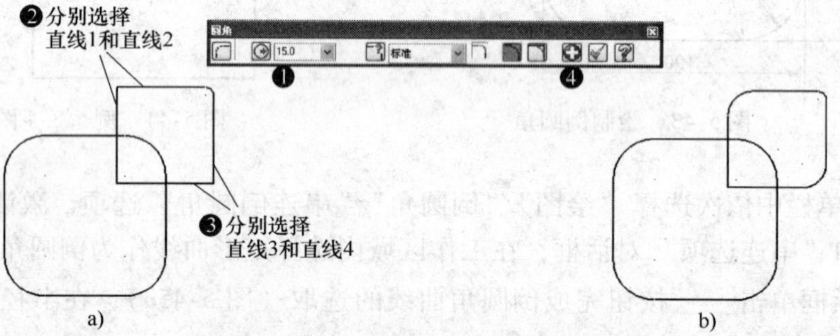

图 5-47　创建两图素间的倒圆角

a）选择创建对象　b）完成倒圆角

6）在“圆角”悬浮工具条的半径输入框内输入“10”后按键盘回车键确定，在工作区域内分别选择直线 1 和直线 2 作为第一个倒圆角创建对象（图 5-48a），选择直线 3 和直线 4 作为第二个倒圆角创建对象，单击 （确定）按钮完成倒圆角绘制，如图 5-48b 所示。

7）按 F5 键激活“标准选择”悬浮工具条，选择工作区域中的圆弧作为删除对象（图 5-49a）单击 （结束选择）按钮完成图素的删除，如图 5-49b 所示。

8）在菜单栏中依次选择“文件”/“保存”选项保存文件。

图 5-48 创建两图素间倒圆角

a）选择创建对象 b）完成倒圆角

图 5-49 删除图素

a）选择删除对象 b）删除后

第四节 基本曲线的编辑

一、曲线修剪

曲线修剪功能是将存在相交关系的两线段根据选择对象在交点处做修剪，以获得所需的轮廓图形，多余的线段修剪后会直接被删除，如图 5-50 所示。

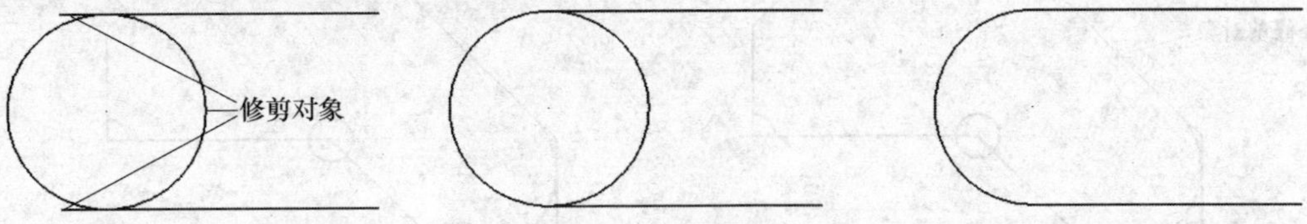

图 5-50 曲线修剪

例 5.4.1 使用曲线修剪功能编辑图形（图 5-51）

1）在 Windows 系统依次选择“开始”/“程序”/“Mastercam X4”/“Mastercam X4”选项，进入 Mastercam X4 初始界面。

2）在“文件”菜单中选择“打开文件”或在菜单项单击按钮，弹出“打开”对话

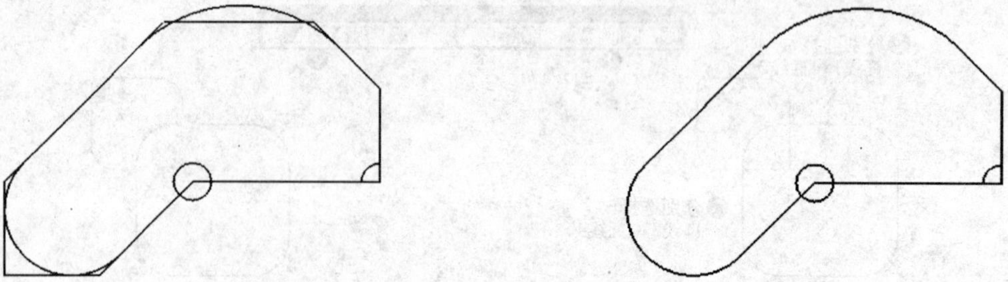

a)　　　　　　b)

图 5-51　修剪曲线

a）修剪前　b）修剪后

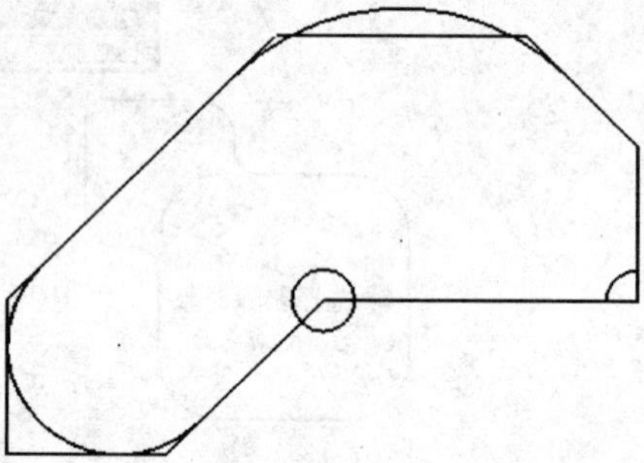

图 5-52　例 5.4.1 图

框，在附盘中选择“example/Chap05/5.4.1”文件，并单击按钮打开文件，如图 5-52 所示。

3）在菜单栏中依次选择“编辑”/“修剪/打断”/“修剪/延伸/打断”选项，激活“修剪/延伸/打断”悬浮工具条，将修剪模式设置为（修剪二物体），在工作区域内分别选择修剪对象和修剪点将曲线修剪，单击（确定）按钮完成线段的修剪，如图 5-53所示。

4）在“菜单栏”中依次选择“编辑”/“修剪/打断”/“修剪/延伸/打断”选项激活“修剪/延伸/打断”悬浮工具条，将修剪模式设置为（修剪三物体），在工作区域内分别选择两个修剪对象和修剪点将曲线修剪，单击（确定）按钮完成线段的修剪，如图 5-54 所示。

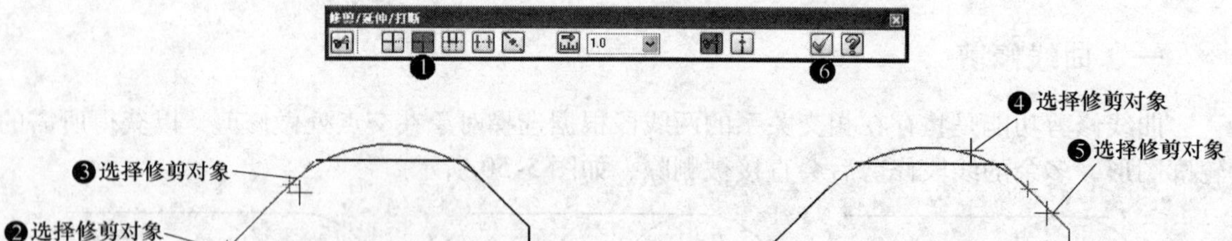

图 5-53　线段修剪（一）

5）按 F5 键激活“标准选择”悬浮工具条，选择工作区域中的圆弧作为删除对象，单击（结束选择）按钮完成图素的删除，如图 5-55 所示。

6）在菜单栏中依次选择“文件”/“保存”选项保存文件。

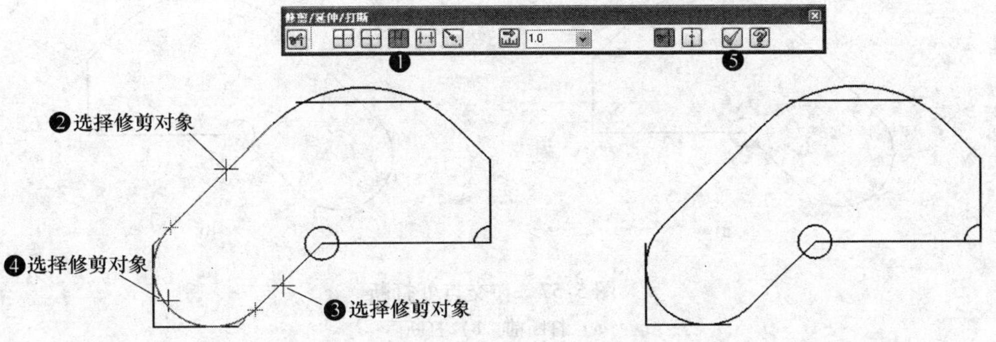

图 5-54　线段修剪（二）

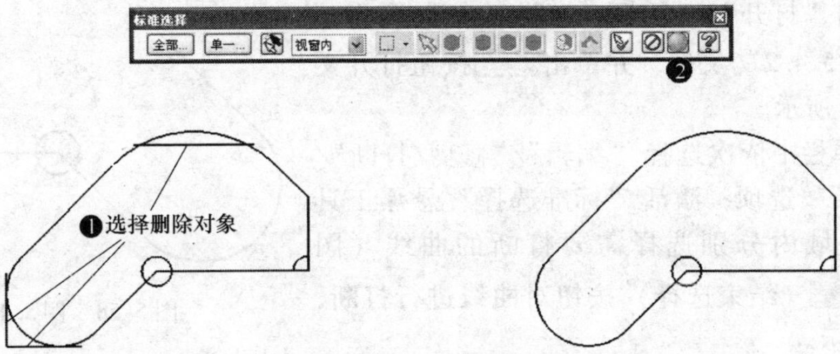

图 5-55　图素的删除

二、交点处打断

交点处打断功能与曲线修剪功能有共同点，都能在两线段的交点处对被编辑线段产生分割，不同的是曲线修剪能在修剪后将多余的线段删除，而打断功能将打断后线段的两侧均予以保留，如图 5-56 所示。

图 5-56　曲线打断

a）打断前　b）打断后

例 5.4.2　使用在交点处打断功能编辑图形（图 5-57）

1）在 Windows 系统依次选择“开始”/“程序”/“Mastercam X4”/“Mastercam X4” 选项，进入 Mastercam X4 初始界面。

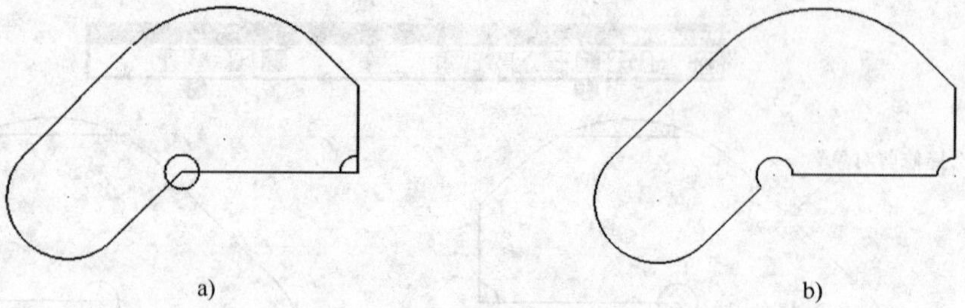

图 5-57　在交点处打断

a）打断前　b）打断后

2）在“文件”菜单中选择“打开文件”或单击按钮，弹出“打开”对话框，在附盘中选择“example/Chap05/5.4.2”文件，并单击按钮打开文件，如图 5-58 所示。

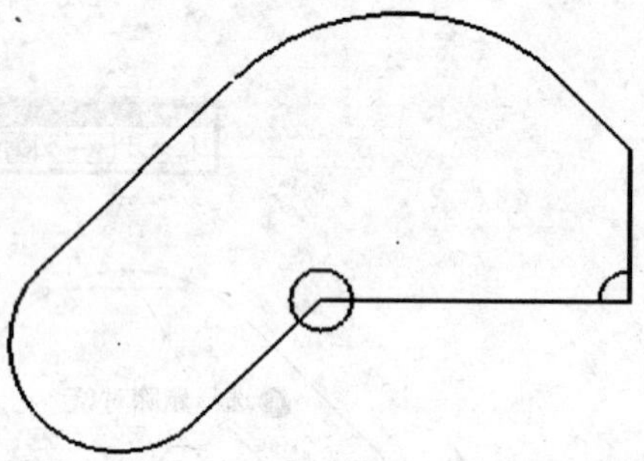

图 5-58　例 5.4.2 图

3）在菜单栏中依次选择“编辑”/“修剪/打断”/“在交点处打断”选项，激活“标准选择”悬浮工具条，在工作区域内分别选择需要打断的曲线（图 5-59a），单击（结束选择）按钮对曲线进行打断，如图 5-59b 所示。

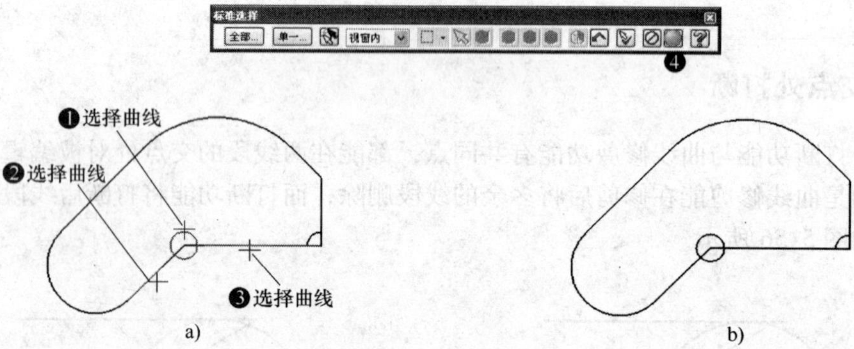

图 5-59　打断曲线

a）选择打断对象　b）完成打断

4）在菜单栏中依次选择“编辑”/“修剪/打断”/“在交点处打断”选项，激活“标准选择”悬浮工具条，在工作区域内分别选择需要打断的曲线（图 5-60a），单击（结束选择）按钮对曲线进行打断，如图 5-60b 所示。

5）按 F5 键激活“标准选择”悬浮工具条，选择工作区域中的圆弧作为删除对象（图 5-61a），单击（结束选择）按钮完成图素的删除，如图 5-61b 所示。

6）在菜单栏中依次选择“文件”/“保存”选项保存文件。

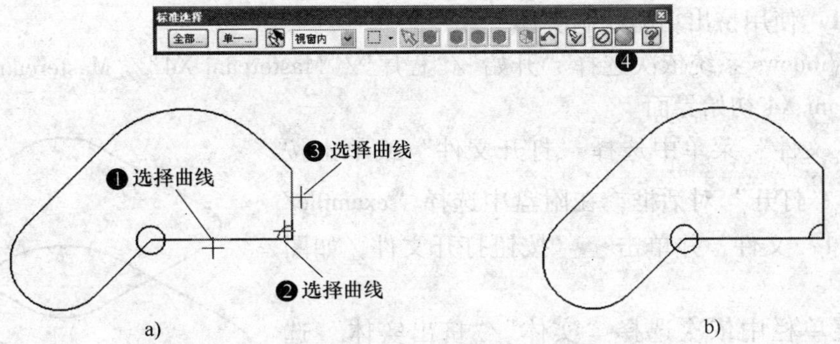

图 5-60 打断曲线

a）选择打断对象 b）完成打断

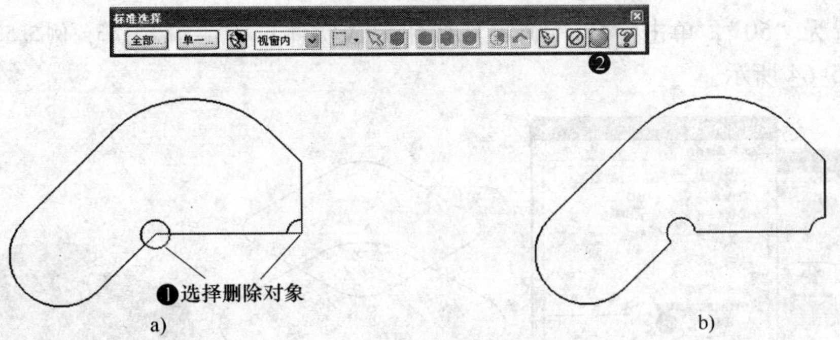

图 5-61 删除多余图线

a）选择删除对象 b）完成删除后

第五节 实体的绘制

一、挤出实体

挤出实体在零件设计当中较为常见，复杂的机械零件结构大多需要使用挤出实体功能先创建出基本体，然后对基本实体做后续的编辑修改从而形成零件最终的形状结构，如图 5-62 所示。

图 5-62 挤出实体

a）选择挤对象和方向 b）完成挤出

例 5.5.1 使用挤出功能绘制实体

1）在 Windows 系统依次选择“开始”/“程序”/“Mastercam X4”/“Mastercam X4”选项，进入 Mastercam X4 初始界面。

2）在“文件”菜单中选择“打开文件”或单击按钮，弹出“打开”对话框，在附盘中选择“example/Chap05/5.5.1”文件，并单击按钮打开文件，如图 5-63 所示。

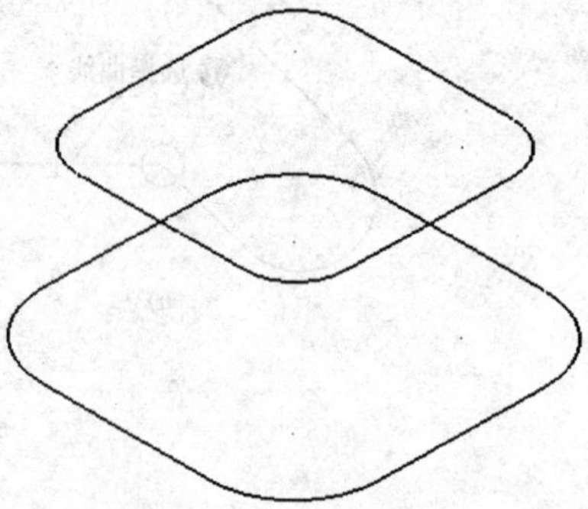

图 5-63 例 5.5.1 图

3）在菜单栏中依次选择“实体”/“挤出实体”选项，激活“串连选项”对话框，在工作区域选择挤出实体的曲线后单击（确定）按钮进入“实体挤出的设置”对话框，将“挤出操作”设为“创建实体”，将“距离”设置为“50”，单击（确定）按钮完成实体挤出，如图 5-64 所示。

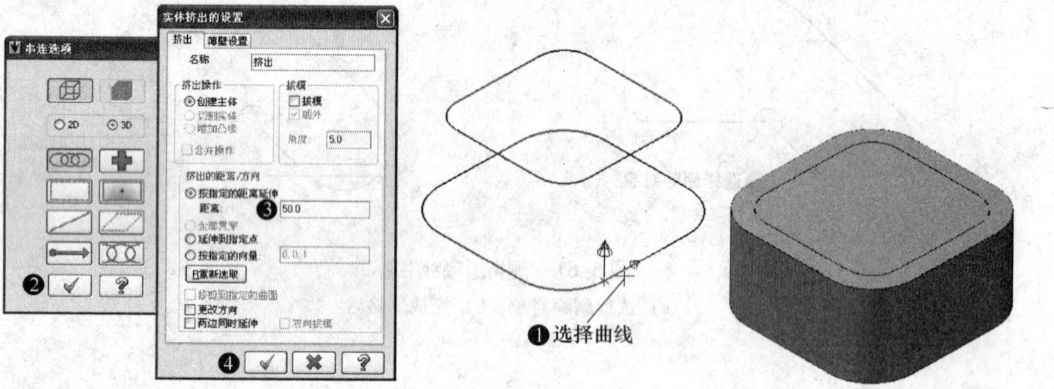

图 5-64 绘制挤出实体

4）在菜单栏中依次选择“实体”/“挤出实体”选项，激活“串连选项”对话框，在工作区域选择挤出实体的曲线后单击（确定）按钮进入“实体挤出的设置”对话框，将“挤出操作”设为“切割实体”，将“距离”设置为“40”，单击（确定）按钮完成实体挤出，如图 5-65 所示。

5）在菜单栏中依次选择“文件”/“保存”选项保存文件。

二、旋转

旋转功能常用于回转体结构零件的绘制当中，可将指定封闭的旋转截面绕一个旋转中心轴回转从而形成零件结构，回转角度可以在 0 ~ 360°范围内任意指定，如图 5-66 所示。

例 5.5.2 使用旋转功能绘制实体

1）在 Windows 系统依次选择“开始”/“程序”/“Mastercam X4”/“Mastercam X4”选项，进入 Mastercam X4 初始界面。

2）在“文件”菜单中选择“打开文件”或单击按钮，弹出“打开”对话框，在附

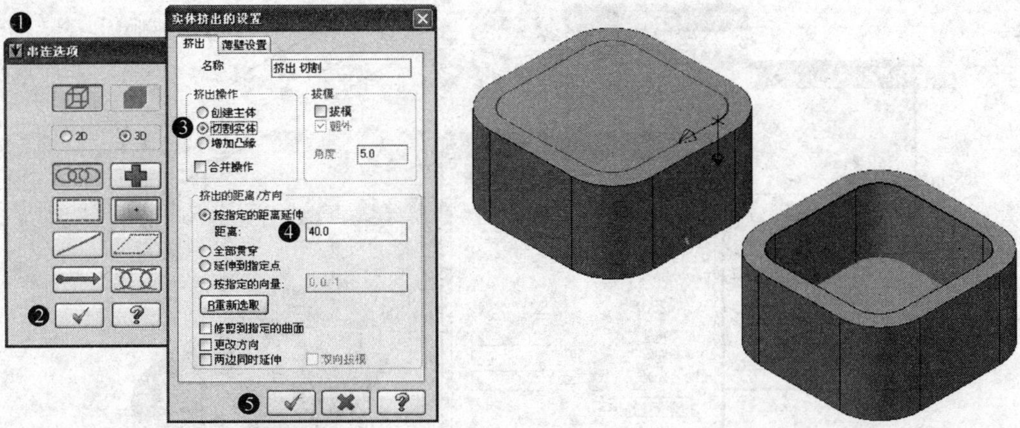

图 5-65 挤出实体

图 5-66 旋转

盘中选择“example/Chap05/5. 5. 2”文件，并单击按钮打开文件，如图 5-67 所示。

3）在菜单栏中依次选择“实体”/“实体旋转”选项，激活“串连选项”对话框，在工作区域中选择要旋转成实体的曲线后单击（确定）按钮进入“方向”对话框，在工作区域内选择直线后单击（确定）按钮进入“旋转实体的设置”对话框，将“终止角度”设置为“360”，单击（确定）按钮完成实体旋转，如图 5-68 所示。

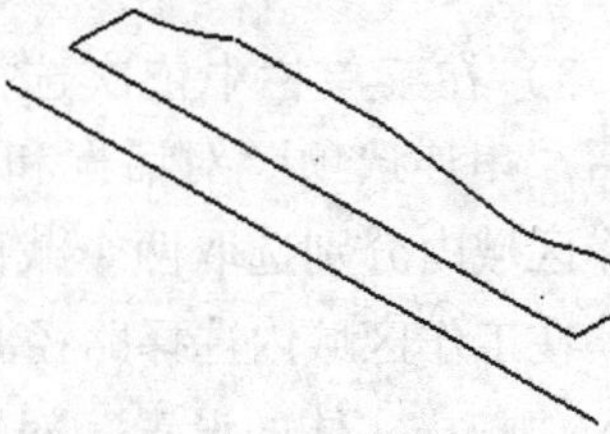

图 5-67 例 5. 5. 2 图

4）在菜单栏中依次选择“文件”/“保存”选项保存文件。

三、扫描实体

扫描实体功能至少需要截面曲线和路径曲线两个基本几何图素，截面曲线用于控制实体在横截面上的轮廓尺寸，路径曲线用于控制截面曲线在空间位置上的扫描变化规律，如图 5-69 所示。

例 5. 5. 3 使用扫描功能绘制实体

1）在 Windows 系统依次选择“开始”/“程序”/“Mastercam X4”/“Mastercam X4”选项，进入 Mastercam X4 初始界面。

2）在“文件”菜单中选择“打开文件”或单击按钮，弹出“打开”对话框，在附盘中选择“example/Chap05/5. 5. 3”文件，并单击按钮打开文件，如图 5-70 所示。

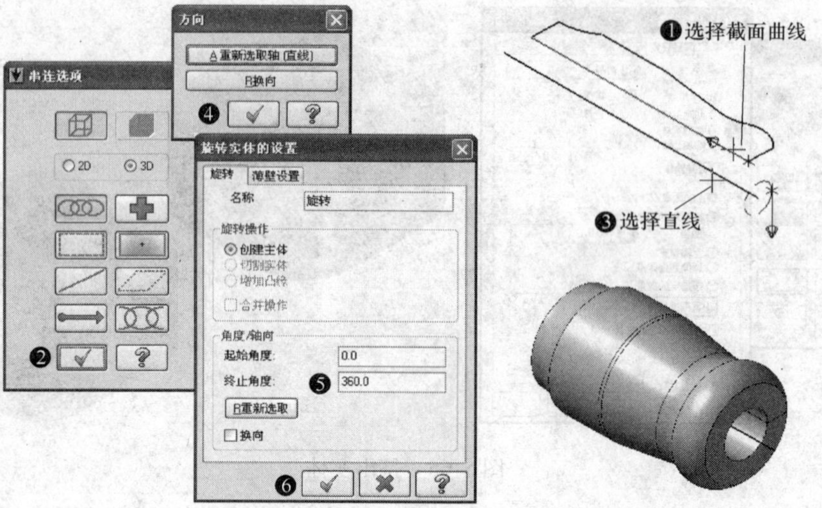

图 5-68　实体旋转

图 5-69　扫描实体

3）在菜单栏中依次选择“实体”/“扫描实体”选项，激活“串连选项”对话框和“标准选择”悬浮工具条，在工作区域内分别选取两个截面曲线后单击 ✔（确定）按钮，在工作区域内选择路径曲线后单击 ✔（确定）按钮，进入“扫描实体的设置”对话框，单击 ✔（确定）按钮完成实体扫描，如图 5-71 所示。

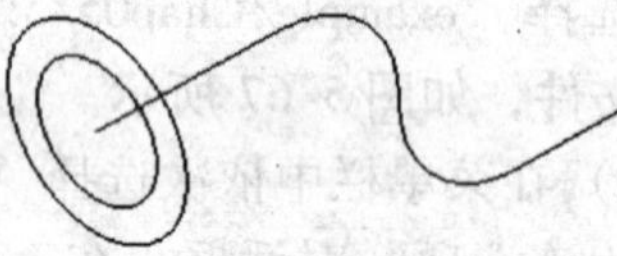

图 5-70　例 5.5.3 图

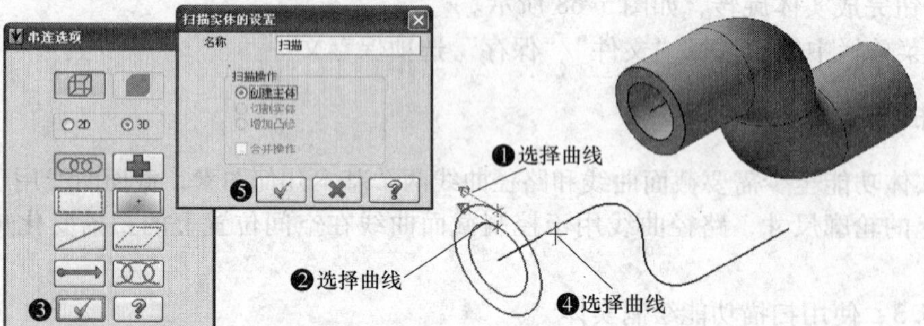

图 5-71　扫描实体

4）在菜单栏中依次选择“文件”/“保存”选项保存文件。

第六节 实体的编辑

一、实体的倒圆角

实体倒圆角功能可使零件外观设计更美观实用和满足零件的加工工艺要求。实体倒圆角时，需要在实体上选择倒角的边界和指定圆角的半径。实体倒圆角前后对比如图 5-72 所示。

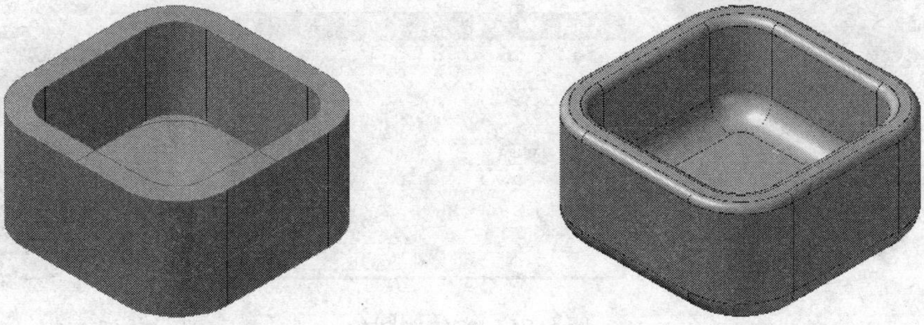

a) b)

图 5-72 实体倒圆角

a）倒圆角前 b）倒圆角后

例 5.6.1 使用实体倒圆角功能编辑实体

1）在 Windows 系统依次选择“开始”/“程序”/“Mastercam X4”/“Mastercam X4”选项，进入 Mastercam X4 初始界面。

2）在“文件”菜单中选择“打开文件”或单击按钮，弹出“打开”对话框，在附盘中选择“example/Chap05/5.6.1”文件，并单击按钮打开文件，如图 5-73 所示。

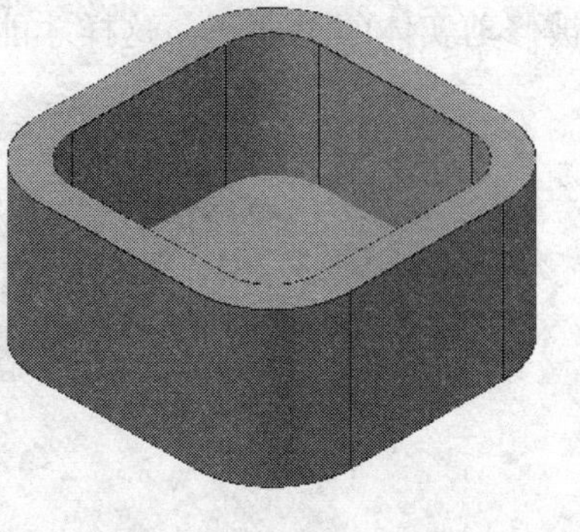

图 5-73 例 5.6.1 图

3）在菜单栏中依次选择“实体”/“倒圆角”/“实体倒圆角”选项，激活“标准选择”悬浮工具条，在工作区域内选取实体面后单击（结束选择）按钮进入“实体倒圆角参数”对话框，在对话框“半径”参数内设置倒圆角半径为“3”，单击（确定）按钮完成实体倒圆角，如图 5-74 所示。

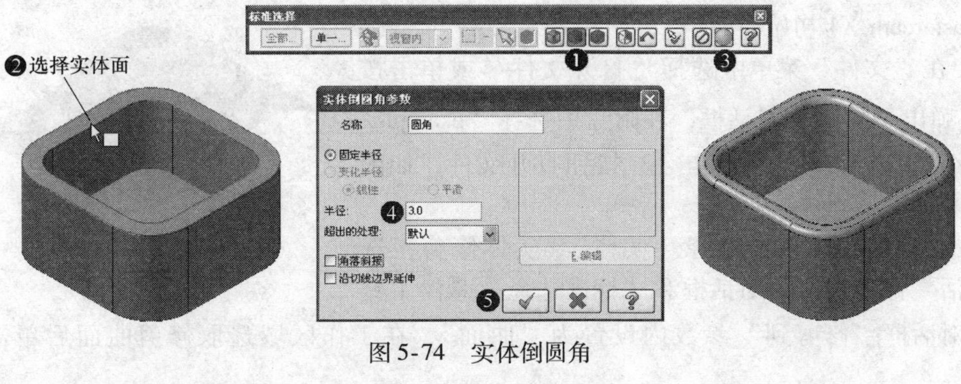

图 5-74 实体倒圆角

4）在菜单栏中依次选择“实体”/“倒圆角”/“实体倒圆角”选项，激活“标准选择”悬浮工具条，在工作区域内分别选取两个实体面后单击（结束选择）按钮进入“实体倒圆角参数”对话框，在对话框“半径”参数内设置倒圆角半径为“10”，单击（确定）按钮完成实体倒圆角，如图5-75所示。

图5-75　实体倒圆角

5）在菜单栏中依次选择“文件”/“保存”选项保存文件。

二、实体的修剪

通过已有的平面或曲面对与之相交的实体进行修剪，使修剪后的实体某一部分轮廓与修剪曲面相互一致。实体修剪过程中，修剪曲面在被修剪实体的垂直投影面积必须大于或等于被修剪实体的总面积，这样才能保证修剪功能能顺利现实，如图5-76所示。

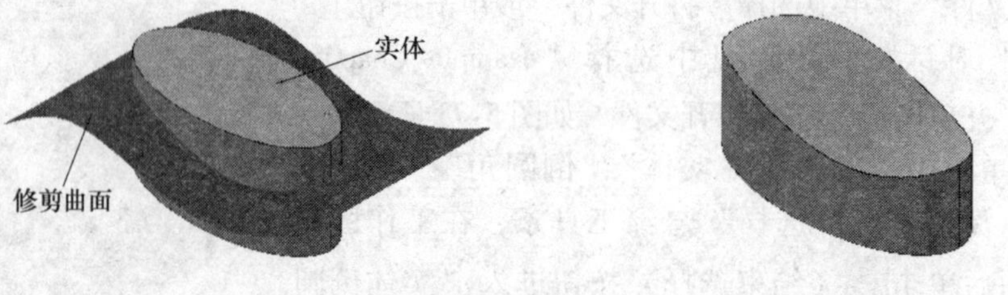

图5-76　实体修剪

例5.6.2　使用实体修剪功能编辑实体

1）在Windows系统依次选择“开始”/“程序”/“Mastercam X4”/“Mastercam X4”选项，进入Mastercam X4初始界面。

2）在“文件”菜单中选择“打开文件”或单击按钮，弹出“打开”对话框，在附盘中选择“example/Chap05/5.6.2”文件，并单击按钮打开文件，如图5-77所示。

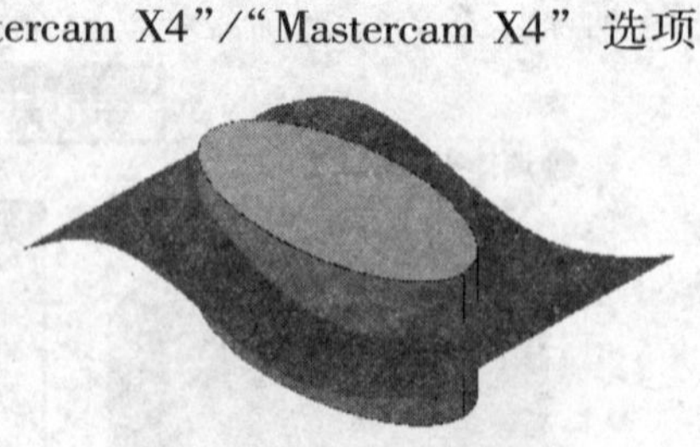
图5-77　例5.6.2图

3）在菜单栏中依次选择“实体”/“实体修剪”选项，激活“修剪实体”对话框和“标准选择”悬浮工具条，在对话框“修剪到”参数内设置为“曲面”，在工作区域选取修剪曲面后单击

（确定）按钮完成实体修剪，如图 5-78 所示。

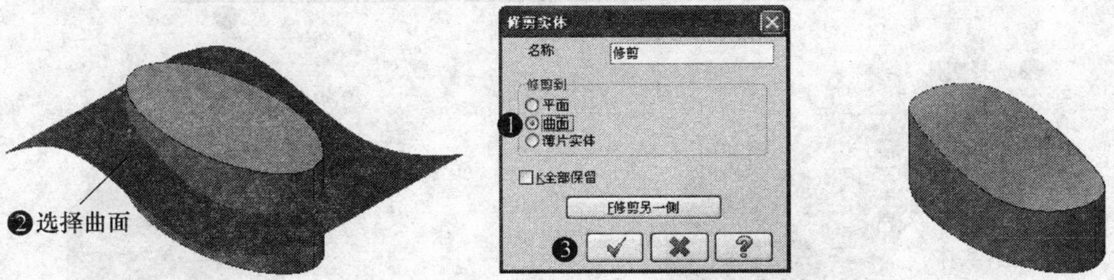

图 5-78 实体修剪

4）在菜单栏中依次选择“文件”/“保存”选项保存文件。

三、布尔运算

布尔运算是对两个存在相交公共区域的实体进行编辑的功能，可分为结合、切割和交集三种。结合将两个存在相交公共区域的实体进行合并的操作；切割将某一个实体切割第二个实体的相交公共区域去除；交集即执行该操作后只保留两个实体间的相交公共区域所在的部分实体，如图 5-79 所示。

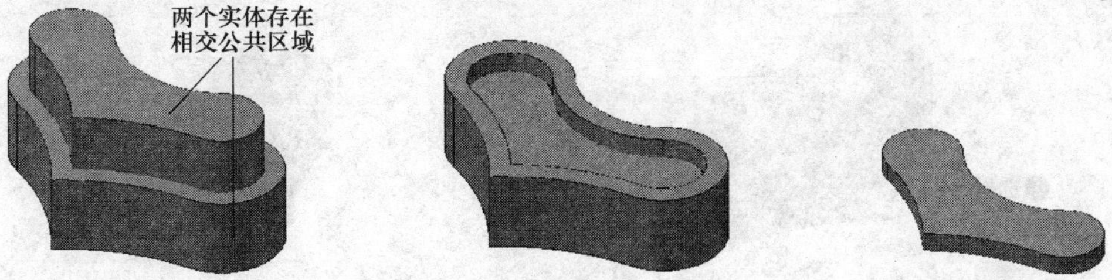

a) b) c)

图 5-79 布尔运算

a）结合 b）切割 c）交集

例 5.6.3 使用布尔运算功能编辑实体

1）在 Windows 系统依次选择“开始”/“程序”/“Mastercam X4”/“Mastercam X4” 选项，进入 Mastercam X4 初始界面。

2）在“文件”菜单中选择“打开文件”或单击按钮，弹出“打开”对话框，在附盘中选择“example/Chap05/5.6.3”文件，并单击按钮打开文件，如图 5-80 所示。

3）在菜单栏中依次选择“实体”/“布尔运算-结合”选项，激活“标准选择”悬浮工具条，在工作区域内依次选取第一组两个存在相交公共区域的实体，在“标准选择”悬浮工具条单击（结束选择）按钮完成布尔运算操作，如图 5-81 所示。

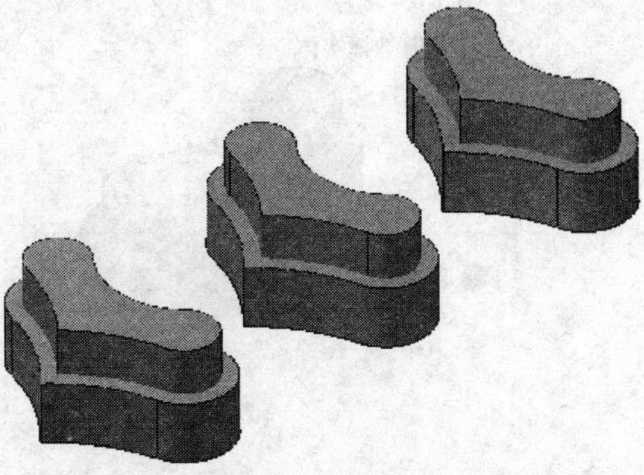

图 5-80 例 5.6.3 图

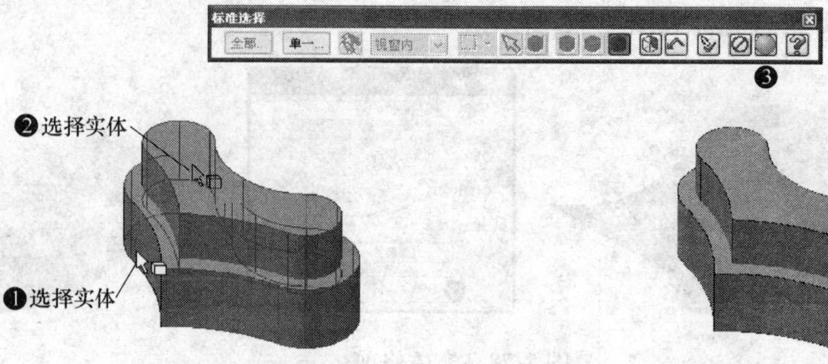

图 5-81　布尔运算-结合

4）在菜单栏中依次选择“实体”/“布尔运算-切割”选项，激活“标准选择”悬浮工具条，在工作区域内依次选取第二组两个存在相交公共区域的实体，在“标准选择”悬浮工具条单击（结束选择）按钮完成布尔运算操作，如图 5-82 所示。

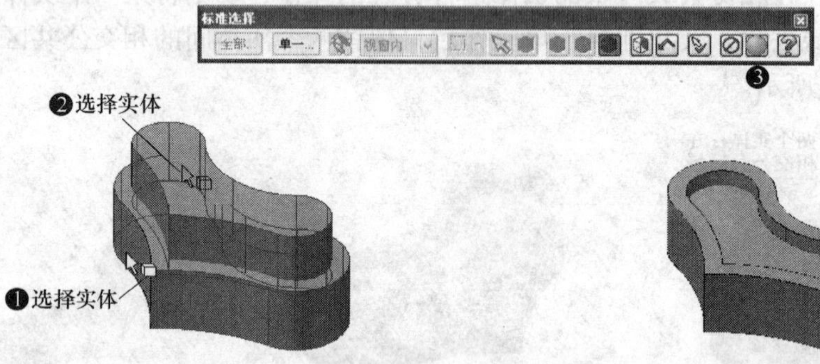

图 5-82　布尔运算-切割

5）在菜单栏中依次选择“实体”/“布尔运算-交集”选项，激活“标准选择”悬浮工具条，在工作区域内依次选取第三组两个存在相交公共区域的实体，在“标准选择”悬浮工具条单击（结束选择）按钮完成布尔运算操作，如图 5-83 所示。

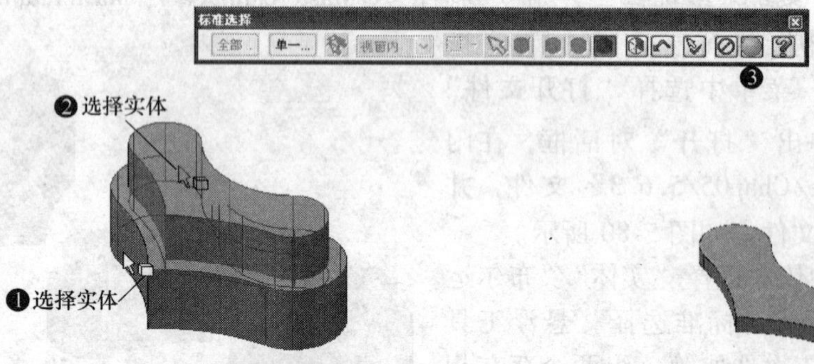

图 5-83　布尔运算-交集

6）在菜单栏中依次选择“文件”/“保存”选项保存文件。

第七节　特 征 转 换

一、平移

平移是将工作区域中已存在的图素按照一定的规律进行移动或复制的操作，如图 5-84 所示。

例 5.7.1　使用平移功能转换图素

1）在 Windows 系统依次选择“开始”/“程序”/“Mastercam X4”/“Mastercam X4”选项，进入 Mastercam X4 初始界面。

2）在“文件”菜单中选择“打开文件”或单击按钮，弹出“打开”对话框，在附盘中选择“example/Chap05/5.7.1”文件，并单击按钮打开文件，如图 5-85 所示。

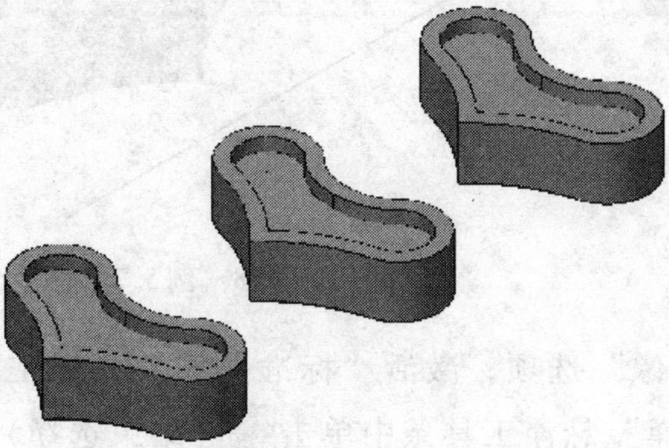

图 5-84　平移

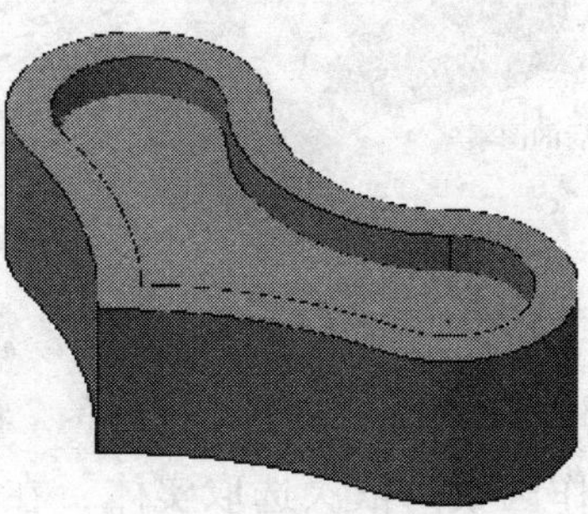

图 5-85　例 5.7.1 图

3）在菜单栏中依次选择“转换”/“平移”选项，激活“标准选择”悬浮工具条，在工作区域内依次选取实体，在“标准选择”悬浮工具条中单击（结束选择）按钮弹出“平移”对话框，在对话框内将操作模式设置为“复制”，“次数”设置为“2”，“ΔX”设置为“80”，单击（确定）按钮完成平移图素操作，如图 5-86 所示。

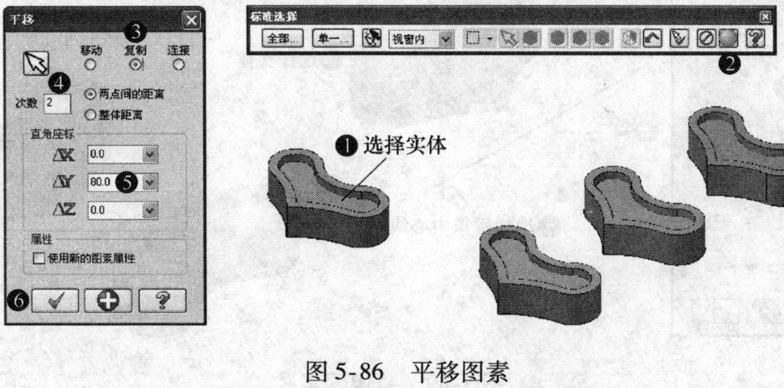

图 5-86　平移图素

4）在菜单栏依次选择“文件”/“保存”选项保存文件。

二、镜像

镜像可将工作区域中的图素按照一轴线做180°旋转，如图5-87所示。

例5.7.2 使用镜像功能转换图素

1）在Windows系统依次选择“开始”/“程序”/“Mastercam X4”/“Mastercam X4”选项，进入Mastercam X4初始界面。

2）在“文件”菜单中选择“打开文件”或单击按钮，弹出“打开”对话框，在附盘中选择“example/Chap05/5.7.2”文件，并单击按钮打开文件，如图5-88所示。

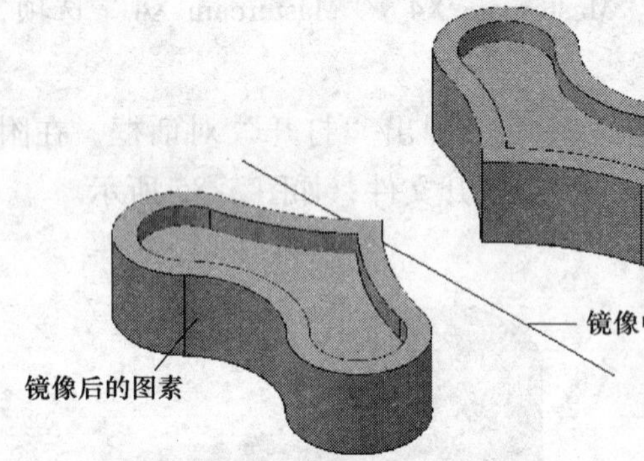

图5-87 镜像

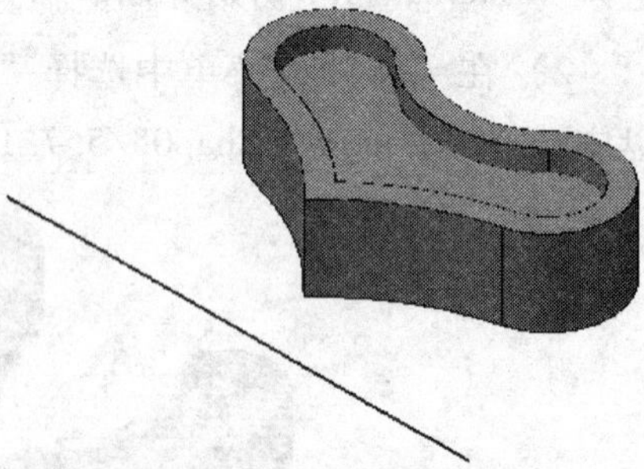

图5-88 例5.7.2图

3）在菜单栏中依次选择“转换”/“镜像”选项，激活“标准选择”悬浮工具条，在工作区域内依次选取实体，在“标准选择”悬浮工具条中单击（结束选择）按钮弹出“镜像”对话框，在对话框内将操作模式设置为“复制”，单击（选择线）按钮后在工作区域选择镜像中心线，单击（确定）按钮完成镜像图素操作，如图5-89所示。

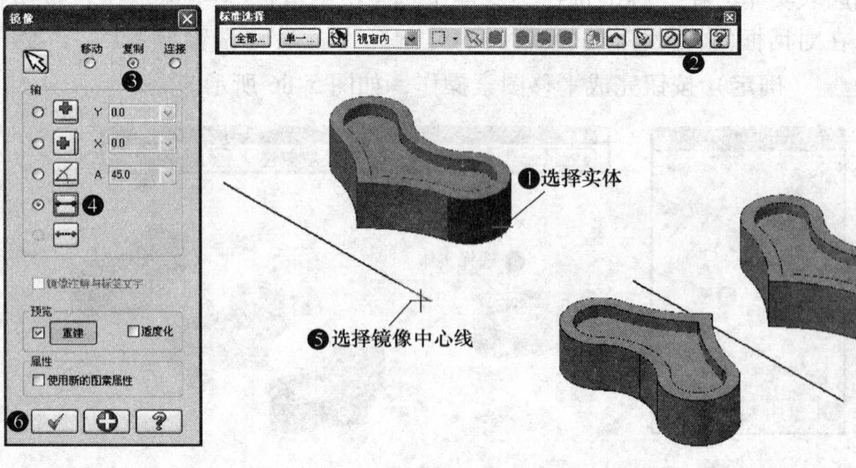

图5-89 镜像图素

4）在菜单栏中依次选择“文件”/“保存”选项保存文件。

三、旋转

旋转能将图素在工作区域内绕任一直线按照指定的角度转动，如图 5-90 所示。

例 5.7.3 使用旋转功能转换图素

1）在 Windows 系统依次选择“开始”/“程序”/“Mastercam X4”/“Mastercam X4”选项，进入 Mastercam X4 初始界面。

2）在“文件”菜单中选择“打开文件”或单击按钮，弹出“打开”对话框，在附盘中选择“example/Chap05/5.7.3”文件，并单击按钮打开文件，如图 5-91 所示。

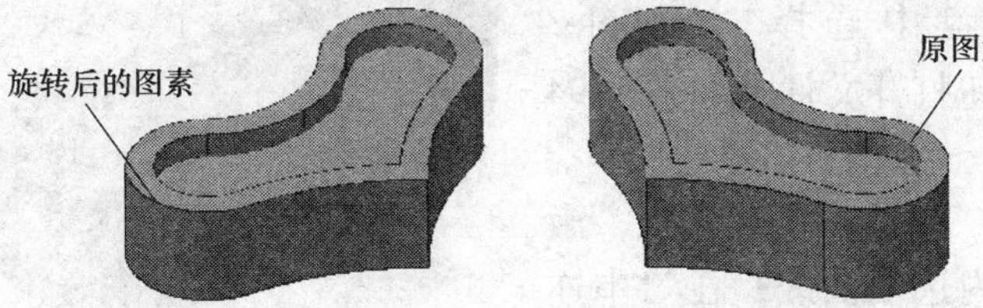

图 5-90 旋转

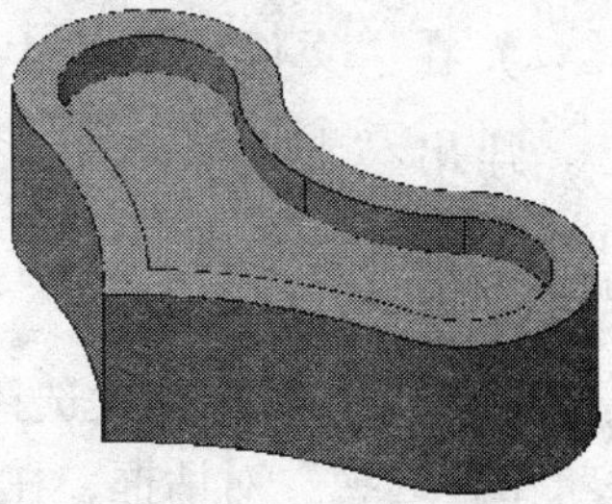

图 5-91 例 5.7.3 图

3）在菜单栏中依次选择“转换”/“旋转”选项，激活“标准选择”悬浮工具条，在工作区域内依次选取实体，在“标准选择”悬浮工具条中单击（结束选择）按钮弹出“旋转”对话框，在对话框内将操作模式设置为“复制”，旋转角度设置为“90”后单击（确定）按钮完成旋转图素操作，如图 5-92 所示。

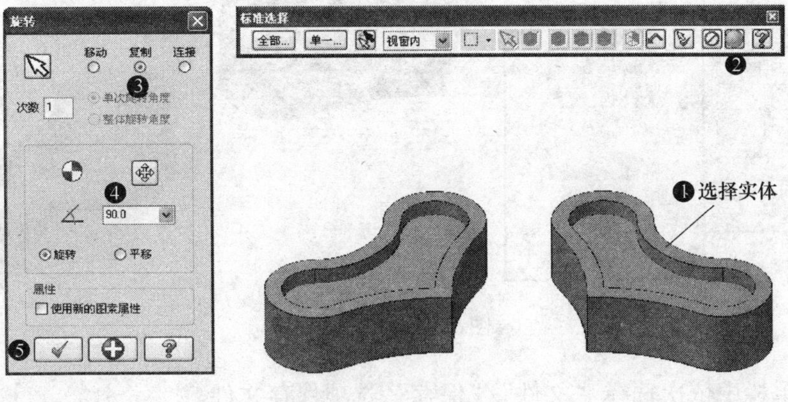

图 5-92 旋转图素

4）在菜单栏中依次选择“文件”/“保存”选项保存文件。

四、串连补正

串连补正能将相连的曲线图素在 *XY* 平面内按指定距离进行偏移，如图 5-93 所示。

例 5.7.4 使用串连补正功能转换图素

1）在 Windows 系统依次选择“开始”/“程序”/“Mastercam X4”/“Mastercam X4”选项，

图 5-93　串连补正

进入 Mastercam X4 初始界面。

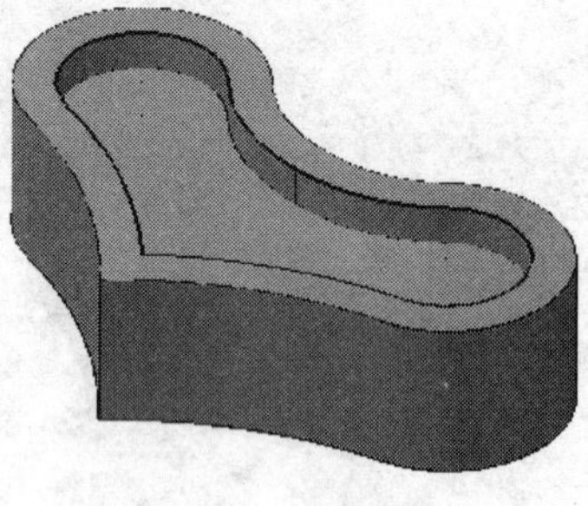

图 5-94　例 5.7.4 图

2）在“文件”菜单中选择“打开文件”或单击按钮，弹出“打开”对话框，在附盘中选择“example/Chap05/5.7.4”文件，并单击按钮打开文件，如图 5-94 所示。

3）在菜单栏中依次选择“转换”/“串连补正”选项，激活“串连选项”对话框，在工作区域内选取曲线，在“串连选项”对话框单击（确定）按钮，弹出“串连补正”对话框，在对话框内将操作模式设置为“复制”，“提刀距离”设置为“5”后单击（确定）按钮完成补正图素操作，如图 5-95 所示。

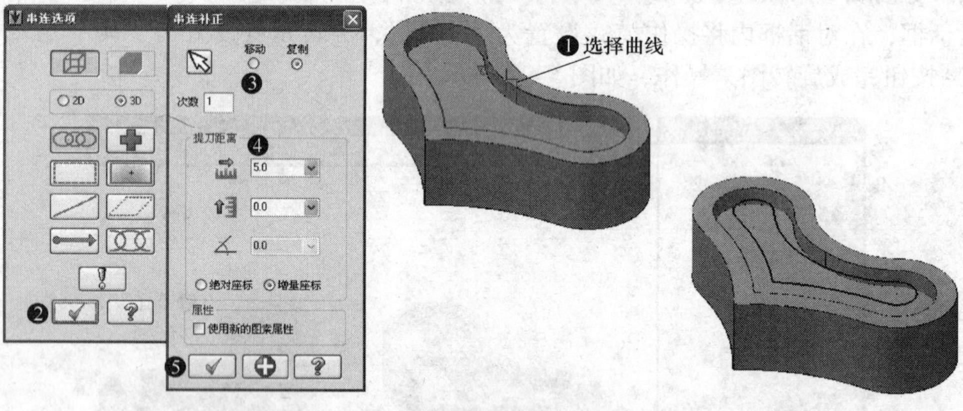

图 5-95　补正图素

4）在菜单栏中依次选择“文件”/“保存”选项保存文件。

五、投影

投影能将工作区域内的曲线图素按照指定的方向投影到选择的平面当中，如图5-96所示。

例 5.7.5　使用投影功能转换图素

1）在 Windows 系统依次选择“开始”/“程序”/“Mastercam X4”/“Mastercam X4”选项，进入 Mastercam X4 初始界面。

图 5-96　投影

2）在“文件”菜单中选择“打开文件”或单击按钮，弹出“打开”对话框，在附盘中选择“example/Chap05/5.7.5”文件，并单击按钮打开文件，如图 5-97 所示。

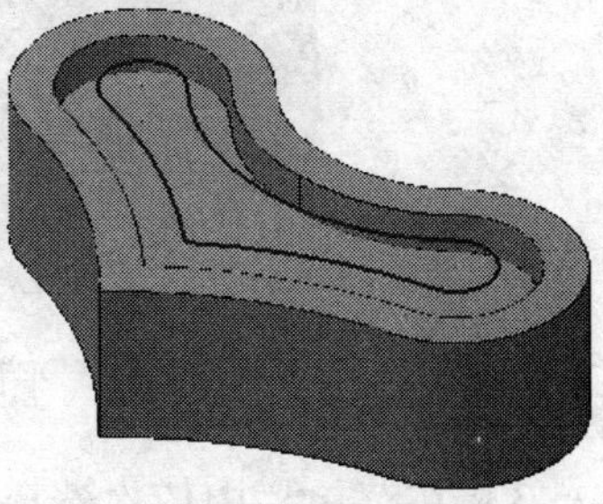

图 5-97　例 5.7.4 图

3）在菜单栏中依次选择“转换”/“投影”选项，激活“标准选择”悬浮工具条，在工作区域内选取曲线，在“标准选择”悬浮工具条中单击（结束选择）按钮弹出“投影”对话框，在对话框内将操作模式设置为投影到构图平面选项，距离设置为“15”，然后单击（确定）按钮完成投影图素操作，如图 5-98 所示。

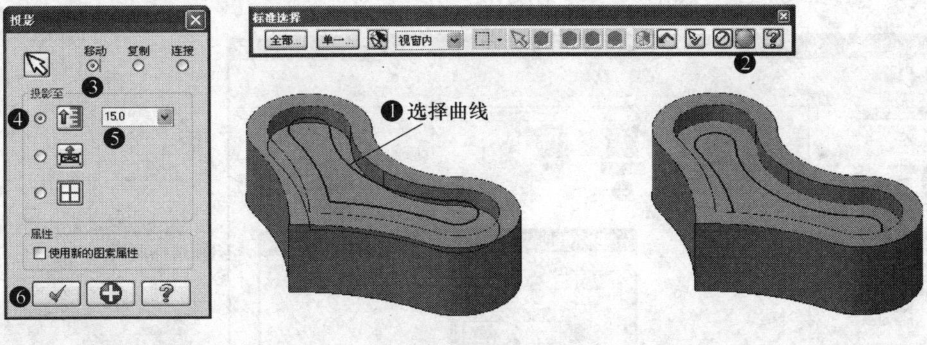

图 5-98　投影图素

4）在菜单栏依次选择“文件”/“保存”选项保存文件。

第八节　铣 削 加 工

一、平面加工

平面加工主要用于加工零件中与刀具轴垂直的平面，通过在工作区域内选取封闭的二维曲线控制所生成的刀具路径范围，如图 5-99 所示。

例 5.8.1　使用平面加工功能生成刀具路径

1）在 Windows 系统依次选择“开始”/“程序”/“Mastercam X4”/“Mastercam X4”选项，进入 Mastercam X4 初始界面。

2）在“文件”菜单中选择“打开文件”或单击按钮，弹出“打开”对话框，在附盘中选择“example/Chap05/5. 8. 1”文件，并单击按钮打开文件，如图 5-100 所示。

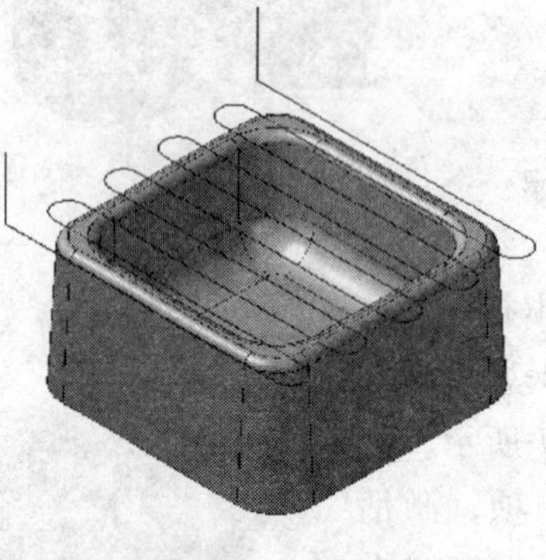

图 5-99　平面加工

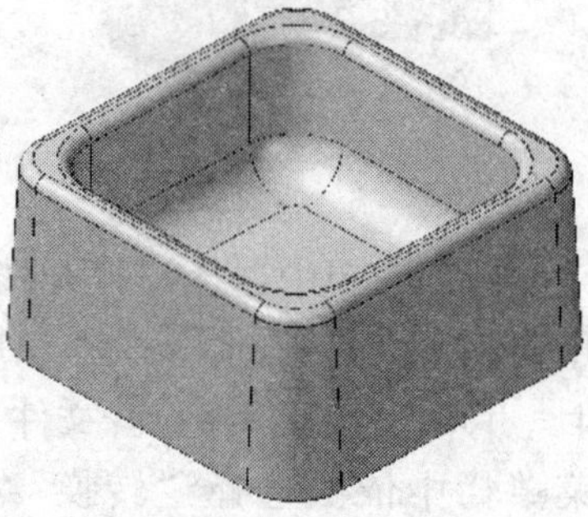

图 5-100　例 5. 8. 1 图

3）在菜单栏中依次选择“刀具路径”/“平面铣”选项，弹出“输入新 NC 名称”对话框，单击（确定）按钮，弹出“串连选项”对话框，在工作区域内选取封闭二维轮廓曲线后单击（确定）按钮，在“2D 刀具路径-平面加工”对话框中将“刀具路径类型”设置为“平面加工”，如图 5-101 所示。

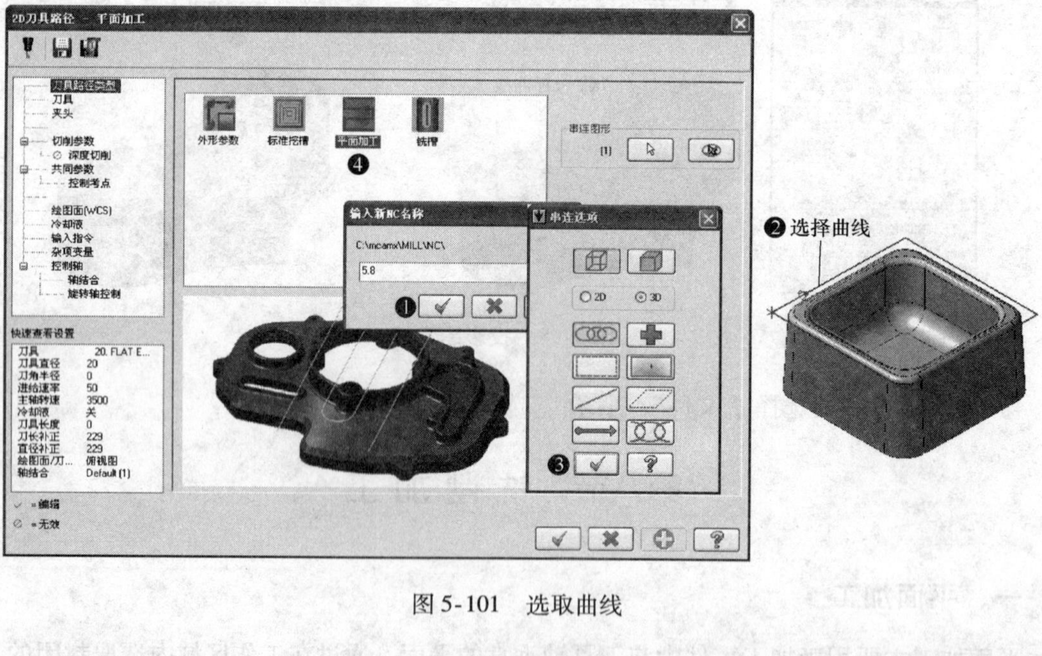

图 5-101　选取曲线

4）在“2D 刀具路径-平面加工”对话框的左侧单击“刀具”，将主页面切换至刀具页面，在“刀具号码”内的空白处单击鼠标右键选择“N 创建新刀具”选项，弹出“定义刀具”对话框，在对话框【类型】选项卡内选取“平底刀”后，在【平底刀】选项卡内将刀具“直径”参数设置为“16”，单击（确定）按钮完成刀具参数设定，如图 5-102 所示。

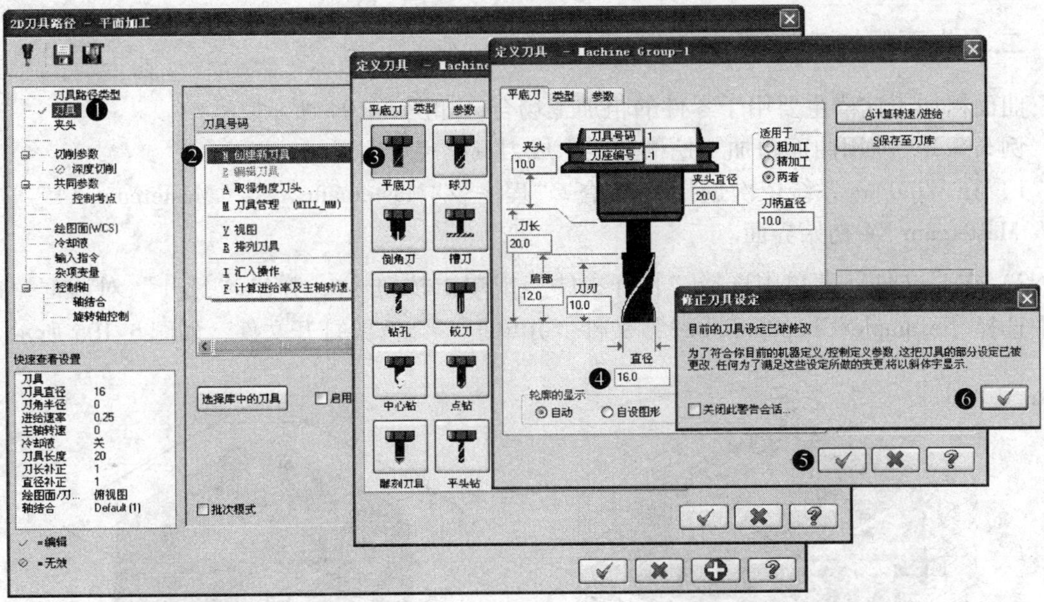

图 5-102　设置刀具参数

5）在“2D 刀具路径-平面加工”对话框左侧单击“切削参数”，将主页面切换至参数页面，在“类型”内设置为“双向”，“刀具在转角处走圆角”设置为“全部”，“纵向超出量”设置为“50”，“切削之间位移”设置为“高速回圈”，单击 ✔（确定）按钮生成刀具路径，如图 5-103 所示。

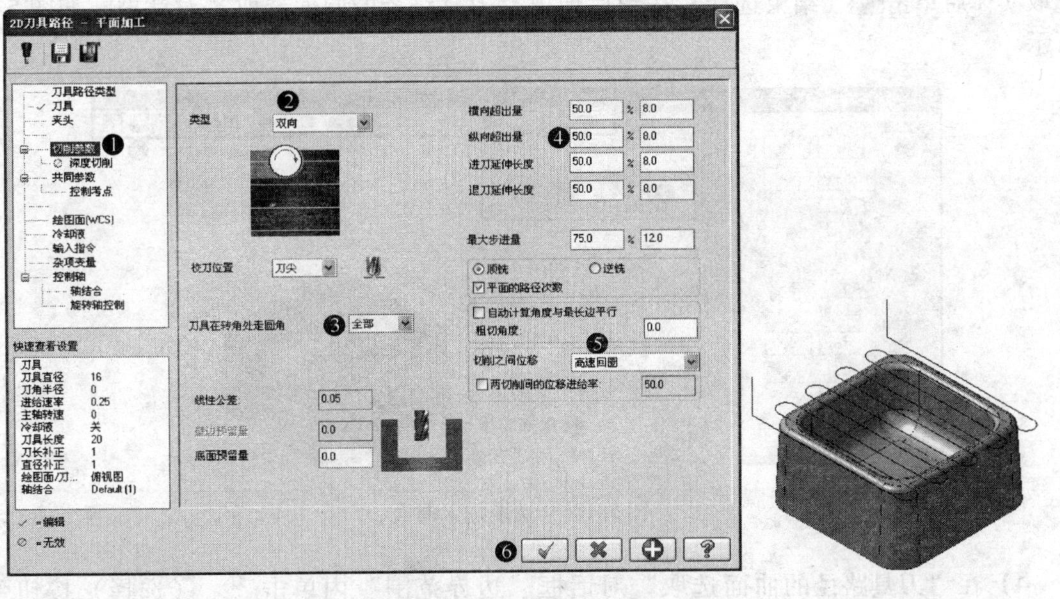

图 5-103　生成刀具路径

6）在菜单栏中依次选择“文件”/“保存”选项保存文件。

二、曲面粗加工挖槽

曲面粗加工挖槽主要用于零件的粗加工场合，如图 5-104 所示。

例 5.8.2 使用曲面粗加工挖槽功能生成刀具路径

1）在 Windows 系统依次选择“开始”/“程序”/“Mastercam X4”/“Mastercam X4”选项，进入 Mastercam X4 初始界面。

2）在“文件”菜单中选择“打开文件”或单击按钮，弹出“打开”对话框，在附盘中选择“example/Chap05/5.8.2”文件，并单击按钮打开文件，如图 5-105 所示。

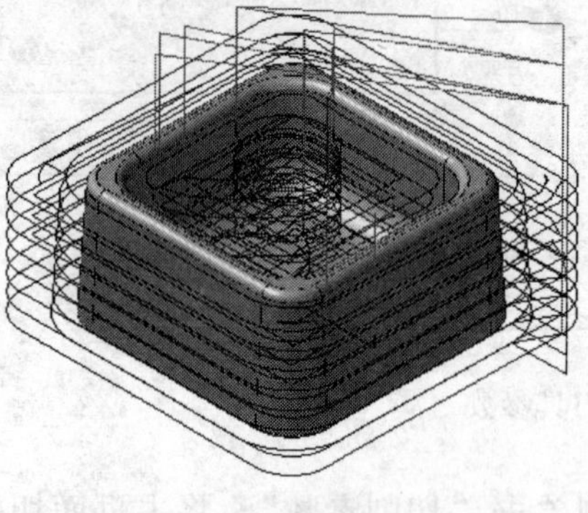

图 5-104　曲面粗加工挖槽

图 5-105　例 5.8.2 图

3）在菜单栏中依次选择刀具路径/曲面粗加工/粗加工挖槽加工选项，弹出“输入新 NC 名称”对话框，单击（确定）按钮激活“标准选择”悬浮工具条，在工作区域内选取实体后单击（结束选择）按钮后弹出“刀具路径的曲面选取”对话框，如图 5-106 所示。

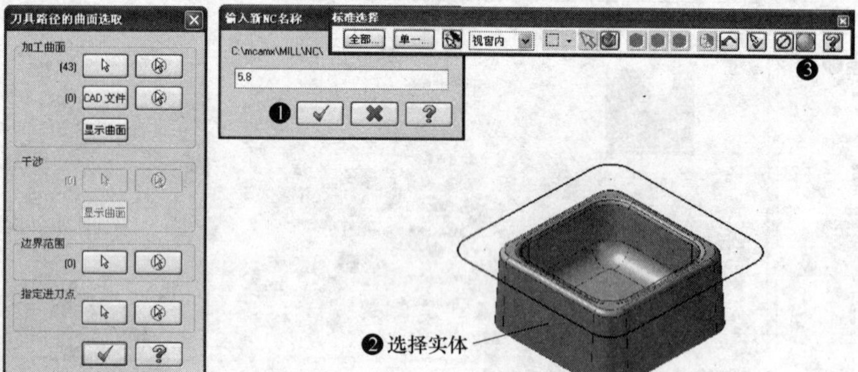

图 5-106　选取加工曲面

4）在“刀具路径的曲面选取”对话框“边界范围”内单击（选择）按钮弹出“串联选项”对话框，在工作区域内选取封闭二维轮廓曲线后单击（确定）按钮，在“刀具路径的曲面选取”对话框单击（确定）按钮完成加工边界的选取，如图 5-107 所示。

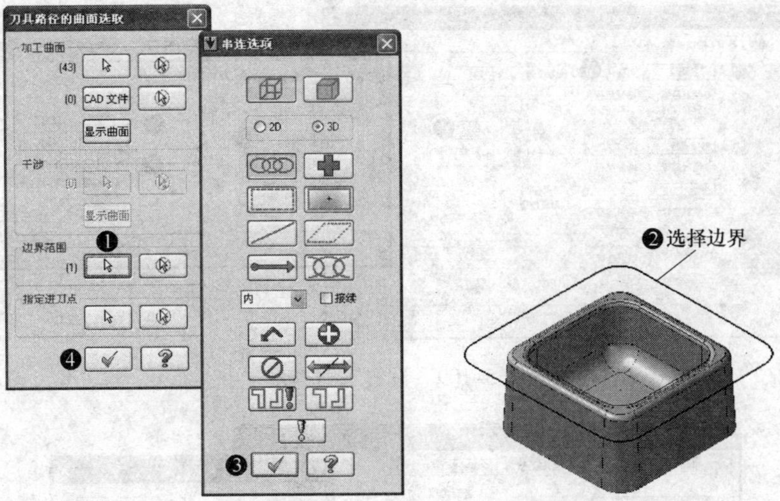

图 5-107 选取加工边界

5）在“曲面粗加工挖槽”对话框“刀具号码”内的空白处单击鼠标右键选择“创建新刀具”选项，弹出“定义刀具”对话框，在对话框【类型】选项卡内选取“平底刀”后，在【平底刀】选项卡内将刀具“直径”参数设置为“16”，单击 （确定）按钮完成刀具参数设定，如图 5-108 所示。

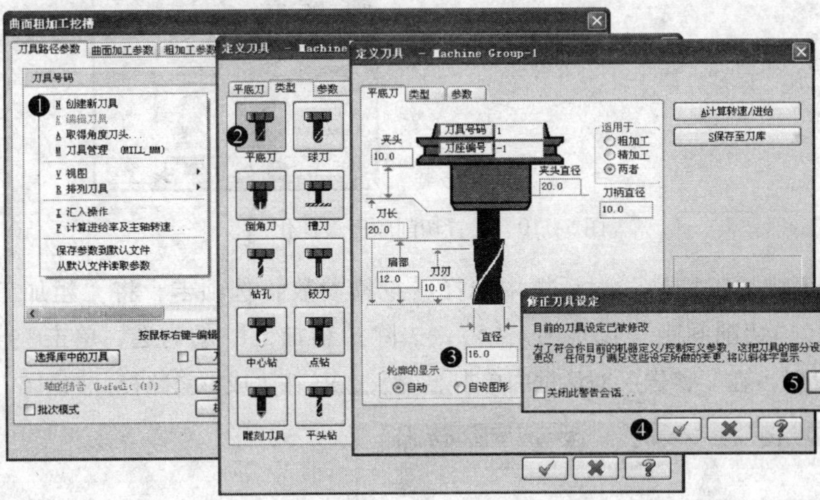

图 5-108 设置刀具参数

6）在“曲面粗加工挖槽”对话框中选择【曲面加工参数】选项卡，勾选“安全高度”并设置高度为“100”，将“加工面预留量”设置为“0.35”，选择【粗加工参数】选项卡，将“Z 轴最大进给量”设置为“0.5”，勾选“螺旋式下刀”和“由切削范围外下刀”，如图 5-109 所示。

7）单击 间隙设定 按钮进入“刀具路径的间隙设置”对话框，勾选“切削顺序最佳化”选项，单击 （确定）按钮完成参数设置，如图 5-110 所示。

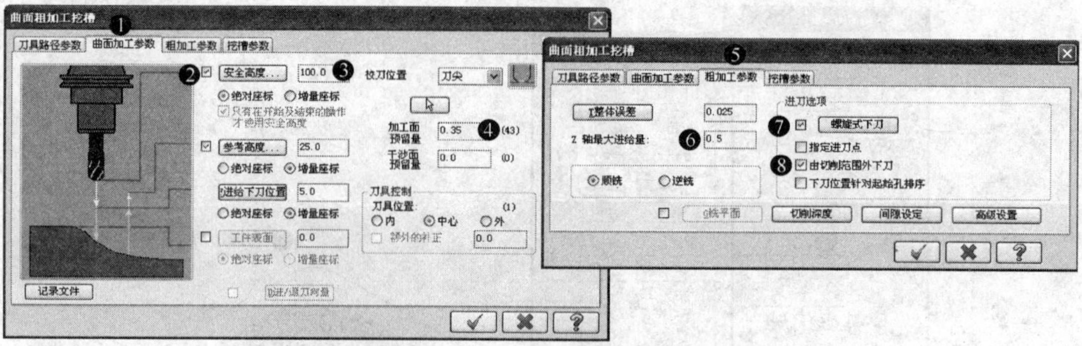

图 5-109　设置下刀高度

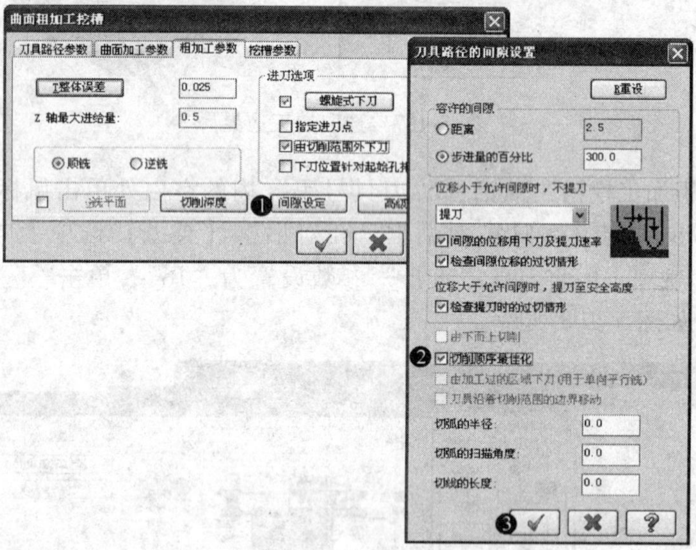

图 5-110　设置切削顺序最佳化

8）在“曲面粗加工挖槽”对话框中选择【挖槽参数】选项卡，将“粗加工”模式选择“等距环切”，“切削间距”设置为“65”，去除“精加工”的勾选，单击 ✔（确定）按钮完成参数设置，在“警告”对话框内单击 确定 按钮生成刀具路径，如图 5-111 所示。

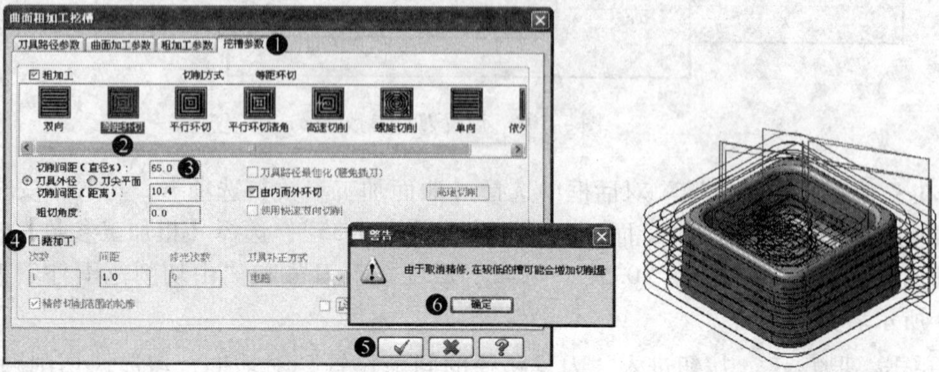

图 5-111　生成刀具路径

9）在菜单栏中依次选择“文件”/“保存”选项保存文件。

三、二维轮廓加工

二维轮廓加工可用于加工零件侧面轮廓，在工作区域中选取的二维轮廓曲线作为刀具路径走刀路线的主要驱动，用于控制刀具运行轨迹和方向，如图 5-112 所示。

例 5.8.3　使用二维轮廓加工功能生成刀具路径

1）在 Windows 系统依次选择“开始”/“程序”/“Mastercam X4”/“Mastercam X4”选项，进入 Mastercam X4 初始界面。

2）在“文件”菜单中选择“打开文件”或单击按钮，弹出“打开”对话框，在附盘中选择“example/Chap05/5.8.3”文件，并单击按钮打开文件，如图 5-113 所示。

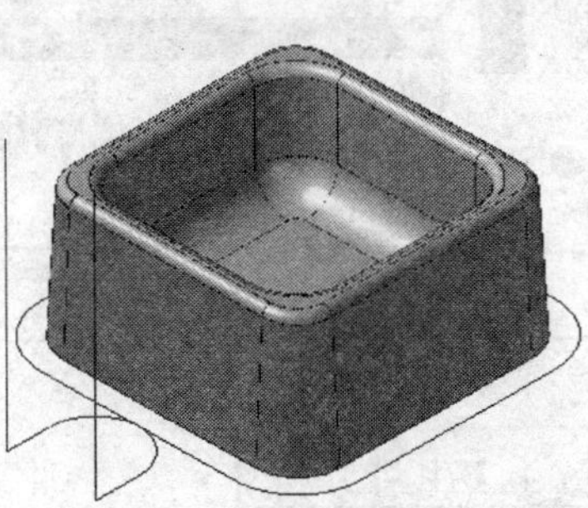

图 5-112　二维轮廓加工

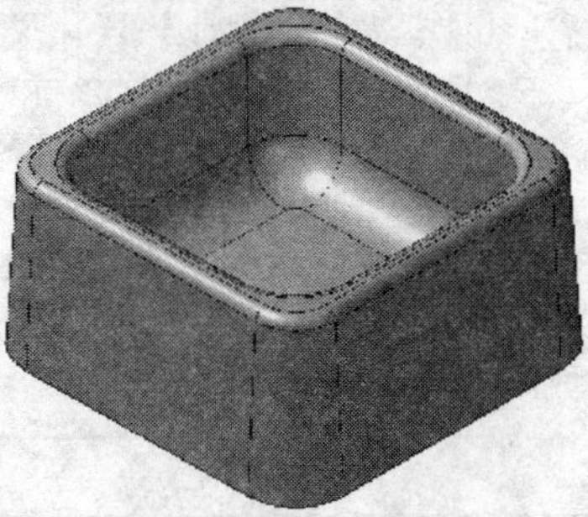

图 5-113　例 5.8.3 图

3）在菜单栏中依次选择“刀具路径”/“外形铣削”选项，弹出“输入新 NC 名称”对话框，输入后单击（确定）按钮弹出“串连选项”对话框，在工作区域内选取封闭二维轮廓曲线后单击（确定）按钮，在“2D 刀具路径-外形参数”对话框中将“刀具路径类型”设置为“外形参数”，如图 5-114 所示。

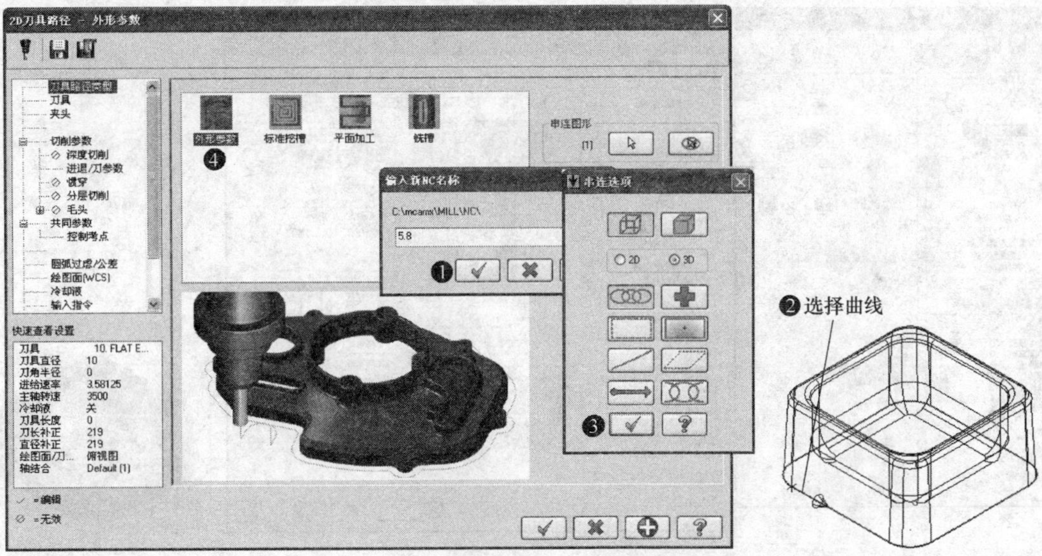

图 5-114　选取曲线

4）在“2D 刀具路径-外形参数”对话框的左侧单击“刀具”，将主页面切换至刀具页面，在“刀具号码”内的空白处单击鼠标右键选择“创建新刀具”选项，弹出“定义刀具”对话框，在对话框【类型】选项卡内选取“平底刀”后，在【平底刀】选项卡内将刀具“直径”参数设置为“16”，单击 ✔（确定）按钮完成刀具参数设定，如图 5-115 所示。

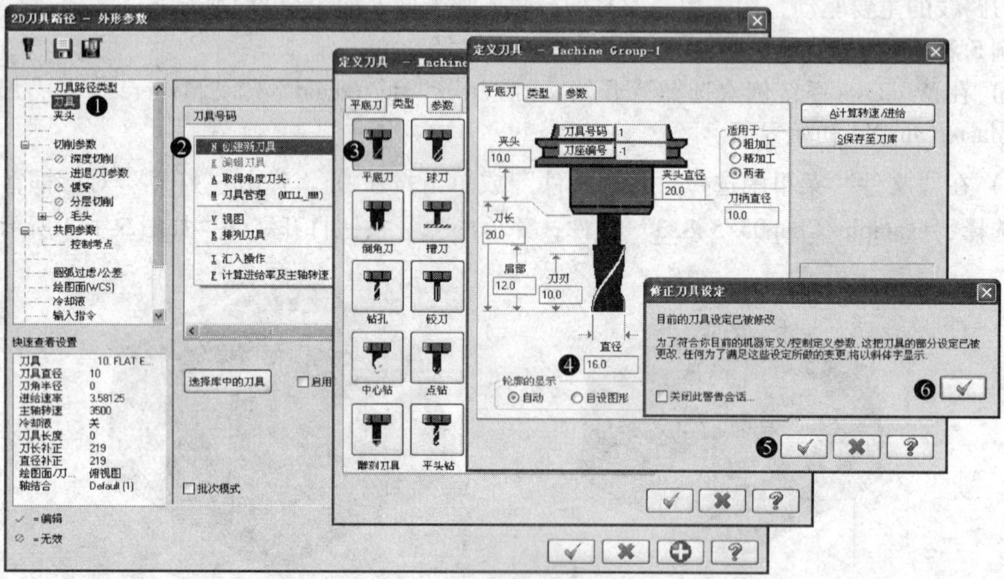

图 5-115　设置刀具参数

5）在“2D 刀具路径-外形参数”对话框的左侧单击“切削参数”，将主页面切换至参数页面，在“补正方向”内设置为“右”，“刀具在转角处走圆角”设置为“全部”，然后再在“2D 刀具路径-外形参数”对话框中单击“共同参数”将主页面切换至公共参数页面，勾选“安全高度”选项并设置高度为“100”，单击 ✔（确定）按钮生成刀具路径，如图 5-116 所示。

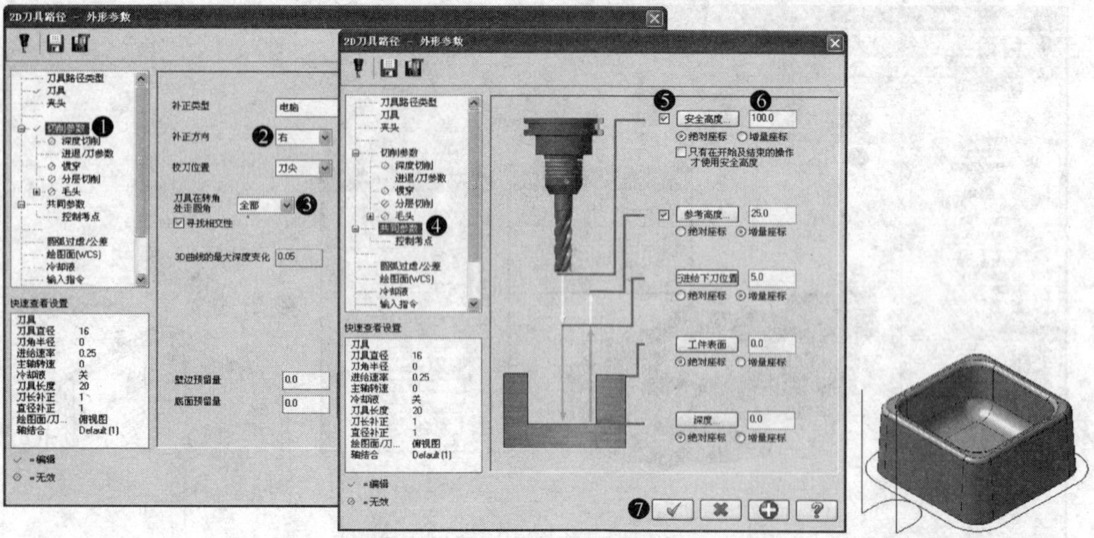

图 5-116　生成刀具路径

6）在【菜单栏】中依次选择“文件”/“保存”选项保存文件。

四、等高加工

等高加工多用于零件侧壁精加工的场合，可加工直壁或带拔模角度的斜壁，所生成的刀具路径在 Z 方向上每层距离相等，如图 5-117 所示。

例 5.8.4 使用等高加工功能生成刀具路径

1）在 Windows 系统依次选择“开始”/“程序”/“Mastercam X4”/“Mastercam X4”选项，进入 Mastercam X4 初始界面。

2）在“文件”菜单中选择“打开文件”或者单击按钮，弹出“打开”对话框，在附盘中选择“example/Chap05/5.8.4”文件，并单击按钮打开文件，如图 5-118 所示。

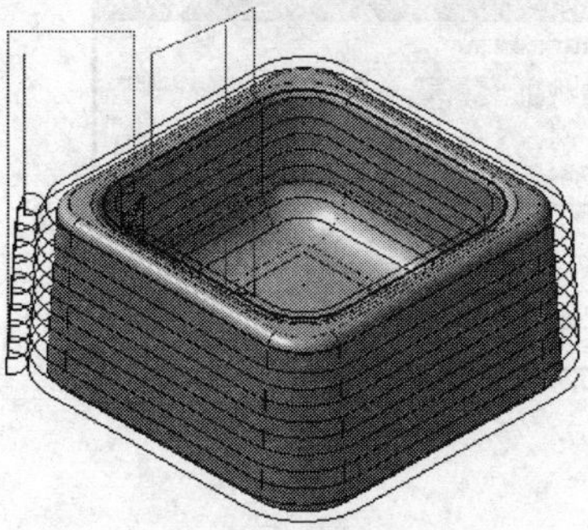

图 5-117 等高加工

图 5-118 例/5.8.4 图

3）在菜单栏中依次选择“刀具路径”/“曲面精加工”/“精加工等高外形”选项，弹出“输入新 NC 名称”对话框，单击（确定）按钮，激活“标准选择”悬浮工具条，在工作区域内选取实体后单击（结束选择）按钮，弹出“刀具路径的曲面选取”对话框，单击（确定）按钮完成曲面的选取，进入“曲面精加工等高外形”对话框，如图 5-119 所示。

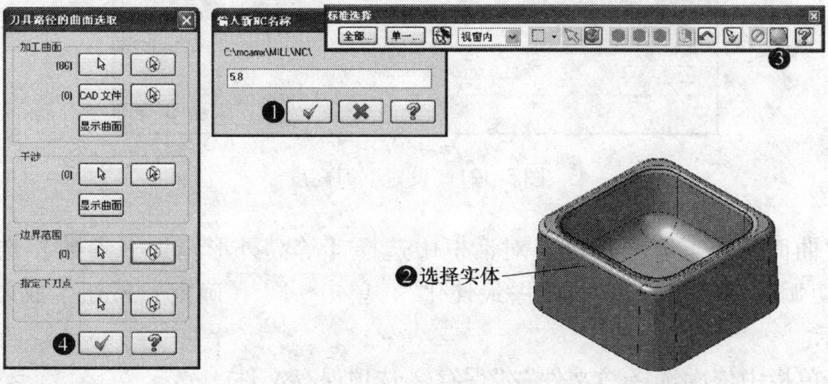

图 5-119 选取加工曲面

4）在“曲面精加工等高外形”对话框“刀具号码”内的空白处单击鼠标右键选择

“创建新刀具”选项，弹出“定义刀具”对话框，在对话框【类型】选项卡内选取“平底刀”后，在【平底刀】选项卡内将刀具“直径”参数设置为“10”，单击 ✔（确定）按钮完成刀具参数设定，如图 5-120 所示。

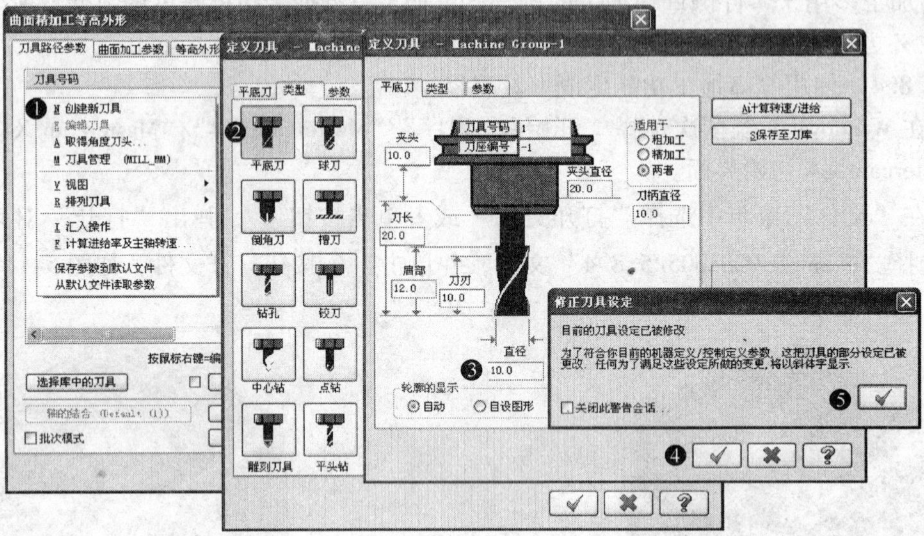

图 5-120　设置刀具参数

5）在“曲面精加工等高外形”对话框中选择【曲面加工参数】选项卡，勾选“安全高度”并设置高度为“100”，将“参考高度”设置为“3. 0”，如图 5-121 所示。

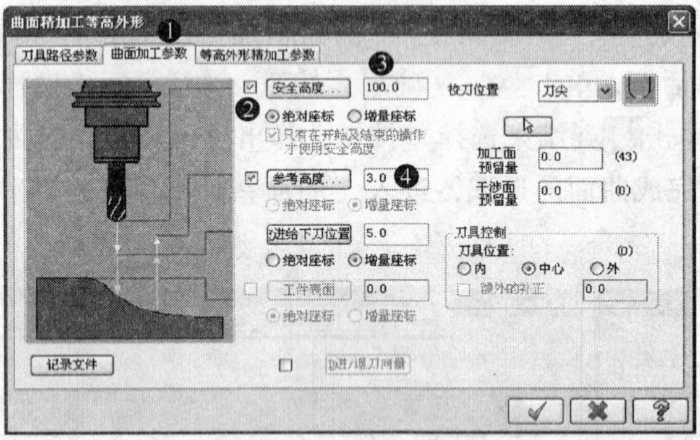

图 5-121　设置下刀高度

6）在“曲面精加工等高外形”对话框中选择【等高外形精加工参数】选项卡，勾选“进/退刀　切弧/切线”和“切线顺序最佳化”，单击 ✔（确定）按钮生成刀具路径，如图 5-122 所示。

7）在菜单栏中依次选择“文件”/“保存”选项保存文件。

五、精加工平行铣削

平行铣削功能主要用于零件的精加工场合，刀具路径在已选取的加工曲面范围内生成，

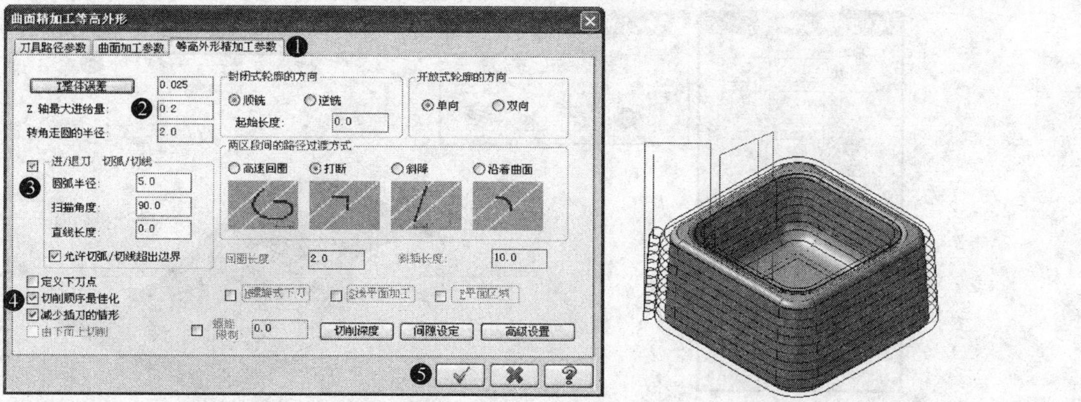

图 5-122　生成刀具路径

走刀路线按照某一指定方向反复进行，如图 5-123 所示。

例 5.8.5　使用等高加工功能生成刀具路径

1）在 Windows 系统依次选择“开始”/“程序”/“Mastercam X4”/“Mastercam X4”选项，进入 Mastercam X4 初始界面。

2）在“文件”菜单中选择“打开文件”或单击按钮，弹出“打开”对话框，在附盘中选择“example/Chap05/5.8.5”文件，并单击按钮打开文件，如图 5-124 所示。

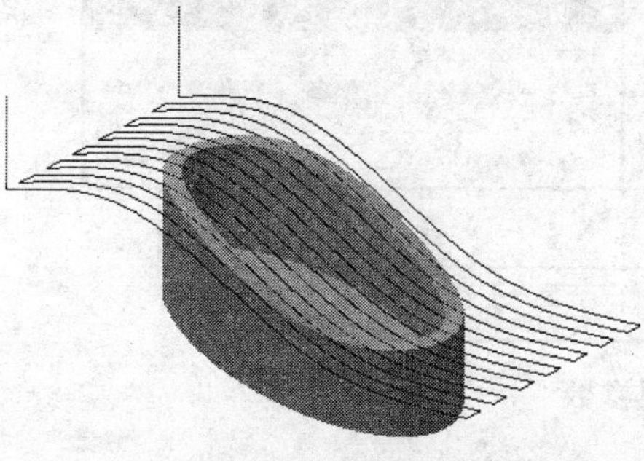

图 5-123　精加工平行铣削刀具路径

图 5-124　例 5.8.5 图

3）在菜单栏中依次选择“刀具路径”/“曲面精加工”/“精加工平行铣削”选项，弹出“输入新　NC　名称”对话框，单击（确定）按钮，激活“标准选择”悬浮工具条，在工作区域内选取曲面后单击（结束选择）按钮，弹出“刀具路径的曲面选取”对话框，单击（确定）按钮完成曲面的选取，进入“曲面精加工平行铣削”对话框，如图 5-125 所示。

4）在“曲面精加工平行铣削”对话框“刀具号码”内的空白处单击鼠标右键，选择“创建新刀具”选项，弹出“定义刀具”对话框，在对话框【类型】选项卡内选取“球刀”后，在【球刀】选项卡内将刀具“直径”参数设置为“10”，单击（确定）按钮完成刀具参数设定，如图 5-126 所示。

5）在“曲面精加工平行铣削”对话框中选择【曲面加工参数】选项卡，勾选“安全高度”并设置高度为“100”，如图 5-127 所示。

图 5-125　选取加工曲面

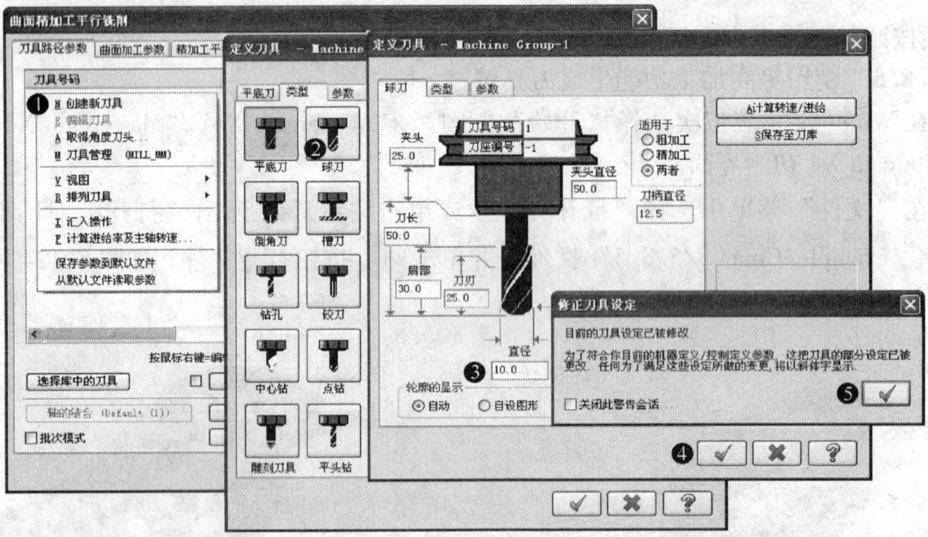

图 5-126　设置刀具参数

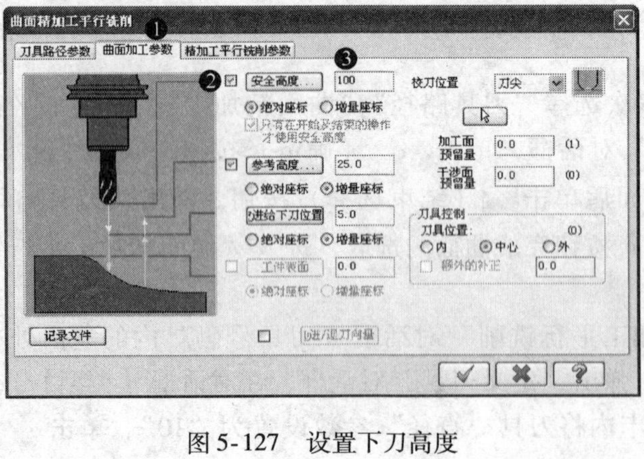

图 5-127　设置下刀高度

6）在“曲面精加工平行铣削”对话框选择【精加工平行铣削参数】选项卡，将“最大切削间距”设置为“0.2”，单击 ✔（确定）按钮生成刀具路径，如图 5-128 所示。

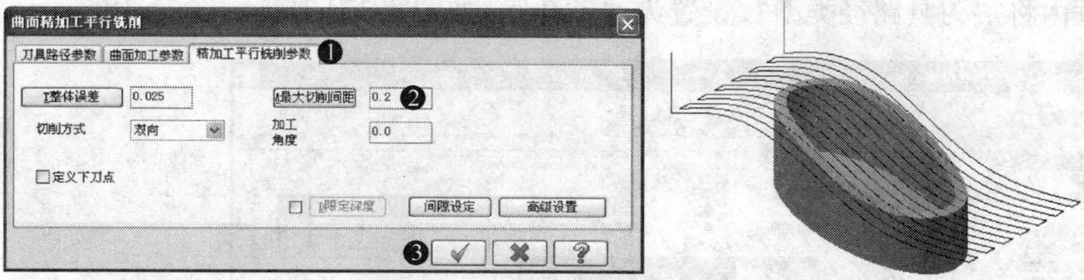

图 5-128　生成刀具路径

7）在菜单栏中依次选择“文件”/“保存”选项保存文件。

第九节　孔 位 加 工

一、钻中心孔

钻中心孔主要用于在零件需要钻孔的位置先使用中心钻钻出一个深度为几毫米的小孔作为预钻孔，便于在后续的钻孔加工时能起到定位作用，如图 5-129 所示。

例 5.9.1　使用钻孔功能生成刀具路径

1）在 Windows 系统依次选择“开始”/“程序”/“Mastercam X4”/“Mastercam X4”选项，进入 Mastercam X4 初始界面。

2）在“文件”菜单中选择“打开文件”或单击按钮，弹出“打开”对话框，在附盘中选择“example/Chap05/5. 9. 1”文件，并单击按钮打开文件，如图 5-130 所示。

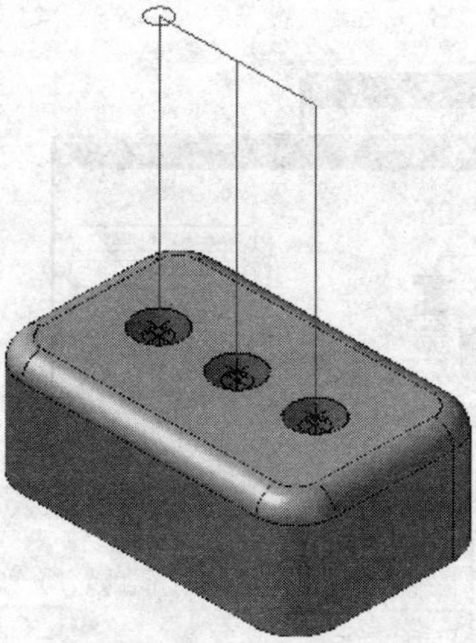

图 5-129　钻中心孔

图 5-130　例 5. 9. 1 图

3）在菜单栏中依次选择“刀具路径”/“钻孔”选项，弹出“输入新 NC 名称”对话框，单击（确定）按钮弹出“选取钻孔的点”对话框，在工作区域内依次选取三个孔中心点后单击（确定）按钮，进入“2D 刀具路径-钻孔/全圆铣削深孔钻-无啄孔”对话框，在对话框内将“刀具路径类型”设置为“钻孔”，如图 5-131 所示。

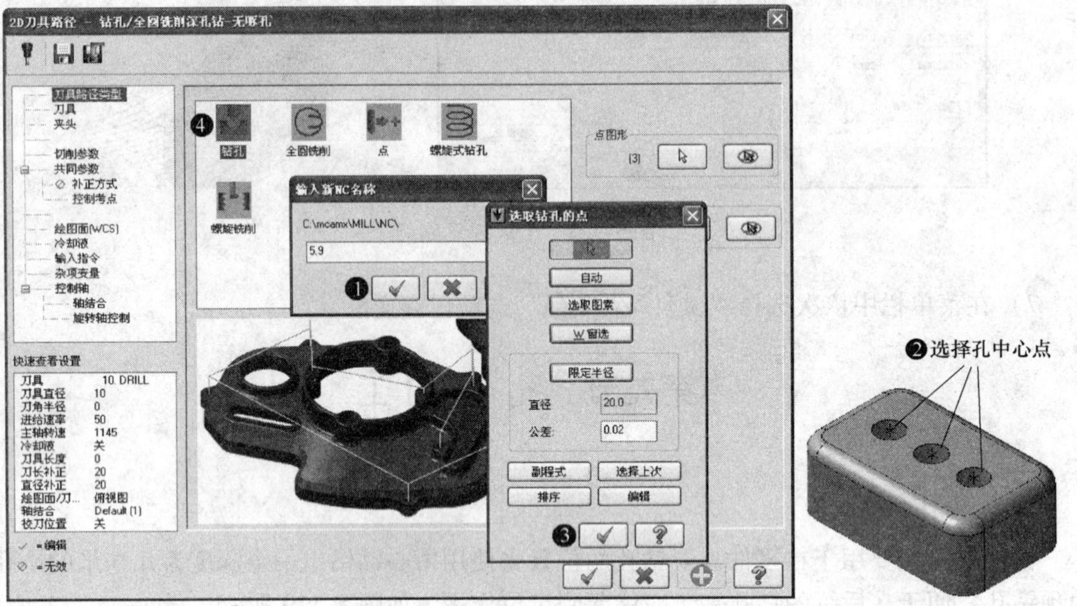

图 5-131　选取钻孔点

4）在“2D 刀具路径-钻孔/全圆铣削深孔钻-无啄孔”对话框的左侧单击“刀具”，将主页面切换至刀具页面，在“刀具号码”内的空白处单击鼠标右键选择“创建新刀具”选项，弹出“定义刀具”对话框，在对话框【类型】选项卡内选取“中心钻”后，在【中心钻】选项卡内将刀具“直径”参数设置为“6”，单击 ✓ （确定）按钮完成刀具参数设定，如图 5-132 所示。

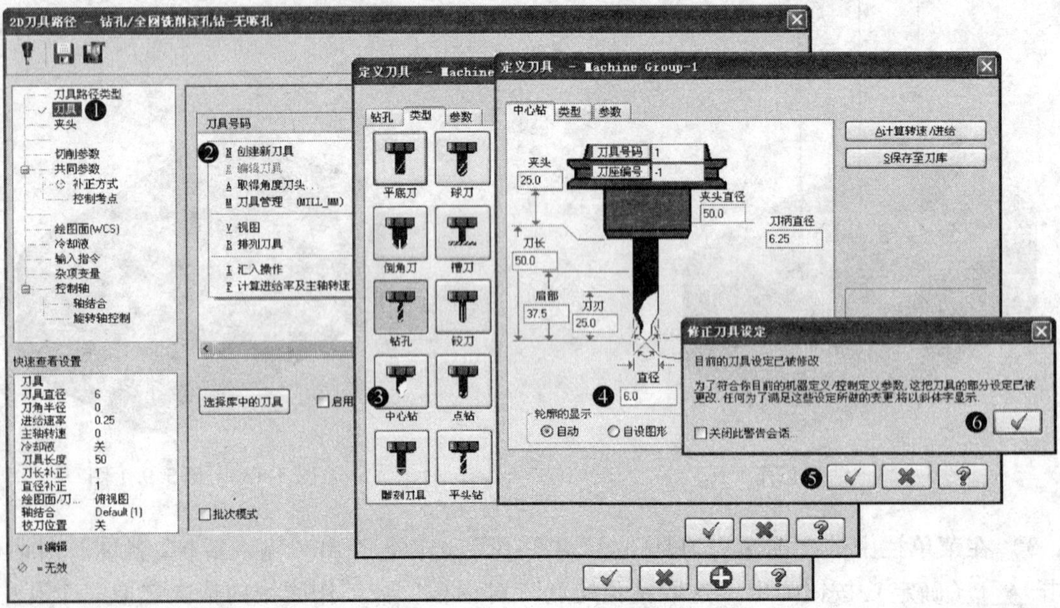

图 5-132　设置刀具参数

5）在“2D刀具路径-钻孔/全圆铣削深孔钻-无啄孔”对话框的左侧单击“共同参数”，将主页面切换至参数页面，勾选“安全高度”并设置高度为“100”，将“深度”选项设置为“-2”，方式为“增量坐标”，单击（确定）按钮生成刀具路径，如图5-133所示。

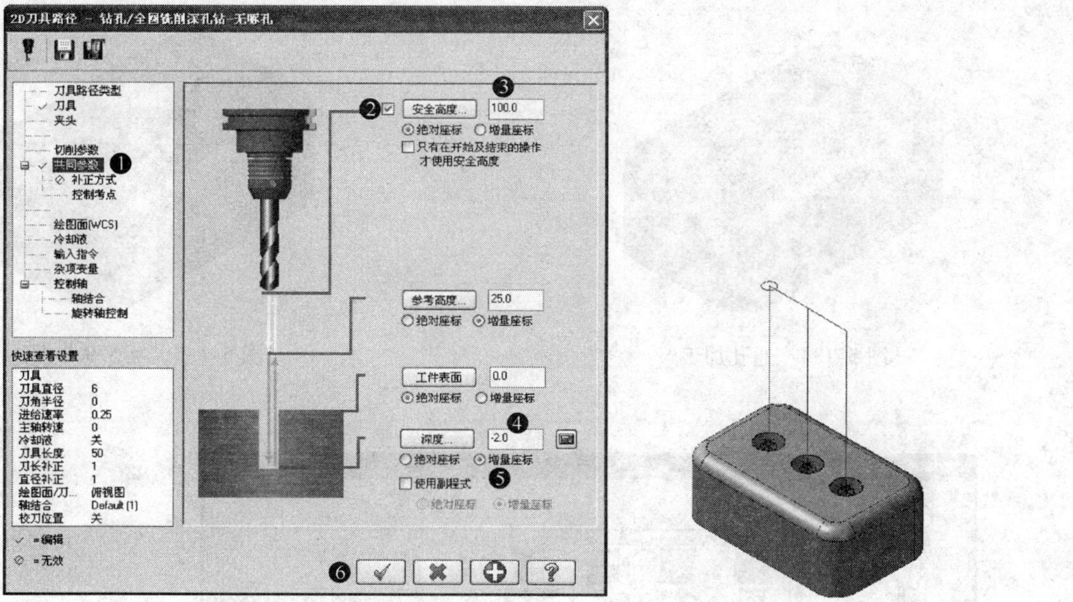

图5-133 生成刀具路径

6）在菜单栏中依次选择“文件”/“保存”选项保存文件。

二、通孔加工

通孔加工主要用于加工完全贯穿于零件内部的圆孔。通孔的钻削加工通常用于孔类加工当中的粗加工场合，如图5-134所示。

例5.9.2 使用钻孔功能生成刀具路径

1）在Windows系统依次选择“开始”/“程序”/“Mastercam X4”/“Mastercam X4”选项，进入Mastercam X4初始界面。

2）在“文件”菜单中选择“打开文件”或单击按钮，弹出“打开”对话框，在附盘中选择“example/Chap05/5.9.2”文件，并单击按钮打开文件，如图5-135所示。

3）在菜单栏依次选择“刀具路径”/“钻孔”选项，弹出“输入新NC名称”对话框，单击（确定）按钮弹出“选择钻孔的点”对话框，在工作区域内依次选取三个孔中心点后单击（确定）按钮，进入“2D刀具路径-钻孔/全圆铣削深孔钻-无啄孔”对话框，在对话框内将“刀具路径类型”设置为“钻孔”，如图5-136所示。

4）在“2D刀具路径-钻孔/全圆铣削深孔钻-无啄孔”对话框的左侧单击“刀具”，将主页面切换至刀具页面，在“刀具号码”内的空白处单击鼠标右键选择“创建新刀具”选项，弹出“定义刀具”对话框，在对话框【类型】选项卡内选取“中心钻”后，在【中心钻】选项卡内将刀具“直径”参数设置为“12”，单击（确定）按钮完成刀具参数设定，如图5-137所示。

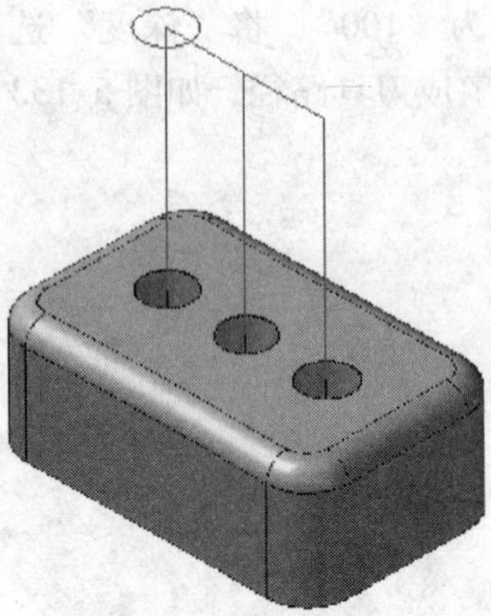

图 5-134　通孔加工

图 5-135　例 5.9.2 图

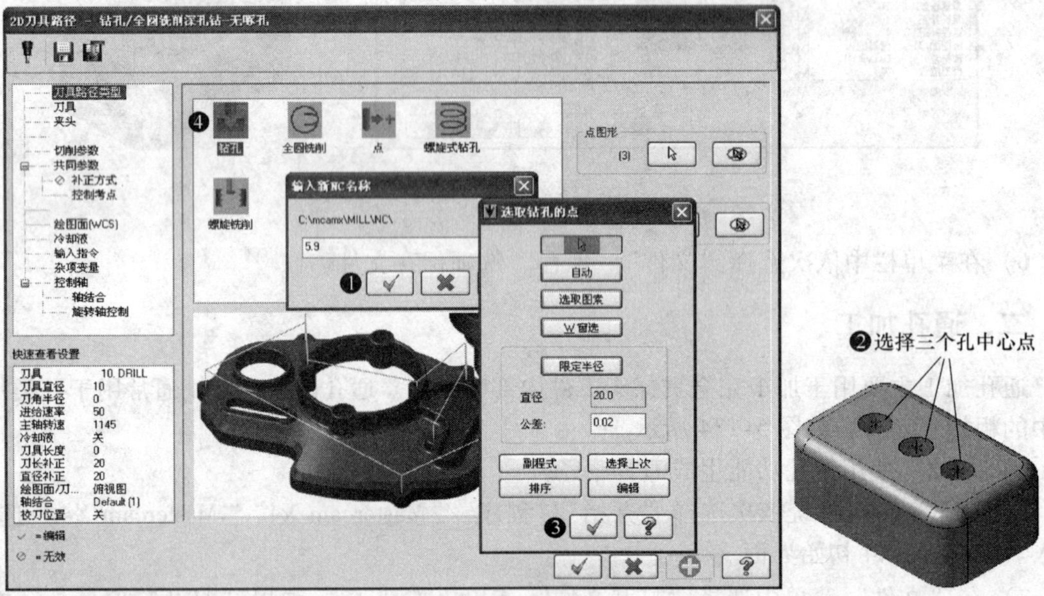

图 5-136　选取钻孔点

5）在“2D 刀具路径-钻孔/全圆铣削深孔钻-无啄孔”对话框的左侧单击“共同参数”，将主页面切换至参数页面，勾选“安全高度”并设置高度为“100”，将“参考高度”选项设置为“30”，如图 5-138 所示。

6）在“2D 刀具路径-钻孔/全圆铣削深孔钻-无啄孔”对话框的左侧单击“补正方式”，将主页面切换至参数页面，勾选“补正方式”选项后单击 ✔（确定）按钮生成刀具路径，如图 5-139 所示。

7）在菜单栏中依次选择“文件”/“保存”选项保存文件。

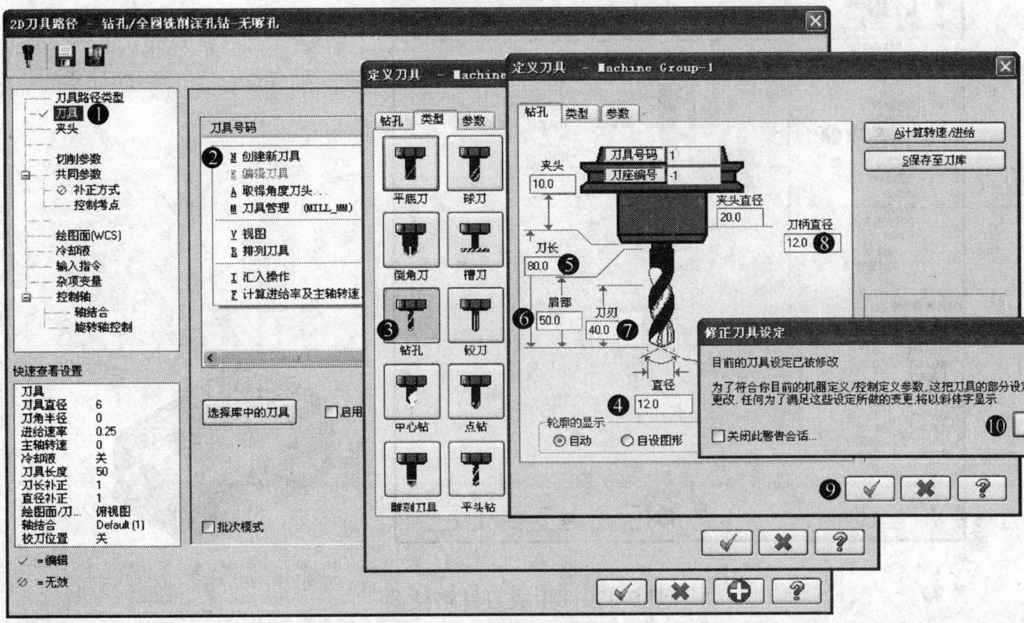

图 5-137　设置刀具参数

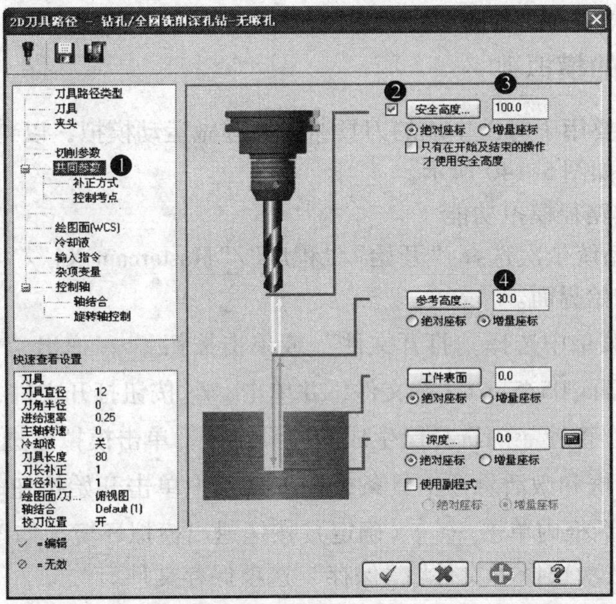

图 5-138　设置安全高度

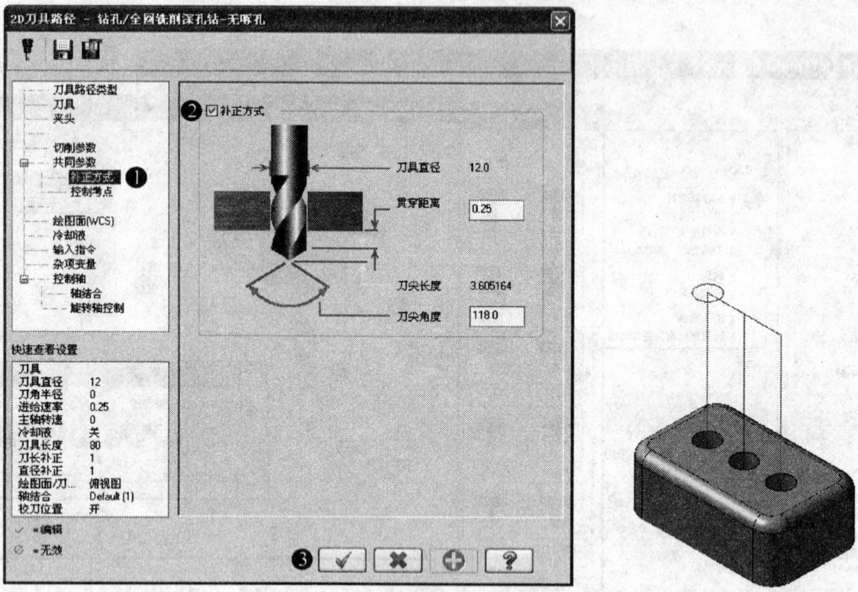

图 5-139 生成刀具路径

第十节 仿真模拟

一、刀具路径的模拟

刀具路径模拟主要用于对已生成的刀具路径轨迹做运动模拟，以判断刀具在整个轨迹运行过程中是否安全，如图 5-140 所示。

例 5.10.1 刀具路径模拟功能

1）在 Windows 系统依次选择“开始”/“程序”/“Mastercam X4”/“Mastercam X4”选项，进入 Mastercam X4 初始界面。

2）在“文件”菜单中选择“打开文件”或单击按钮，弹出“打开”对话框，在附盘中选择“example/Chap05/5.10.1”文件，并单击按钮打开文件，如图 5-141 所示。

3）在左侧“操作管理”内选择已生成的刀具路径，单击模拟已选择的操作按钮，弹出“刀路模拟”对话框和激活悬浮工具条，在工具条中单击开始按钮进行刀具路径的模拟，模拟完毕后在对话框内单击（确定）按钮退出模拟环境，如图 5-142 所示。

4）在菜单栏中依次选择“文件”/“保存”选项保存文件。

二、刀具路径的验证

刀具路径验证是通过调用毛坯尺寸与实际加工相近的毛坯作为基本体，直接将刀具路径在毛坯上运行，用于验证刀具路径是否正确，如图 5-143 所示。

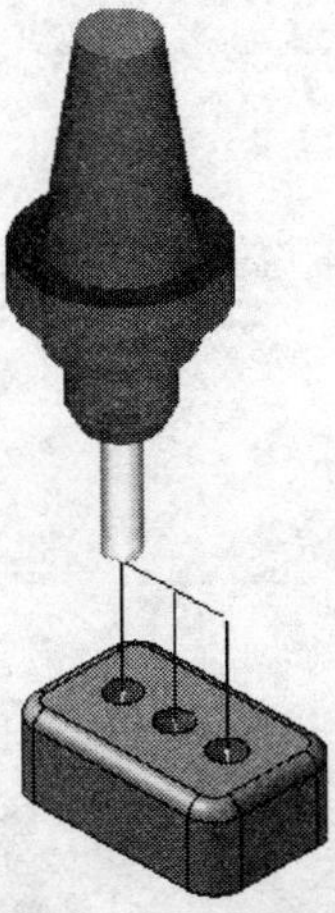

图 5-140　刀具路径模拟

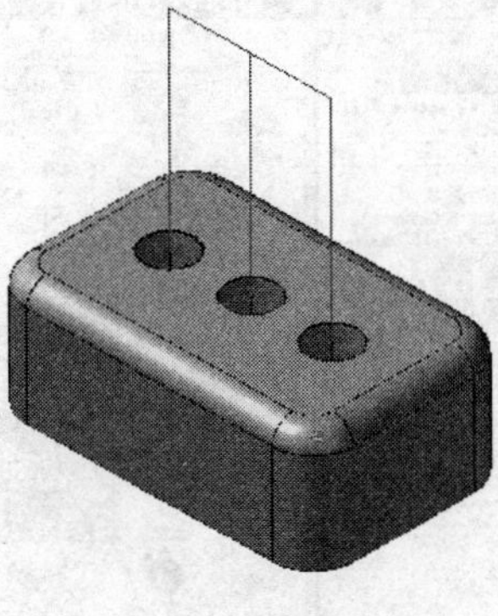

图 5-141　例 5. 10. 1 图

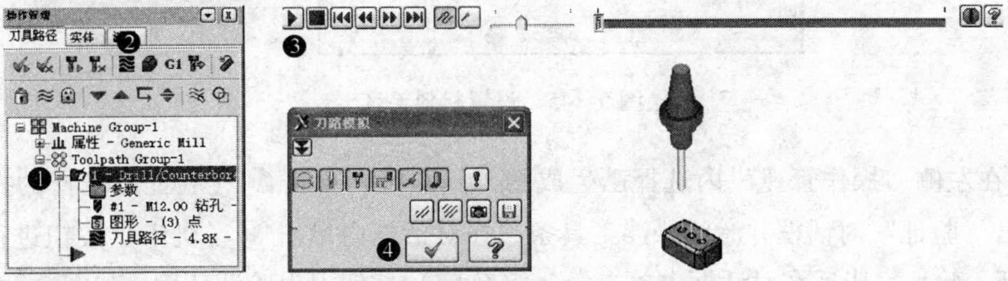

图 5-142　模拟刀具路径

例 5. 10. 2　刀具路径验证功能

1）在 Windows 系统依次选择“开始”/“程序”/“Mastercam X4”/“Mastercam X4”选项，进入 Mastercam X4 初始界面。

2）在“文件”菜单中选择“打开文件”或单击按钮，弹出“打开”对话框，在附盘中选择“example/Chap05/5. 10. 2”文件，并单击按钮打开文件，如图 5-144 所示。

图 5-143　刀具路径验证

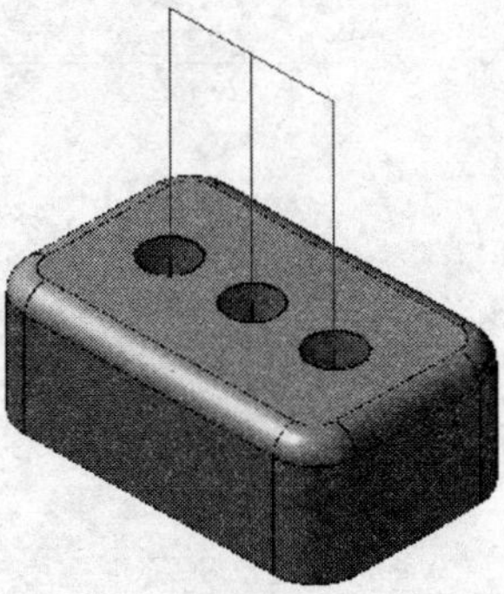

图 5-144　例 5. 10. 2 图

3）在左侧“操作管理”内双击“属性”，将其内部的树状结构打开，双击【材料设置】选项，弹出“机器群组属性”对话框，在对话框内设置参数后单击（确定）按钮，退出对话框，如图 5-145 所示。

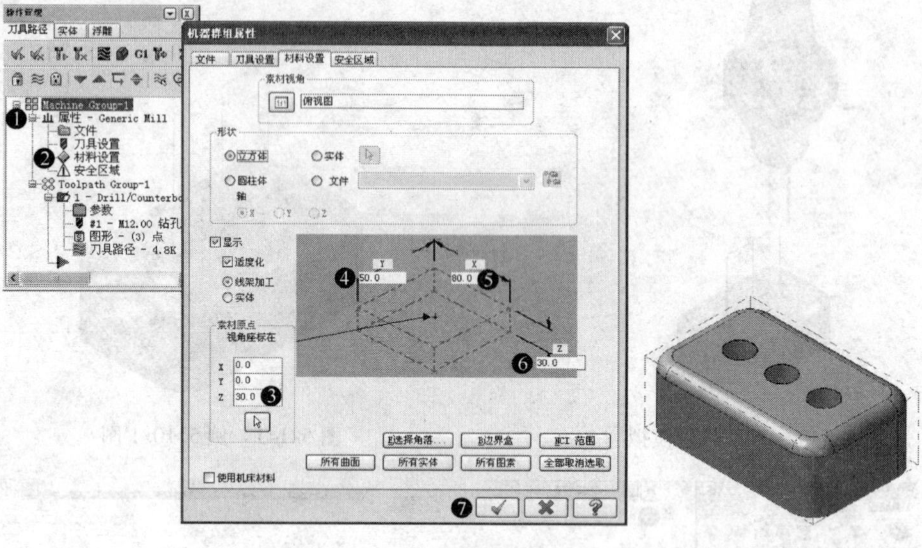

图 5-145　设置材料毛坯

4）在左侧“操作管理”内选择已生成的刀具路径，单击（验证已选择的操作）按钮，弹出“验证”对话框并激活悬浮工具条，在对话框内单击（机床）按钮进行刀具路径的验证，验证完毕后在对话框内单击（确定）按钮退出验证环境，如图 5-146 所示。

图 5-146　刀具路径验证

三、程序的后处理

输出程序是将已确认无误的刀具路径运行轨迹通过软件转换成能直接控制机床运动的程

序代码，如图 5-147 所示。

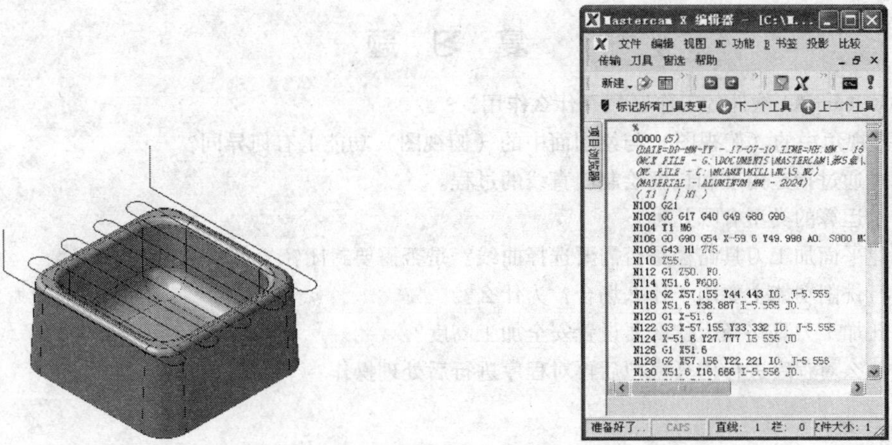

图 5-147　后处理程序

例 5.10.3　使用后处理功能输出程序

1）在 Windows 系统依次选择“开始”/“程序”/“Mastercam X4”/“Mastercam X4” 选项，进入 Mastercam X4 初始界面。

2）在“文件”菜单中选择“打开文件”或单击按钮，弹出“打开”对话框，在附盘中选择“example/Chap05/5.10.3”文件，并单击按钮打开文件，如图 5-148 所示。

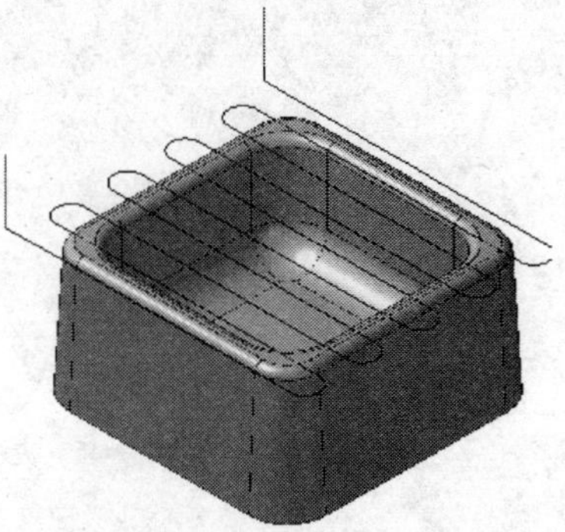

图 5-148　例 5.10.3 图

3）在左侧“操作管理”内选择已生成的刀具路径，单击【后处理已选择的操作】按钮，弹出“后处理程式”对话框，单击（确定）按钮，弹出“另存为”对话框，在对话框设置后处理文件的路径、文件类型和文件名后单击（确定）按钮，输出后处理数控程序，如图 5-149 所示。

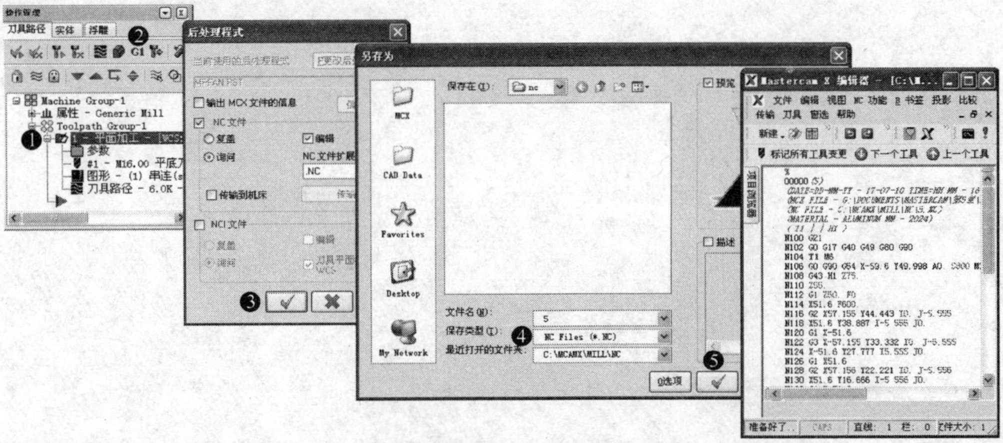

图 5-149　后处理程序

4）在菜单栏中依次选择“文件”/“保存”选项保存文件。

复 习 题

(1) Mastercam X4 软件的工作区域有什么作用？

(2) 屏幕视角中的（俯视图）与绘图面中的（俯视图）功能上有何异同？

(3) 简述通过指定角度和长度绘制斜直线的过程。

(4) 布尔运算的类型有哪几种？

(5) 创建平面加工刀具路径是否需要选择曲线？是否需要封闭？

(6) 平行铣削功能主要用于什么场合？为什么？

(7) 钻孔加工刀具路径为什么要设置安全加工高度？

(8) 为什么对程序进行仿真模拟后再对程序进行后处理操作？

第六章

Mastercam X4 加工实例

主要内容

- 配合件加工实训任务
- 曲面零件加工实训任务

第一节　配合件加工实训任务

一、任务分析

四个通孔的直径为6mm，凸台与凹槽尺寸相同且相互对称，零件总高15mm，正方体上的凸台总高5mm，其中顶层高度为2mm，底层高度为3mm，零件边界倒圆角1mm，如图6-1所示。

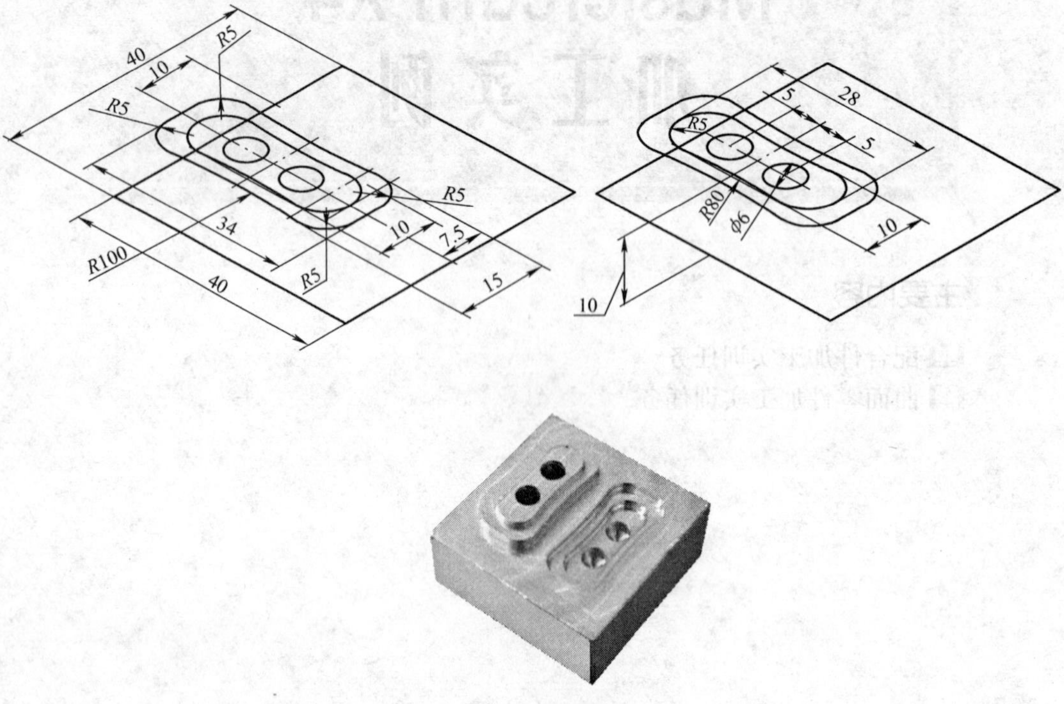

图6-1　零件主要轮廓尺寸

二、零件的设计

1. 零件的设计流程

配合件零件的主要设计流程如图6-2所示。

2. 零件的设计步骤

1）在Windows系统依次选择“开始”/“程序”/“Mastercam X4”/“Mastercam X4”选项，进入Mastercam X4初始界面。

2）按键盘“F9”调出基准坐标，用〈ALT+1〉组合键将绘图平面设置为“俯视图”状态，在状态栏中的“Z”绘图平面高度输入“-5”，然后按键盘回车键确定。

3）在菜单栏中依次选择“绘图”/“矩形”选项，激活“矩形”悬浮工具条，在工具条单击▣（设置基准点为中心点）按钮，在“自动抓点”悬浮工具条中输入矩形的中心点坐标后按键盘回车键，在“矩形”悬浮工具条输入矩形长度尺寸后按键盘回车键，再次输入矩形宽度尺寸后按键盘回车键，单击▣（应用）按钮完成矩形绘制，如图6-3所示。

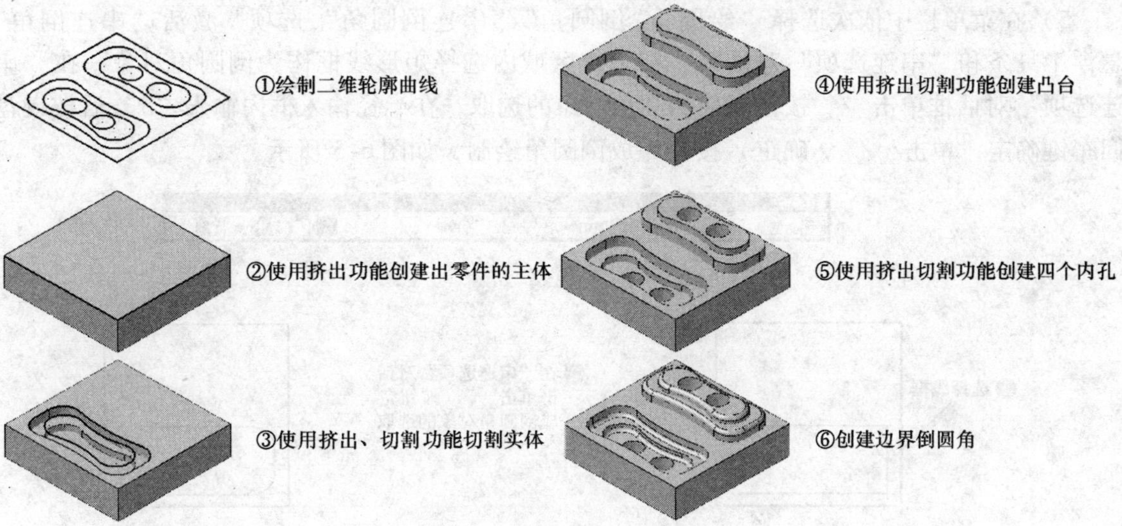

图 6-2　零件的主要设计流程

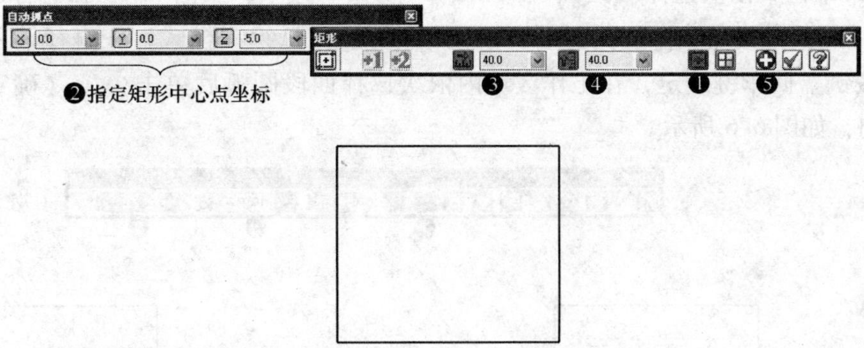

图 6-3　绘制矩形（一）

4）在“自动抓点”悬浮工具条中输入矩形的中心点坐标后按键盘回车键，在“矩形”悬浮工具条输入矩形长度尺寸后按键盘回车键，再次输入矩形宽度尺寸后按键盘回车键，单击 ✔（确定）按钮完成矩形绘制，如图 6-4 所示。

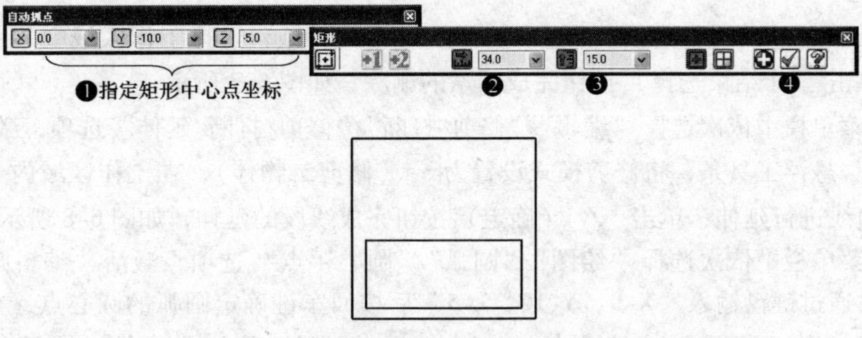

图 6-4　绘制矩形（二）

5）在菜单栏中依次选择“绘图”/“倒圆角”/“串连倒圆角”选项，激活“串连倒角”悬浮工具条和“串连选项”对话框，在工作区域内选择矩形线框作为倒圆角对象，在“串连选项”对话框单击按钮完成倒圆角对象的选取，在半径输入框内输入“5”后按键盘回车键确定，单击（确定）按钮完成倒圆角绘制，如图 6-5 所示。

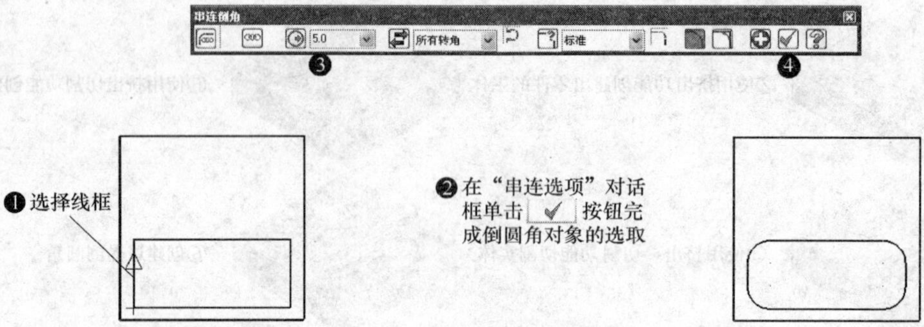

图 6-5　创建串连倒圆角

6）在菜单栏中依次选择“绘图”/“圆弧”/“切弧”选项，激活 AT 切弧悬浮工具条，在 AT 切弧悬浮工具条内单击（切二物体）按钮切换圆弧绘制模式，在直径输入框内输入“100”后按键盘回车键确定，在工作区域内依次选择四段圆弧后单击（确定）按钮完成切弧绘制，如图 6-6 所示。

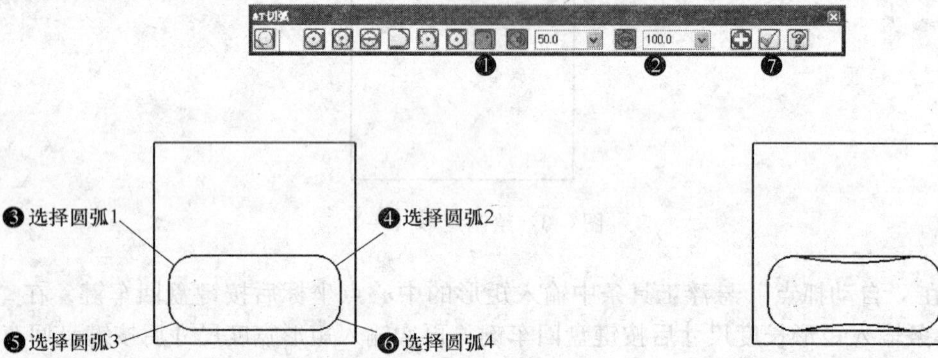

图 6-6　绘制两物体切弧

7）按键盘“F5”键，激活“标准选择”悬浮工具条，选择工作区域中的线段作为删除对象，单击（结束选择）按钮完成图素的删除，如图 6-7 所示。

8）在菜单栏中依次选择“编辑”/“修剪/打断”/“修剪/打断/延伸”选项，激活“修剪/延伸/打断”悬浮工具条，将修剪模式设置为（修剪二物体），在工作区域内分别选择两段圆弧将曲线进行延伸，单击（确定）按钮完成线段的延伸，如图 6-8 所示。

9）在菜单栏中依次选择“绘图”/“圆弧”/“圆心 + 点”选项，激活“编辑圆心点”悬浮工具条，通过键盘输入“X-9，Y-10，Z-5”后按回车键确定圆弧的圆心点，在直径输入框内输入“10”后按键盘回车键确定，单击（应用）按钮完成第一个圆的绘制，如图 6-9所示。

图 6-7 删除图素

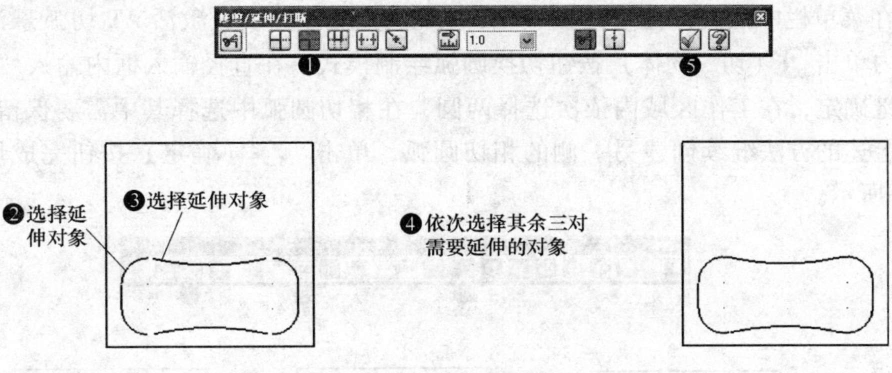

图 6-8 创建线段延伸

10）通过键盘输入“X9，Y-10，Z-5”后按回车键确定圆弧的圆心点，在直径输入框内输入“10”后按键盘回车键确定，单击（应用）按钮完成第二个圆的绘制，如图 6-10 所示。

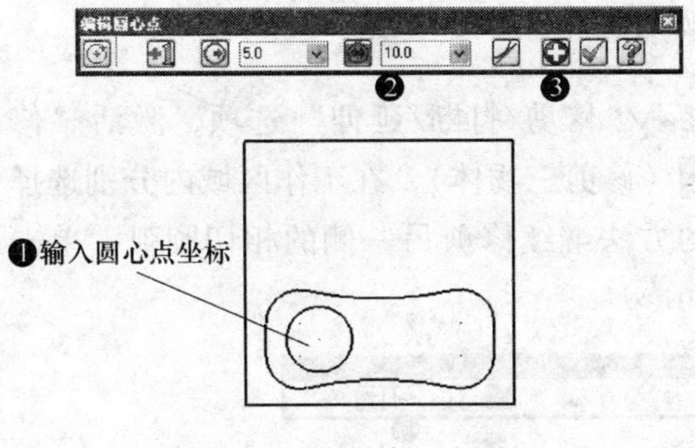

图 6-9 绘制第一个圆

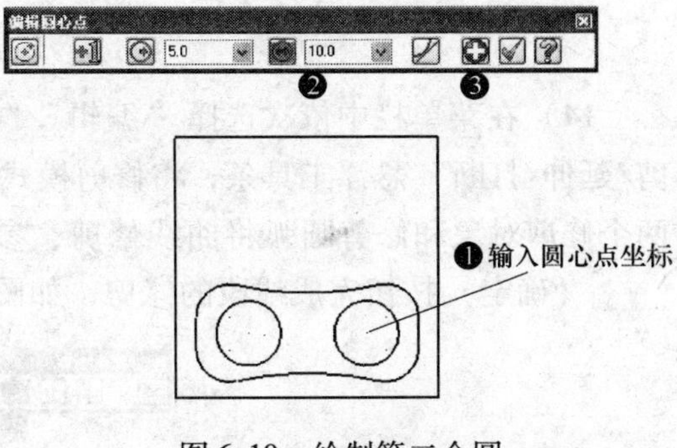

图 6-10 绘制第二个圆

11）通过键盘输入“X-5，Y-10，Z-5”后按回车键确定圆弧的圆心点，在直径输入框内输入“6”后按键盘回车键确定，单击（应用）按钮完成第三个圆的绘制，如图 6-11 所示。

12）通过键盘输入“X5，Y-10，Z-5”后按回车键确定圆弧的圆心点，在直径输入框内输入“6”后按键盘回车键确定，单击（确定）按钮完成第四个圆的绘制，如图 6-12所示。

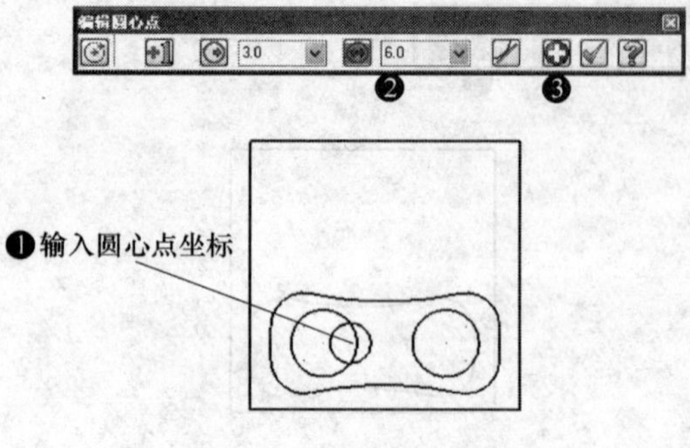

图 6-11　绘制第三个圆

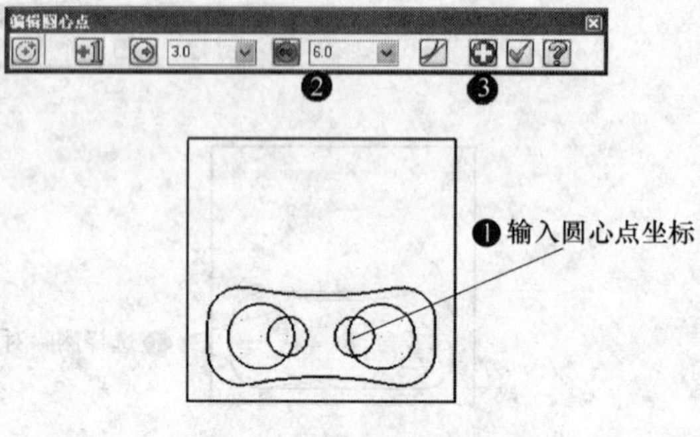

图 6-12　绘制第四个圆

13）在菜单栏中依次选择“绘图”/“圆弧”/“切弧”选项，激活 AT 切弧悬浮工具条，在工具条内单击（切二物体）按钮切换圆弧绘制模式，在直径输入框内输入“80”后按键盘回车键确定，在工作区域内依次选择两圆，在相切圆弧中选择其中需要保留的一段圆弧，参考上述的方法继续创建另一侧的相切圆弧，单击（确定）按钮完成切弧绘制，如图 6-13 所示。

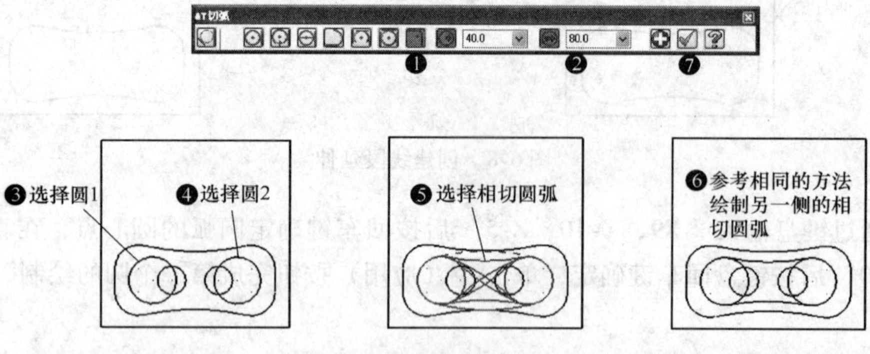

图 6-13　绘制两圆切弧

14）在菜单栏中依次选择“编辑”/“修剪/打断”/“修剪/打断/延伸”选项，激活“修剪/延伸/打断”悬浮工具条，将修剪模式设置为（修剪三物体），在工作区域内分别选择两个修剪对象和修剪圆弧将曲线修剪，参考上述的方法继续修剪另一侧的相切圆弧，单击（确定）按钮完成线段的修剪，如图 6-14 所示。

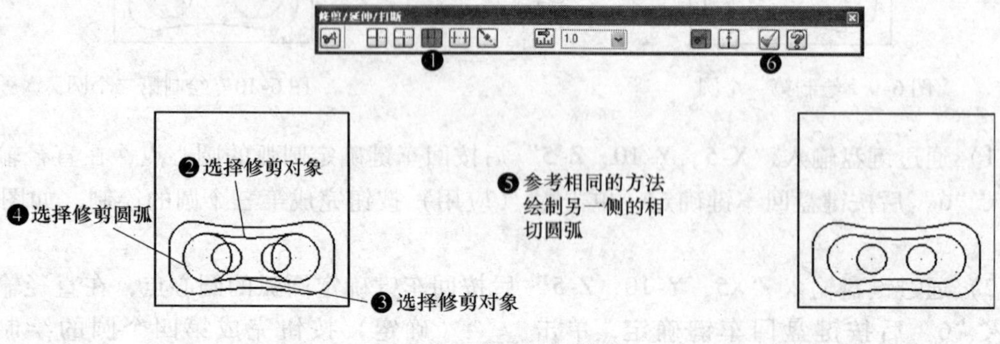

图 6-14　创建线段修剪

15）在菜单栏中依次选择“转换”/“镜像”选项，激活“标准选择”悬浮工具条，在工作区域内依次选取需要镜像的曲线，在“标准选择”悬浮工具条单击（结束选择）按钮弹出“镜像”对话框，在对话框内将操作模式设置为“复制”，“轴”设置为“Y”，单击（确定）按钮完成镜像图素操作，如图6-15所示。

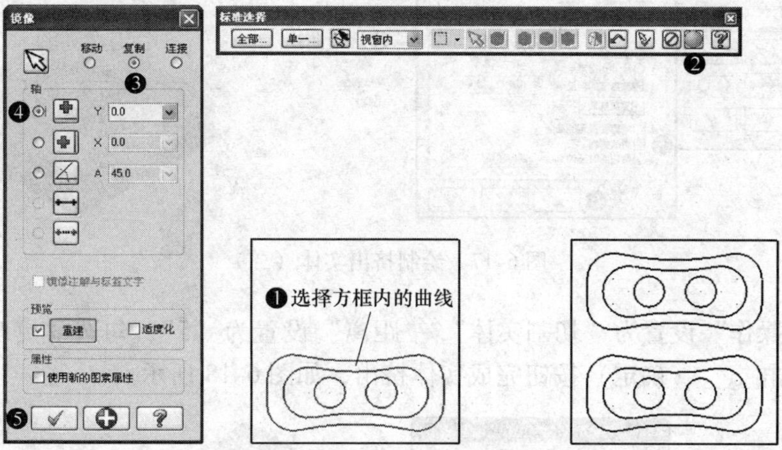

图6-15 镜像图素

16）在菜单栏中依次选择“实体”/“挤出实体”选项，激活“串连选项”对话框，在工作区域选择要挤出实体的曲线后单击（确定）按钮，进入“实体挤出的设置”对话框，将“距离”设置为“10”，单击（确定）按钮完成实体挤出，如图6-16所示。

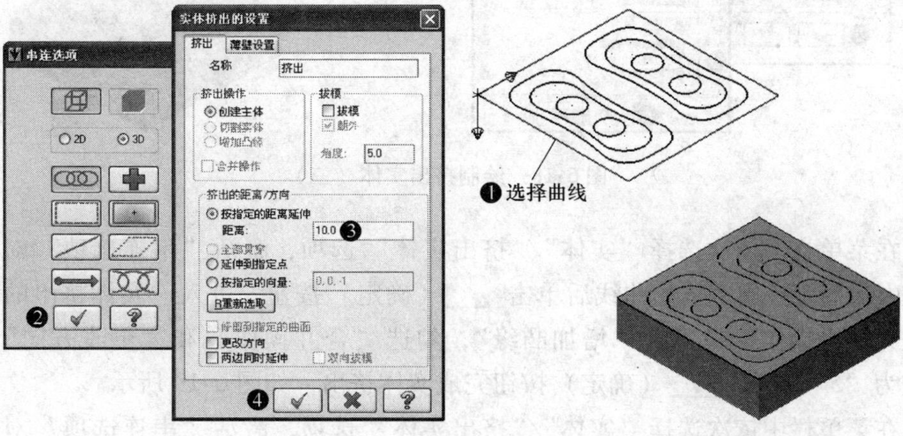

图6-16 绘制挤出实体（一）

17）在菜单栏中依次选择“实体”/“挤出实体”选项，激活“串连选项”对话框，在工作区域选择要挤出实体的曲线后单击（确定）按钮，进入“实体挤出的设置”对话框，将“挤出操作”设置为“切割实体”，“距离”设置为“3”，勾选“更改方向”选项改变挤出方向，单击（确定）按钮完成实体挤出，如图6-17所示。

18）在菜单栏中依次选择“实体”/“挤出实体”选项，激活“串连选项”对话框，在工作区域选择要挤出实体的曲线后单击（确定）按钮，进入“实体挤出的设置”对话框

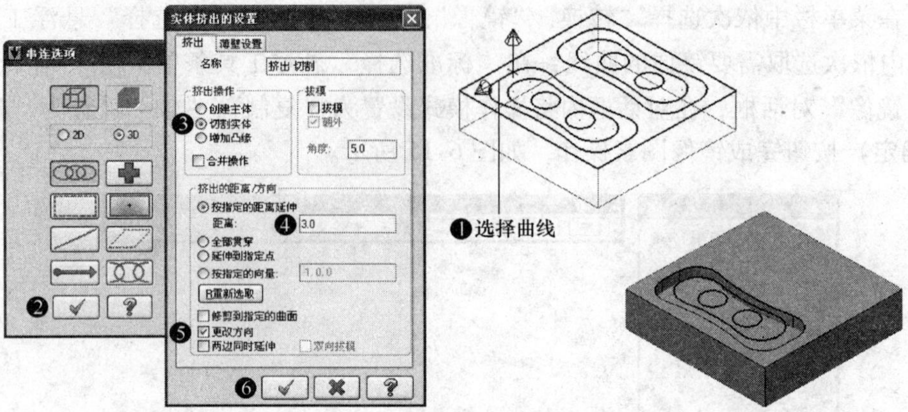

图 6-17 绘制挤出实体（二）

框，将“挤出操作”设置为“切割实体”，“距离”设置为“5”，勾选“更改方向”，改变挤出方向，单击（确定）按钮完成实体挤出，如图 6-18 所示。

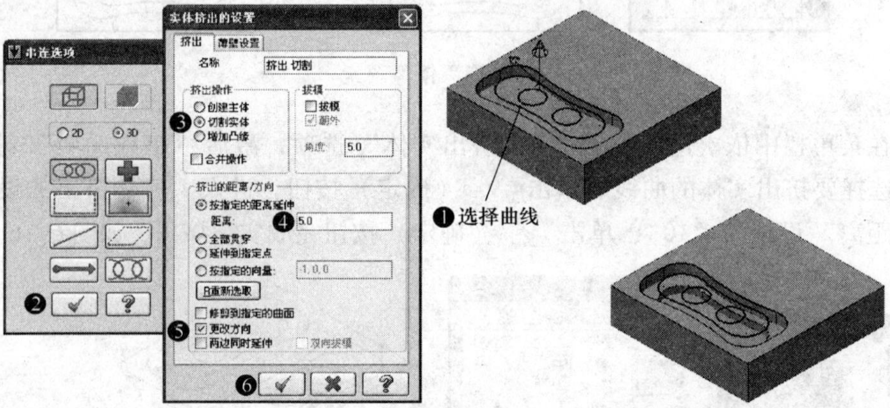

图 6-18 绘制挤出实体（三）

19）在菜单栏中依次选择“实体”/“挤出实体”选项，激活“串连选项”对话框，在工作区域内选择要挤出实体的曲线后单击（确定）按钮，进入“实体挤出的设置”对话框，将“挤出操作”设置为“增加凸缘”，勾选“合并操作”和“更改方向”，将“距离”设置为“5”，单击（确定）按钮完成实体挤出，如图 6-19 所示。

20）在菜单栏中依次选择“实体”/“挤出实体”选项，激活“串连选项”对话框，在工作区域内选择要挤出实体的曲线后单击（确定）按钮，进入“实体挤出的设置”对话框，将“挤出操作”设置为“增加凸缘”，勾选“合并操作”，将“距离”设置为“3”，单击（确定）按钮完成实体挤出，如图 6-20 所示。

21）在菜单栏中依次选择“实体”/“挤出实体”选项，激活“串连选项”对话框，在工作区域内分别选择四个要挤出实体的曲线后单击（确定）按钮，进入“实体挤出的设置”对话框，将“挤出操作”设置为“切割实体”，“距离”设置为“50”，勾选“两边同时延伸”，单击（确定）按钮完成实体挤出，如图 6-21 所示。

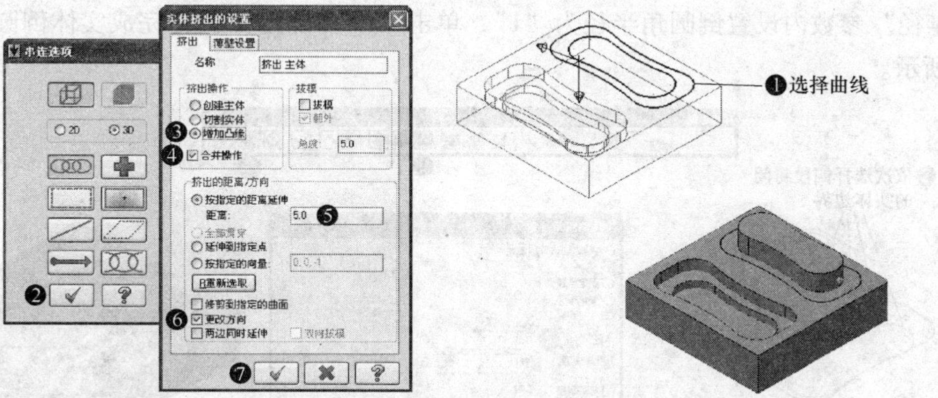

图 6-19　绘制挤出实体（四）

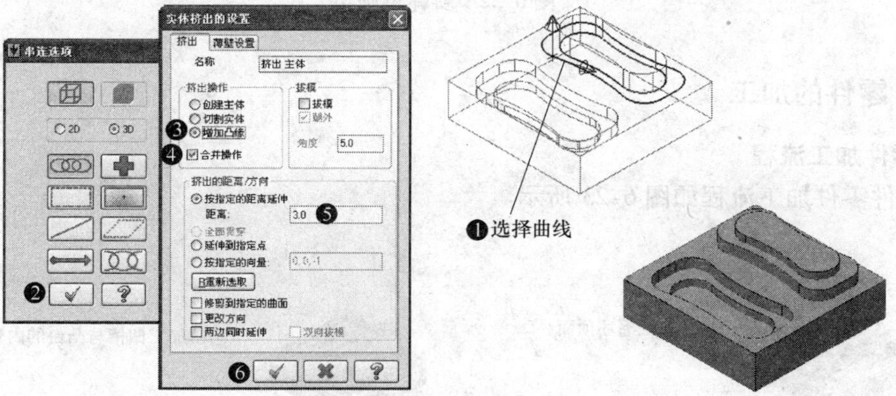

图 6-20　绘制挤出实体（五）

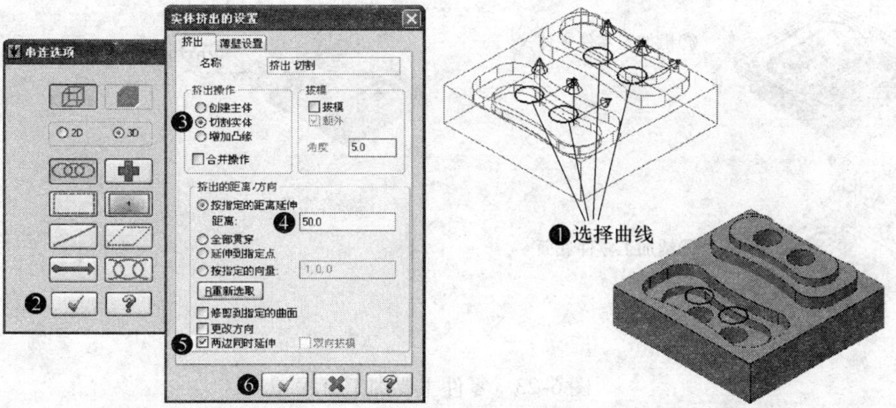

图 6-21　绘制挤出实体（六）

22）在菜单栏中依次选择“实体”/“倒圆角”/“实体倒圆角”选项，激活“标准选择”悬浮工具条，在工具条中选择（选择边界）按钮将选择模式设置为边界，在工作区域依次选取四段实体边界后单击（结束选择）按钮进入“实体倒圆角参数”对话框，在对话框“半径”参数内设置倒圆角半径为“1”，单击 ✓（确定）按钮完成实体倒圆角，如图6-22 所示。

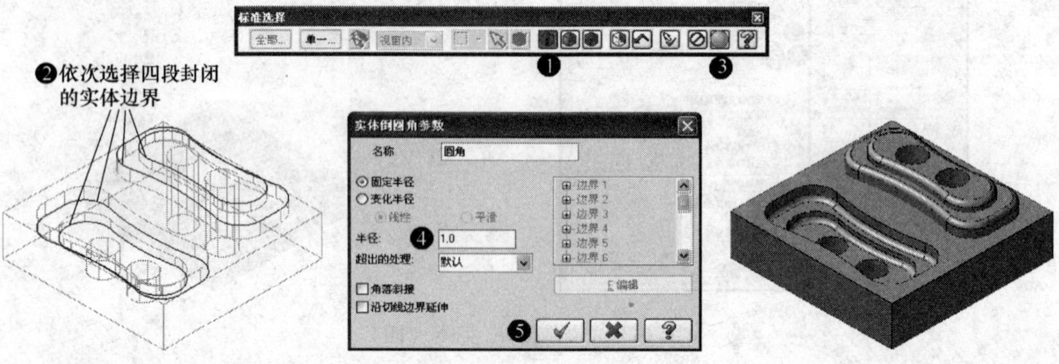

图 6-22　实体倒圆角

三、零件的加工

1. 零件加工流程

配合件零件加工流程如图 6-23 所示。

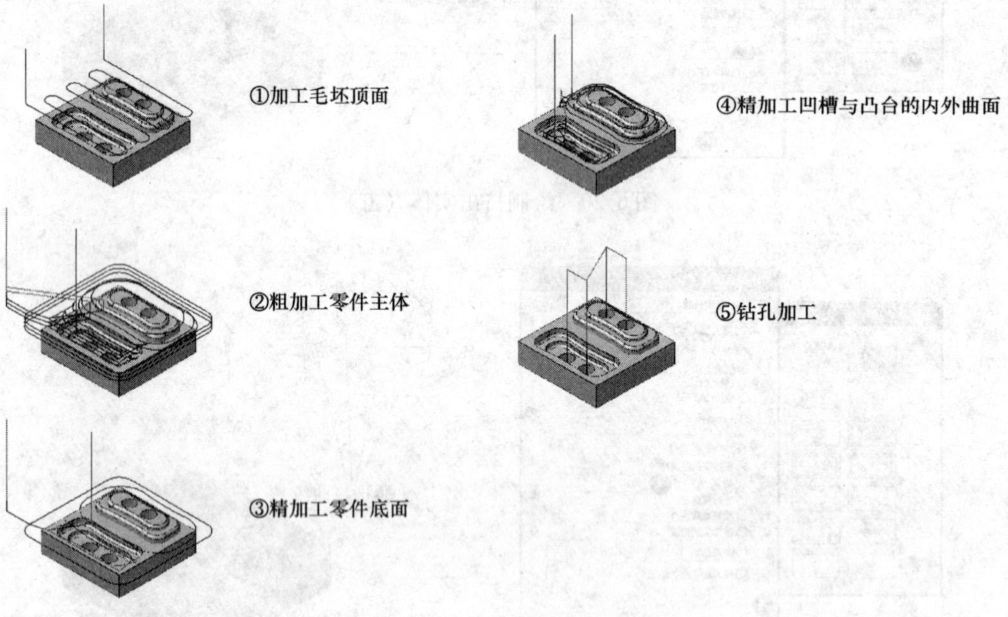

图 6-23　零件主要加工流程

2. 零件加工刀具路径的生成

1）按键盘〈ALT+1〉组合键将绘图平面设置为“俯视图”状态，在“状态栏”中的“Z”绘图平面高度输入“0”，然后按键盘回车键确定。

2）在菜单栏中依次选择“绘图”/“矩形”选项，激活“矩形”悬浮工具条，在工具条单击 ⊞（设置基准点为中心点）按钮，在“自动抓点”悬浮工具条中输入矩形的中心点坐标后按键盘回车键，在“矩形”悬浮工具条输入矩形长度尺寸后按键盘回车键，再次输入矩形宽度尺寸后按键盘回车键，单击 （应用）按钮完成矩形绘制，如图6-24所示。

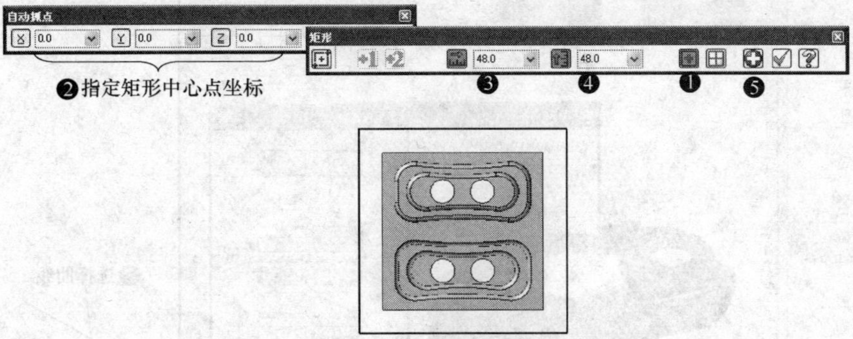

图6-24　绘制矩形（一）

3）在“自动抓点”悬浮工具条中输入矩形的中心点坐标后按键盘回车键，在“矩形”悬浮工具条输入矩形长度尺寸后按键盘回车键，再次输入矩形宽度尺寸后按键盘回车键，单击 （确定）按钮完成矩形绘制，如图6-25所示。

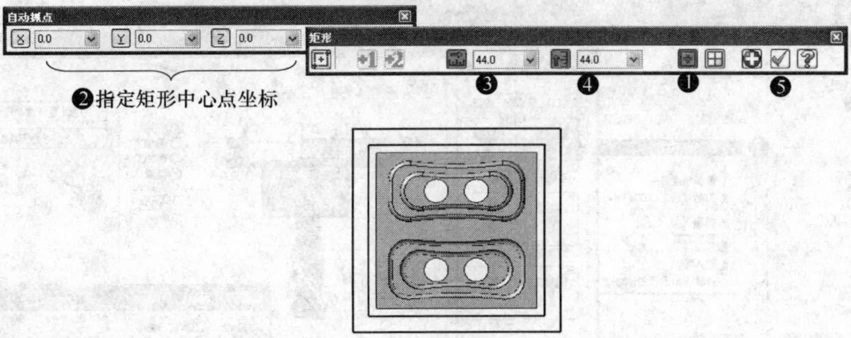

图6-25　绘制矩形（二）

4）在菜单栏中依次选择“刀具路径”/“平面铣”选项，弹出“输入新NC名称”对话框，输入后单击 （确定）按钮弹出“串连选项”对话框，在工作区域内选取封闭二维轮廓曲线后单击 （确定）按钮，在“2D刀具路径-平面加工”对话框中将刀具路径类型设置为“平面加工”，如图6-26所示。

5）在“2D刀具路径-平面加工”对话框的左侧单击“刀具”，将主页面切换至刀具页面，在“刀具号码”内的空白处单击鼠标右键选择“创建新刀具”选项，弹出“定义刀具”对话框，在“类型”选项卡内选取“平底刀”后，在“平底刀”选项卡内将刀具“直径”参数设置为“12”，单击 （确定）按钮完成刀具参数设定，如图6-27所示。

6）在“2D刀具路径-平面加工”对话框内将“进给速率”设置为“1000”，“主轴转速”设置为“1800”，“下刀速率”设置为“600”，如图6-28所示。

7）在“2D刀具路径-平面加工”对话框的左侧单击“切削参数”，将主页面切换至参数页面，将“类型”内设置为“双向”，“刀具在转角处走圆角”设置为“全部”，“纵向超

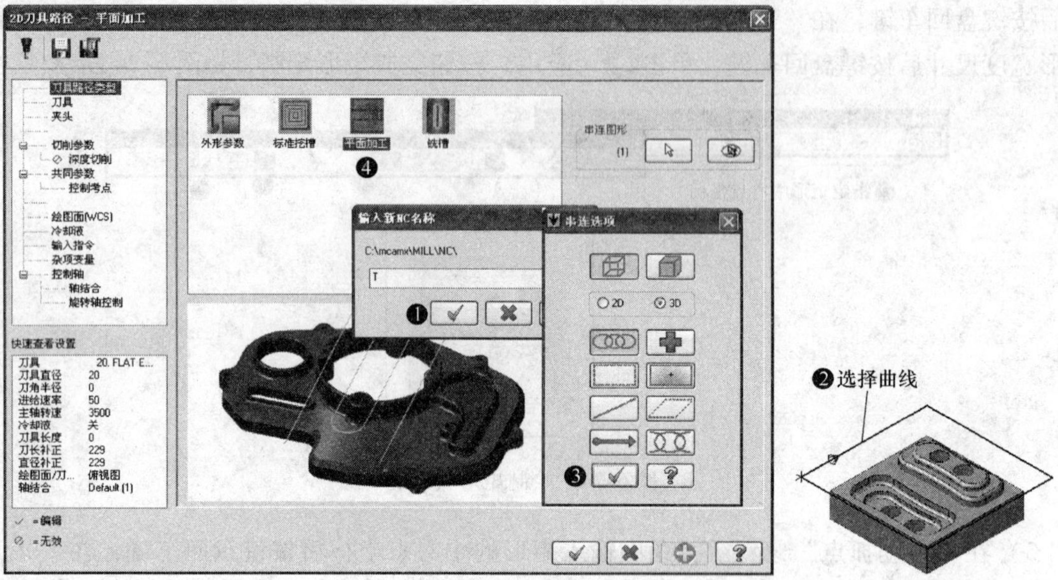

图 6-26 选取曲线

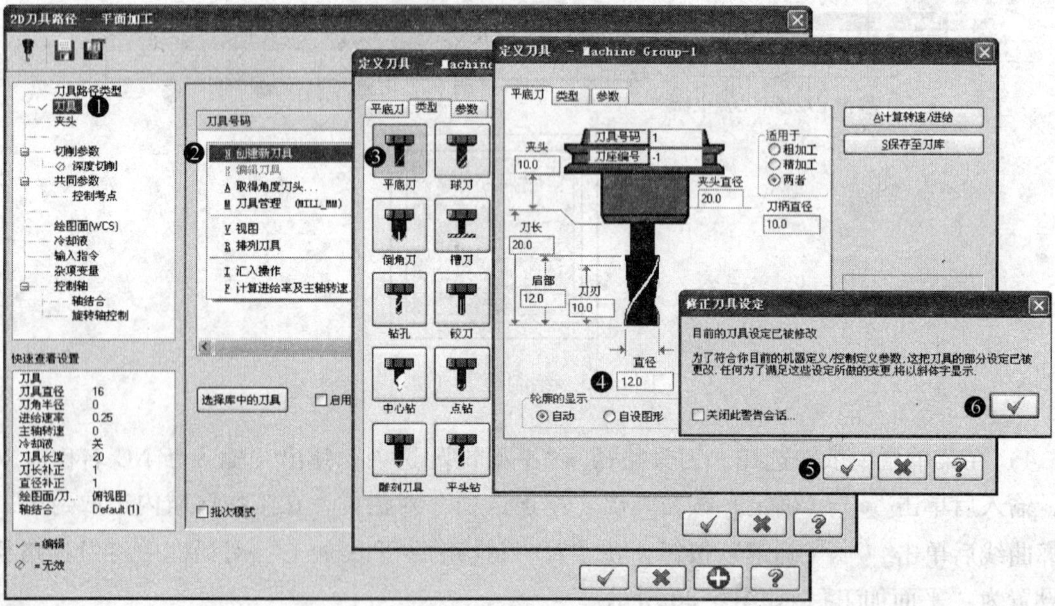

图 6-27 设置刀具参数

出量”设置为“50”，“切削之间位移”设置为“高速回圈”，单击（确定）按钮生成刀具路径，如图 6-29 所示。

8）在菜单栏中依次选择“刀具路径”/“曲面粗加工”/“粗加工挖槽加工”选项，弹出“输入新 NC 名称”对话框，单击（确定）按钮激活“标准选择”悬浮工具条，在工作区域内选取实体后单击（结束选择）按钮后弹出“刀具路径的曲面选取”对话框，如图 6-30 所示。

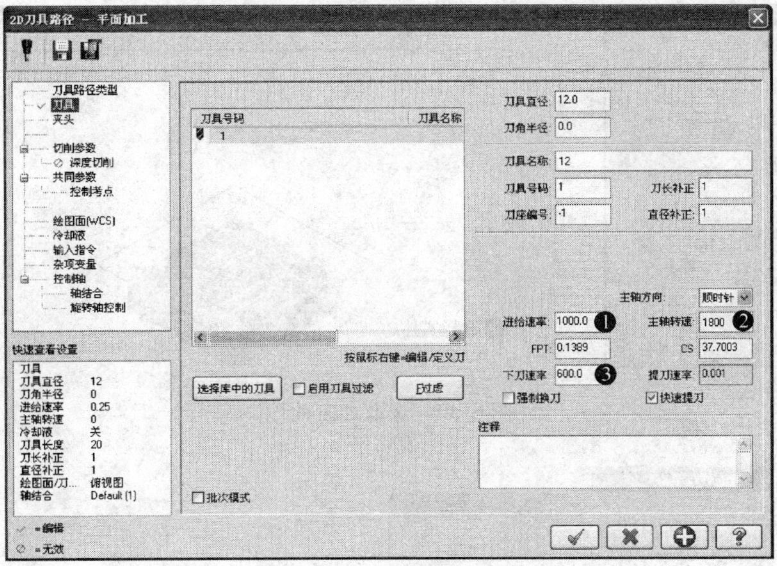

图 6-28　设置切削速度

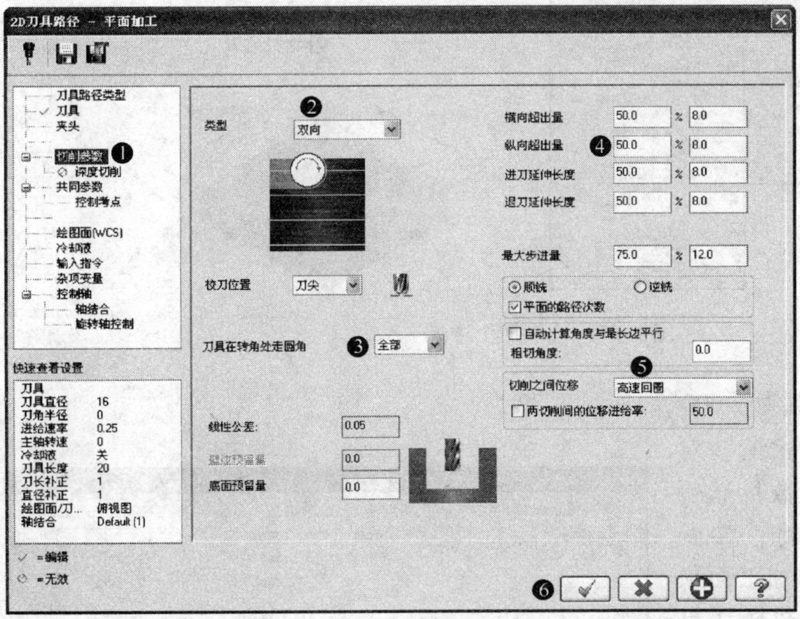

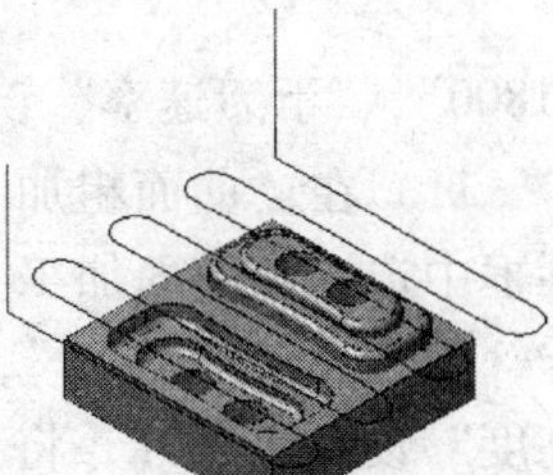

图 6-29　生成刀具路径

9）在“刀具路径的曲面选取”对话框“边界范围”内单击（选择）按钮弹出“串连选项”对话框，在工作区域内选取封闭二维轮廓曲线后单击（确定）按钮，在“刀具路径的曲面选取”对话框单击（确定）按钮完成加工边界的选取，如图 6-31 所示。

10）在“曲面粗加工挖槽”对话框的左侧单击“刀具”将主页面切换至刀具页面，选择【刀具路径参数】选项卡，将“进给速率”设置为“1000”，“主轴转速”设置为

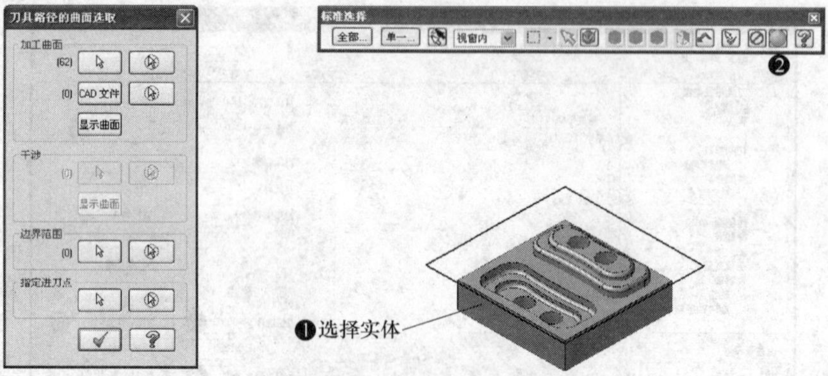

图 6-30　选取加工曲面

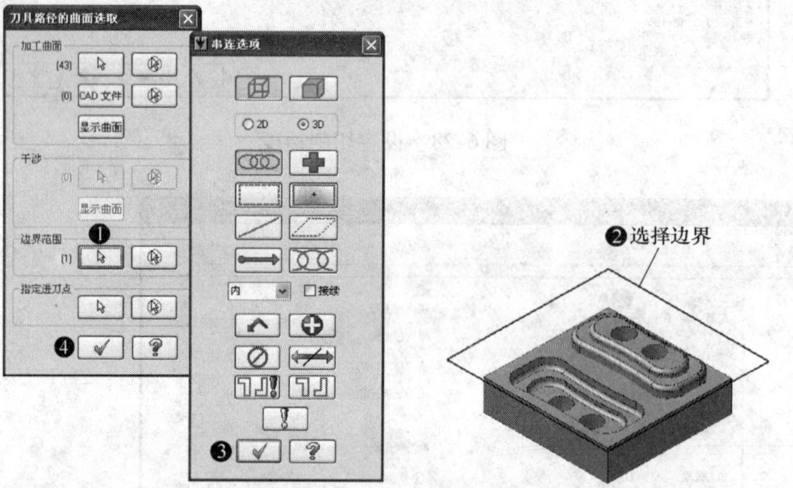

图 6-31　选取加工边界

"1800"，"下刀速率"设置为"600"，如图 6-32 所示。

11）在"曲面粗加工挖槽"对话框中选择【曲面加工参数】选项卡，勾选"安全高度"，将"参考高度"设置为"5"，将"加工面预留量"设置为"0.35"；选择【粗加工参数】选项卡，将"Z 轴最大进给量"设置为"1"，勾选"由切削范围外下刀"，如图 6-33 所示。

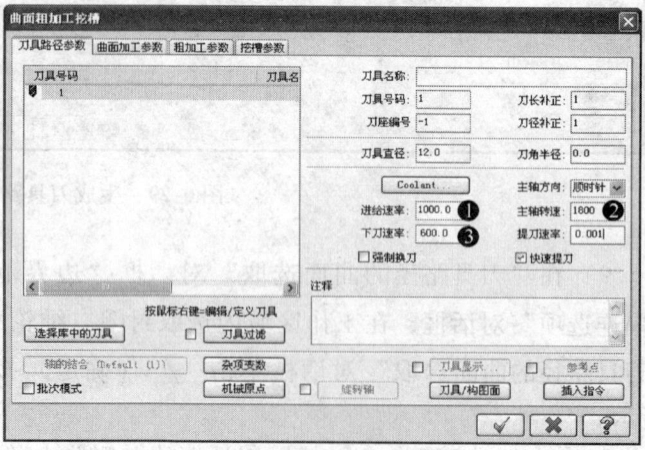

图 6-32　设置刀具参数

12）在"曲面粗加工挖槽"对话框中选择【挖槽参数】选项卡，将"粗加工"模式选择为"等距环切"，"切削间距（直径%）"设置为"75"，去除"精加工"的勾选，

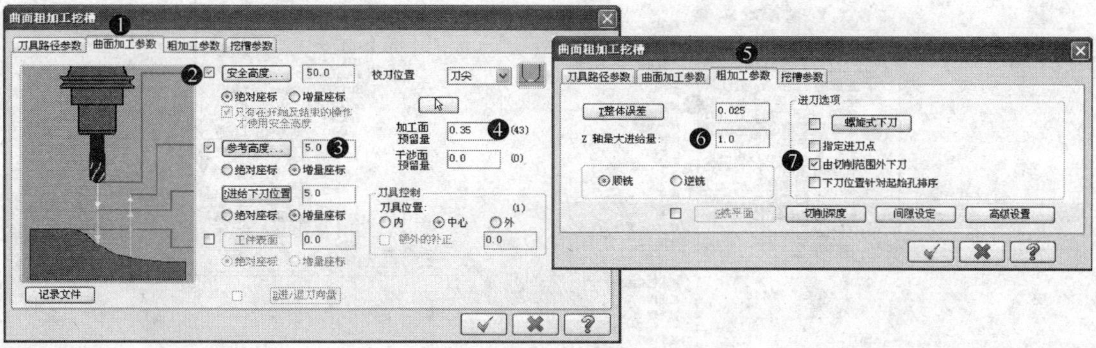

图 6-33　设置下刀高度

单击（确定）按钮完成参数设置，在“警告”对话框内单击 确定 按钮生成刀具路径，如图 6-34 所示。

图 6-34　生成刀具路径

13）在“操作管理”的左侧选择“曲面粗加工挖槽”的刀具路径，单击鼠标右键选择“复制”选项复制当前的刀具路径，然后将刀具路径粘贴在“操作管理”内，如图 6-35 所示。

14）在“操作管理”的左侧内双击已复制的“曲面粗加工挖槽”刀具路径内的“参数”，进入“曲面粗加工挖槽”对话框，在“曲面粗加工挖槽”对话框的左侧单击“曲面加工参数”，将主页面切换至参数页面，将“加工面预留量”设置为“0”，如图 6-36 所示。

15）在“曲面粗加工挖槽”对话框中选择【粗加工参数】选项卡，单击 切削深度 按钮进入“切削深度的设定”对话框，将“最高位置”和“最低位置”分别设置为“-5”，单击（确定）按钮退出对话框，如图 6-37 所示。

16）在“操作管理”的左侧单击（重建所有已选择的操作）按钮生成刀具路径，如图 6-38 所示。

17）在菜单栏中依次选择“刀具路径”/“曲面精加工”/“精加工等高外形”选项，弹出“标准选择”悬浮工具条，在工作区域内选取实体后单击（结束选择）按钮后弹出“刀

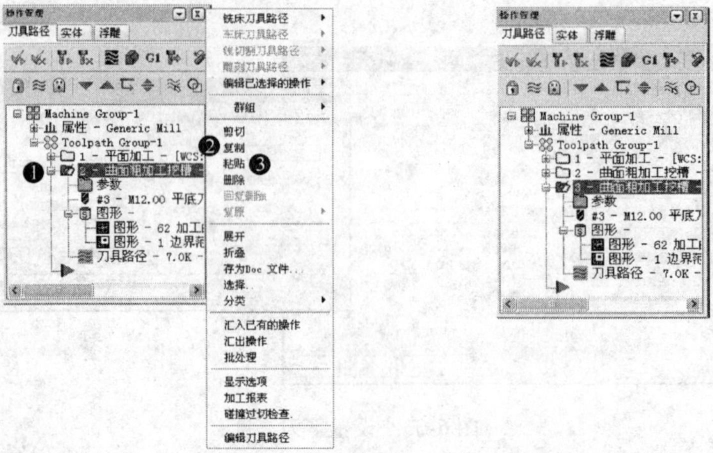

图 6-35　复制刀具路径

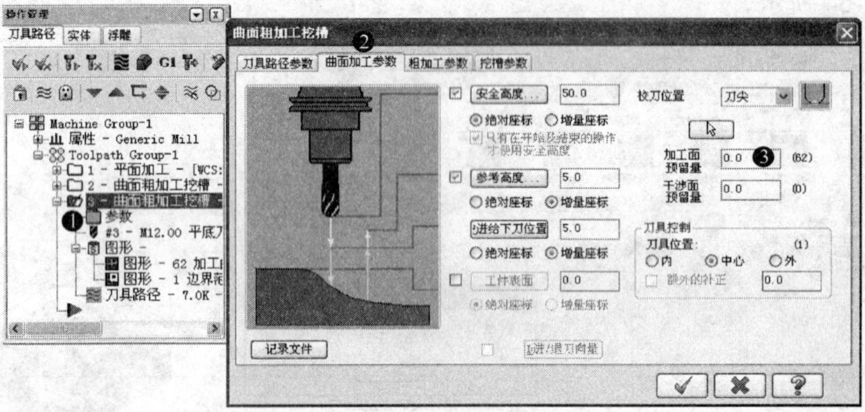

图 6-36　设置参数

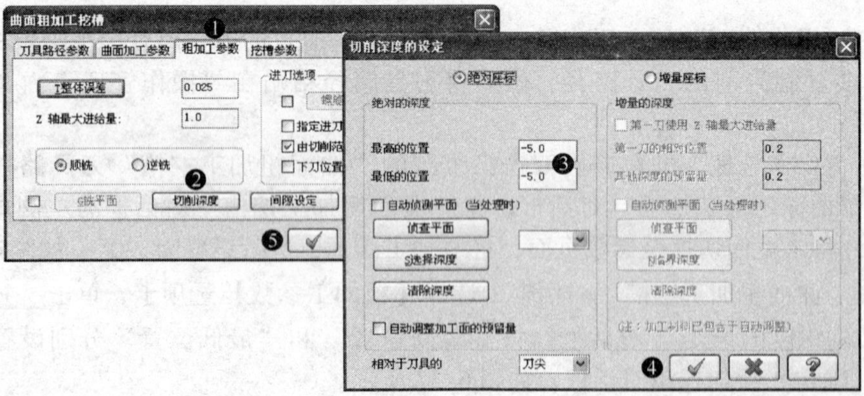

图 6-37　设置参数

具路径的曲面选取”对话框，单击 ✓（确定）按钮完成曲面的选取，进入“曲面精加工等高外形”对话框，如图 6-39 所示。

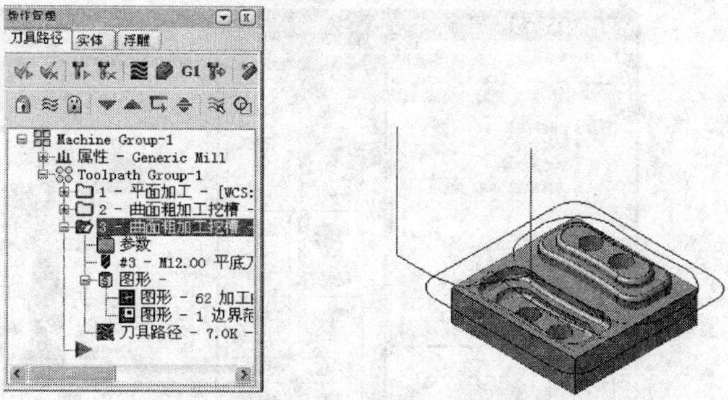

图 6-38　生成刀具路径

18）在对话框内单击（选择）按钮，弹出“串连选项”对话框，在工作区域内依次选取封闭的曲线作为边界范围，单击（确定）按钮完成边界的选取，在“刀具路径的曲面选取”对话框中单击（确定）按钮进入“曲面精加工等高外形”对话框，如图 6-40 所示。

19）在“曲面精加工等高外形”对话框“刀具号码”内的空白处单击鼠标右键选择“创建新刀具”选项，弹出“定义刀具”对话框，在【类型】选项卡选取“平底刀”后，在【平底刀】选项卡内将刀具“直径”参数设置为“6”，单击（确定）按钮完成刀具参数设定，如图 6-41 所示。

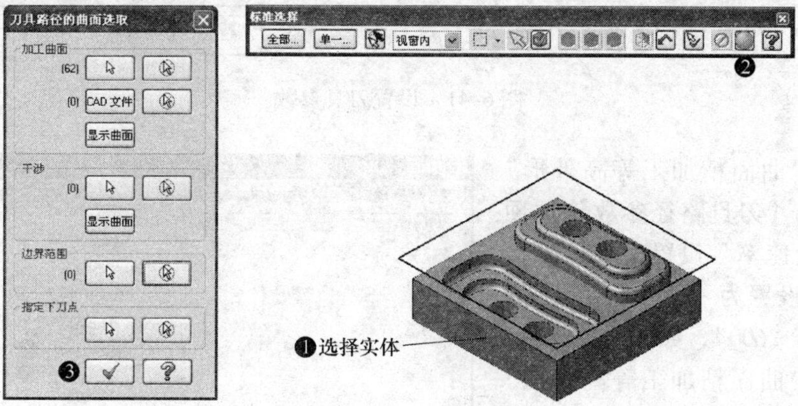

图 6-39　选取加工曲面

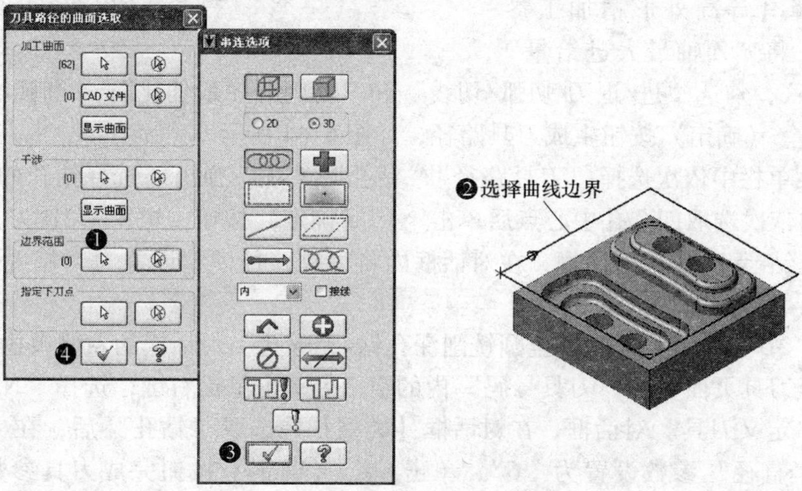

图 6-40　选取边界

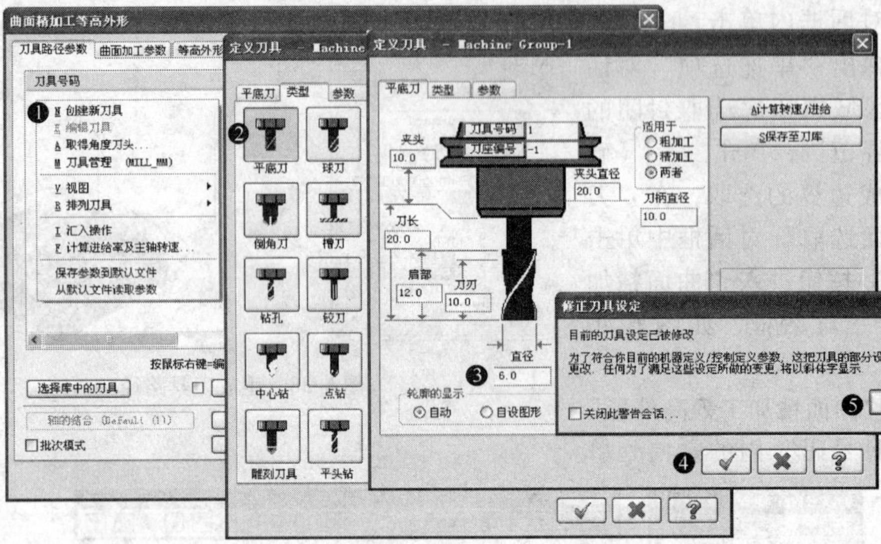

图 6-41　设置刀具参数

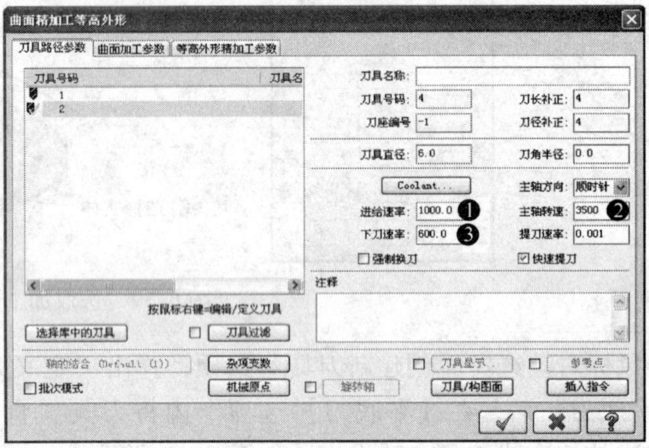

图 6-42　设置切削速度

20）在“曲面精加工等高外形”对话框内选择【刀具路径参数】选项卡，将“进给速率”设置为“1000”，“主轴转速”设置为“3500”，“下刀速率”设置为“600”，如图6-42所示。

21）在“曲面精加工等高外形”对话框中选择【曲面加工参数】选项卡，勾选“安全高度”，将“参考高度”设置为“5”，“加工面预留量”设置为“0”，如图 6-43 所示。

22）在“曲面精加工等高外形”对话框中选择【等高外形精加工参数】选项卡，将“Z 轴最大进给量”设置为“0.05”，勾选“进/退刀 切弧/切线”和“切削顺序最佳化”，“圆弧半径”设置为“2”，单击 ✔（确定）按钮生成刀具路径，如图 6-44 所示。

23）在菜单栏中依次选择“刀具路径”/“钻孔”选项，弹出“选择钻孔的点”对话框，在工作区域内依次选取四个孔中心点后单击 ✔（确定）按钮，进入“2D 刀具路径-钻孔/全圆铣削深孔钻-无啄孔”对话框，在对话框内将刀具路径模型设置为“钻孔”，如图 6-45 所示。

24）在“2D 刀具路径-钻孔/全圆铣削深孔钻-无啄孔”对话框的左侧单击“刀具”，将主页面切换至刀具页面，在“刀具号码”内的空白处单击鼠标右键，选择“N 创建新刀具”选项，弹出“定义刀具”对话框，在对话框【类型】内选取“钻孔”后，在【钻孔】选项卡内将刀具“直径”参数设置为“6”，单击 ✔（确定）按钮完成刀具参数设定，如图 6-46所示。

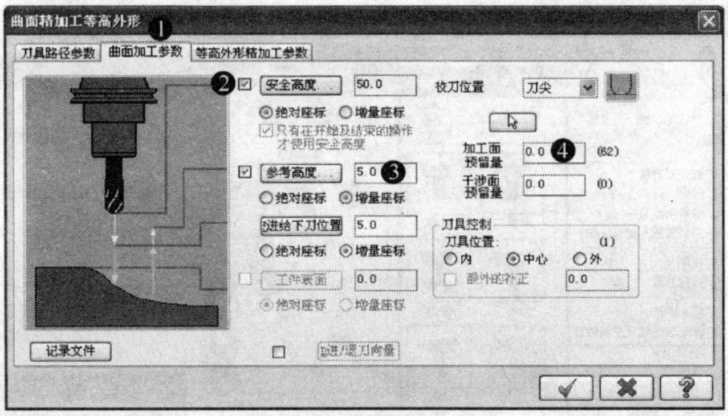

图 6-43 设置下刀高度

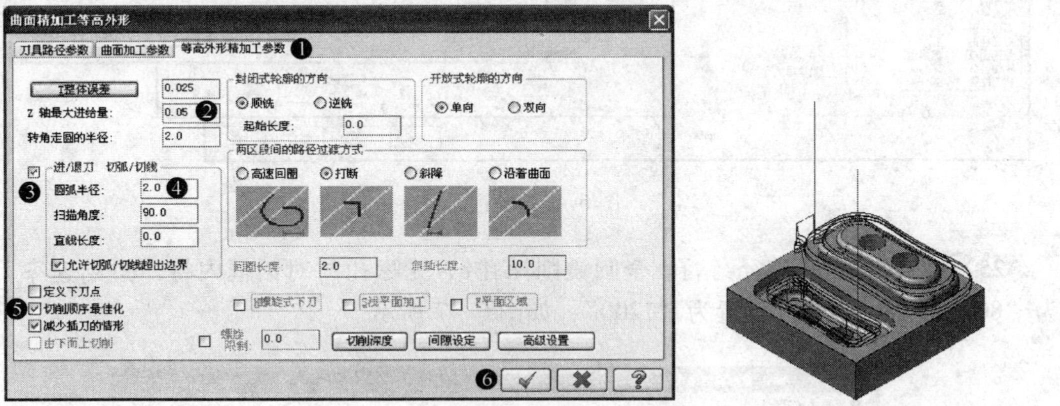

图 6-44 生成刀具路径

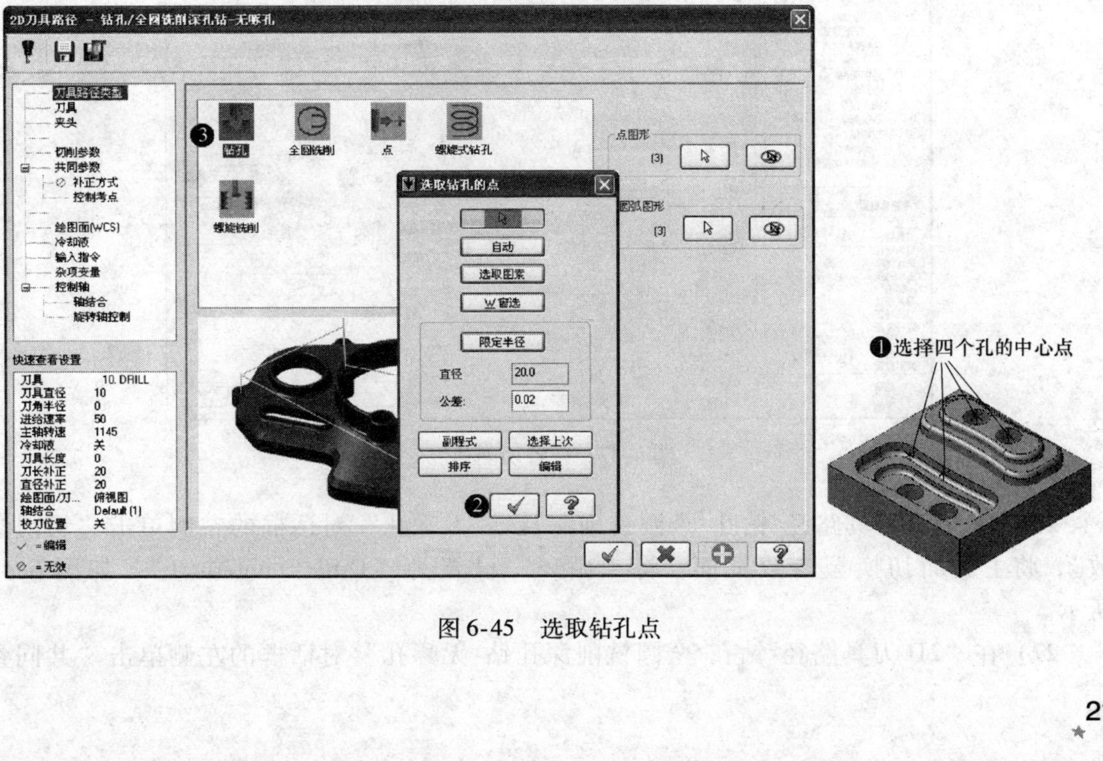

图 6-45 选取钻孔点

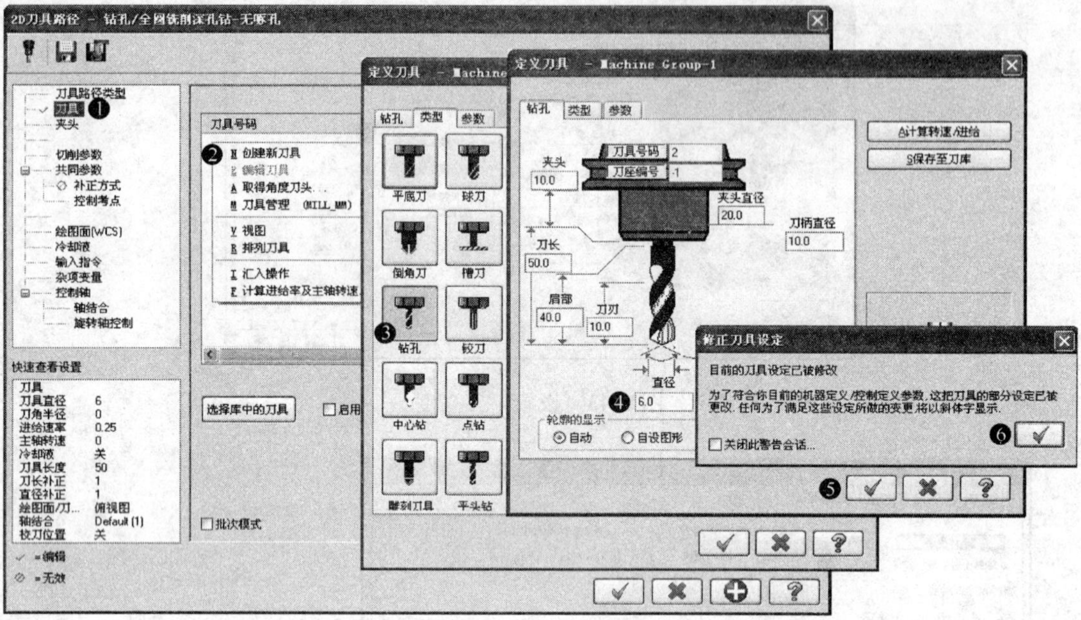

图 6-46 设置刀具参数

25）在“2D 刀具路径-钻孔/全圆铣削深孔钻-无啄孔”对话框内将“进给速率”设置为“80”，“主轴转速”设置为“1200”，如图 6-47 所示。

图 6-47 设置切削速度

26）在“2D 刀具路径-钻孔/全圆铣削深孔钻-无啄孔”对话框的左侧单击“切削参数”，将主页面切换至参数页面，将“循环”设置为“Drill/Counterbore”，如图 6-48 所示。

27）在“2D 刀具路径-钻孔/全圆铣削深孔钻-无啄孔”对话框的左侧单击“共同参

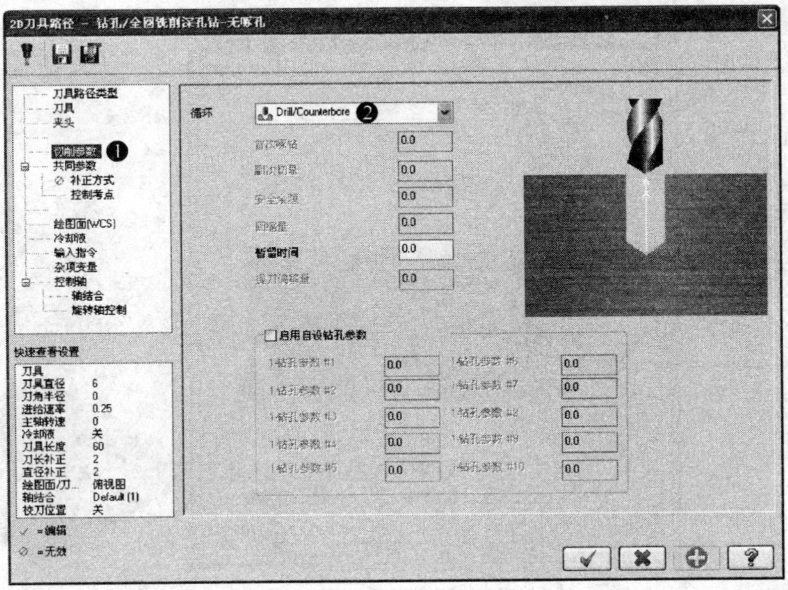

图 6-48　设置参数

数”，将主页面切换至参数页面，勾选“安全高度”选项并设置高度为“50”，将“参考高度”选项设置为“5”，“深度”设置为“－15”，单击［✔］（确定）按钮生成刀具路径，如图 6-49 所示。

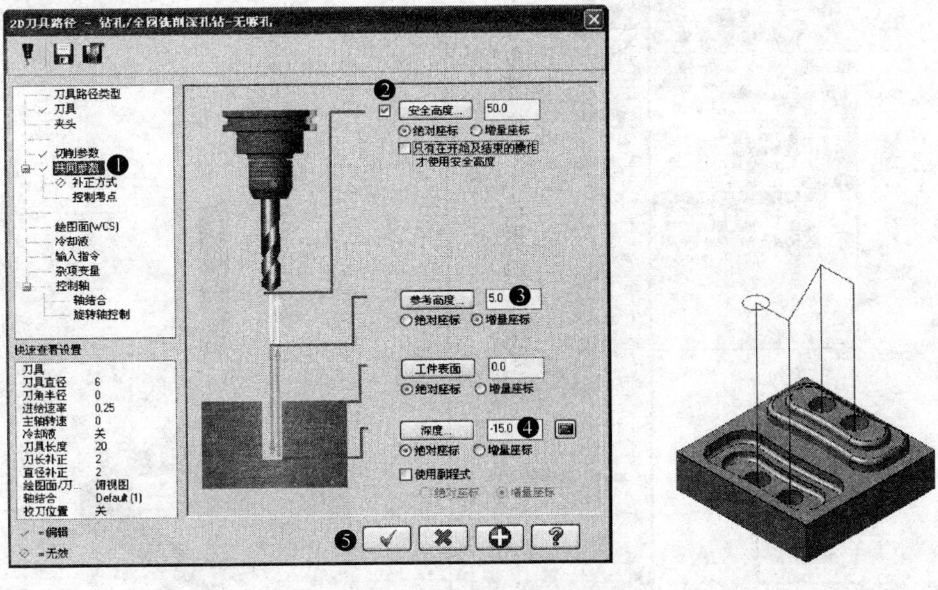

图 6-49　生成刀具路径

3. 零件加工程序的仿真和输出代码

1）在“操作管理”左侧双击“属性”，将其内部的树状结构打开，双击“材料设置”选项弹出“机器群组属性”对话框，在对话框内设置参数后单击［✔］（确定）按钮退出对话框，如图 6-50 所示。

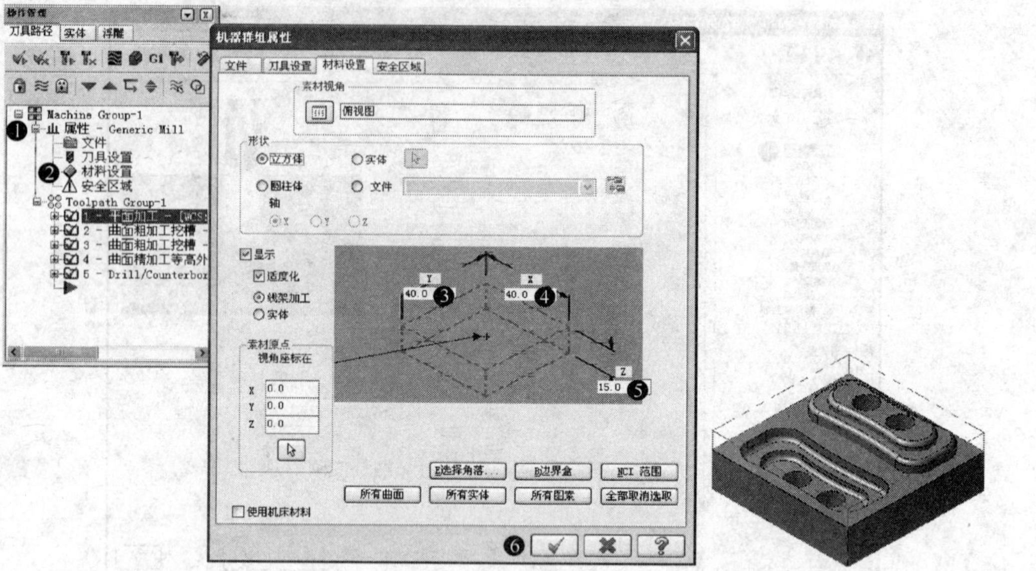

图 6-50　设置材料毛坯

2）在“操作管理”的左侧选择已生成的刀具路径，单击（验证已选择的操作）按钮，弹出“验证”对话框和激活悬浮工具条，在对话框内单击（机床）按钮进行刀具路径的验证，验证完毕后在对话框内单击（确定）按钮退出验证环境，如图 6-51 所示。

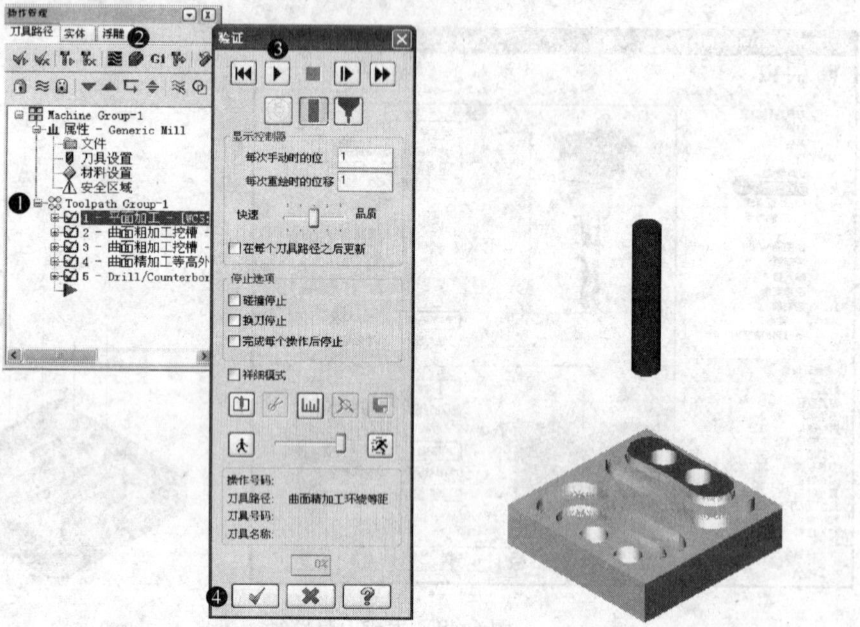

图 6-51　刀具路径验证

3）在“操作管理”的左侧选择前三项已生成的刀具路径，单击（后处理已选择的操作）按钮弹出“后处理程式”对话框，单击（确定）按钮弹出“输出部分的 NCI 文件”对话框，单击 否(N) 按钮弹出“另存为”对话框，在本对话框中设置后处理文件的路径、文件类型和文件名后，单击 （确定）按钮生成后处理程序，如图6-52所示。

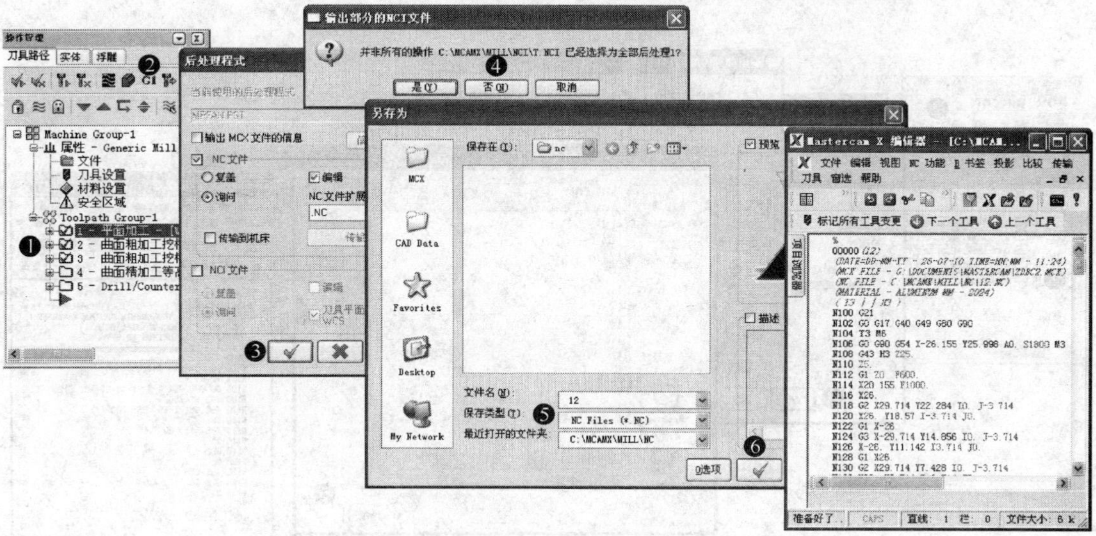

图6-52 后处理程序

4）在“操作管理”的左侧选择第四项已生成的刀具路径，单击G1（后处理已选择的操作）按钮弹出“后处理程式”对话框，单击 （确定）按钮弹出“输出部分的NCI文件”对话框，单击否(N)按钮弹出“另存为”对话框，在对话框设置后处理文件的路径、文件类型和文件名后，单击 （确定）按钮生成后处理程序，如图6-53所示。

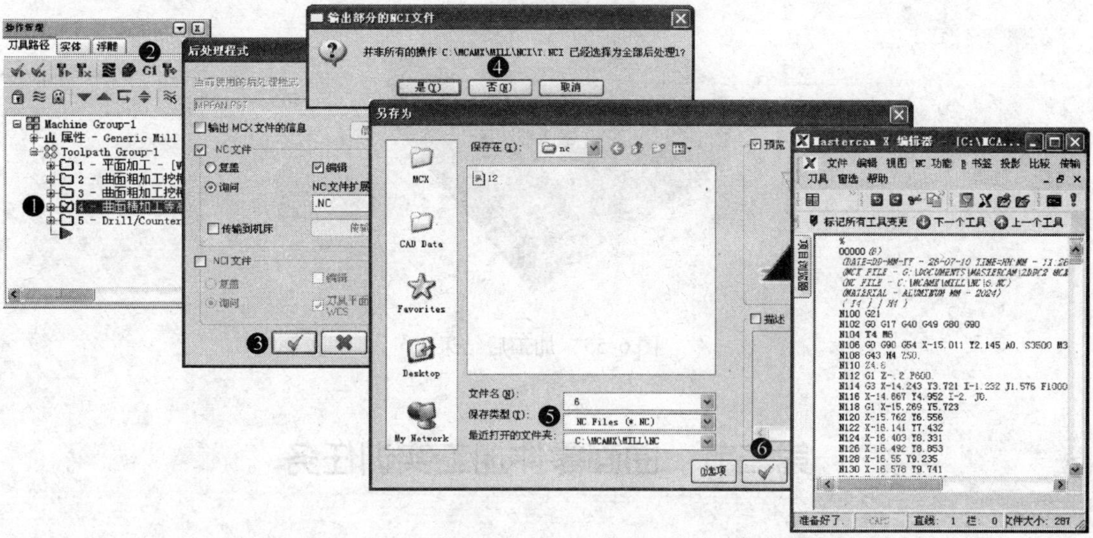

图6-53 后处理程序

5）在“操作管理”的左侧选择第五项已生成的刀具路径，单击G1（后处理已选择的操作）按钮弹出“后处理程式”对话框，单击 （确定）按钮弹出“输出部分的NCI文件”对话框，单击否(N)按钮弹出“另存为”对话框，在对话框设置后处理文件的路径、文件类型和文件名后，单击 ✔（确定）按钮生成后处理程序，如图 6-54 所示。

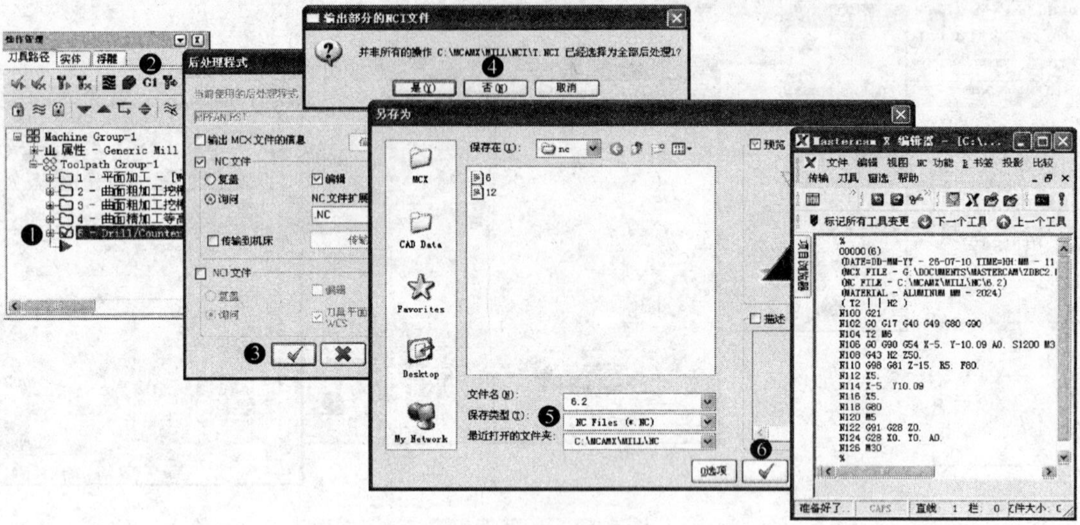

图 6-54　后处理程序

4. 加工结果

配合件零件加工后结果如图 6-55 所示。

图 6-55　加工后结果

第二节　曲面零件加工实训任务

一、任务分析

三个孔由顶面至底面深度为 10mm，零件侧壁单边拔模角为 5°，U 形槽与曲面连接圆角半径为 1mm，零件顶面边界倒圆角半径为 3mm，U 形槽边界倒圆角半径为 1mm，如图 6-56 所示。

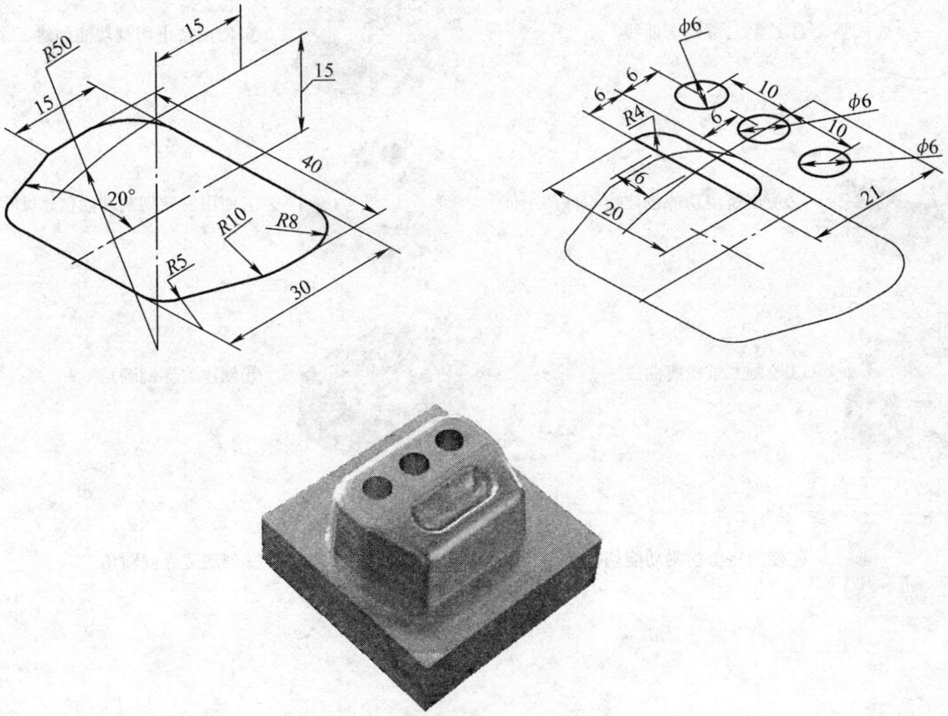

图 6-56　零件主要轮廓尺寸

二、零件的设计

1. 零件设计流程

曲面零件的主要设计流程如图 6-57 所示。

2. 零件设计步骤

1）在 Windows 系统依次选择“开始”/“程序”/“Mastercam X4”/“Mastercam X4”选项，进入 Mastercam X4 初始界面。

2）按键盘〈ALT+1〉组合键，将绘图平面设置为“俯视图”状态，在“状态栏”中的“Z”绘图平面高度输入“-15”，然后键盘按回车键确定。

3）在菜单栏依次选择“绘图”/“矩形”选项，激活“矩形”悬浮工具条，在工具条单击（设置基准点为中心点）按钮，在“自动抓点”悬浮工具条中输入矩形的中心点坐标后按键盘回车键，在“矩形”悬浮工具条输入矩形长度尺寸后按键盘回车键，再次输入矩形宽度尺寸后按键盘回车键，单击（确定）按钮完成矩形绘制，如图 6-58 所示。

4）在菜单栏中依次选择“绘图”/“任意线”/“绘制任意线”选项，激活“直线”悬浮工具条，在工作区域内捕捉矩形左边直线的中点，单击鼠标左键确定直线第一点，在长度输入框内输入“25”后按键盘回车键确定，在角度输入框内输入“290”后按键盘回车键确定，单击（应用）按钮完成直线的绘制，如图 6-59 所示。

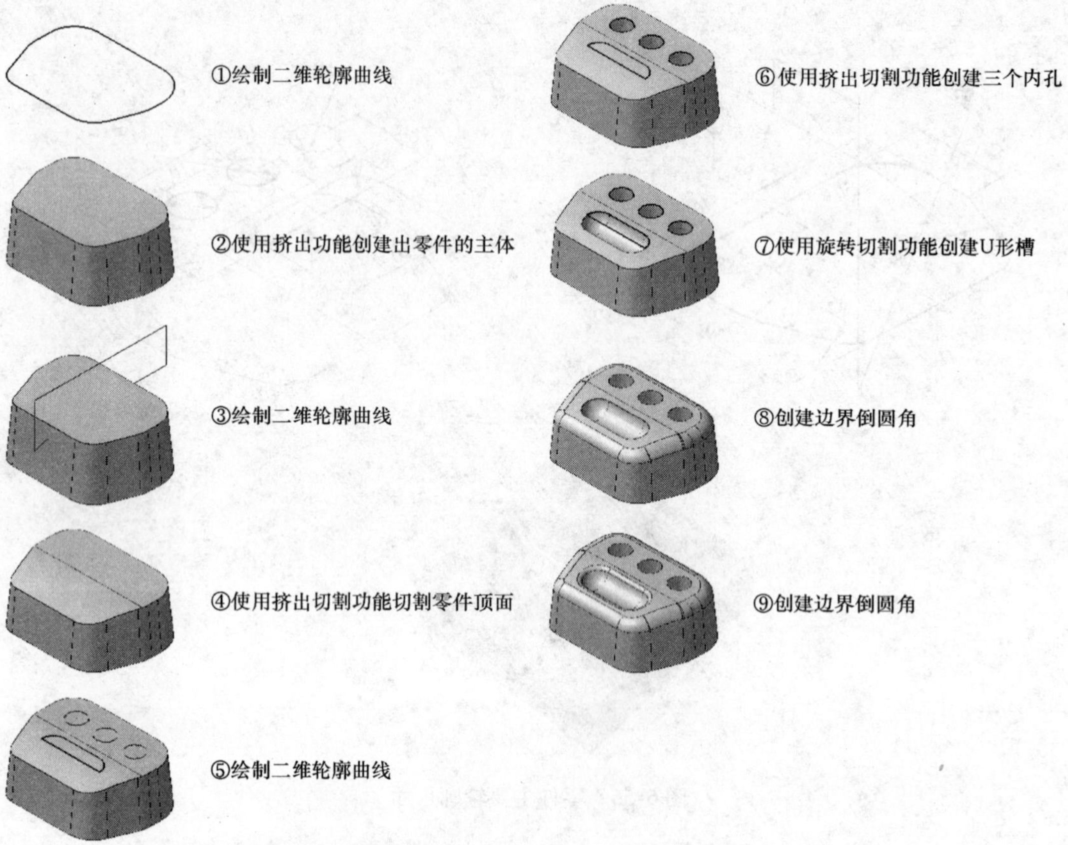

图 6-57　零件的主要设计流程

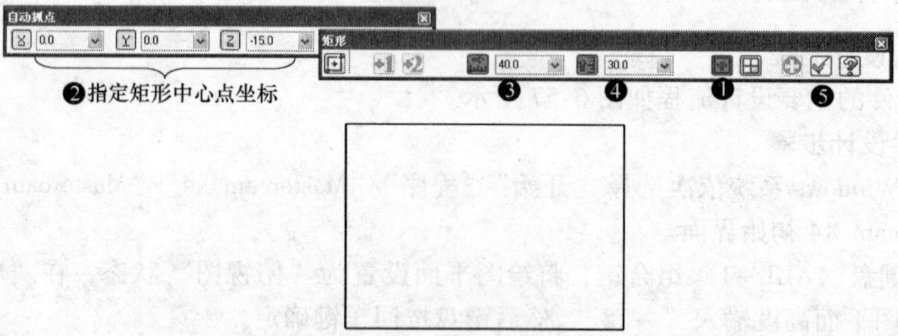

图 6-58　绘制矩形

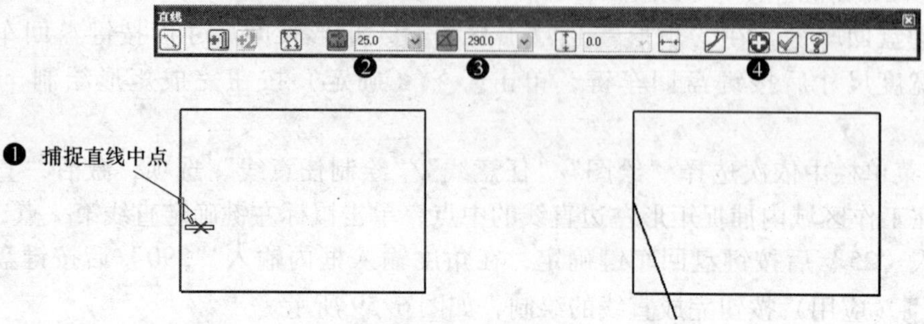

图 6-59　绘制直线

5）在工作区域内捕捉矩形右边直线的中点，单击鼠标左键确定直线第一点，在长度输入框内输入“25”后按键盘回车键确定，在角度输入框内输入“250”后按键盘回车键确定，单击 ✔（确定）按钮完成直线的绘制，如图6-60所示。

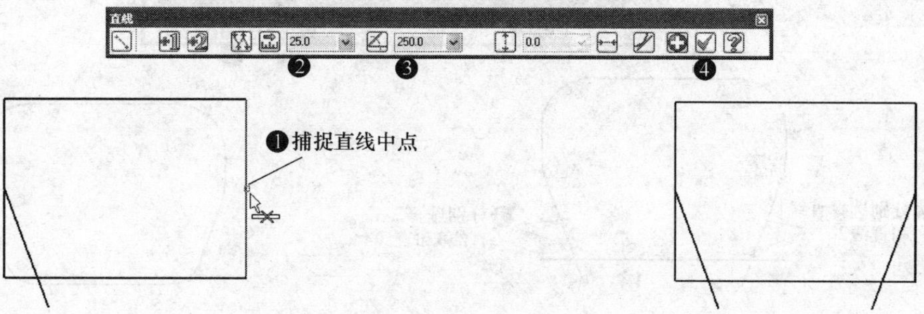

图6-60 绘制直线

6）在菜单栏中依次选择“绘图”/“倒圆角”/“倒圆角”选项，激活“圆角”悬浮工具条，在“圆角”悬浮工具条的半径输入框内输入“8”后按键盘回车键确定，在工作区域内分别选择直线1和直线2作为第一个倒圆角创建对象，选择直线3和直线4作为第二个倒圆角创建对象，单击 ⊕（应用）按钮完成倒圆角绘制，如图6-61所示。

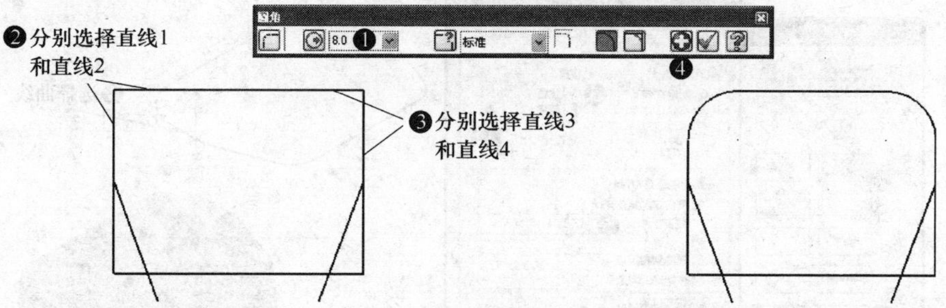

图6-61 创建两图素间倒圆角

7）在“圆角”悬浮工具条的半径输入框内输入“10”后按键盘回车键确定，在工作区域内分别选择直线1和直线2作为第一个倒圆角创建对象，选择直线3和直线4作为第二个倒圆角创建对象，单击 ⊕（应用）按钮完成倒圆角绘制，如图6-62所示。

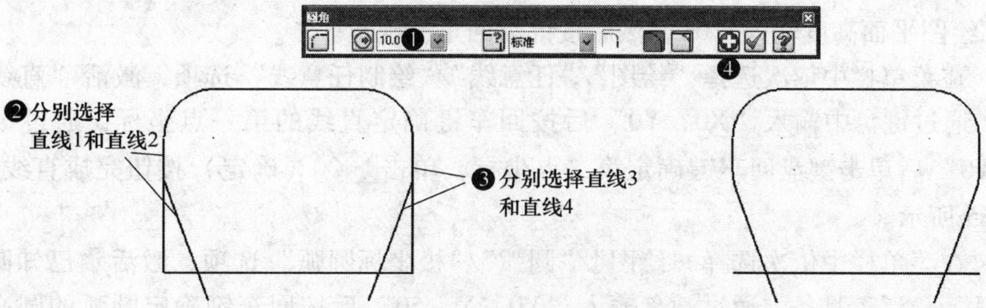

图6-62 创建两图素间倒圆角

8）在“圆角”悬浮工具条的半径输入框内输入“5”后按键盘回车键确定，在工作区域内分别选择直线 1 和直线 2 作为第一个倒圆角创建对象，选择直线 3 和直线 4 作为第二个倒圆角创建对象，单击 ✓ （确定）按钮完成倒圆角绘制，如图 6-63 所示。

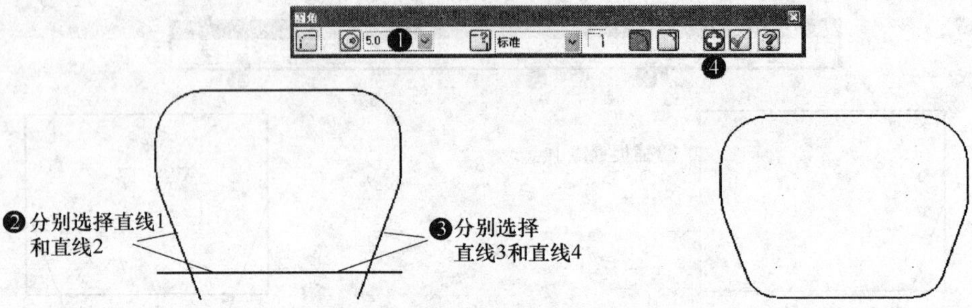

图 6-63　创建两图素间倒圆角

9）在菜单栏中依次选择“实体”/“挤出实体”选项，激活“串连选项”对话框，在工作区域选择要挤出实体的曲线后单击 ✓ （确定）按钮进入“实体挤出的设置”对话框，勾选“拔模”并设置“角度”为“5”，将“距离”设置为“17”，单击 ✓ （确定）按钮完成实体挤出，如图 6-64 所示。

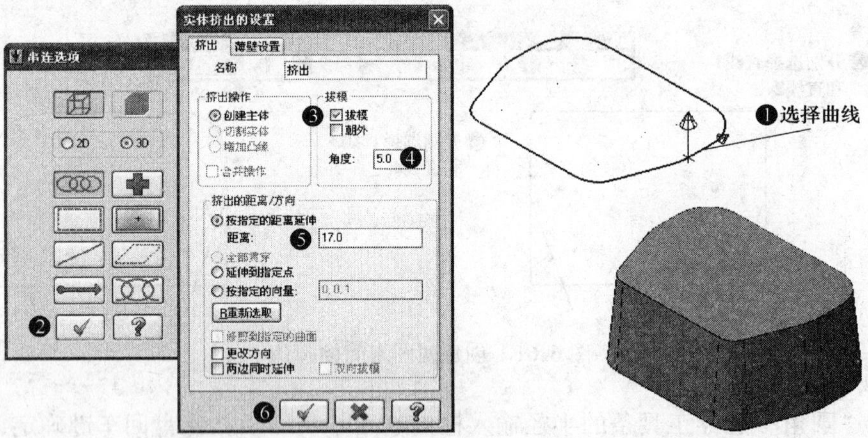

图 6-64　绘制挤出实体

10）按键盘〈ALT + 5〉组合键，将绘图平面设置为“右视图”状态，在“状态栏”中的“Z”绘图平面高度输入“0”，然后按键盘回车键确定。

11）在菜单栏中依次选择“绘图”/“任意线”/“绘制任意线”选项，激活“直线”悬浮工具条，通过键盘中输入“X0，Y0”后按回车键确定直线的第一点坐标，通过键盘输入“X15，Y0”后单击键盘回车键确定第二点坐标，单击 ✓ （确定）按钮完成直线的绘制，如图 6-65 所示。

12）在菜单栏中依次选择“绘图”/“圆弧”/“极坐标圆弧”选项，激活“已知圆心，极坐标画弧”悬浮工具条，通过键盘输入“X0，Y－50”后按回车键确定圆弧的圆心点，在工作区域内捕捉直线端点作为圆弧起始点，在悬浮工具条中终止角度输入“110”后按键盘

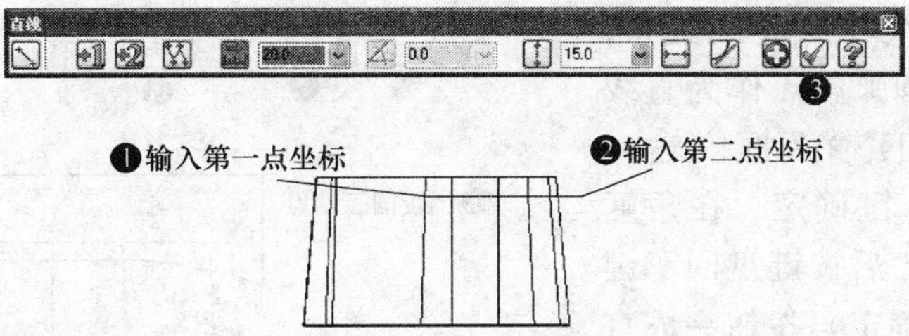

图 6-65 绘制直线

回车键确定，单击（确定）按钮完成圆弧的绘制，如图 6-66 所示。

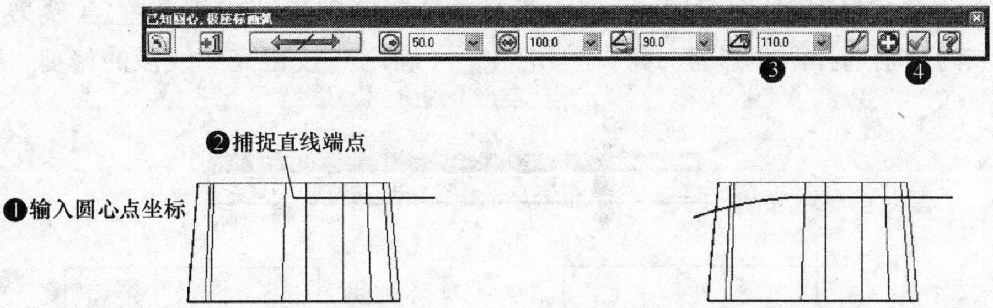

图 6-66 绘制极坐标圆弧

13）在菜单栏中依次选择“绘图”/“任意线”/“绘制任意线”选项，激活“直线”悬浮工具条，通过键盘输入“X15，Y0”后按回车键确定直线第一点坐标，通过键盘输入“X15，Y10”后按键盘回车键确定第二点坐标，单击（应用）按钮完成直线的绘制，如图 6-67 所示。

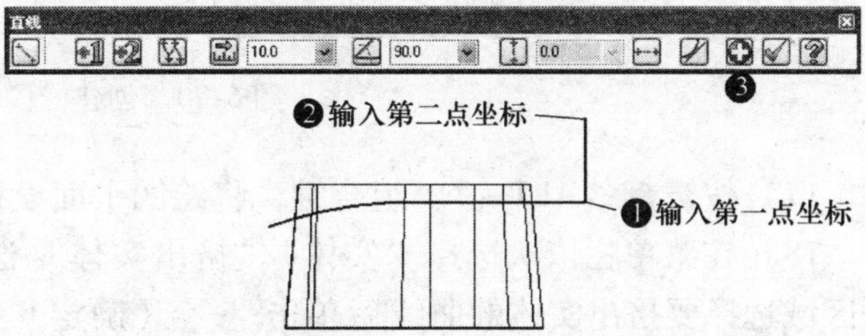

图 6-67 绘制直线

14）激活“直线”悬浮工具条，通过键盘输入“X15，Y10”后按回车键确定直线第一点坐标，通过键盘输入“X－20，Y10”后按键盘回车键确定第二点坐标，单击（应用）按钮完成直线的绘制，如图 6-68 所示。

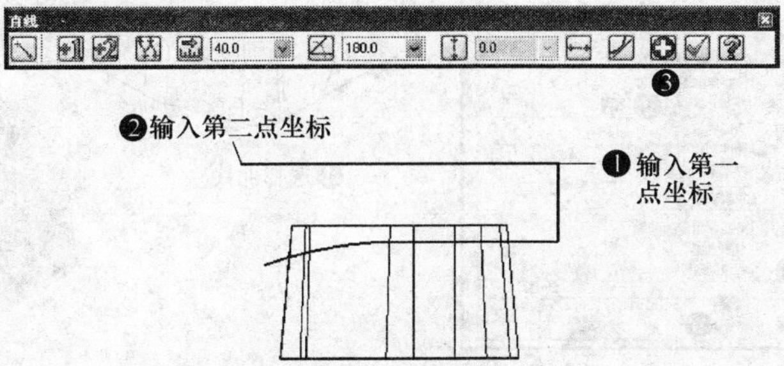

图 6-68 绘制直线

15）激活“直线”悬浮工具条，在工作区域内选择圆弧端点作为直线第一点坐标，在长度输入框内输入“15”后按键盘回车键确定，在角度输入框内输入“90”后按键盘回车键确定，单击 ✔ （确定）按钮完成直线的绘制，如图6-69所示。

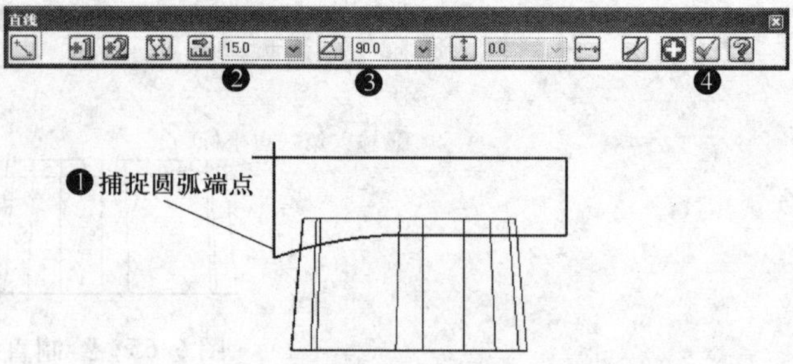

图6-69　绘制直线

16）在菜单栏中依次选择“编辑”/“修剪/打断”/“修剪/打断/延伸”选项，激活“修剪/延伸/打断”悬浮工具条，将修剪模式设置为 （修剪二物体），在工作区域内分别选择两个修剪对象，单击 ✔ （确定）按钮完成线段的修剪，如图6-70所示。

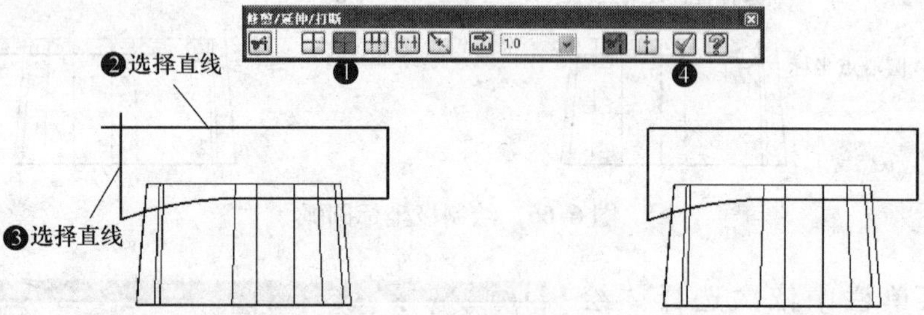

图6-70　创建线段修剪

17）按键盘〈ALT+7〉组合键，将绘图平面设置为“等视图”状态。

18）在菜单栏依次选择“实体”/“挤出实体”选项，激活“串连选项”对话框，在工作区域选择要挤出实体的曲线后单击 ✔ （确定）按钮进入“实体挤出的设置”对话框，将“挤出操作”设置为“切割实体”，“距离”设置为“20”，勾选“两边同时拉伸”选项，单击 ✔ （确定）按钮完成实体挤出，如图6-71所示。

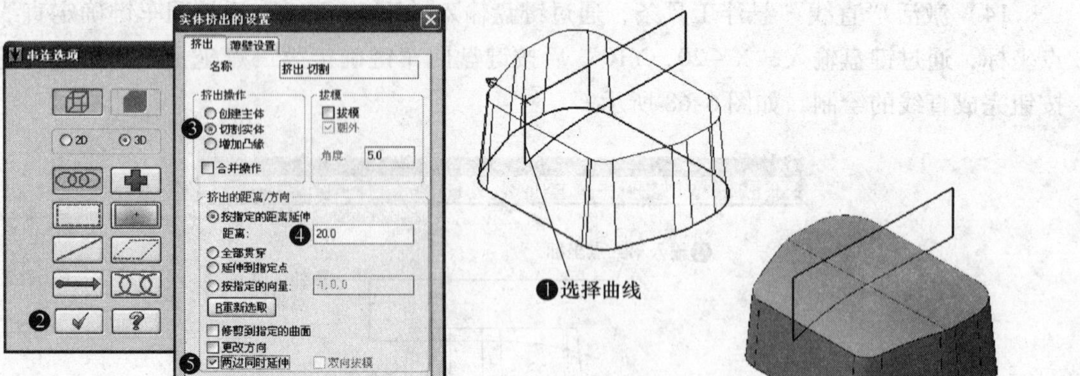

图6-71　绘制挤出实体

19）按键盘〈ALT+1〉组合键，将绘图平面设置为“俯视图”状态，在“状态栏”中的“Z”绘图平面高度输入“0”，然后按键盘回车键确定。

20）在菜单栏依次选择“绘图”/“圆弧”/“圆心+点”选项，激活“编辑圆心点”悬浮工具条，通过键盘输入“X-10，Y6，Z0”后按回车键确定圆弧的圆心点，在直径输入框内输入“6”后按键盘回车键确定，单击（应用）按钮完成第一个圆的绘制，如图6-72所示。

21）通过键盘输入“X0，Y6，Z0”后按回车键确定圆弧的圆心点，在直径输入框内输入“6”后按键盘回车键确定，单击（应用）按钮完成第二个圆的绘制，如图6-73所示。

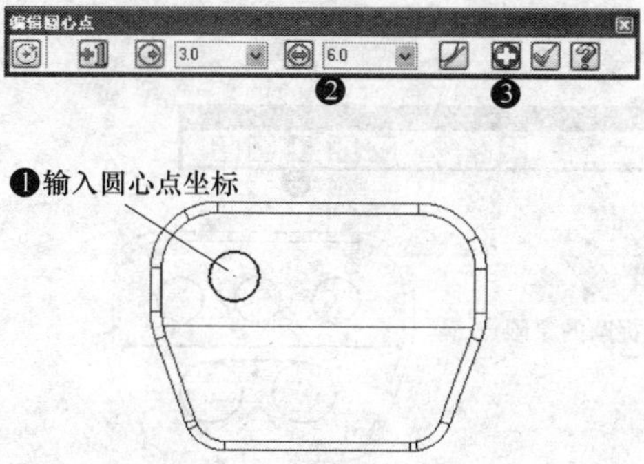

图6-72 绘制第一个圆

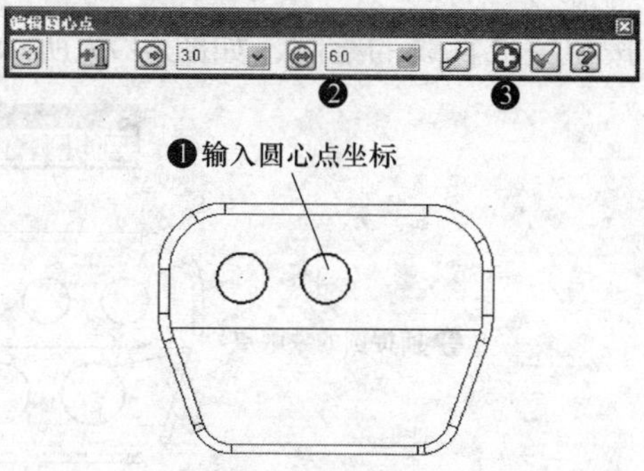

图6-73 绘制第二个圆

22）通过键盘输入“X10，Y6，Z0”后按回车键确定圆弧的圆心点，在直径输入框内输入“6”后按键盘回车键确定，单击（应用）按钮完成第三个圆的绘制，如图6-74所示。

23）通过键盘输入“X-6，Y-6，Z0”后按回车键确定圆弧的圆心点，在直径输入框内输入“8”后按键盘回车键确定，单击（应用）按钮完成第四个圆的绘制，如图6-75所示。

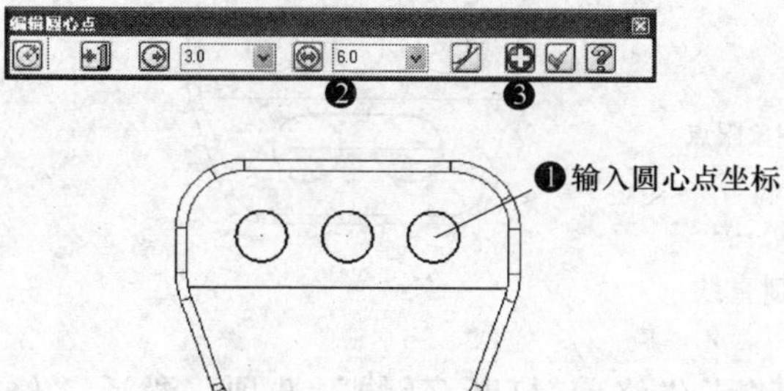

图6-74 绘制第三个圆

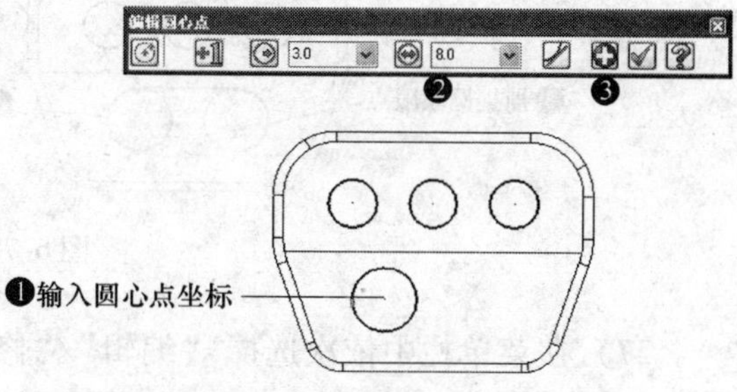

图6-75 绘制第四个圆

24）通过键盘输入“X6，Y-6，Z0”后按回车键确定圆弧的圆心点，在直径输入框内输入“8”后按键盘回车键确定，单击（确定）按钮完成第五个圆的绘制，如图6-76所示。

25）在菜单栏中依次选择“绘图”/“任意线”/“绘制任意线”选项，激活“直线”悬浮工具条，在工作区域内分别捕捉两个圆的象限点为直线的起始和终止点，单击（应用）

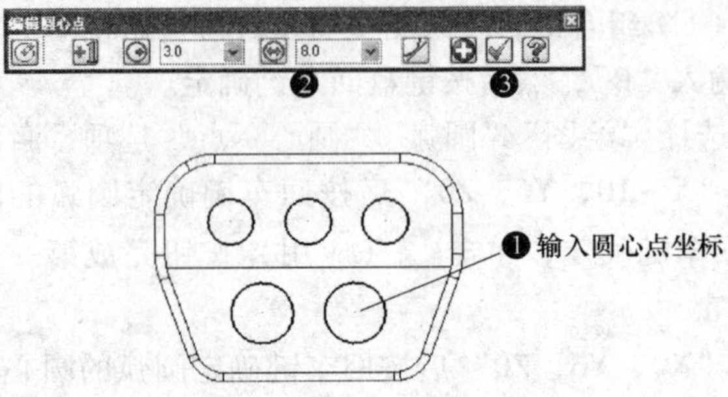

图 6-76　绘制第五个圆

按钮完成直线的绘制，如图 6-77 所示。

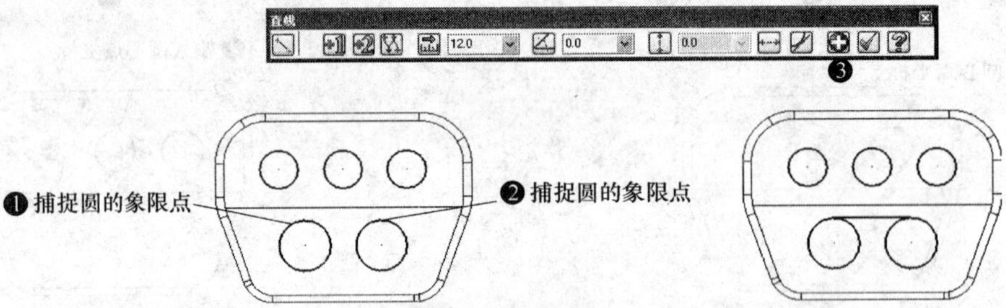

图 6-77　绘制直线

26）在工作区域内分别捕捉两个圆的象限点为直线的起始和终止点，单击（确定）按钮完成直线的绘制，如图 6-78 所示。

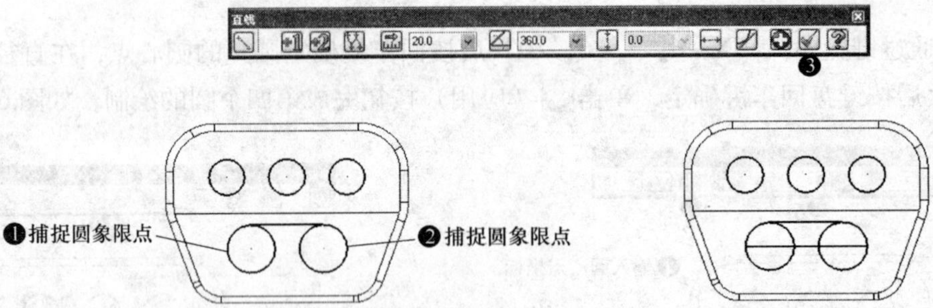

图 6-78　绘制直线

27）在菜单栏中依次选择“编辑”/“修剪/打断”/“修剪/打断/延伸”选项，激活“修剪/延伸/打断”悬浮工具条，将修剪模式设置为（修剪二物体），在工作区域内分别选择两个修剪对象，将线段做相应的修剪，如图 6-79 所示。

28）按键盘〈ALT + 7〉组合键，将绘图平面设置为“等视图”状态。

29）在菜单栏中依次选择“实体”/“挤出实体”选项，激活“串连选项”对话框，在工作区域选择要挤出实体的曲线后单击（确定）按钮进入“实体挤出的设置”对话框，将“挤出操作”设置为“切割实体”，“距离”设置为“10”，勾选“更改方向”，单击（确定）按钮完成实体挤出，如图 6-80 所示。

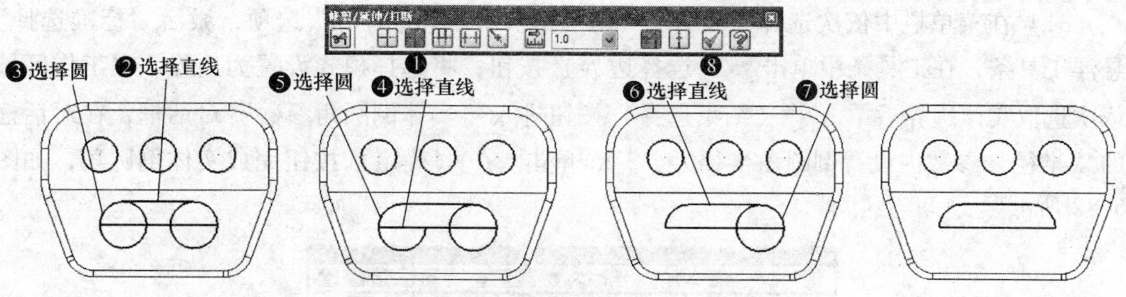

图 6-79　创建线段修剪

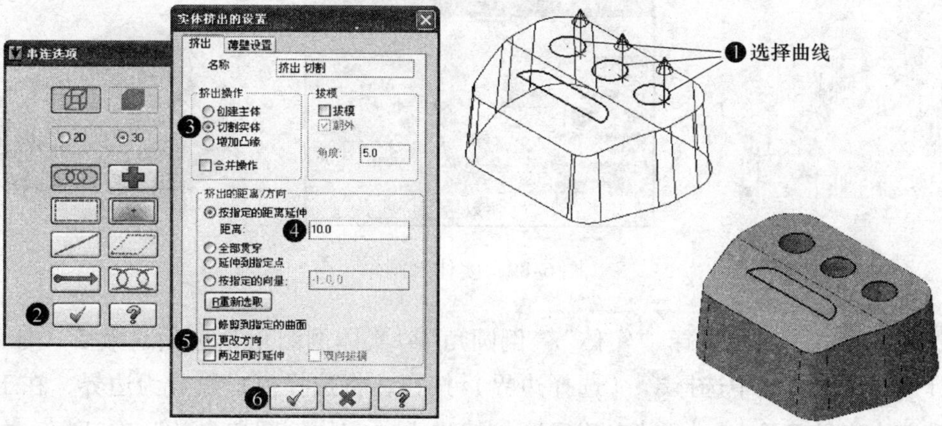

图 6-80　绘制挤出实体

30）在菜单栏中依次选择“实体”/“实体旋转”选项，激活“串连选项”对话框，在工作区域选择要旋转的曲线后单击 ✓（确定）按钮进入“方向”对话框，单击“A 重新选取轴（直线）”按钮，在工作区域选择直线后单击 ✓（确定）按钮进入“旋转实体的设置”对话框，将“旋转操作”设置为“切割实体”，“终止角度”设置为“360”，单击 ✓（确定）按钮完成实体旋转，如图 6-81 所示。

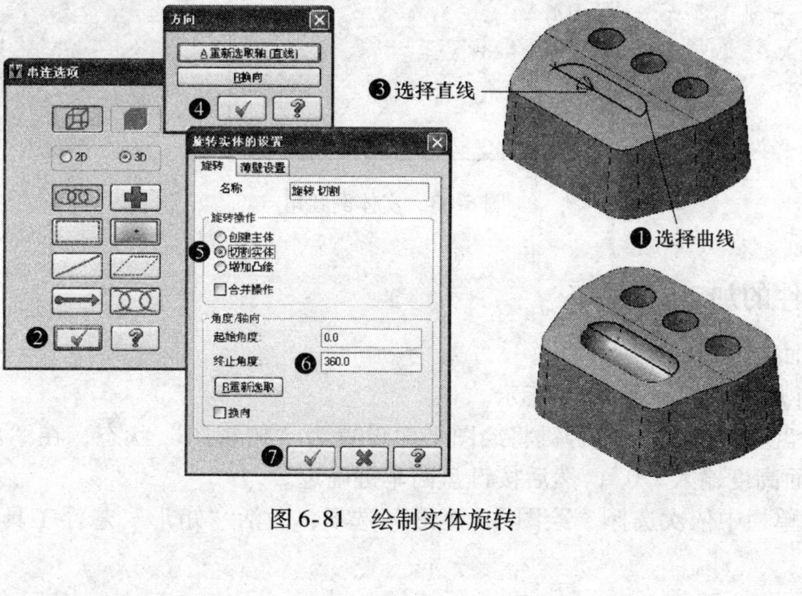

图 6-81　绘制实体旋转

31）在菜单栏中依次选择“实体”/“倒圆角”/“实体倒圆角”选项，激活“标准选择”悬浮工具条，在工具条中单击（选择边界）按钮，将选择模式设置为边界，在工作区域依次选取实体边界后单击（结束选择）按钮进入“实体倒圆角参数”对话框，在对话框的“半径”参数内设置倒圆角半径为“3”，单击（确定）按钮完成实体倒圆角，如图6-82所示。

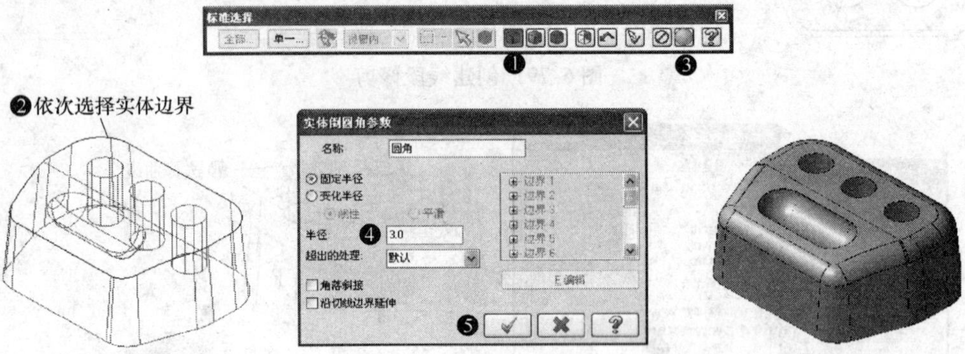

图6-82　实体倒圆角

32）在菜单栏中依次选择“实体”/“倒圆角”/“实体倒圆角”选项，激活“标准选择”悬浮工具条，在工具条中选择（选择边界）按钮，将选择模式设置为边界，在工作区域依次选取实体边界后单击（结束选择）按钮进入“实体倒圆角参数”对话框，在对话框的“半径”参数内设置倒圆角半径为“1”，单击（确定）按钮完成实体倒圆角，如图6-83所示。

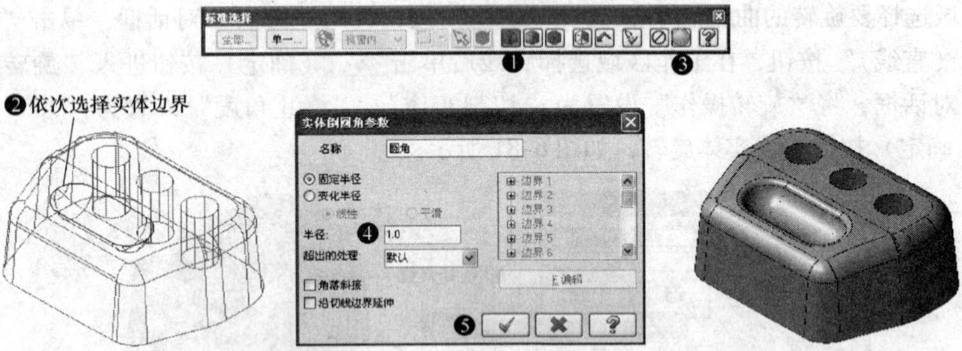

图6-83　实体倒圆角

三、零件的加工

1. 零件加工流程

曲面零件加工流程如图6-84所示。

1）按键盘〈ALT+1〉组合键将绘图平面设置为“俯视图”状态，在“状态栏”中的“Z”绘图平面高度输入“0”，然后按键盘回车键确定。

2）在菜单栏中依次选择“绘图”/“矩形”选项，激活“矩形”悬浮工具条，在工具条

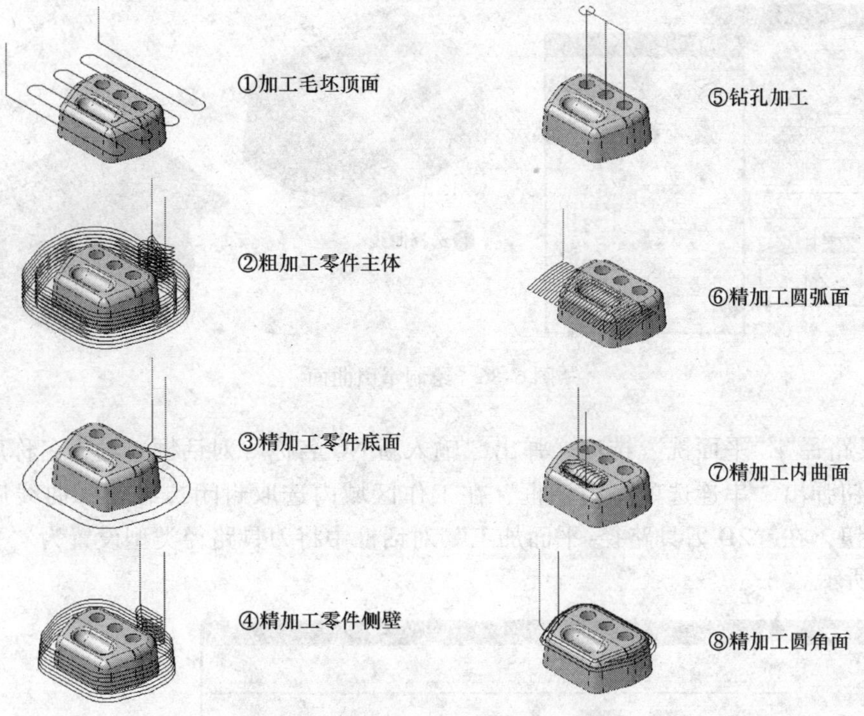

图 6-84　零件主要加工流程

单击 （设置基准点为中心点）按钮，在“自动抓点”悬浮工具条中输入矩形的中心点坐标后按键盘回车键，在“矩形”悬浮工具条输入矩形长度尺寸后按键盘回车键，再次输入矩形宽度尺寸后按键盘回车键，单击 （确定）按钮完成矩形的绘制，如图 6-85 所示。

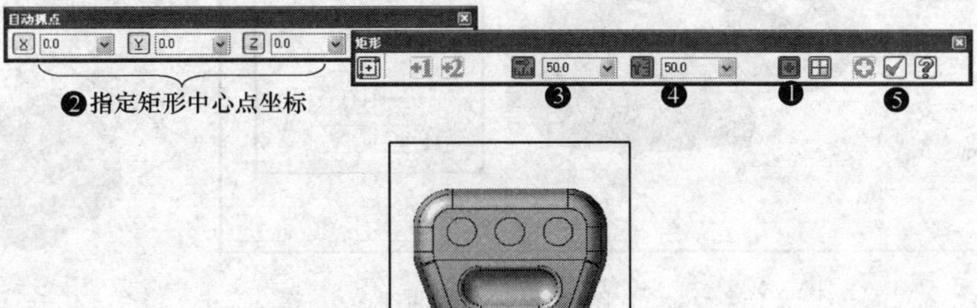

图 6-85　绘制矩形

3）按键盘〈ALT+5〉组合键，将绘图平面设置为“右视图”状态。

4）在菜单栏中依次选择“曲面”/“牵引曲面”选项，激活“串连选项”对话框，在工作区域选择曲线后单击 （确定）按钮进入“牵引曲面”对话框，将长度设置为“20”，方向切换设置为双向拉伸，单击 （确定）按钮完成牵引曲面的绘制，如图 6-86 所示。

5）按键盘〈ALT+1〉组合键，将绘图平面设置为“俯视图”状态，在菜单栏中依次

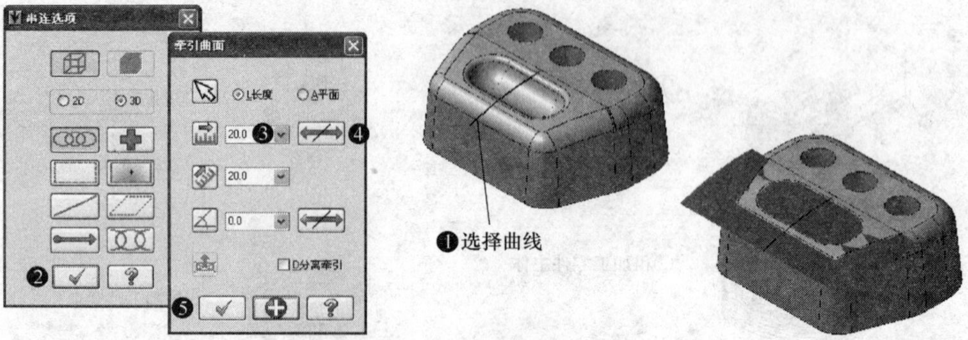

图 6-86　绘制牵引曲面

选择“刀具路径”/“平面铣”选项，弹出“输入新 NC 名称”对话框，输入名称后单击（确定）按钮弹出“串连选项”对话框，在工作区域内选取封闭二维轮廓曲线后单击（确定）按钮，在“2D 刀具路径-平面加工”对话框中将刀具路径类型设置为“平面加工”，如图 6-87 所示。

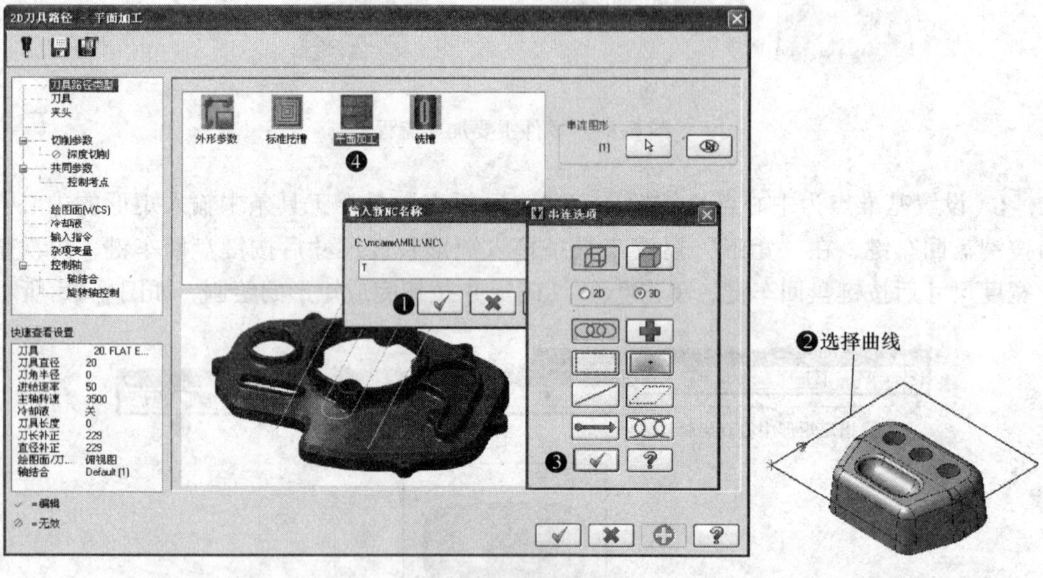

图 6-87　选取曲线

6）在“2D 刀具路径-平面加工”对话框左侧单击“刀具”，将主页面切换至刀具页面，在“刀具号码”内的空白处单击鼠标右键选择“创建新刀具”选项，弹出“定义刀具”对话框，在【类型】选项卡内选取“平底刀”后，在【平底刀】选项卡中将刀具“直径”参数设置为“12”，单击（确定）按钮完成刀具参数的设定，如图 6-88 所示。

7）在“2D 刀具路径-平面加工”对话框内将“进给速率”设置为“800”，“主轴转速”设置为“1000”，“下刀速率”设置为“600”，如图 6-89 所示。

8）在“2D 刀具路径-平面加工”对话框的左侧单击“切削参数”，将主页面切换至参数页面，在“类型”内设置为“双向”，“刀具在转角处走圆角”设置为“全部”，“纵向超出量”设置为“50”，“切削之间位移”设置为“高速回圈”，单击（确定）按钮生成

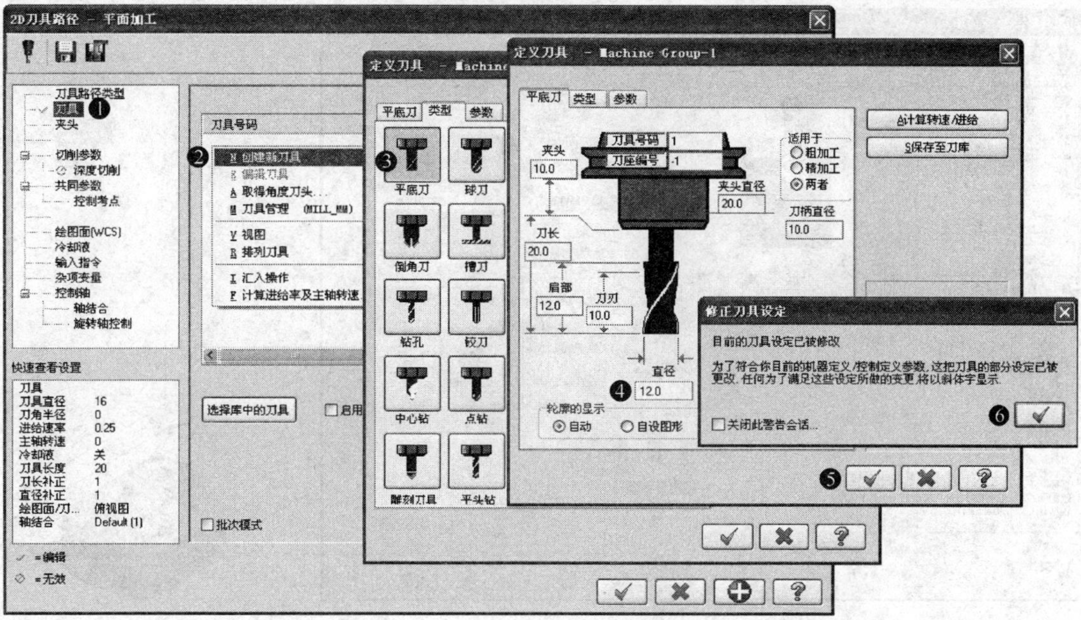

图 6-88 设置刀具参数

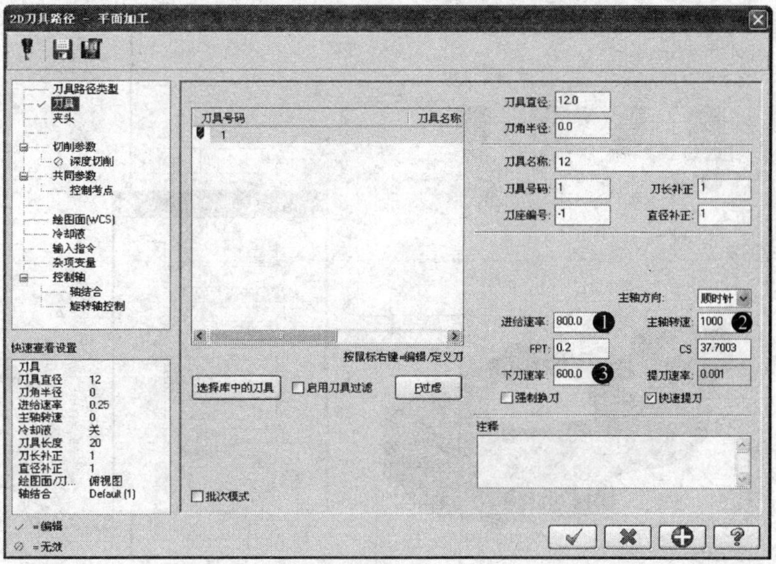

图 6-89 设置切削速度

刀具路径，如图 6-90 所示。

9）在菜单栏中依次选择“刀具路径”/“外形铣削”选项，弹出“输入新 NC 名称”对话框，输入后单击 ✓ （确定）按钮弹出“串连选项”对话框，在工作区域内选取封闭二维轮廓曲线后单击 ✓ （确定）按钮，在“2D 刀具路径-外形参数”对话框中将刀具路径类型设置为“外形参数”，如图 6-91 所示。

10）在“2D 刀具路径-外形参数”对话框的左侧单击“刀具”，将主页面切换至刀具页

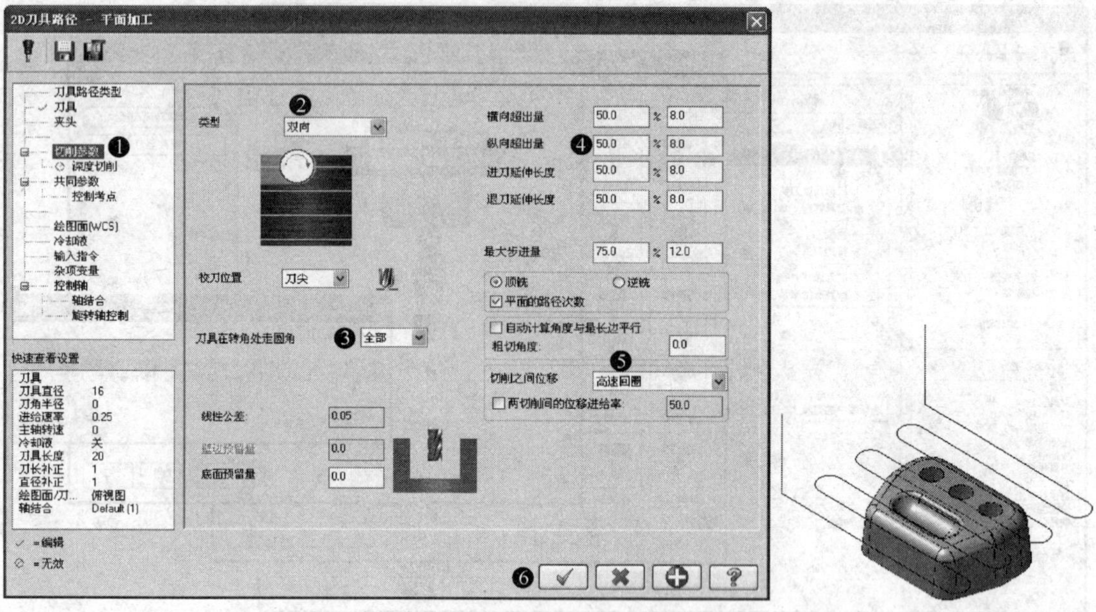

图 6-90　生成刀具路径

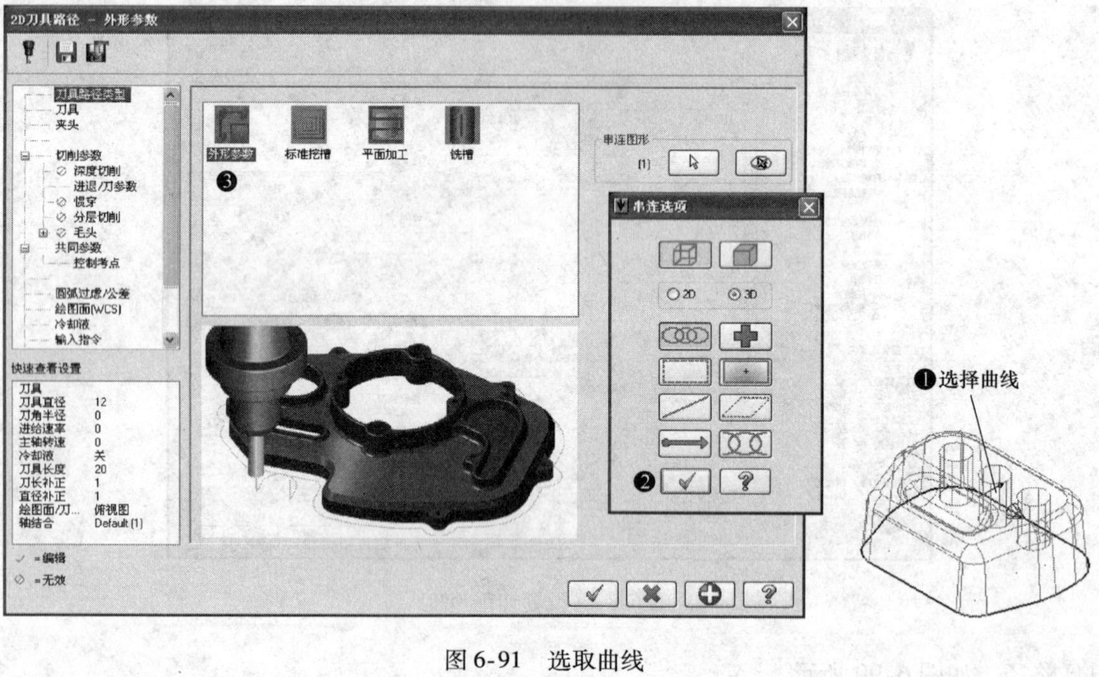

图 6-91　选取曲线

面，将“进给速率”设置为“800”，“主轴转速”设置为“1000”，“下刀速率”设置为“600”，如图 6-92 所示。

11）在“2D 刀具路径-外形参数”对话框的左侧单击“切削参数”，将主页面切换至参数页面，将“补正方向”设置为“左”，“壁边预留量”设置为“0.3”，“底面预留量”设置为“0.2”。在“2D 刀具路径-外形参数”对话框的左侧单击“深度切削”，将主页面切换

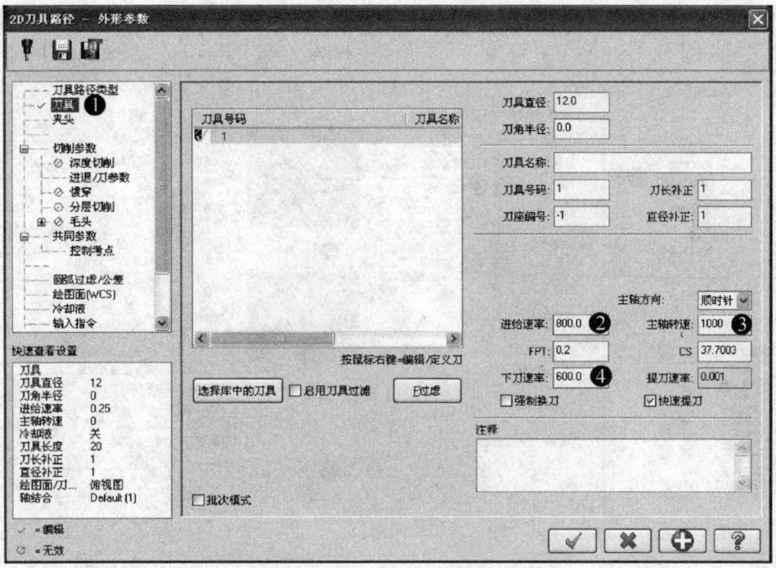

图 6-92 设置切削速度

至深度切削页面，勾选“深度切削”和“不提刀”，“最大粗切步进量”设置为“1”，“精修次数”设置为“0”，“精修量”设置为“0”，如图 6-93 所示。

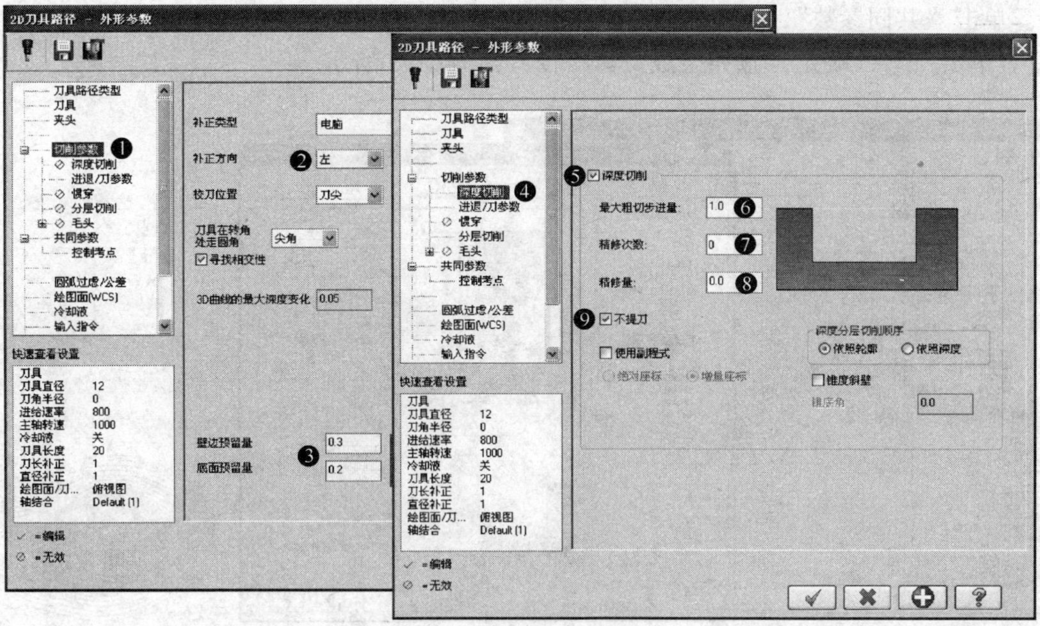

图 6-93 设置每层切削参数

12）在“2D 刀具路径-外形参数”对话框的左侧单击“进退/刀参数”，将主页面切换至参数页面，将“长度”设置为“0”，“半径”设置为“50”，分别在对话框内单击 ▸▸（复制）按钮将进刀参数复制到退刀参数中，如图 6-94 所示。

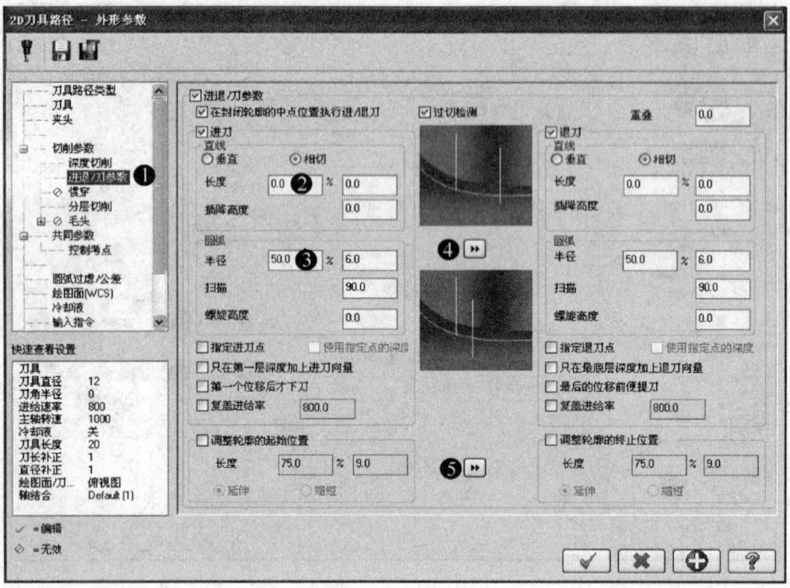

图 6-94　设置进退刀参数

13）在“2D 刀具路径-外形参数”对话框的左侧单击“分层切削”，将主页面切换至参数页面，勾选“分层切削”和“不提刀”，将粗加工“次数”设置为“2”，“间距”设置为“8”。单击“共同参数”，将主页面切换至公共参数页面，勾选“安全高度”并设置高度为“50”，单击 ✔（确定）按钮生成刀具路径，如图 6-95 所示。

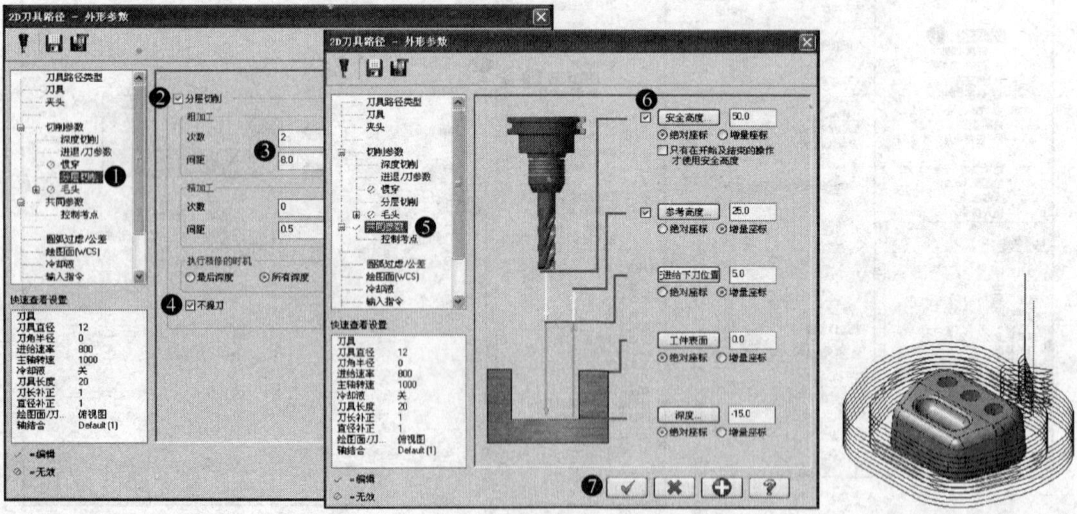

图 6-95　生成刀具路径

14）在“操作管理”的左侧选择“外形参数”的刀具路径，单击鼠标右键选择“复制”选项复制当前的刀具路径，然后将刀具路径粘贴在“操作管理”内，如图 6-96 所示。

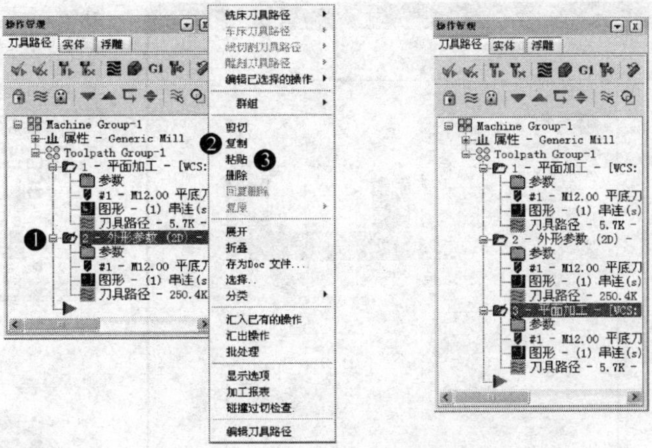

图6-96　复制刀具路径

15）在“操作管理”的左侧双击已复制的“外形参数”刀具路径内的“参数”，进入“2D刀具路径-外形参数”对话框，在对话框的左侧单击“切削参数”，将主页面切换至参数页面，将“底面预留量”设置为“0”，如图6-97所示。

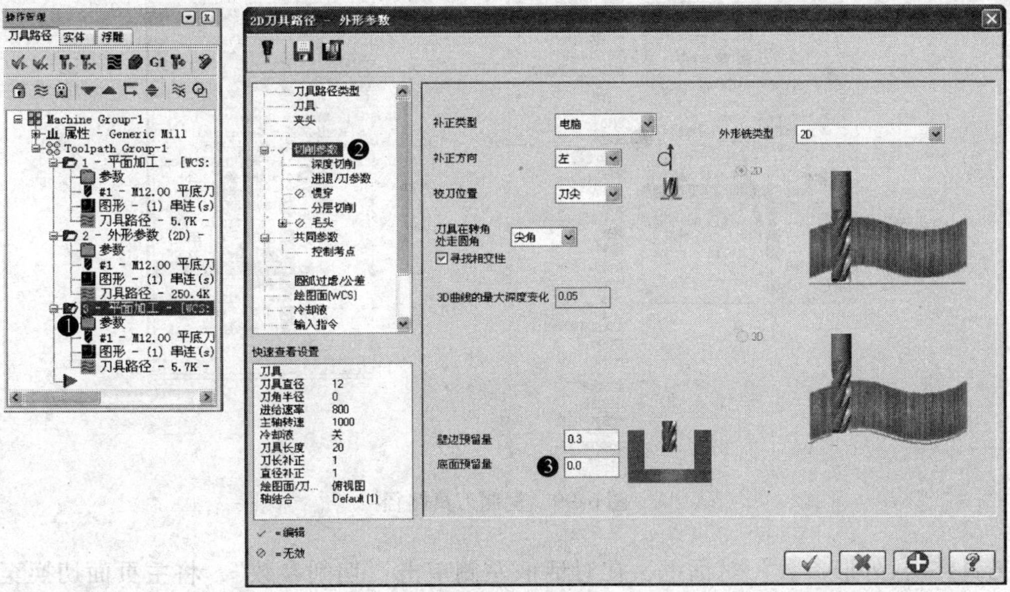

图6-97　设置参数

16）单击“深度切削”，将主页面切换至深度切削页面，去掉“深度切削”勾选，单击（确定）按钮退出对话框，在“操作管理”的左侧单击（重建所有已选择的操作）按钮生成刀具路径，如图6-98所示。

17）在“操作管理”的左侧选择“外形参数”的刀具路径，单击鼠标右键选择“复制”选项复制当前的刀具路径，然后将刀具路径粘贴在“操作管理”内，如图6-99所示。

18）在“操作管理”的左侧双击已复制的“外形参数”刀具路径内的“参数”，进入

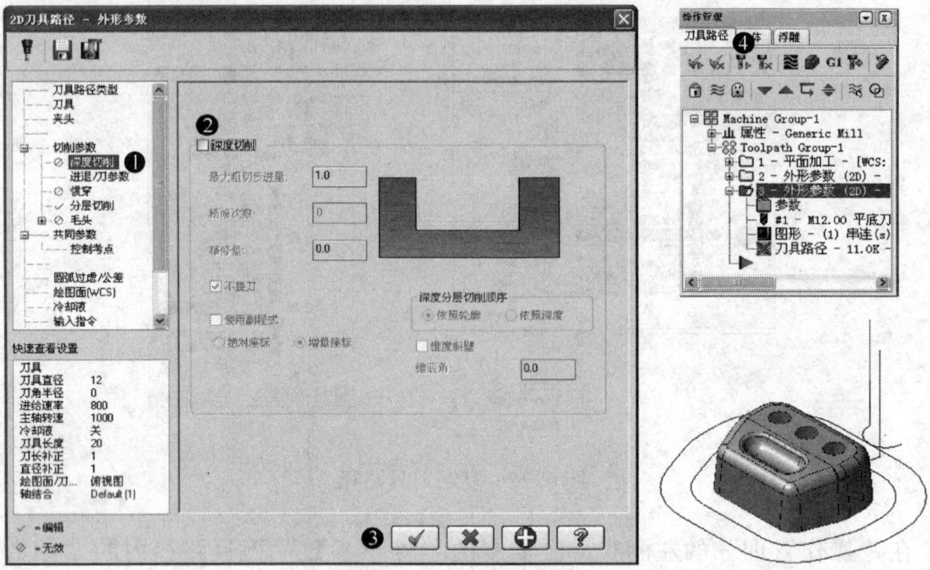

图 6-98　生成刀具路径

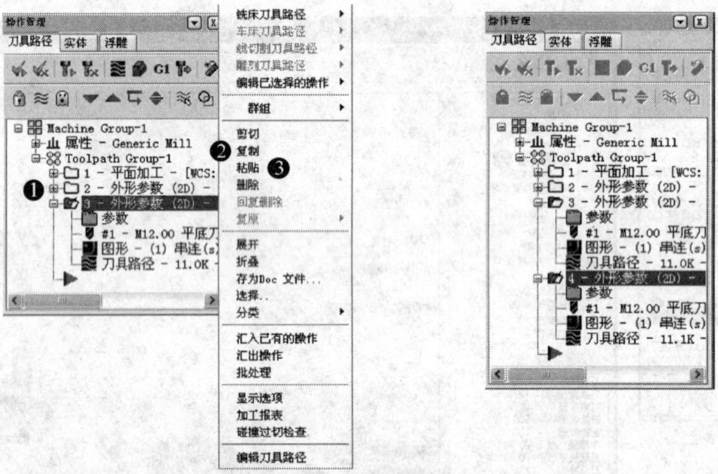

图 6-99　复制刀具路径

“2D 刀具路径-外形参数”对话框，在对话框左侧单击“切削参数”，将主页面切换至参数页面，将“壁边预留量”设置为“0”，如图 6-100 所示。

19）在“2D 刀具路径-外形参数”对话框左侧单击“深度切削”，将主页面切换至参数页面，勾选“深度切削”，将“最大粗切步进量”设置为“0.05”，勾选“锥度斜壁”，将“锥底角”设置为“5”，如图 6-101 所示。

20）单击“分层切削”将主页面切换至分层切削页面，去掉“分层切削”勾选，单击 ✓（确定）按钮退出对话框，在左侧“操作管理”内单击（重建所有已选择的操作）按钮生成刀具路径，如图 6-102 所示。

21）在菜单栏中依次选择“刀具路径”/“钻孔”选项，弹出“选择钻孔的点”对话

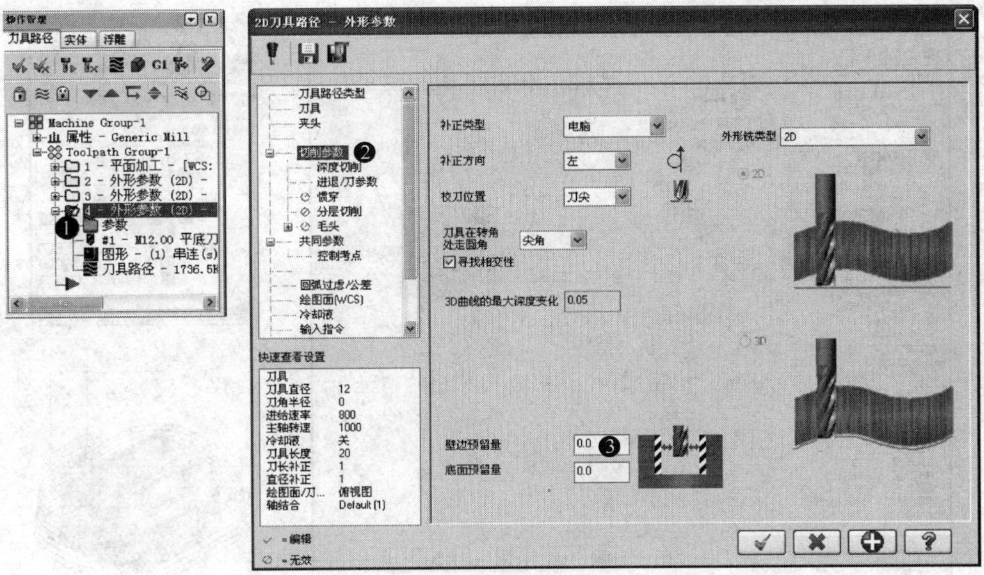

图6-100 设置参数

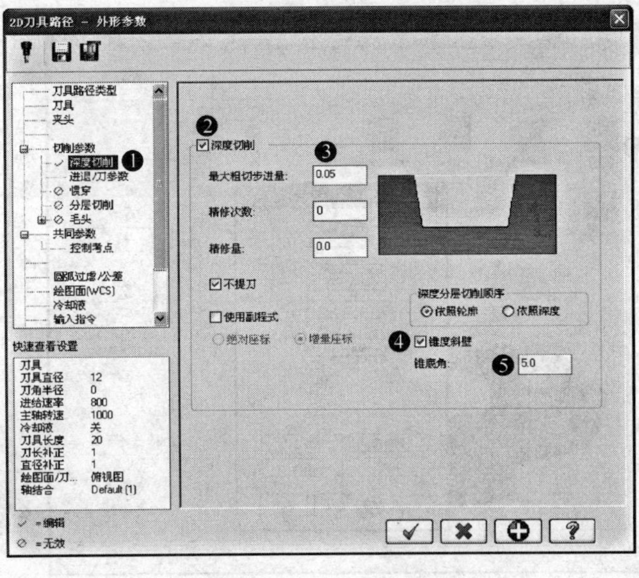

图6-101 设置参数

框，在工作区域内依次选取三个孔中心点后单击 ✓（确定）按钮，进入“2D 刀具路径-钻孔/全圆铣削深孔钻-无啄孔”对话框，将刀具路径类型设置为“钻孔”，如图6-103所示。

22）在“2D 刀具路径-钻孔/全圆铣削深孔钻-无啄孔”对话框左侧单击“刀具”，将主页面切换至刀具页面，在“刀具号码”内的空白处单击鼠标右键选择“创建新刀具”选项，弹出“定义刀具”对话框，在【类型】选项卡选取“钻孔”后，在【钻孔】选项卡将刀具“直径”设置为“6”，单击 ✓（确定）按钮完成刀具参数设定，如图6-104所示。

23）在“2D 刀具路径-钻孔/全圆铣削深孔钻-无啄孔”对话框内将“进给速率”设置

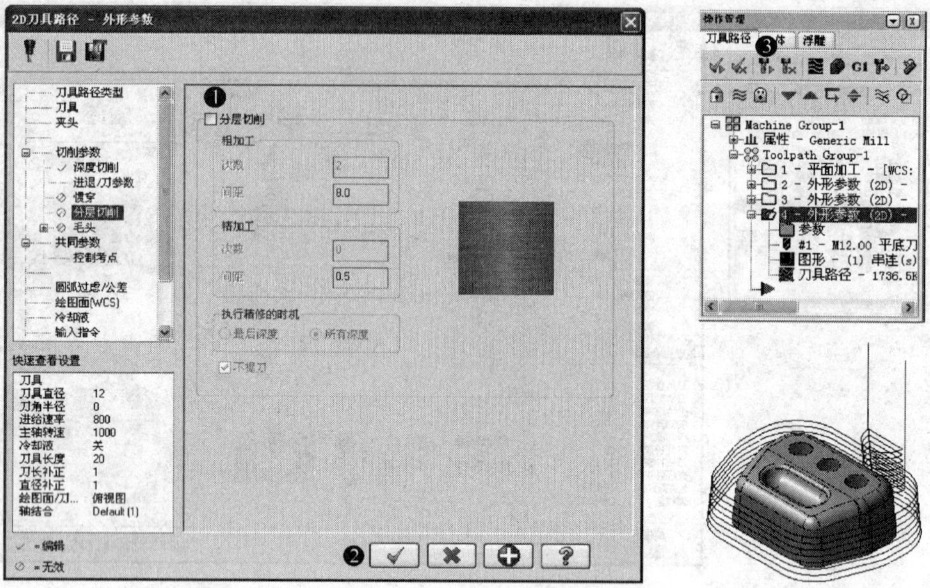

图 6-102　生成刀具路径

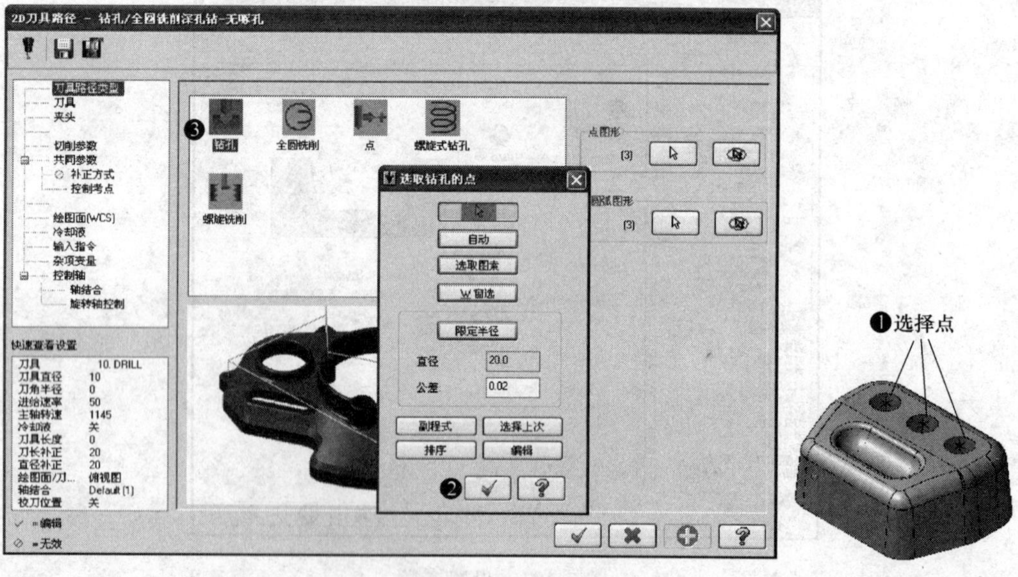

图 6-103　选取钻孔点

为“80”，“主轴转速”设置为“1200”，如图 6-105 所示。

24）在“2D 刀具路径-钻孔/全圆铣削深孔钻-无啄孔”对话框的左侧单击“切削参数”，将主页面切换至参数页面，将“循环”选项设置为“深孔啄钻（G83）”，“Peck”设置为“2”，如图 6-106 所示。

25）在“2D 刀具路径-钻孔/全圆铣削深孔钻-无啄孔”对话框的左侧单击“共同参数”，将主页面切换至参数页面，勾选“安全高度”并设置高度为“50”，将“参考高度”设置为“5”，将“深度”设置为“－10”，单击 ✔（确定）按钮生成刀具路径，如图 6-107 所示。

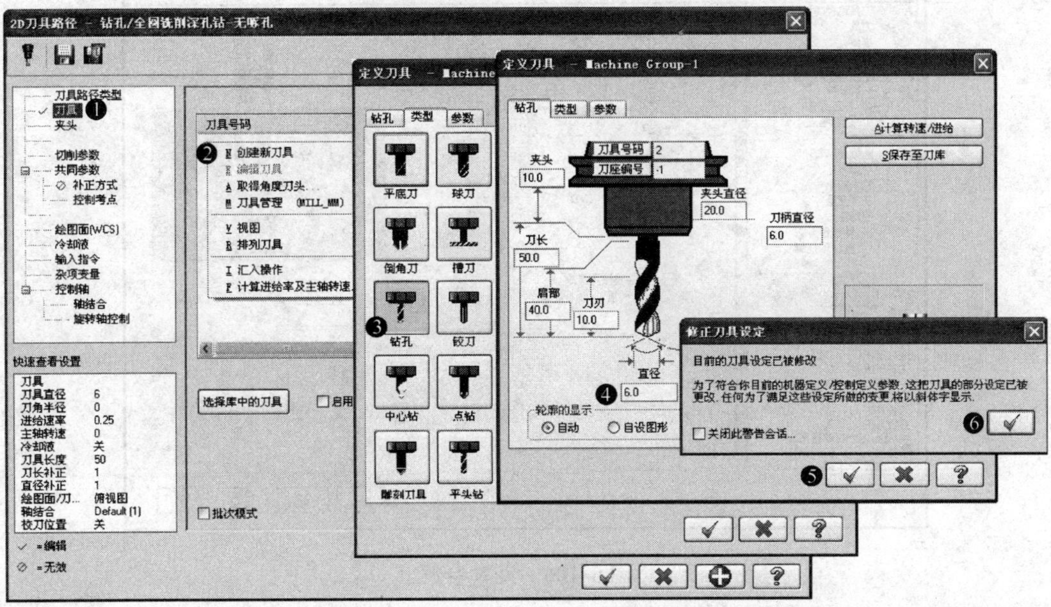

图 6-104　设置刀具参数

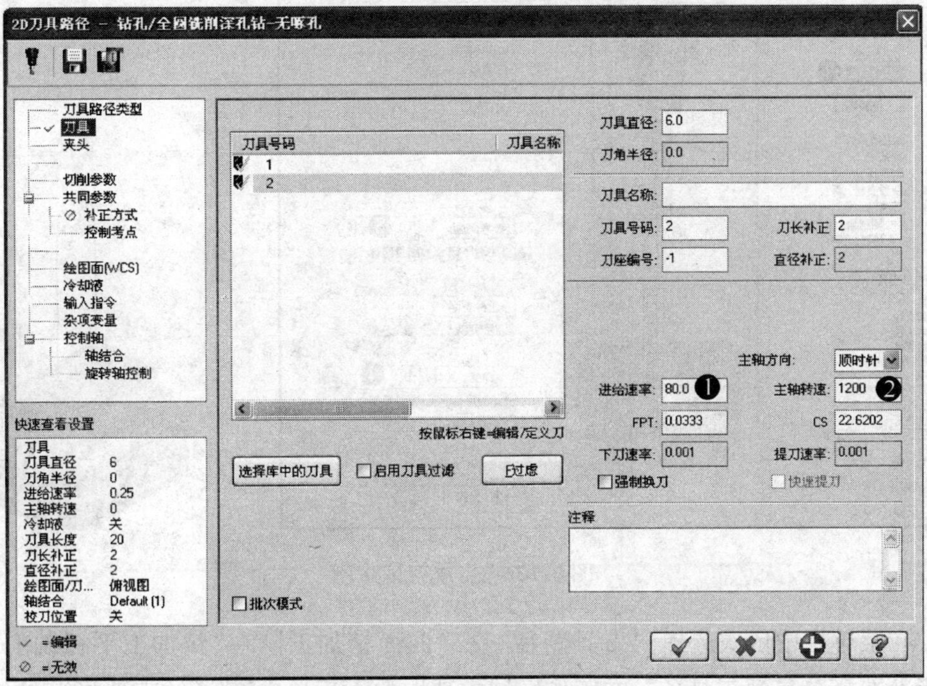

图 6-105　设置切削速度

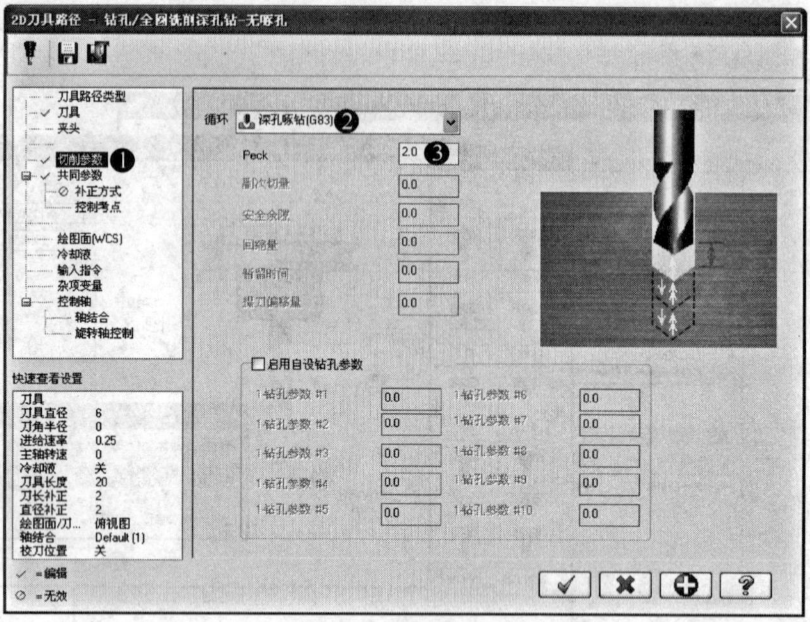

图 6-106　设置参数

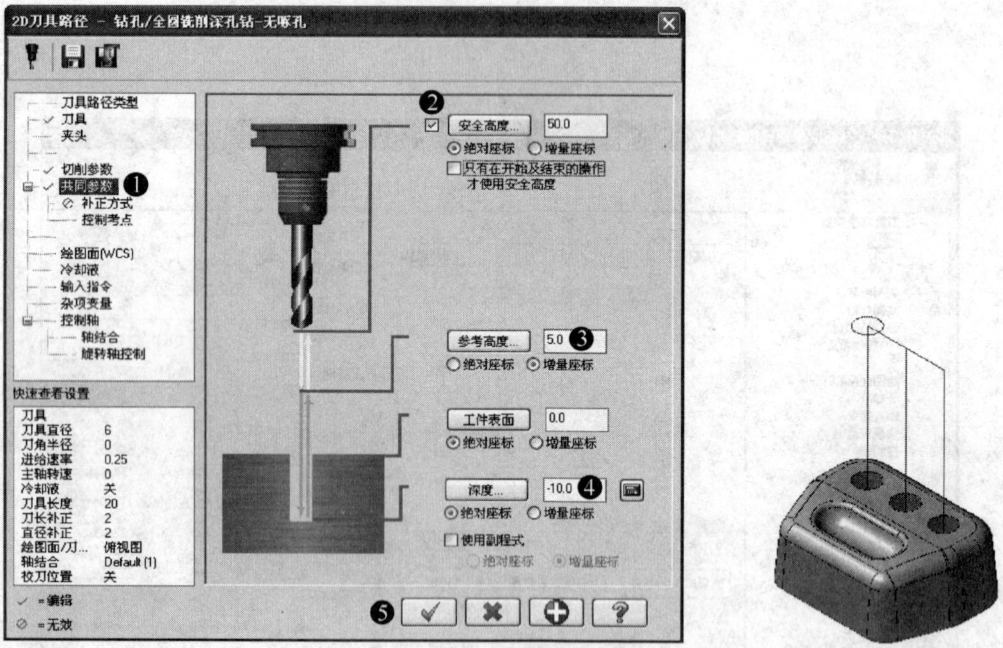

图 6-107　生成刀具路径

26）在菜单栏中依次选择“刀具路径”／“曲面精加工”／“精加工平行铣削”选项，弹出“标准选择”悬浮工具条，在工作区域内选取曲面后单击（结束选择）按钮，弹出“刀具路径的曲面选取”对话框，单击（确定）按钮完成曲面的选取进入“曲面精加工等高外形”对话框，如图 6-108 所示。

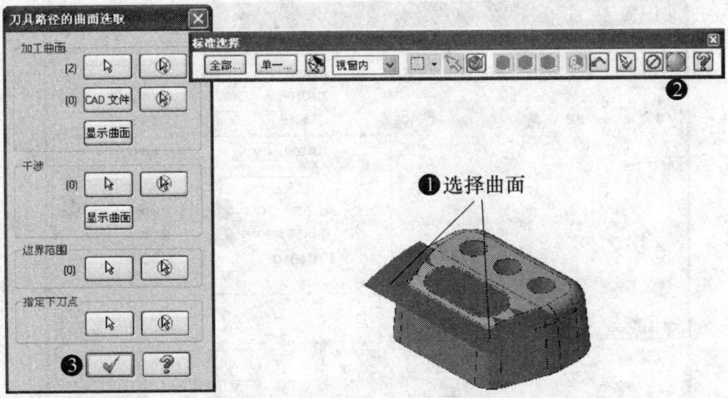

图 6-108　选取加工曲面

27）在“曲面精加工平行铣削”对话框“刀具号码”内的空白处，单击鼠标右键选择“创建新刀具”选项，弹出“定义刀具”对话框，在【类型】选项卡选取“球刀”后，在【球刀】选项卡中将刀具“直径”参数设置为“6”，单击（确定）按钮完成刀具参数设定，如图 6-109 所示。

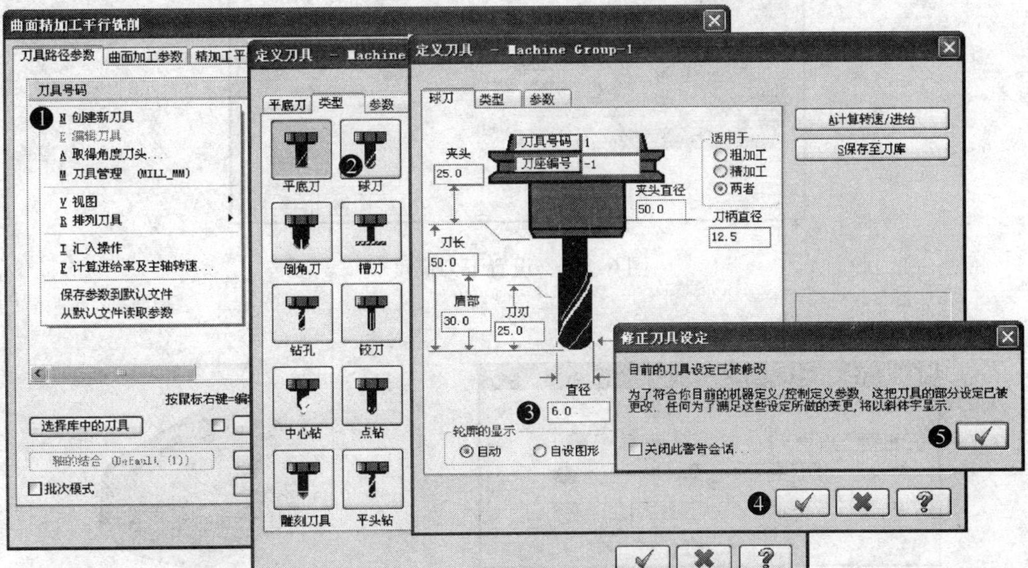

图 6-109　设置刀具参数

28）在“曲面精加工平行铣削”对话框内，将“进给速率”设置为“800”，“主轴转速”设置为“3500”，“下刀速率”设置为“500”，如图 6-110 所示。

29）在“曲面精加工平行铣削”对话框选择【曲面加工参数】选项卡，勾选【安全高度】并设置高度为“50”，勾选“参考高度”并设置高度为“5”，如图 6-111 所示。

30）在“曲面精加工平行铣削”对话框选择【精加工平行铣削参数】选项卡，将“最大切削间距”设置为“0.1”，“加工角度”设置为“90”，单击（确定）按钮生成刀具路径，如图 6-112 所示。

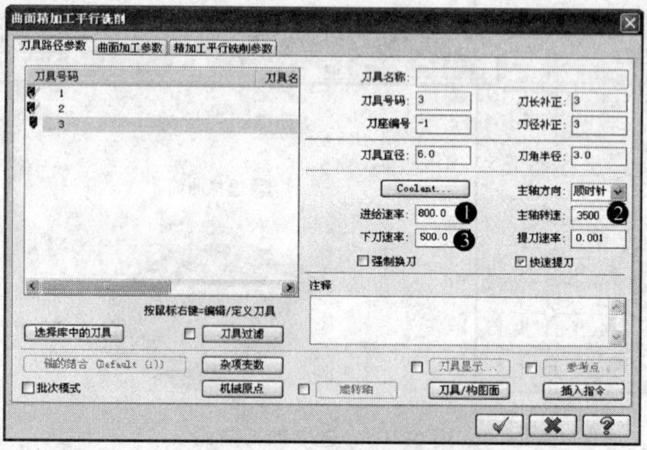

图 6-110　设置切削速度

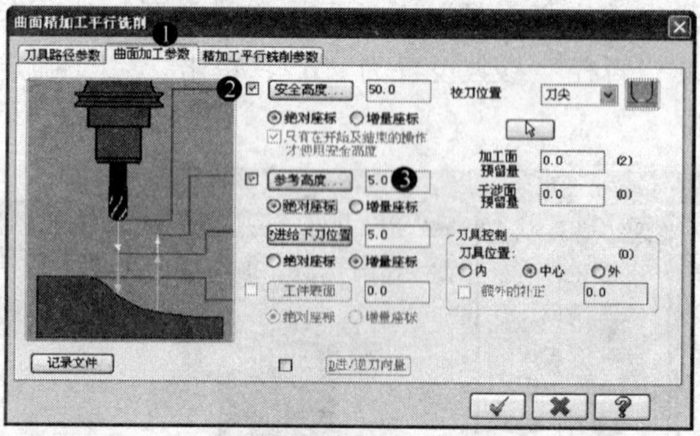

图 6-111　设置下刀高度

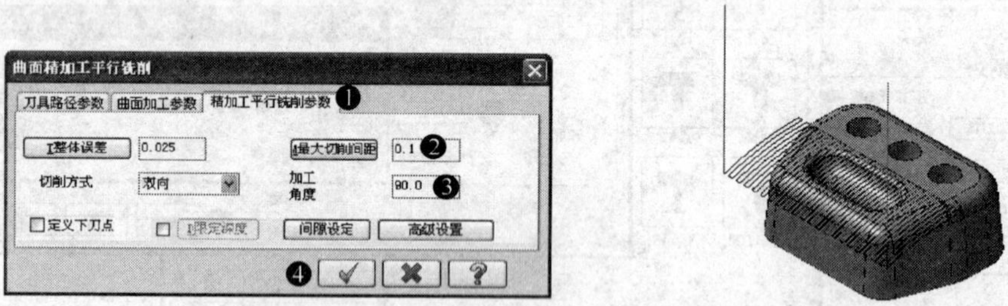

图 6-112　生成刀具路径

31）在“操作管理”的左侧选择“曲面精加工平行铣削”的刀具路径，单击鼠标右键选择“复制”选项复制当前的刀具路径，然后将刀具路径粘贴在“操作管理”内，如图6-113 所示。

32）在“操作管理”的左侧双击已复制的“曲面精加工平行铣削”刀具路径内的“图形”进入“刀具路径的曲面选取”对话框，单击（移除）按钮将已有的加工曲面移除，单击（选取曲面）按钮激活“标准选择”悬浮工具条，单击（启动实体选择）按钮后，将选择模式设置为（选择实体面）模式，然后在工作区域内选择加工曲面，单

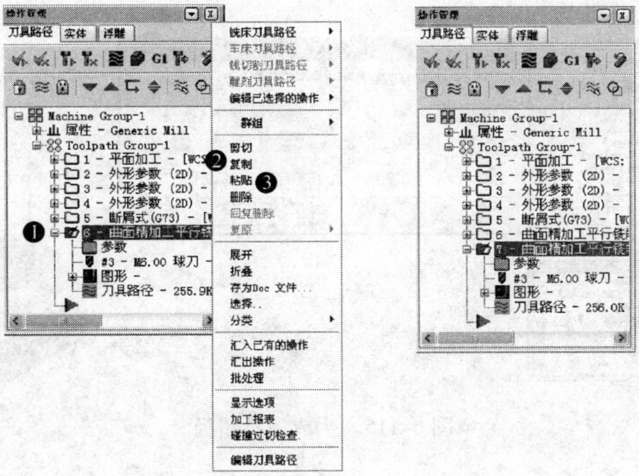

图 6-113 复制刀具路径

击（结束选择）按钮，单击（确定）按钮完成加工曲面选择，如图 6-114 所示。

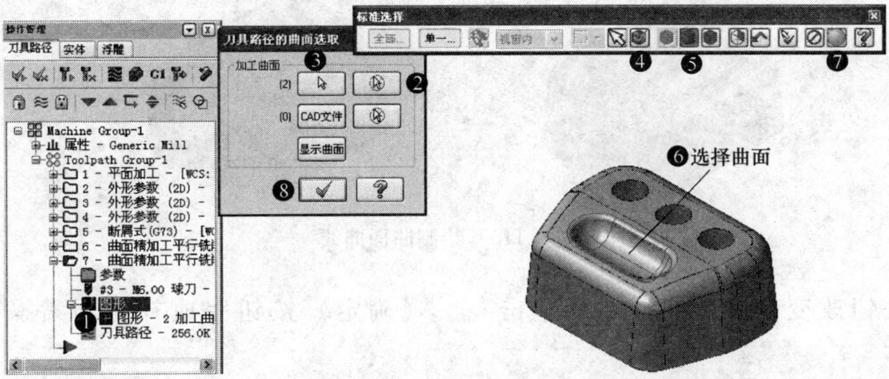

图 6-114 选择加工曲面

33）在“操作管理”的左侧双击已复制的“曲面精加工平行铣削”刀具路径内的“参数”，进入“曲面精加工平行铣削”对话框，选择【精加工平行铣削参数】选项卡，将主页面切换至参数页面，将“加工角度”设置为“45”，单击（确定）按钮退出对话框，在“操作管理”的左侧单击（重建所有已选择的操作）按钮生成刀具路径，如图 6-115 所示。

34）在菜单栏中依次选择“绘图”/“曲面曲线”/“所有的曲面边界”选项，激活“标准选择”悬浮工具条，单击（启动实体选择）按钮后将选择模式设置为（选择实体面）模式，在工作区域内选择加工曲面后单击（结束选择）按钮，弹出“创建所有边界线”工具条，单击（确定）按钮完成曲面曲线的绘制，如图 6-116 所示。

35）在菜单栏中依次选择“转换”/“串连补正”选项，弹出“串连选项”对话框，在工作区域内选取曲线，在“串连选项”对话框单击（确定）按钮，弹出“串连补正”对话框，在对话框内将操作模式设置为“复制”，提刀距离设置为“6”，单击

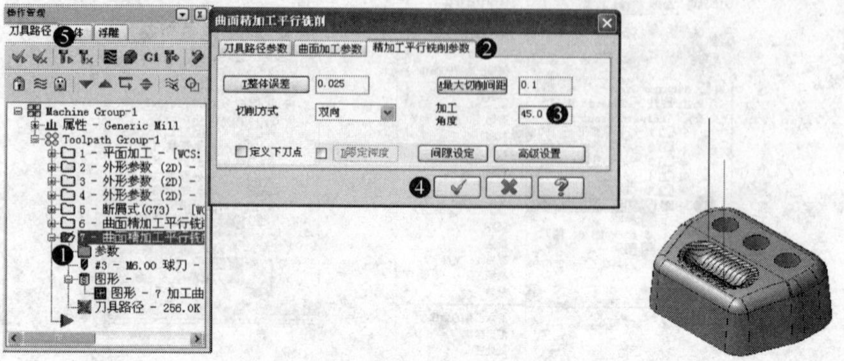

图 6-115　生成刀具路径

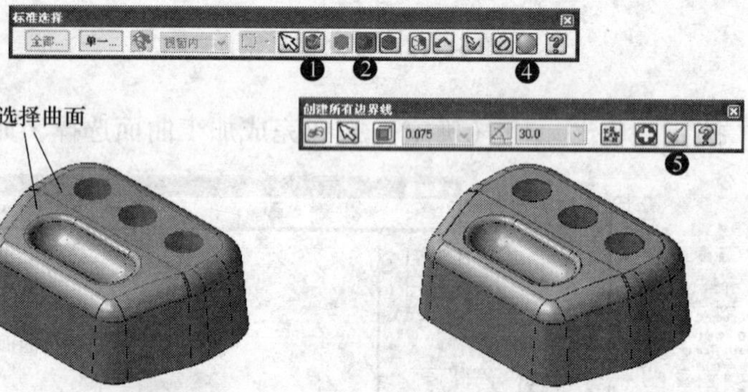

图 6-116　绘制曲面曲线

（方向）按钮改变曲线补正方向，单击（确定）按钮完成补正图素操作，如图 6-117 所示。

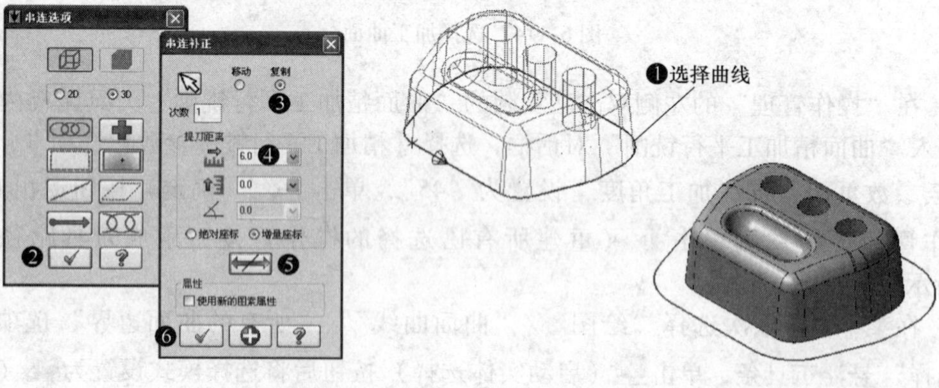

图 6-117　补正图素

36）在菜单栏中依次选择“刀具路径”/“曲面精加工”/“精加工环绕等距加工”选项，弹出“标准选择”悬浮工具条，单击（启动实体选择）按钮后将选择模式设置为（选择实体面）模式，在工作区域内选取曲面后单击（结束选择）按钮，弹出“刀具路径的曲面选取”对话框，如图 6-118 所示。

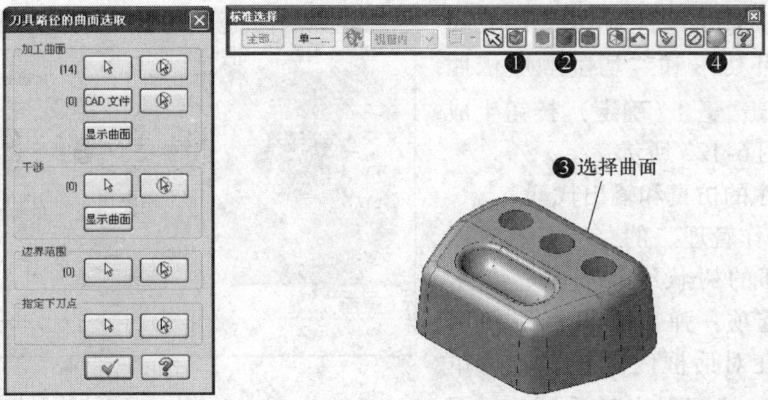

图 6-118　选择加工曲面

37）在对话框内单击（选择）按钮，弹出“串连选项”对话框，在工作区域内依次选取两个封闭的曲线作为边界范围，单击（确定）按钮完成边界的选取，单击（确定）按钮进入“曲面精加工环绕等距”对话框，如图 6-119 所示。

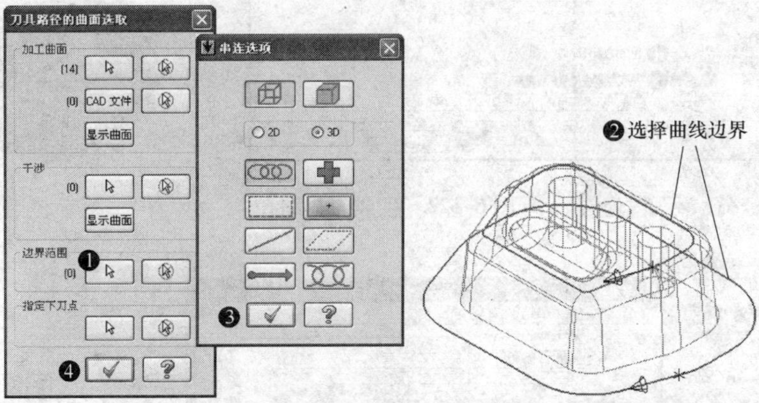

图 6-119　选取边界

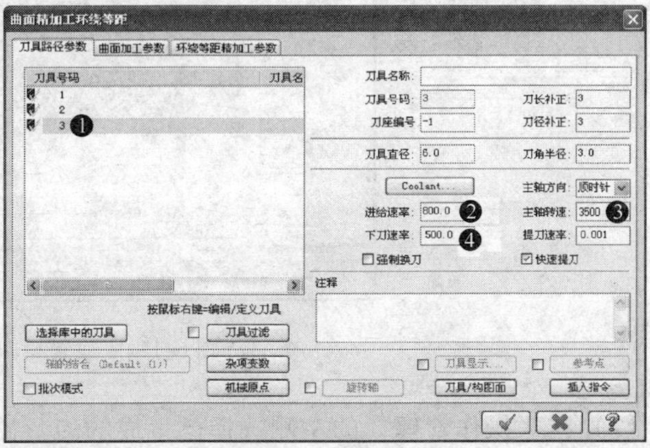

图 6-120　设置切削速度

38）在“曲面精加工环绕等距”对话框内将“进给速率”设置为“800”，“主轴转速”设置为“3500”，“下刀速率”设置为“500”，如图 6-120 所示。

39）在“曲面精加工环绕等距”对话框选择【曲面加工参数】选项卡，勾选“安全高度”并设置高度为“50”，勾选“参考高度”并设置高度为“5”，如图 6-121 所示。

40）在“曲面精加工环绕等距”对话框选择【环绕等距精加工参数】选项卡，将“最大切削间距”设置为

"0.1"，"整体误差"设置为"0.01"，勾选"由内而外环切"和"切削顺序依照最短距离"，单击 ✔（确定）按钮生成刀具路径，如图 6-122 所示。

2. 加工程序的仿真和输出代码

1）在"操作管理"的左侧双击"属性"，将其内部的树状结构打开，双击【材料设置】选项，弹出"机器群组属性"对话框，在对话框内设置参数后单击 ✔（确定）按钮退出对话框，如图 6-123 所示。

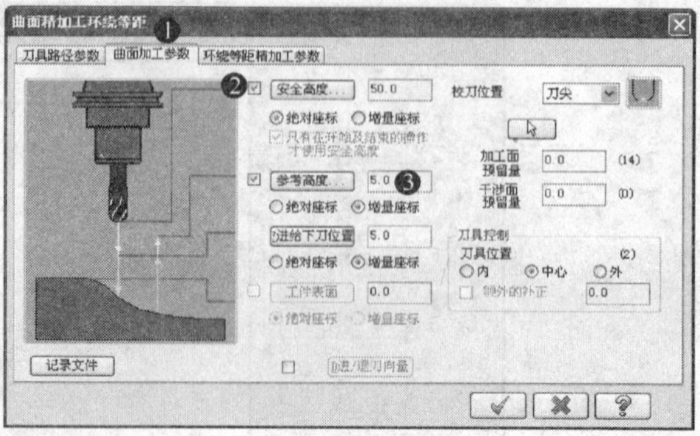

图 6-121　设置下刀高度

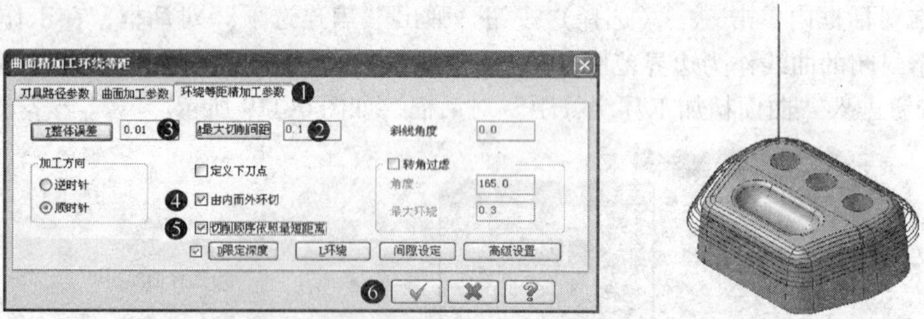

图 6-122　生成刀具路径

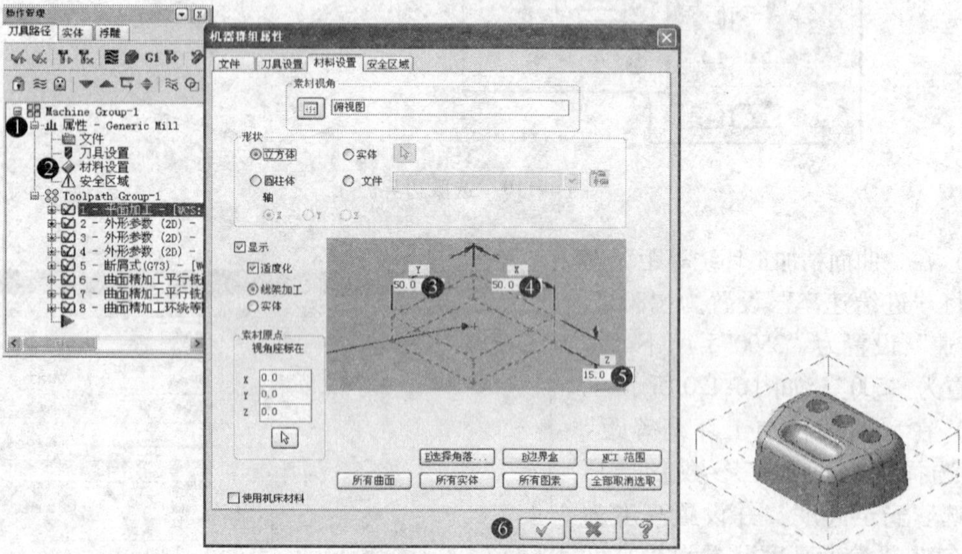

图 6-123　设置材料毛坯

2）在"操作管理"的左侧选择已生成的刀具路径，单击（验证已选择的操作）按钮弹出"验证"对话框和激活悬浮工具条，在对话框内单击（机床）按钮进行刀具路径的验证，验证完毕后在对话框内单击（确定）按钮退出验证环境，如图 6-124 所示。

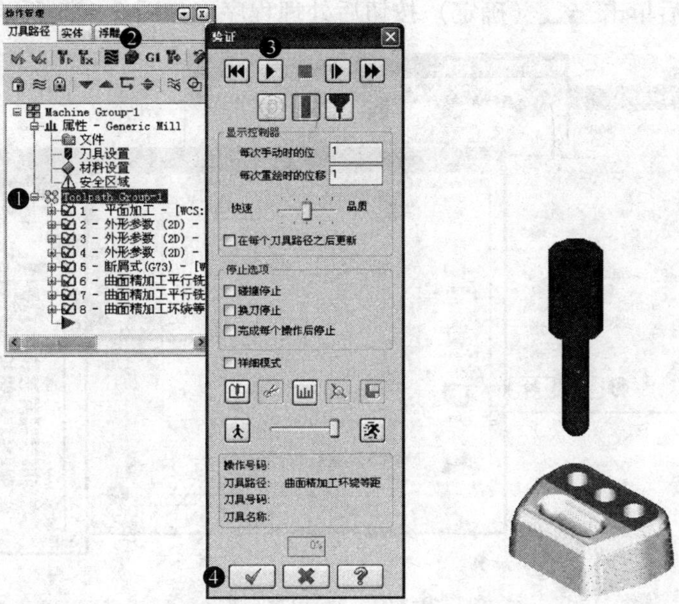

图 6-124　刀具路径验证

3）在“操作管理”的左侧选择前四项已生成的刀具路径，单击 G1（后处理已选择的操作）按钮，弹出“后处理程式”对话框，单击（确定）按钮弹出“输出部分的 NCI 文件”对话框，单击 否(N) 按钮弹出“另存为”对话框，在对话框设置后处理文件的路径、文件类型和文件名后单击（确定）按钮，生成后处理程序，如图 6-125 所示。

图 6-125　后处理程序

4）在“操作管理”的左侧选择第五项已生成的刀具路径，单击 G1（后处理已选择的操作）按钮弹出“后处理程式”对话框，单击（确定）按钮弹出“输出部分的 NCI 文件”对话框，单击 否(N) 按钮弹出“另存为”对话框，在对话框设置后处理文件的路径、文件类型和文件名后单击 ✓（确定）按钮后处理程序，如图 6-126 所示。

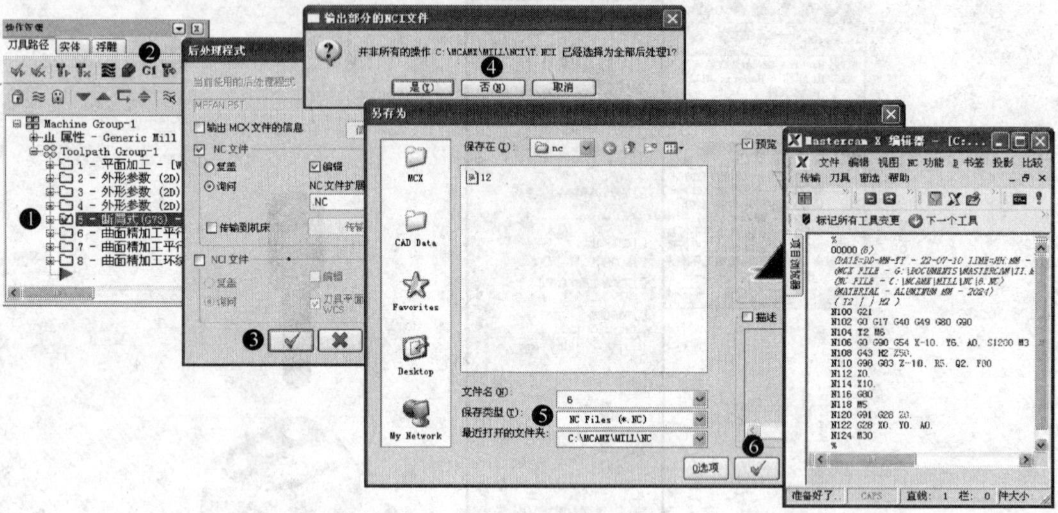

图 6-126　后处理程序

5）在“操作管理”的左侧选择最后三项已生成的刀具路径，单击 G1（后处理已选择的操作）按钮弹出“后处理程式”对话框，单击 ✓（确定）按钮弹出“输出部分的 NCI 文件”对话框，单击 否(N) 按钮弹出“另存为”对话框，在对话框设置后处理文件的路径、文件类型和文件名后单击 ✓（确定）按钮，生成后处理程序，如图 6-127 所示。

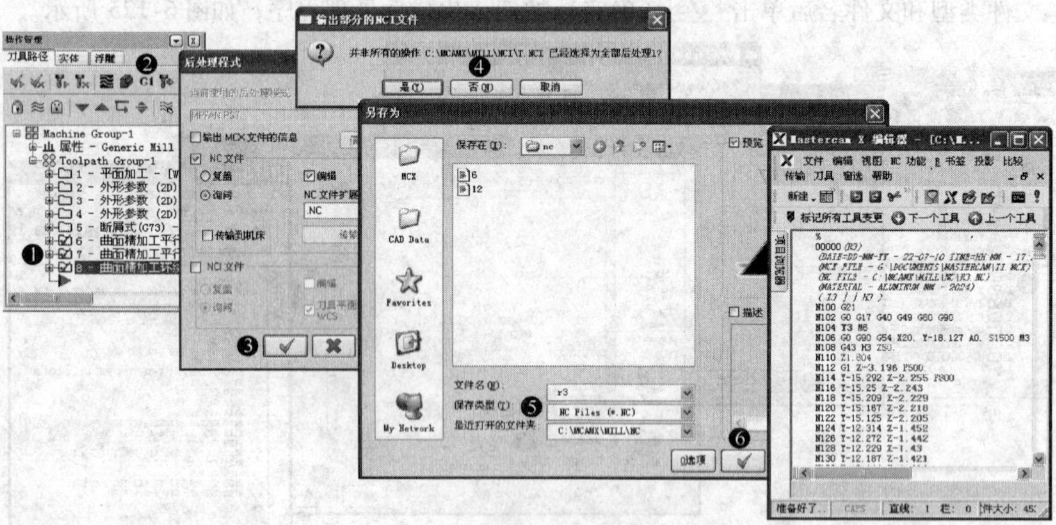

图 6-127　后处理程序

3. 零件加工结果

曲面零件加工后效果如图 6-128 所示。

图 6-128 加工后结果

复 习 题

(1) 简述配合件的零件绘制过程。
(2) 简述配合件零件加工的程序编制过程。
(3) 简述曲面零件的绘制过程。
(4) 简述曲面零件的加工程序编制过程。
(5) 创建刀具路径是否只有在完成零件的实体绘制后才能实现?
(6) 加工零件时，为什么先使用平行铣削的刀具路径进行加工?
(7) 不同刀具路径的程序能否一起后处理出数控程序? 为什么?

第七章

超软数控仿真系统

主要内容

- 仿真机床的操作基础
- FANUC 系统的仿真实例
- SIEMENS 系统的仿真实例

第一节　仿真机床的操作基础

超软（CZK）仿真系统是广东省职业技能鉴定指导中心、广州超软科技有限公司和华南理工大学工业培训中心共同开发的一款面向教育行业的数控仿真系统和无纸化、智能化考核软件。该系统主要由机床仿真操作和无纸化考核两大部分组成。其中，机床仿真系统提供了数控车床、数控铣床和加工中心三种类型数控机床以及目前主流的数控机床的控制系统。本章只对加工中心机床仿真操作部分进行介绍。

仿真系统提供了与真实环境下相匹配的机床硬件基础，可通过仿真系统中的面板直接操控机床的各个部件进行运动，或通过编制程序直接控制机床运动，实现与真实状况相似的模拟，用于检验程序的正确性，如图 7-1 所示。

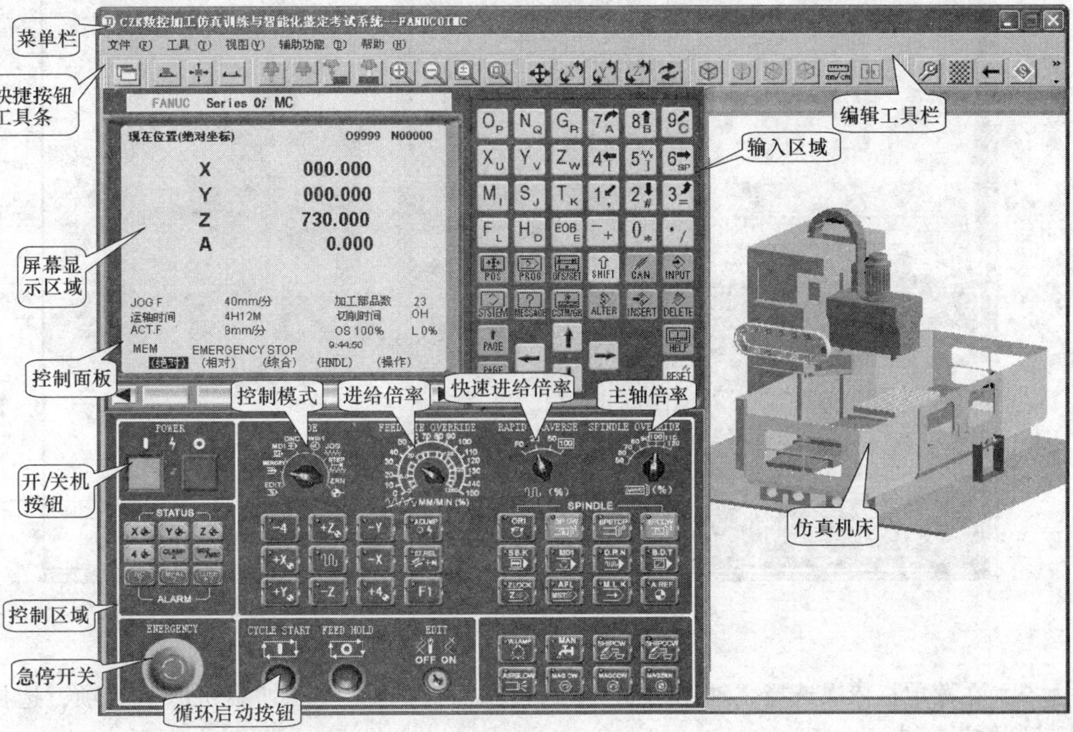

图 7-1　超软数控仿真系统

一、CZK 数控仿真系统的基本环境

超软数控仿真系统的基本环境可分为菜单栏、快捷按钮工具条、控制面板和仿真区域四大部分。

1）菜单栏：通过菜单栏可使用“文件”、“工具”、“视图”、“辅助功能”和“帮助”5个菜单内的命令，实现控制机床进行运动模拟仿真的辅助操作，如系统设置、毛坯和刀具的装卸、模拟加工后零件尺寸的测量、各种视图的切换等。

2）快捷按钮工具条：通过工具条可直接使用常用命令快速完成特定的操作。

3）控制面板：显示区域、输入区域和控制状态区域三个区域与实际机床的控制面板一致，可通过控制面板对机床运动部件进行控制。

4）仿真区域：用于模拟机床在手工或自动控制下的运动状态。

二、机床的起动回零

1）在 Windows 系统依次选择“开始”/“程序”/“广州超软 CZK 系列软件”/“CZK 客户端系列”/“加工中心系列”/“CZK-JZFanuc0iMC（发那科）”选项进入仿真初始界面，如图 7-2 所示。

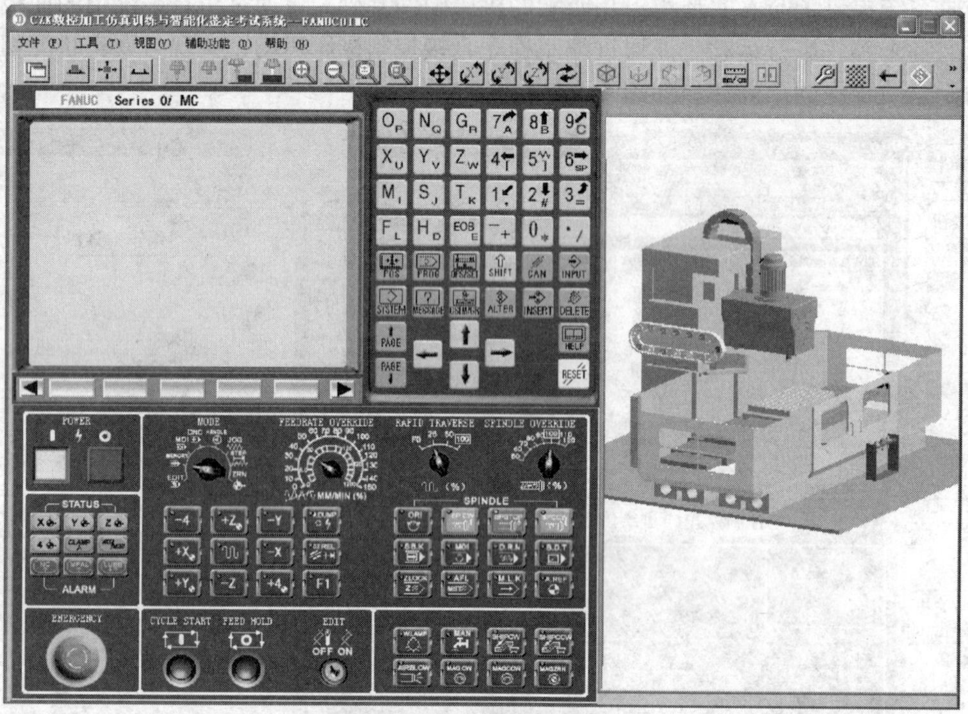

图 7-2 初始界面

2）在菜单栏依次选择“辅助功能”/“控制面板选择”/“博赛机床”选项，选择机床控制面板样式。

3）在面板控制区域内单击 （开机）按钮，接通机床电源并激活控制面板的显示区域。

4）在控制区域内单击 （急停）按钮，使机床取消急停状态。

5）将控制面板的控制模式旋钮切换至回零状态，分别单击 、 和 按钮，使 X、Y、Z 轴回零。

6）将控制面板的控制模式旋钮切换至手动状态，分别单击 、 和 按钮，使机床主轴大致移动至工作台的中心。

三、毛坯的装夹

1）在编辑工具栏中单击 （精度设置）按钮，弹出“精度输入”对话框，在对话框内将毛坯精度设置为“5”后单击确定按钮完成毛坯的精度设置，如图7-3所示。

图7-3　设置毛坯精度

2）在标准工具栏中单击（安装毛坯）按钮，弹出“安装毛坯”对话框，将“X”设置为“40”，“Y”设置为“40”，“Z”设置为“25”，单击确定按钮完成毛坯的尺寸设置，如图7-4所示。

3）在标准工具栏中单击（移动毛坯）按钮，弹出“调整毛坯位置”对话框，将“移动步距”设置为“1”，单击五次上移按钮，将毛坯向 $+Z$ 方向移动5mm后单击确定按钮完成毛坯的位置调整，如图7-5所示。

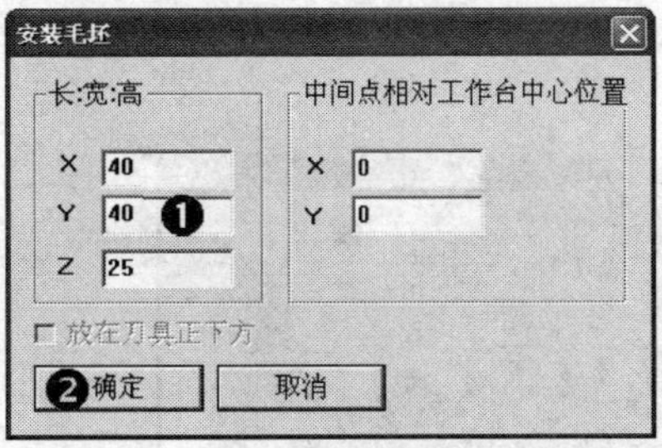

图7-4　装夹毛坯

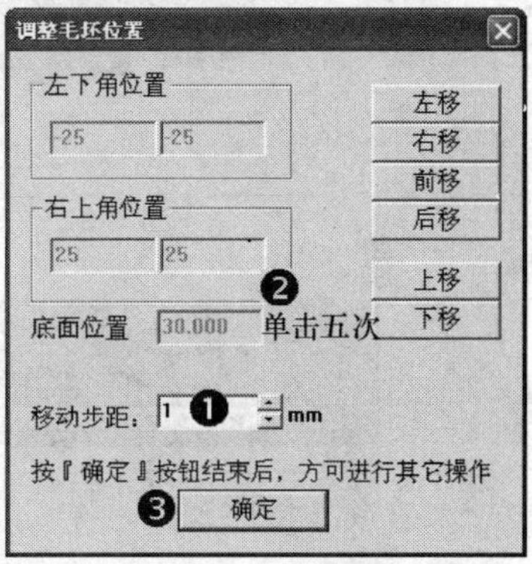

图7-5　移动毛坯

第二节　FANUC系统的仿真实例

FANUC系统仿真时，机床起动回零和装夹毛坯可参考第一节的仿真机床操作基础部分。

一、加工坐标的设置

1）在标准工具栏中单击（安装/移去寻边器）按钮，为主轴安装寻边器，如图7-6所示。

2）将控制面板的程序编辑切换至“ON”　（可编辑）状态，控制模式旋钮切换至“MDI”状态，单击PROG按钮使显示区域切换至程式MDI界面，在输入区域输入“M03S500;”后单击INSERT按钮插入程序，单击（循环启动）按钮起动主轴，如图7-7所示。

3）将控制模式旋钮切换至手动状态，单击SP CW（主轴正转）按钮起动主轴，在标准工具栏中单击（正向视图）按钮，将视图设置为正向视图方位，单击-X、-Y和-Z按钮使寻边器下降至毛坯附近，将进给倍率旋钮调整至“10%”后单击+X按钮，使寻边器沿 $+X$ 方向缓慢靠近毛坯，使寻边器与毛坯相距1mm左右即可，如图7-8所示。

4）将控制模式旋钮切换至手轮状态，将手轮控制轴切换至 X 轴，调整手轮每转动一格单位移动量为“×1”，将鼠标移动至手轮刻度附近，单击左键或右键控制机床 X 轴工作台

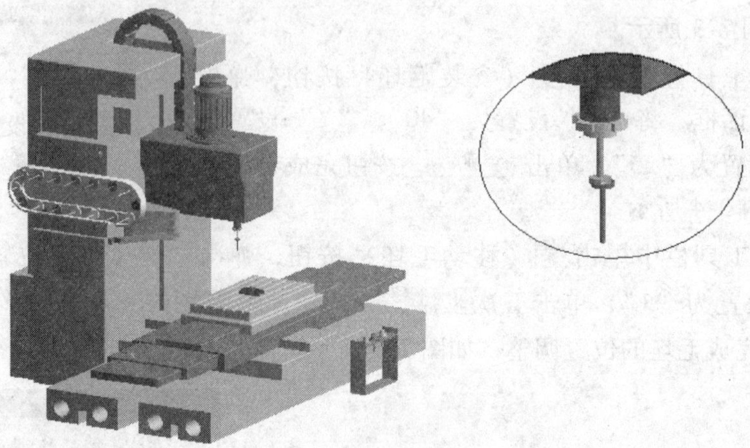

图 7-6　安装寻边器

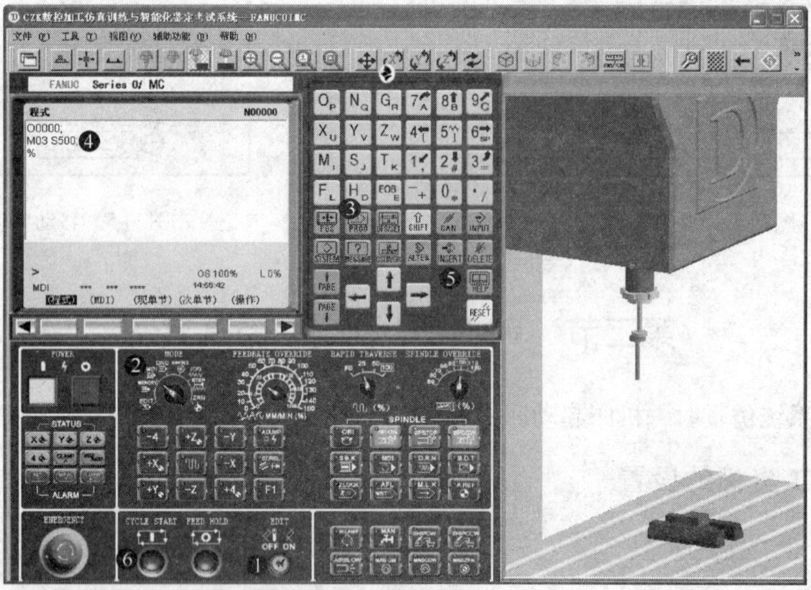

图 7-7　起动主轴

向左或右移动，使寻边器逐渐靠近毛坯直至仿真区域出现“水平方向已经到位”提示，如图 7-9 所示。

5）单击按钮使显示区域切换至位置界面，单击（相对）按钮将屏幕显示区域切换至相对界面，输入“X”后单击（起源）按钮将 X 轴坐标清零，如图 7-10 所示。

6）将控制模式旋钮切换至手动状态，单击、和按钮使寻边器下降至毛坯附近，单击按钮使寻边器在 $-X$ 方向缓慢靠近毛坯，使寻边器与毛坯相距 1mm 左右即可，

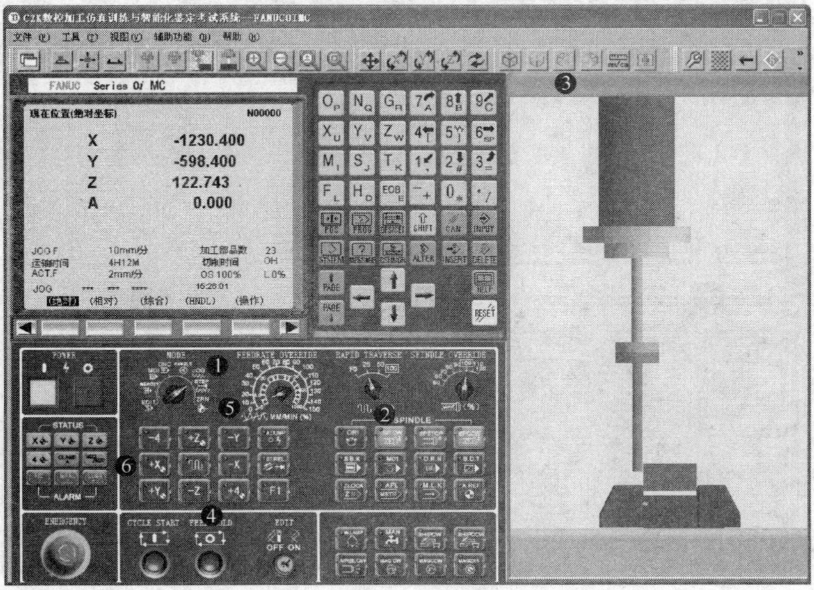

图 7-8 手动方式控制寻边器

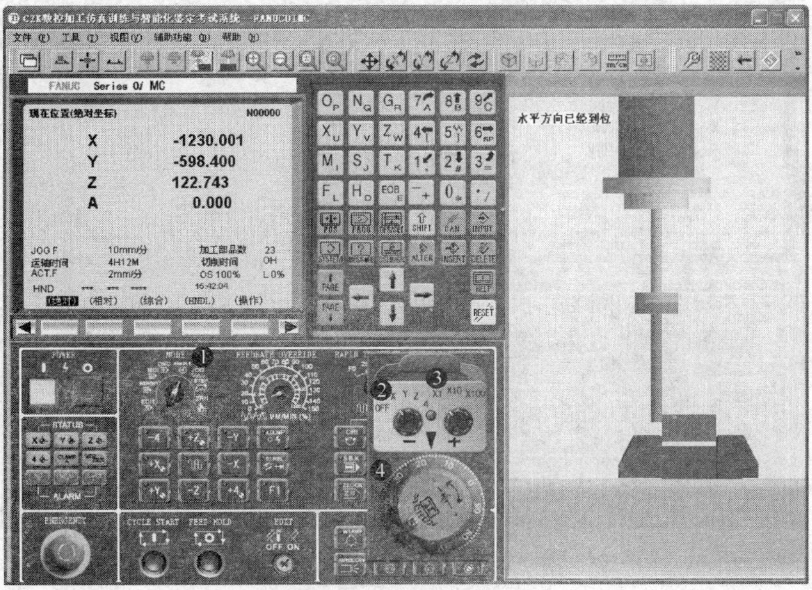

图 7-9 手轮方式控制寻边器

如图 7-11 所示。

7）将控制模式旋钮切换至手轮状态，将手轮控制轴切换至“X”轴，调整手轮每转动一格单位移动量为“×1”，将鼠标移动至手轮刻度附近，单击左键或右键控制机床 *X* 轴工作台向左或右移动，使寻边器逐渐靠近毛坯，直至仿真区域出现“水平方向已经到位”提示，如图 7-12 所示。

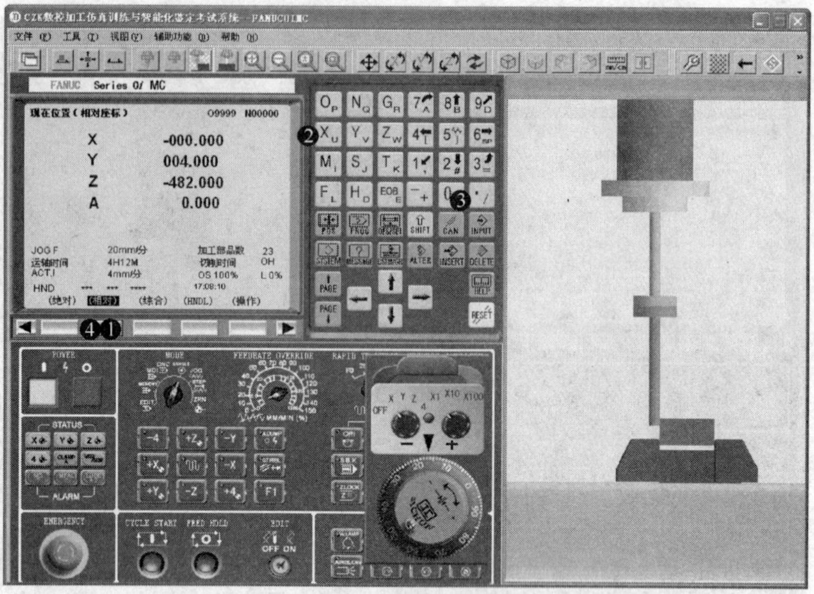

图 7-10　将 *X* 轴坐标清零

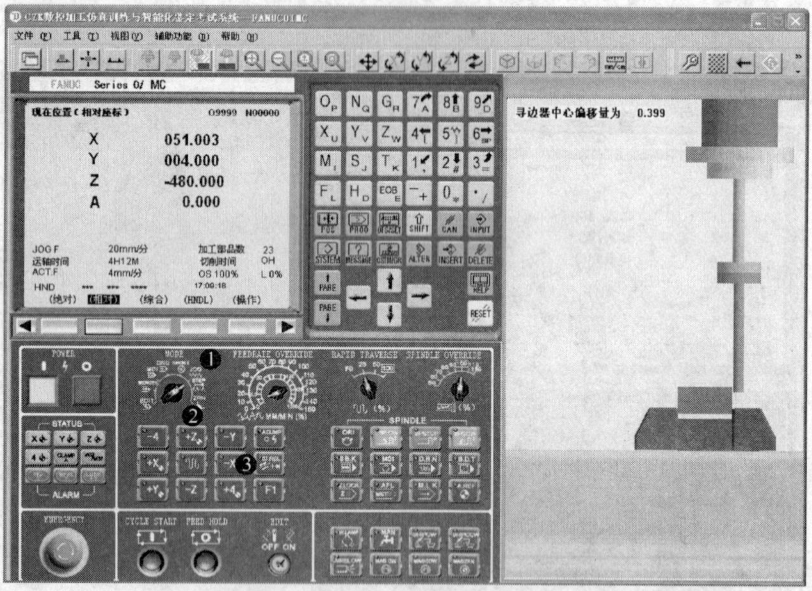

图 7-11　手动方式控制寻边器

8）单击按钮使显示区域切换至位置界面，将屏幕显示区域切换至相对界面，“X”坐标值为“50.003”，将寻边器移动至“25.001”时便是 *X* 轴的中心。将手轮控制轴切换至“Z”轴，通过手轮控制寻边器向 +*Z* 方向移动，将手轮控制轴切换至“X”轴，通过手轮控制寻边器向 -*X* 方向移动至相对坐标为“25.001”，输入“X”后单击（起源）按钮将 *X* 轴坐标清零，如图 7-13 所示。

9）在标准工具栏中单击（左视图）按钮，将视图设置为左视图方位，参考 *X* 轴中

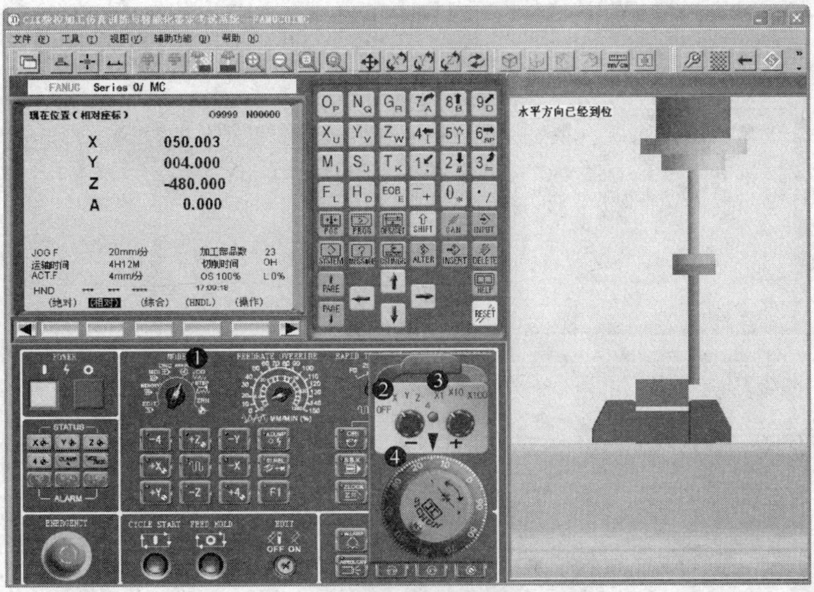

图 7-12　手轮方式控制寻边器

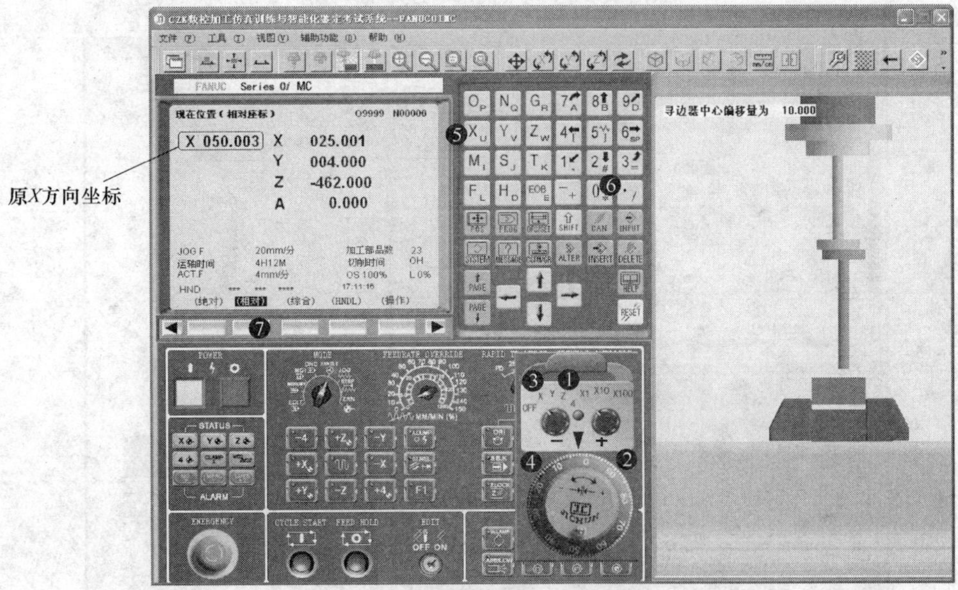

图 7-13　将 X 轴坐标清零

心找正的方法对 *Y* 轴方向的中心进行找正，待寻边器与毛坯接触后出现“水平方向已经到位”提示后，将相对界面的“*Y*”坐标进行清零，如图 7-14 所示。

10）通过手轮控制寻边器向 *Y* 方向移动至相对坐标为“－30.002”，输入“Y0”后单击（插入）按钮将 *Y* 轴坐标清零，如图 7-15 所示。

11）单击按钮将主轴向上移动至安全高度，单击（主轴停转）按钮停止主轴转动，在标准工具栏中单击（安装/移去寻边器）按钮，为主轴移除已安装的寻边器。

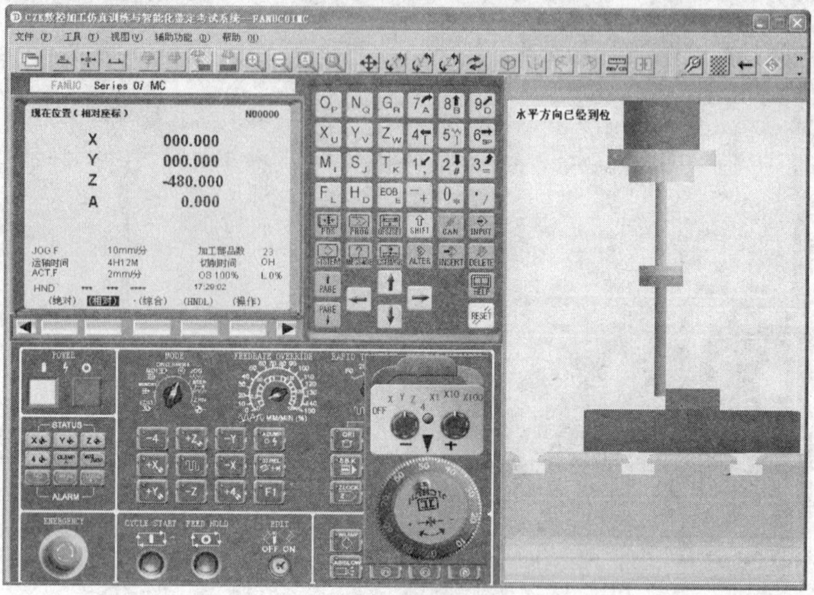

图 7-14　*Y* 轴坐标清零

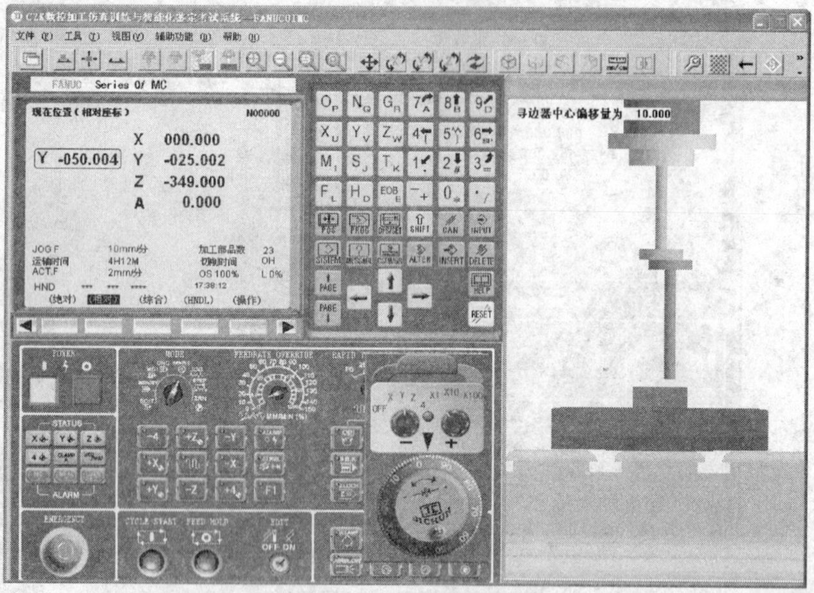

图 7-15　*Y* 轴坐标清零

12）在标准工具栏中单击（正向视图）按钮，将视图设置为正向视图方位，单击（手动装刀）按钮，在刀架内的刀柄处单击鼠标并将刀柄移动至主轴位置，装刀完毕后弹出“刀具定义”对话框，在对话框内设置刀具参数单击确定按钮退出对话框，如图 7-16 所示。

13）将控制模式旋钮切换至手动状态，单击（主轴正转）按钮起动主轴，将控制模

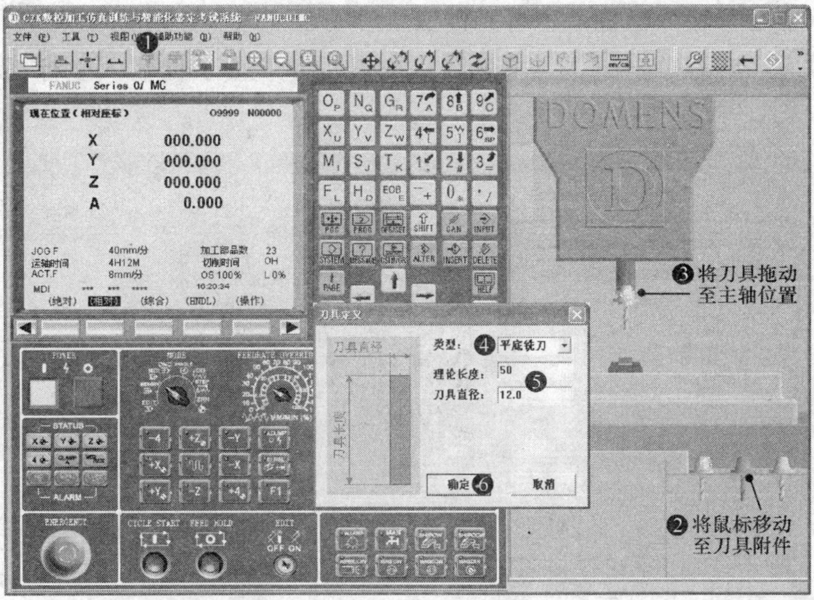

图 7-16　手动装刀

式旋钮切换至手轮状态，将手轮控制轴切换至 Z 轴，调整手轮每转动一格单位移动量为“×1”，在仿真区域内单击鼠标右键，在快捷菜单中选择“Z 向对刀”选项，将鼠标移动至手轮刻度附近，单击左键或右键控制机床 Z 轴上下移动，当仿真区域内出现“Z 向已经到位”提示时，将相对界面的“Z”坐标进行清零，如图 7-17 所示。

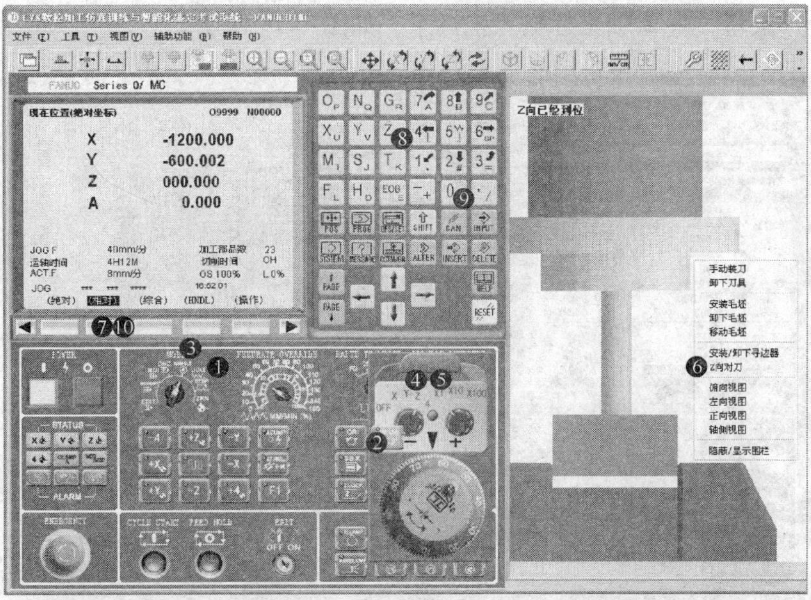

图 7-17　Z 向对刀

14）单击按钮和（坐标系）按钮，将显示区域切换至工作坐标系设定界面，将光标位置移动至“01”坐标系的“X”位置，在输入区域输入“X”后单击（测量）按钮将 X 轴坐标输入坐标系，将光标位置移动至“01”坐标系的“Y”位置，在输入区域输入“Y”后再单击（测量）按钮，将 Y 轴坐标输入坐标系，如图 7-18 所示。

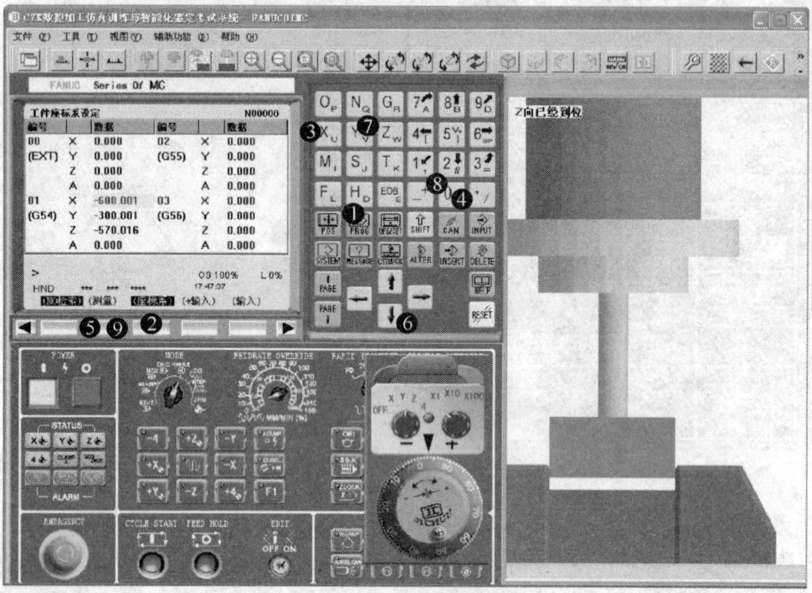

图 7-18　将 X、Y 坐标值输入坐标系

15）将光标位置移动至“01”坐标系的“Z”位置，在输入区域输入“Z”后再单击（测量）按钮，将 Z 轴坐标输入坐标系，如图 7-19 所示。

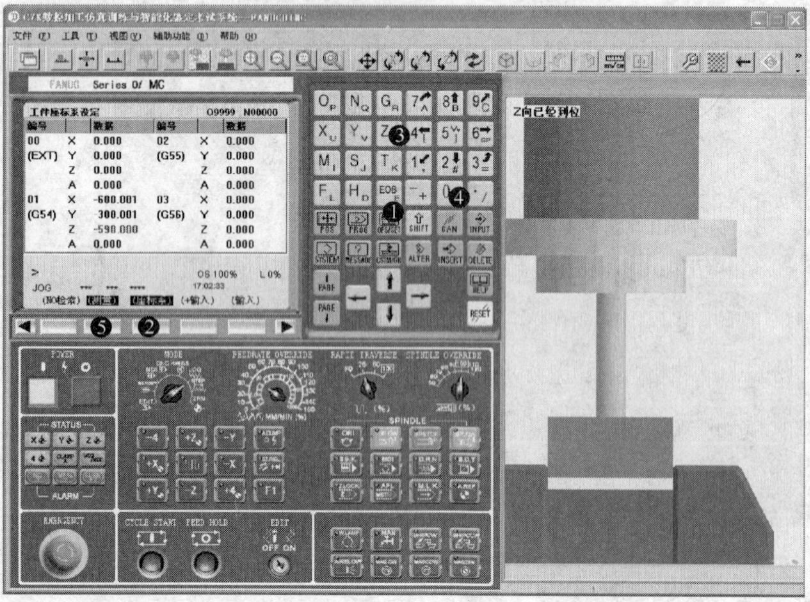

图 7-19　将 Z 坐标值输入坐标系

二、刀具的设置

1）单击按钮将主轴向上移动至安全高度，按（主轴停转）按钮停止主轴转动，如图 7-20 所示。

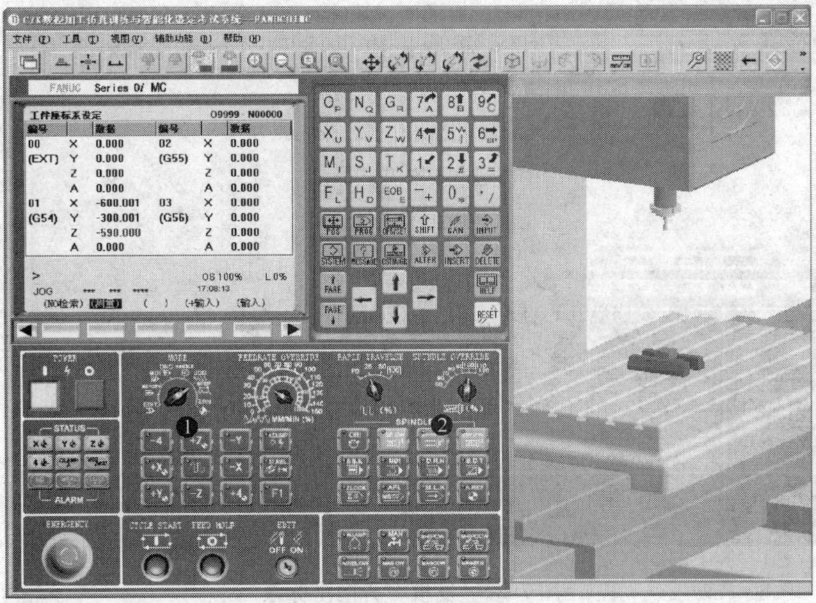

图 7-20 将主轴移动至安全高度

2）在编辑工具栏中单击（系统设置）按钮弹出“系统设置”对话框，单击刀具库设置按钮弹出“刀具库设置”对话框，在对话框内分别设置三把刀具的刀具参数后单击确认按钮退出对话框，如图 7-21 所示。

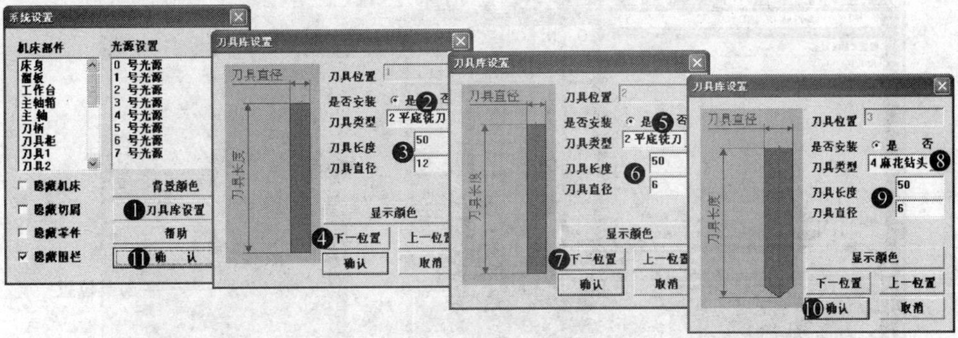

图 7-21 设置刀具参数

三、加工坐标系的复核

1）将控制模式旋钮切换至“MDI”状态，单击按钮将显示界面切换至程式状态，在屏幕显示区域内编写“T01 M06”和“G90 G54 G0 X0 Y-26. Z50.”后单击（循环启动）

按钮运行程序，在标准工具栏中单击（俯向视图）按钮，将视图设置为俯向视图方位观察刀具位置，刀具直径方向的边界与毛坯边界处于相切位置说明毛坯坐标系 *Y* 方向设置正确，如图 7-22 所示。

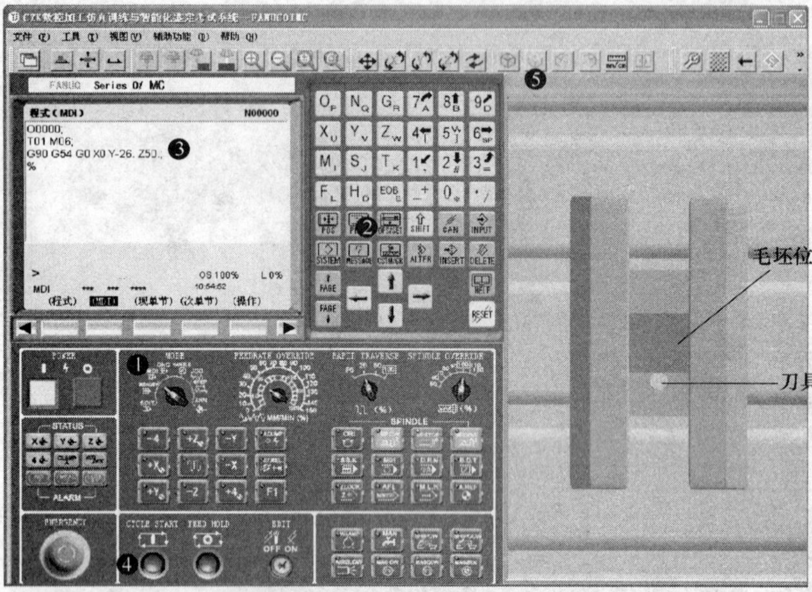

图 7-22　复核 *Y* 方向坐标系

2）在屏幕显示区域内编写“T01 M06”和“G90 G54 G0 X26. Y0 Z50.”，单击（循环启动）按钮运行程序，刀具直径方向的边界与毛坯边界处于相切位置说明毛坯坐标系 *X* 方向设置正确，如图 7-23 所示。

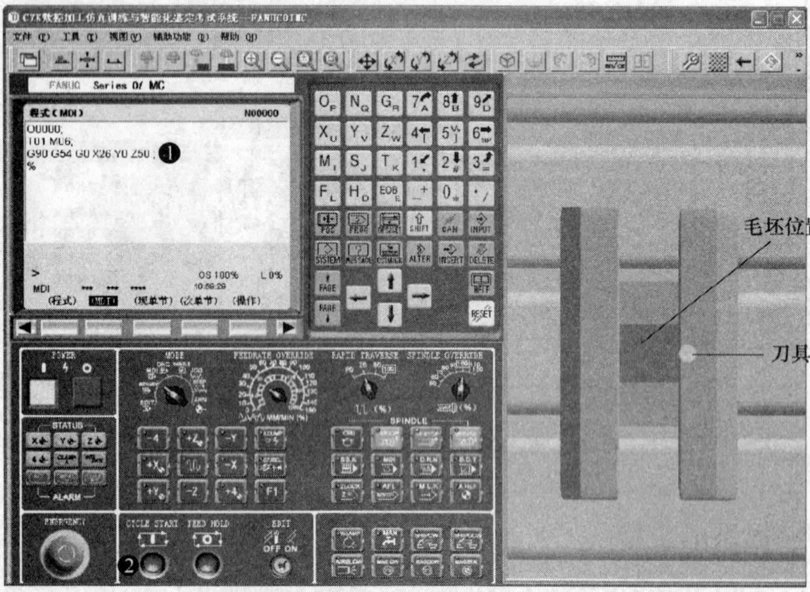

图 7-23　复核 *X* 方向坐标系

四、程序读入及运行加工

1）将控制模式旋钮切换至编辑状态，在附盘中双击鼠标左键打开“example/Chap07/ Fanuc 0i MC-NC”文件，按键盘〈Ctrl + A〉组合键，全选所有的数控代码，按键盘〈Ctrl + C〉组合键，复制所有的数控代码用于后续的模拟加工，如图 7-24 所示。

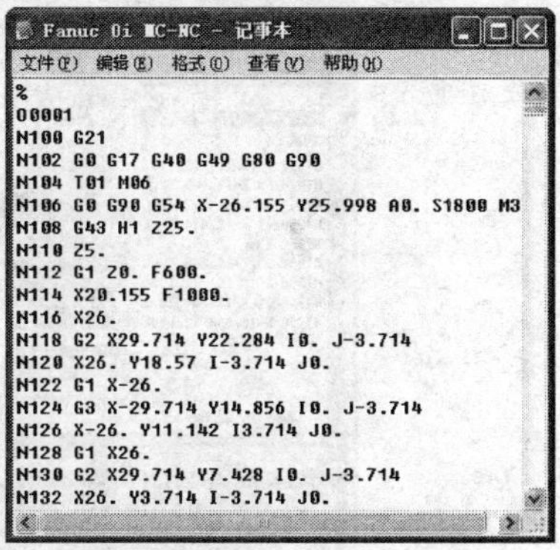


```
%
O0001
N100 G21
N102 G0 G17 G40 G49 G80 G90
N104 T01 M06
N106 G0 G90 G54 X-26.155 Y25.998 A0. S1800 M3
N108 G43 H1 Z25.
N110 Z5.
N112 G1 Z0. F600.
N114 X20.155 F1000.
N116 X26.
N118 G2 X29.714 Y22.284 I0. J-3.714
N120 X26. Y18.57 I-3.714 J0.
N122 G1 X-26.
N124 G3 X-29.714 Y14.856 I0. J-3.714
N126 X-26. Y11.142 I3.714 J0.
N128 G1 X26.
N130 G2 X29.714 Y7.428 I0. J-3.714
N132 X26. Y3.714 I-3.714 J0.
```

图 7-24　打开数控程序文件

2）将控制模式旋钮切换至编辑状态，在屏幕显示区域内按键盘〈Ctrl + V〉组合键，将已复制的程序粘贴至屏幕显示区域内，单击 RESET 按钮将光标移动至程序开头位置后将控制模式旋钮切换至自动状态，单击（循环启动）按钮运行程序，弹出“信息提示”和“系统提示”对话框，单击 是(Y) 按钮执行模拟，如图 7-25 所示。

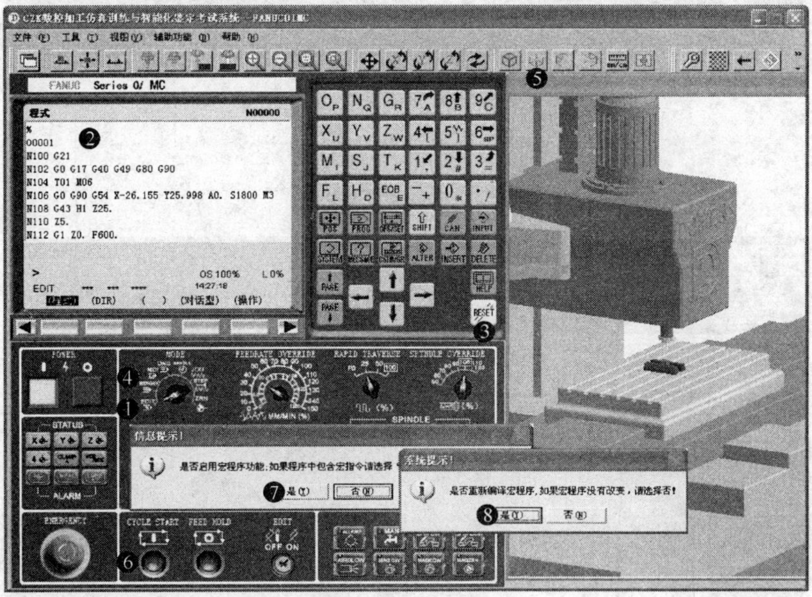

图 7-25　运行模拟加工

3）在菜单栏依次选择“辅助功能”/“仿真速度选择”/“快速”选项，弹出“系统提示”对话框，单击 确定 按钮实行快速模拟，程序模拟运行完毕后机床停止运动，得到仿真加工后的零件，如图 7-26 所示。

4）在菜单栏中依次选择“文件”/“保存状态”，弹出“保存状态”对话框，在对话框中设置好文件的保存名称后单击 保存(S) 按钮保存仿真文件，如图 7-27 所示。

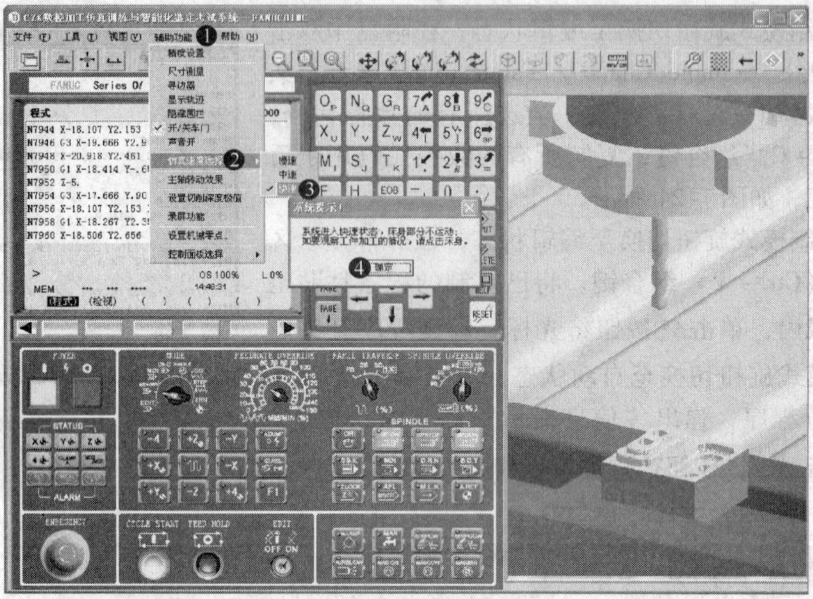

图 7-26 模拟加工后的零件结果

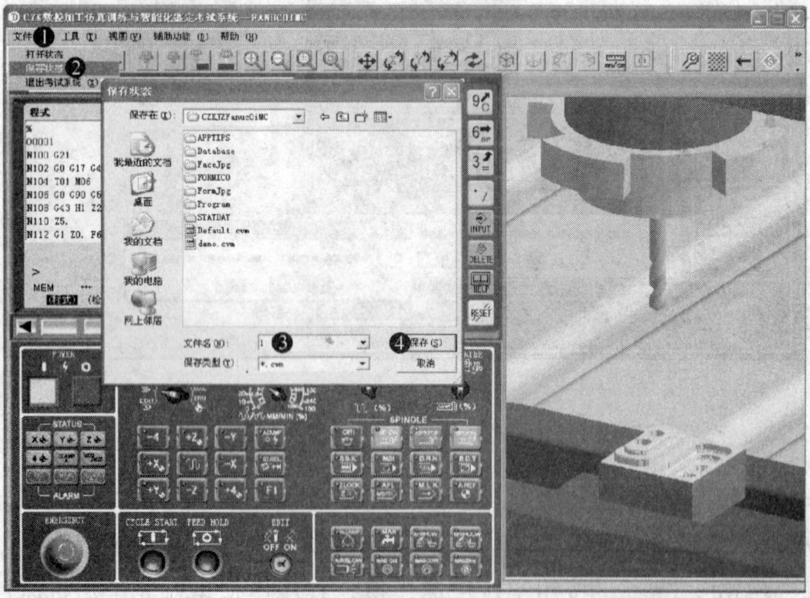

图 7-27 保存仿真文件

第三节 SIEMENS 系统的仿真实例

一、机床的起动回零

1）在 Windows 系统依次选择“开始”/“程序”/“广州超软 CZK 系列软件”/“CZK 客户端系列”/“加工中心系列”/“CZK-Jzsimens 802dM（西门子）”选项，进入仿真初始界面，如图 7-28 所示。

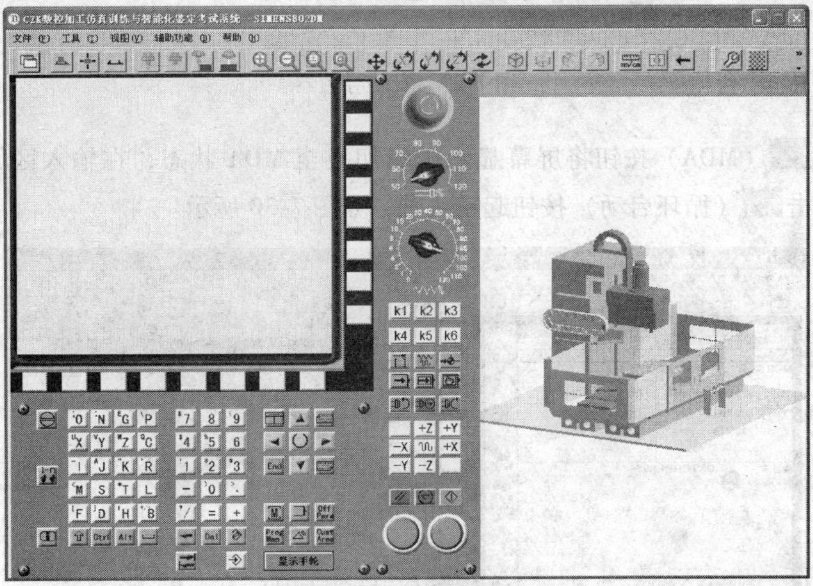

图 7-28 初始界面

2）在面板控制区域内单击（开启电源）按钮，接通机床电源并激活控制面板显示区域。

3）在控制区域内单击急停按钮，使机床取消急停状态。

4）将控制面板的控制模式切换至（手动）状态，单击（回原点）按钮，分别单击+Z、+Y和+X按钮使 *X*、*Y*、*Z* 轴回零，直至屏幕显示区域的 *X*、*Y*、*Z* 轴后均出现（原点）符号。

5）将控制面板的控制模式切换至（手动）状态，分别单击−X、−Y和−Z按钮，使机床主轴大致移动至工作台的中心。

二、毛坯的装夹

参考第一节仿真机床操作基础部分。

三、加工坐标的设置

1）在标准工具栏中单击（安装/移去寻边器/半径 5.000）按钮，为主轴安装寻边器，如图 7-29 所示。

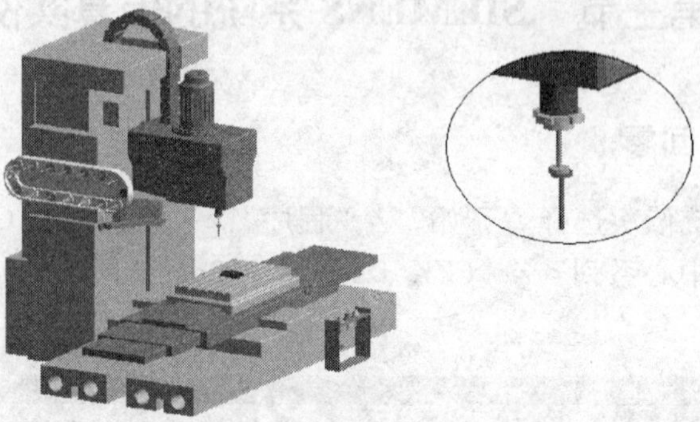

图 7-29　安装寻边器

2）单击（MDA）按钮将屏幕显示区域切换至 MDA 状态，在输入区域输入“M03 S500;”后单击（循环启动）按钮起动主轴，如图 7-30 所示。

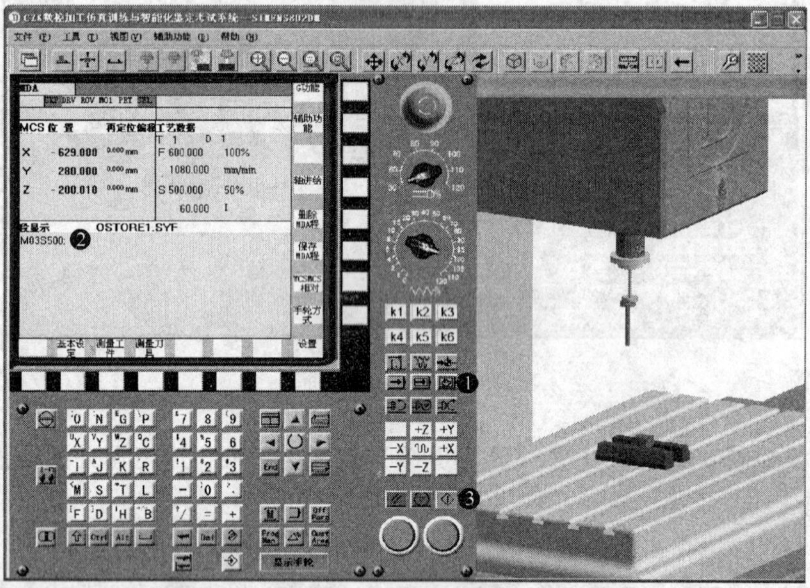

图 7-30　起动主轴

3）将控制面板的控制模式切换至（手动）状态，在标准工具栏中单击（正向视图）按钮，将视图设置为正向视图方位，单击 -X、-Y 和 -Z 按钮使寻边器下降至毛坯附近，将进给倍率旋钮调整至“10%”后单击 +X 按钮，使寻边器沿 + *X* 方向缓慢靠近毛坯，寻边器与毛坯相距 1mm 左右即可，如图 7-31 所示。

4）单击 显示手轮 按钮将控制模式切换至手轮状态，将手轮控制轴切换至“X”轴，调整手轮每转动一格单位移动量为“×1”，将鼠标移动至手轮刻度附近，单击左键或右键控制机床 *X* 轴工作台向左或右移动，使寻边器逐渐靠近毛坯，直至仿真区域出现“水平方向已经到位”提示，如图 7-32 所示。

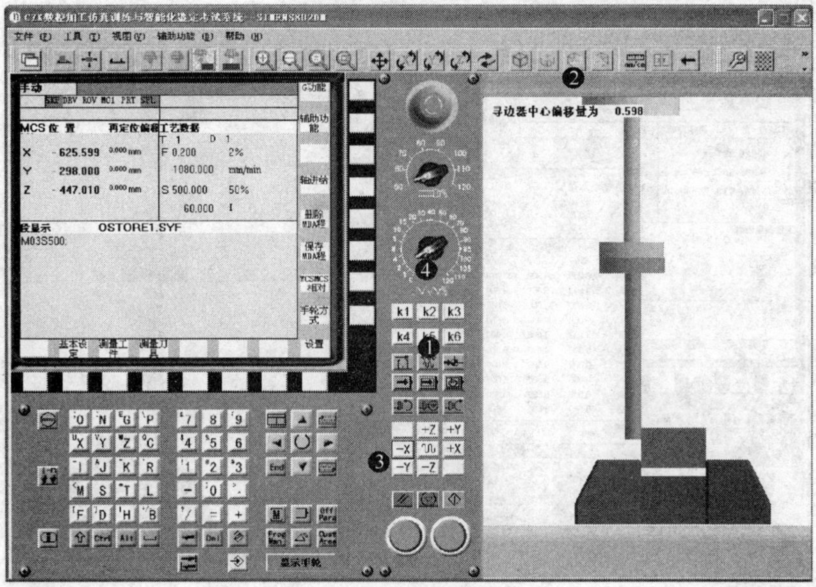

图 7-31 手动方式控制寻边器

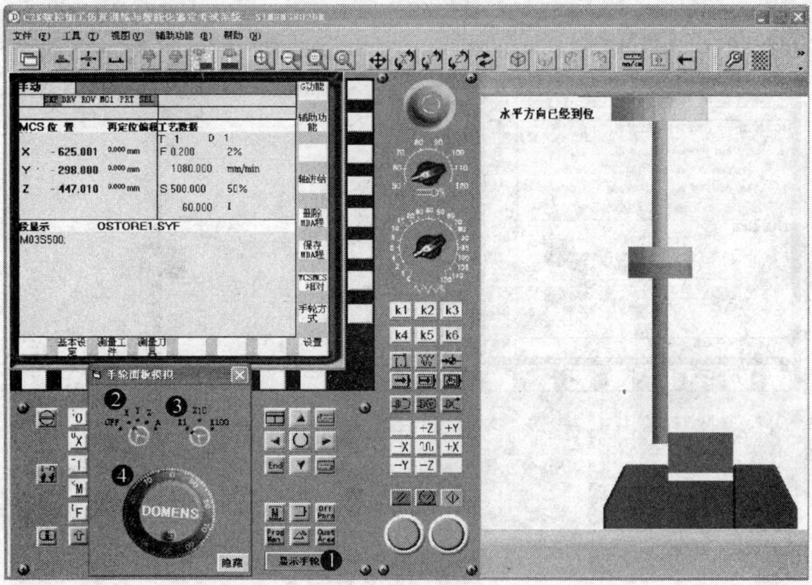

图 7-32 手轮方式控制寻边器

5）依次单击“测量工件”和“零点偏置”按钮，切换至可设置零点偏置界面，将光标移动至“BASE”下的“X”、“Y”和“Z”，分别输入数值“0”后单击“更改有效”按钮将三个坐标数值清零，单击“测量工件”按钮将界面切换至测量工件界面，如图 7-33 所示。

6）单击“测量工件”按钮将屏幕显示区域切换至测量工件界面，单击“X”按钮将输入坐标值设置为 *X* 轴，将光标移动至“储存在”位置后单击 ◯（选择）按钮，切换至 G54 坐标，将光标移动至“距离”位置后单击“计算”按钮，计算出当前位置偏置，如图 7-34 所示。

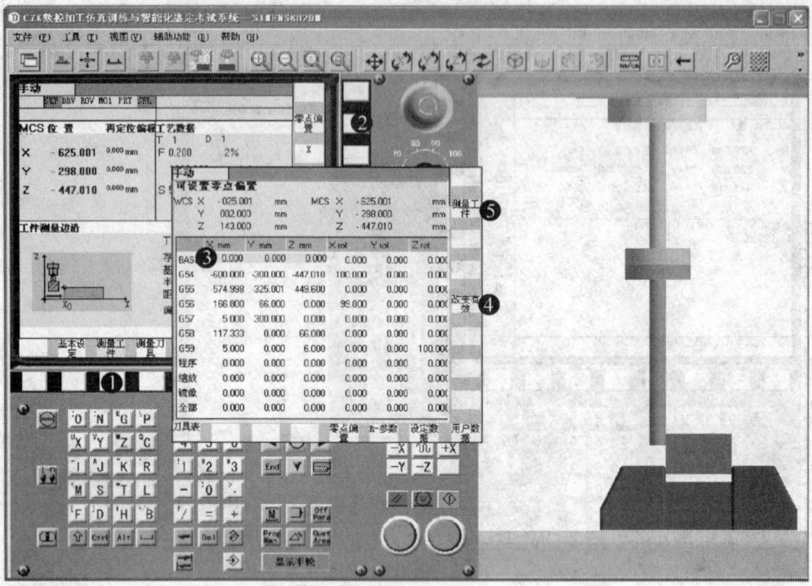

图 7-33　将基础坐标值清零

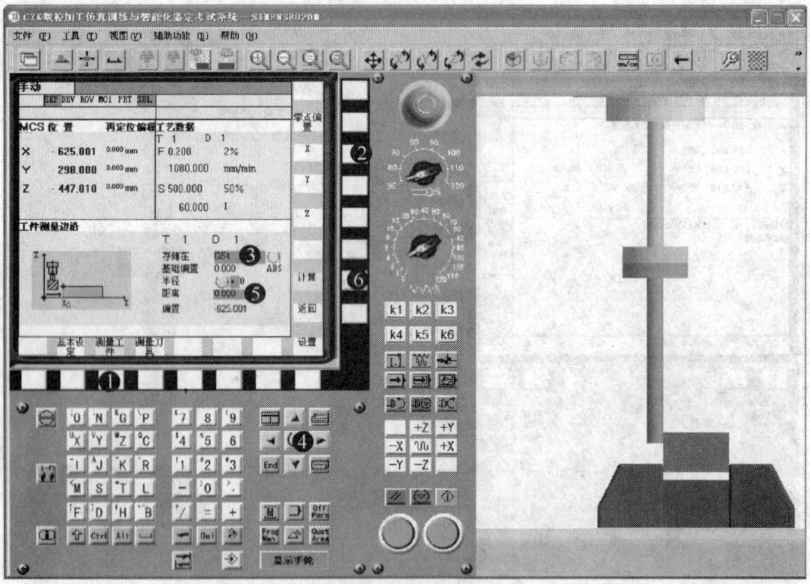

图 7-34　将 *X* 轴坐标输入 G54

7）单击“零点偏置”按钮切换至可设置零点偏置界面，将光标移动至 G54 的“X”位置后单击“更改有效”按钮，保存当前坐标值，单击“测量工件”按钮将界面切换至测量工件界面，如图 7-35 所示。

8）将控制模式旋钮至手动状态，单击 +Z、+X 和 -Z 按钮使寻边器下降至毛坯附近，单击 -X 按钮使寻边器在 - *X* 方向缓慢靠近毛坯，寻边器与毛坯相距 1mm 左右即可，如图 7-36 所示。

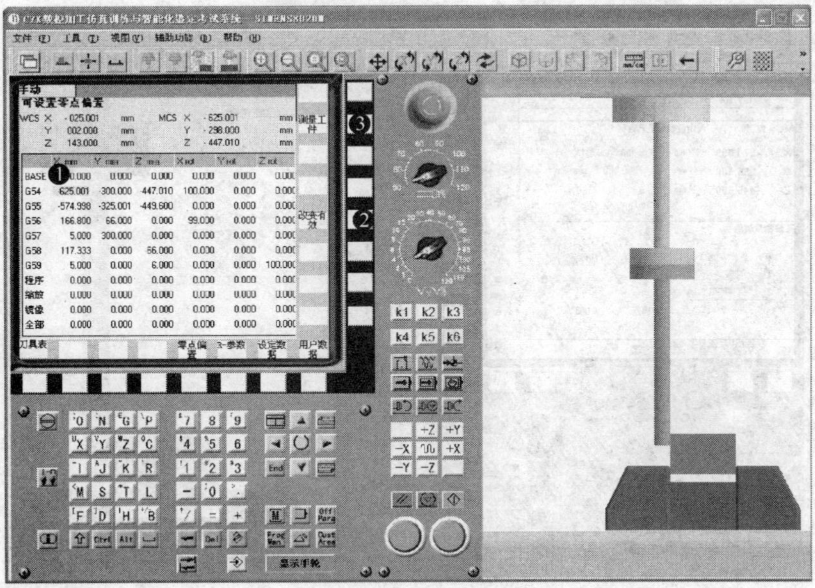

图 7-35 保存坐标值

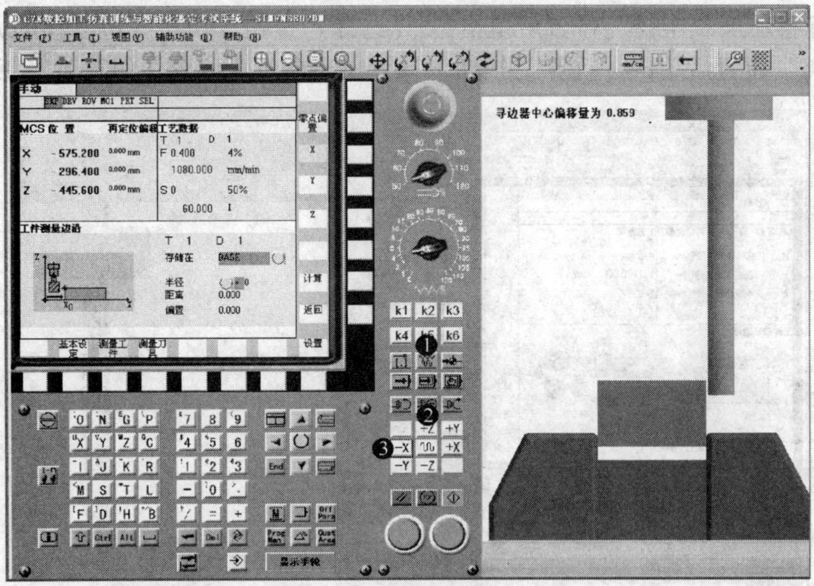

图 7-36 手动方式控制寻边器

9）单击显示手轮按钮将控制模式切换至手轮状态，将手轮控制轴切换至“X”轴，调整手轮每转动一格单位移动量为“×1”，将鼠标移动至手轮刻度附近，单击左键或右键控制机床 *X* 轴工作台向左或右移动，使寻边器逐渐靠近毛坯，直至仿真区域出现“水平方向已经到位”提示，如图 7-37 所示。

10）单击“测量工件”按钮将屏幕显示区域切换至测量工件界面，单击“X”按钮将输入坐标值设置为 *X* 轴，将光标移动至“储存在”位置后单击◯（选择）按钮切换至 G55

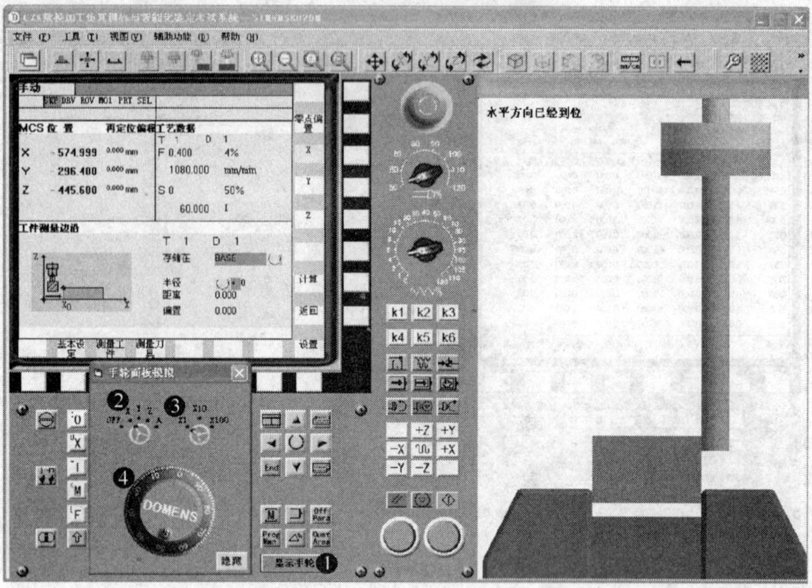

图 7-37　手轮方式控制寻边器

坐标，将光标移动至“半径”位置后单击 （选择）按钮，切换寻边器移动方向，将光标移动至“距离”位置后单击“计算”按钮，计算出当前位置偏置，如图 7-38 所示。

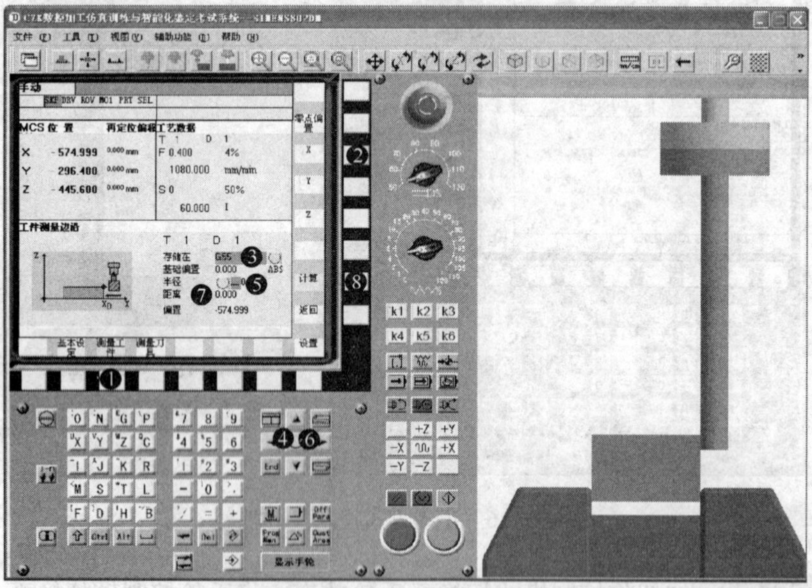

图 7-38　将 X 轴坐标输入 G55

11）单击“零点偏置”按钮切换至可设置零点偏置界面，将光标移动至 G55 的“X”位置后单击“更改有效”按钮，保存当前坐标值，单击“测量工件”按钮将界面切换至测量工件界面，如图 7-39 所示。

12）在标准工具栏中单击 （左视图）按钮，将视图设置为左视图方位，参考 X 轴中

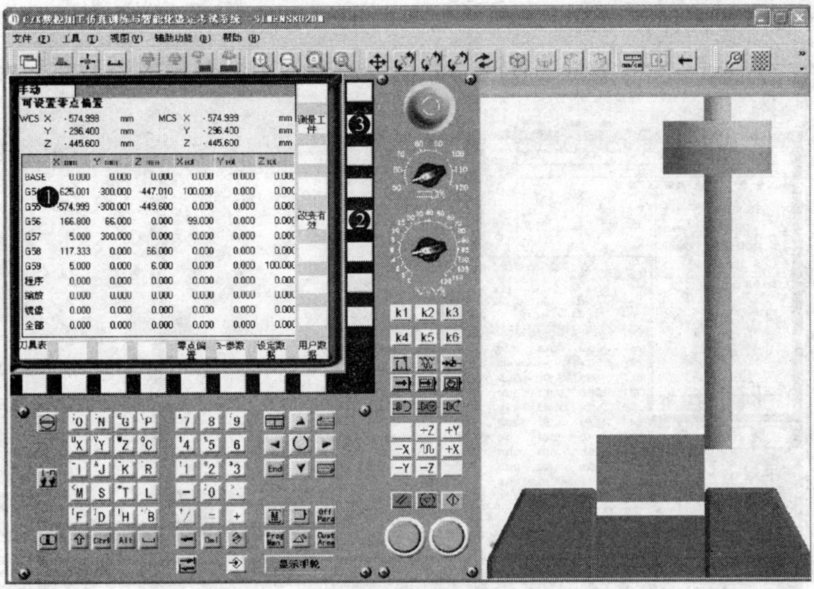

图 7-39　保存坐标值

心找正的方法对 *Y* 轴方向的中心进行找正，当寻边器与毛坯接触时，出现“水平方向已经到位”提示，将 *Y* 坐标保存至可设置零点偏置界面下 G54 的“Y”数值内，单击“更改有效”按钮保存当前坐标值，单击“测量工件”按钮将界面切换至测量工件界面，如图 7-40 所示。

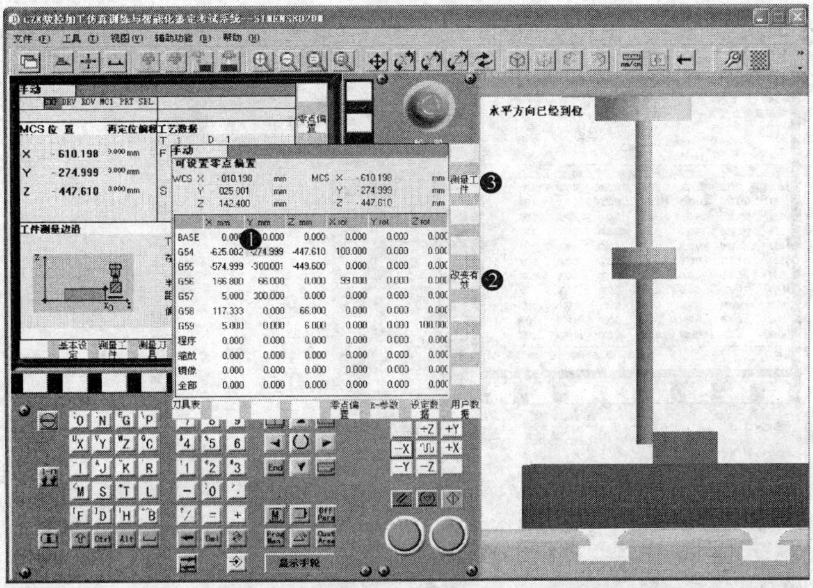

图 7-40　将 *Y* 坐标输入 G54

13）通过手轮控制寻边器移动至 *Y* 轴另一方向找正，待寻边器与毛坯接触后出现“水平方向已经到位”提示后将 *Y* 坐标保存至可设置零点偏置界面下的 G55 的“Y”数值内，单击“更改有效”按钮保存当前坐标值，如图 7-41 所示。

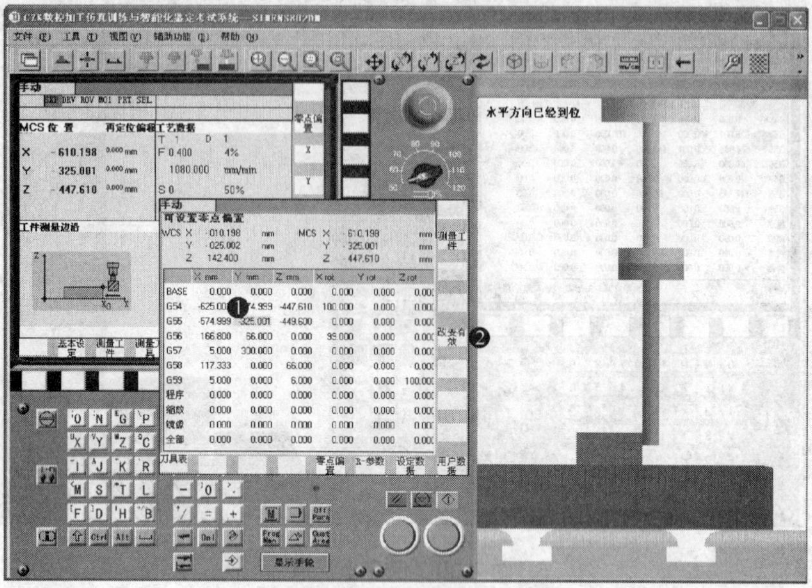

图 7-41　*Y* 边界找正清零

14）使用计算器计算出 G54 和 G55 中的“X”、“Y”总差值并除以 2，得出毛坯坐标系的中心数值，分别将“-600.000”和“-300.000”输入“G54”内“X”和“Y”中，单击“更改有效”按钮将坐标系保存，如图 7-42 所示。

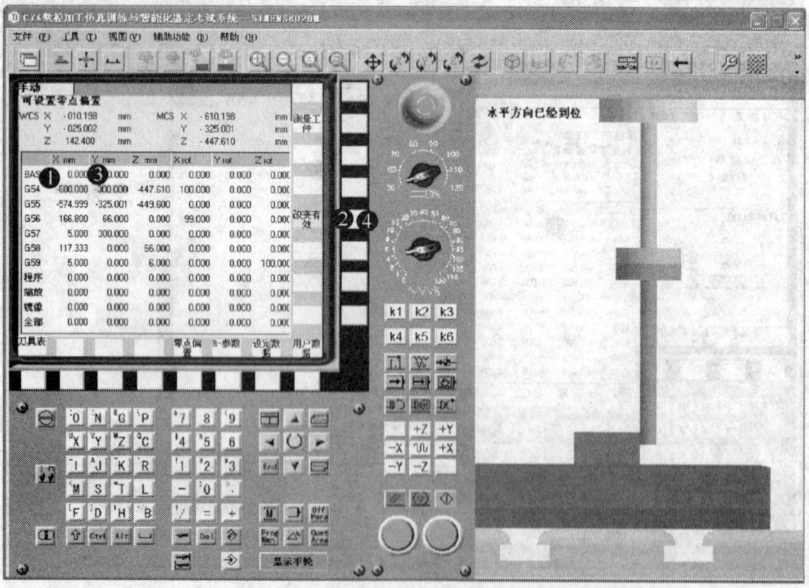

图 7-42　将 *X*、*Y* 坐标值输入坐标系

15）单击 +Z 按钮将主轴移动至安全位置，单击（主轴停止）按钮，停止主轴转动，在标准工具栏中单击（安装/移去寻边器）按钮，为主轴移除已安装的寻边器。

16）在标准工具栏中单击（正向视图）按钮，将视图设置为正向视图方位，单击（手动装刀）按钮，在刀架内的刀柄处单击鼠标并将刀柄移动至主轴位置，装刀完毕后弹出“刀具定义”对话框，在对话框内设置刀具参数后单击确定按钮退出对话框，如图7-43所示。

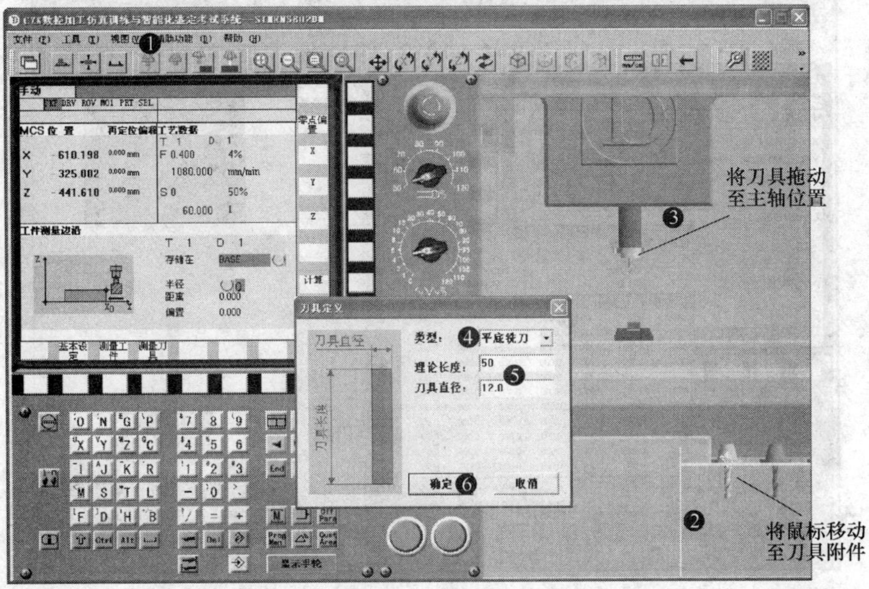

图7-43　手动装刀

17）将控制模式切换至手动状态，单击（主轴正转）按钮起动主轴，单击（*Z*向对刀）按钮，单击显示手轮按钮将控制模式切换至手轮状态，将手轮控制轴切换至“Z”轴，调整手轮每转动一格单位移动量为“×1”，将鼠标移动至手轮刻度附近，单击左键或右键控制机床*Z*轴上下移动，直至仿真区域内出现“Z向已经到位”提示，如图7-44所示。

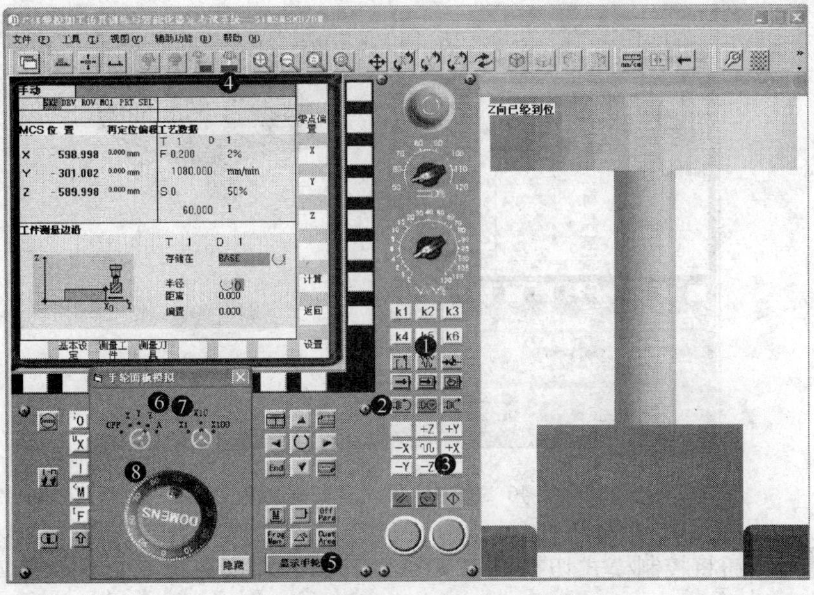

图7-44　*Z*向对刀

18）将 *Z* 坐标保存至可设置零点偏置界面下 G54 的“Z”数值内，单击“更改有效”按钮保存当前坐标值，单击“测量工件”按钮将界面切换至测量工件界面，如图 7-45 所示。

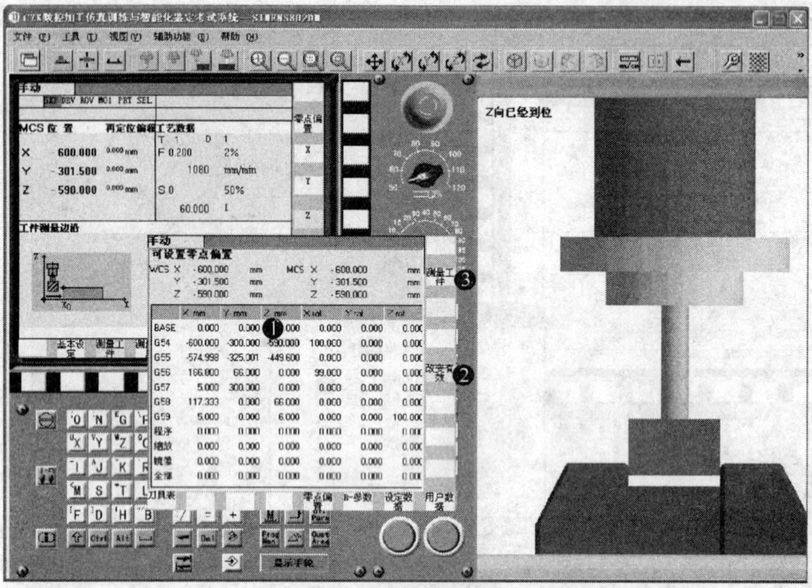

图 7-45　将 *Z* 坐标值输入坐标系

四、加工坐标系的复核

1）单击 +Z 按钮将主轴移动至安全位置，单击（主轴停止）按钮停止主轴转动，如图 7-46 所示。

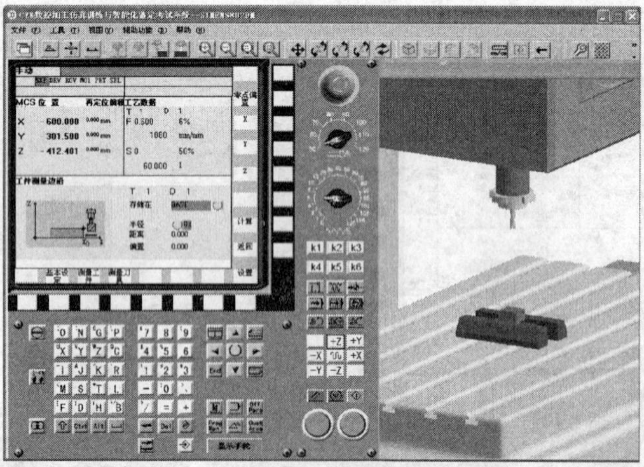

图 7-46　将主轴移动至安全高度

2）单击按钮将控制模式切换至“MDA”状态，在屏幕显示区域内编写“G90 G54 G0 X0 Y－26. Z50.”后单击（循环启动）按钮，运行程序，在标准工具栏中单击

（俯向视图）按钮，将视图设置为俯向视图方位，观察刀具位置，刀具直径方向的边界与毛坯边界处于相切位置说明毛坯坐标系 *Y* 方向设置正确，如图 7-47 所示。

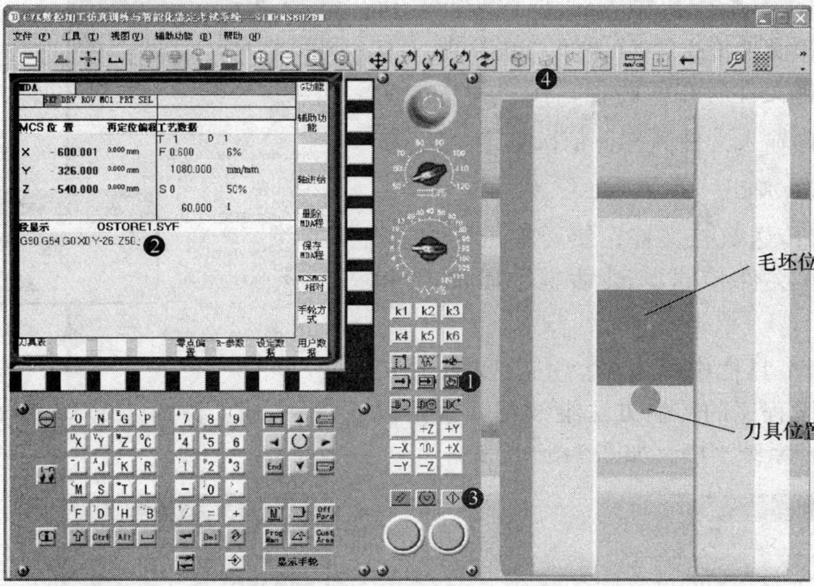

图 7-47 复核 *Y* 方向坐标系

3）在屏幕显示区域内编写“T01 M06”和“G90 G54 G0 X26. Y0 Z50.”后单击（循环启动）按钮，运行程序，刀具直径方向的边界与毛坯边界处于相切位置说明毛坯坐标系 *X* 方向设置正确，如图 7-48 所示。

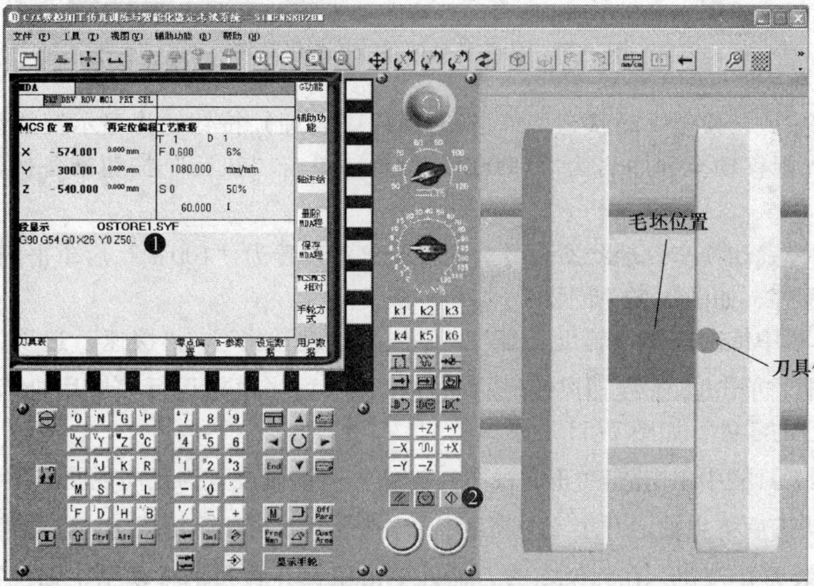

图 7-48 复核 *X* 方向坐标系

五、程序读入及运行加工

1）在编辑工具栏中单击（传送文件）按钮，弹出“模拟文件传送”对话框，单击（查找）按钮，选择文件所在的路径，在“传送后生成的文件名”内输入文件名称，依次单击 Get 按钮和 Send 按钮，弹出“系统提示”对话框，单击 确定 按钮传送数控文件，然后单击 Close 按钮关闭“模拟文件传送”对话框，如图 7-49 所示。

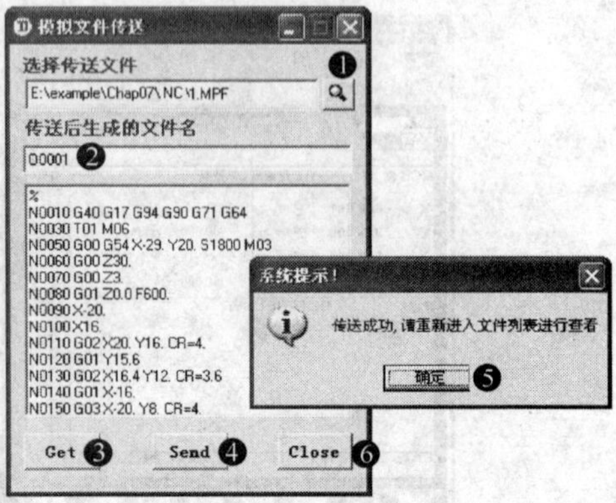
模拟文件传送
选择传送文件
E:\example\Chap07\NC\1.MPF
传送后生成的文件名
O0001
%
N0010 G40 G17 G94 G90 G71 G64
N0030 T01 M06
N0050 G00 G54 X-29. Y20. S1800 M03
N0060 G00 Z30.
N0070 G00 Z3.
N0080 G01 Z0.0 F600.
N0090 X-20.
N0100 X16.
N0110 G02 X20. Y16. CR=4.
N0120 G01 Y15.6
N0130 G02 X16.4 Y12. CR=3.6
N0140 G01 X-16.
N0150 G03 X-20. Y8. CR=4.
系统提示！
传送成功，请重新进入文件列表进行查看
确定
Get
Send
Close

图 7-49　传输数控程序文件

2）在编辑工具栏中单击（传送文件）按钮，参照第一段程序的传输方法继续将其余两段程序传输至数控系统当中，如图 7-50 所示。

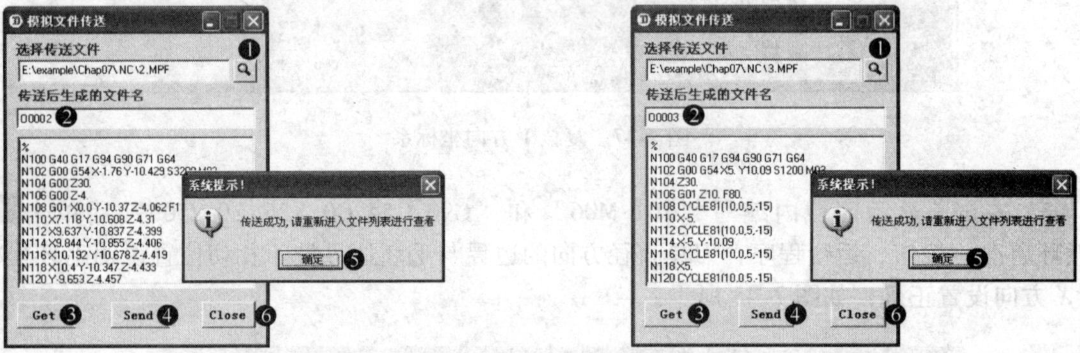
模拟文件传送
选择传送文件
E:\example\Chap07\NC\2.MPF
传送后生成的文件名
O0002
系统提示！
传送成功，请重新进入文件列表进行查看
确定
Get
Send
Close
模拟文件传送
选择传送文件
E:\example\Chap07\NC\3.MPF
传送后生成的文件名
O0003
%
N100 G40 G17 G94 G90 G71 G64
N104 Z30.
N106 G01 Z10. F80.
N108 CYCLE81(10,0,5,-15)
N110 X-5.
N112 CYCLE81(10,0,5,-15)
N114 X-5. Y-10.09
N116 CYCLE81(10,0,5,-15)
N118 X5.
N120 CYCLE81(10,0,5,-15)
系统提示！
传送成功，请重新进入文件列表进行查看
确定
Get
Send
Close

图 7-50　传输其余两段数控程序文件

3）将控制模式切换至手动状态，单击（程序管理）按钮，将显示模式切换至程序管理界面，将光标移动至程序名为“O0001”位置，单击“执行”按钮准备执行程序，如图 7-51 所示。

4）将控制模式切换至自动状态，将运动进给倍率设置为“100%”后单击（循环启动）按钮运行程序，如图 7-52 所示。

5）在菜单栏中依次选择“辅助功能”/“仿真速度选择”/“快速”选项，弹出“系统提示”对话框，单击 确定 按钮进行快速模拟，程序模拟运行完毕后机床停止运动，得到仿真加工后的零件，如图 7-53 所示。

6）在标准工具栏中单击（正向视图）按钮，将视图设置为正向视图方位，将控制模式切换至手动状态后将主轴上升至安全高度，单击（卸下刀具）按钮，移除第一把刀具，单击（手动装刀）按钮，在刀架内的刀柄处单击鼠标并将刀柄移动至主轴位置，装刀完毕后弹出“刀具定义”对话框，在对话框内设置刀具参数，单击 确定 按钮退出对话框，如图 7-54 所示。

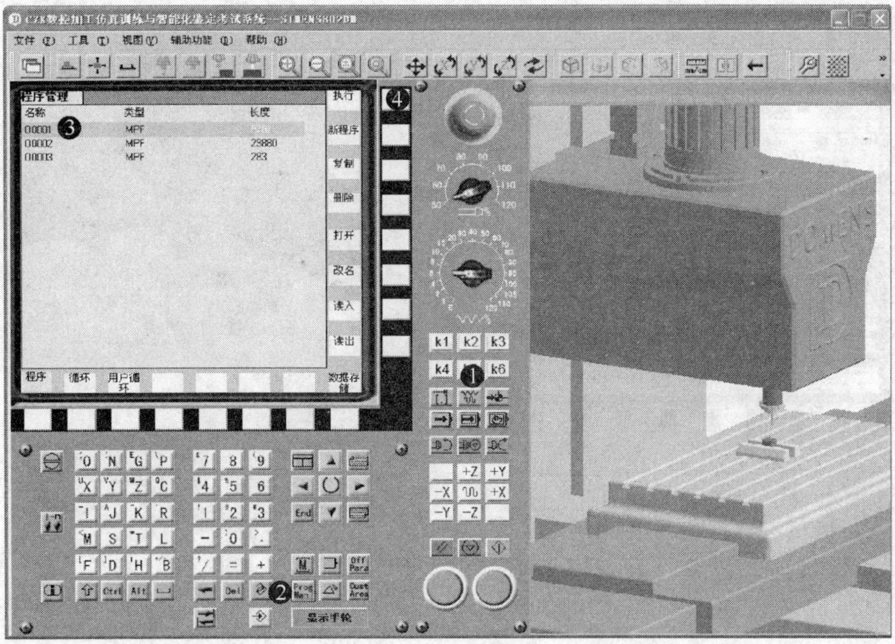

图 7-51　准备执行程序

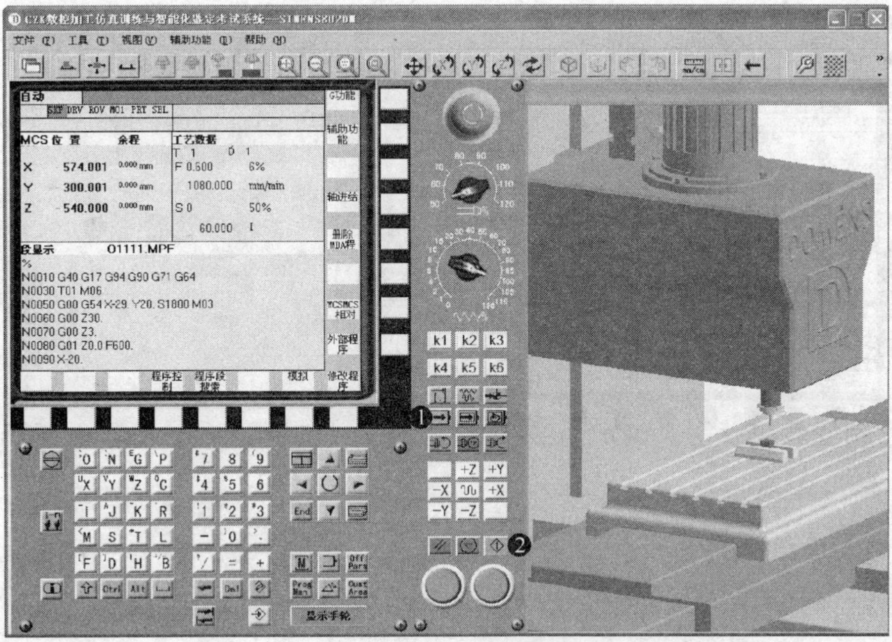

图 7-52　运行模拟加工

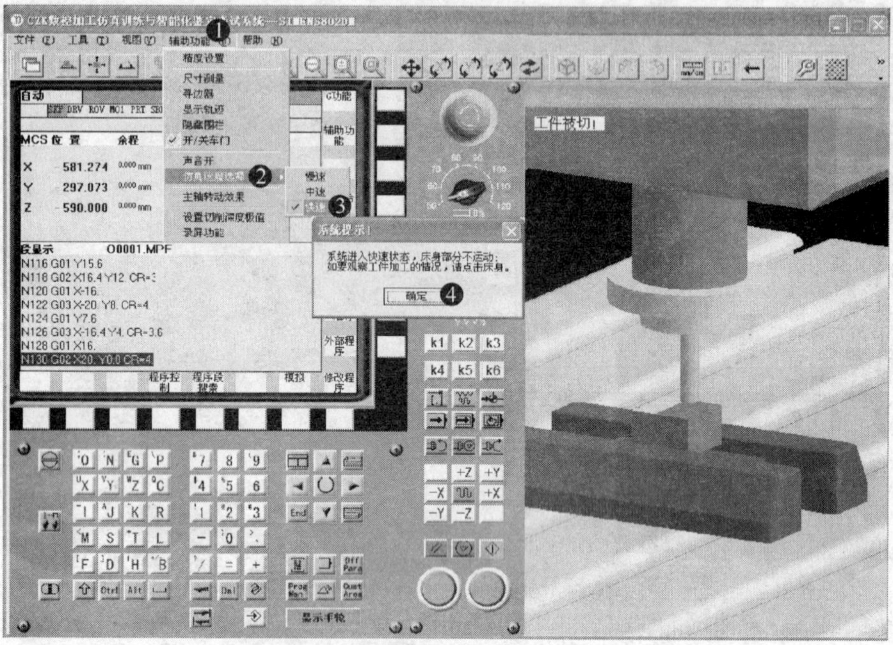

图 7-53　模拟加工后的零件结果

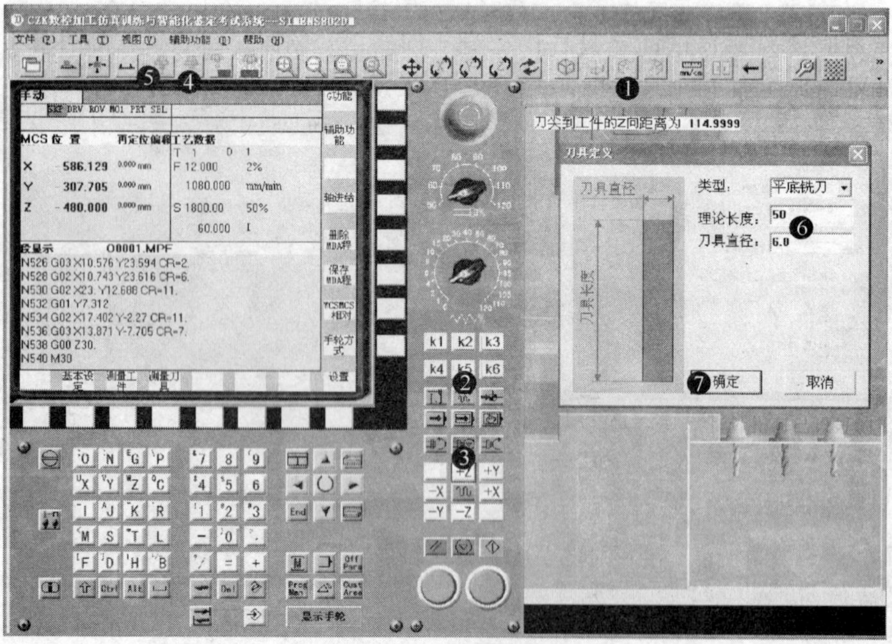

图 7-54　安装第二把刀具

7）单击Prog Man（程序管理）按钮，将显示模式切换至程序管理界面，将光标移动至程序名为“O0002”位置，单击“执行”按钮准备执行程序，如图7-55所示。

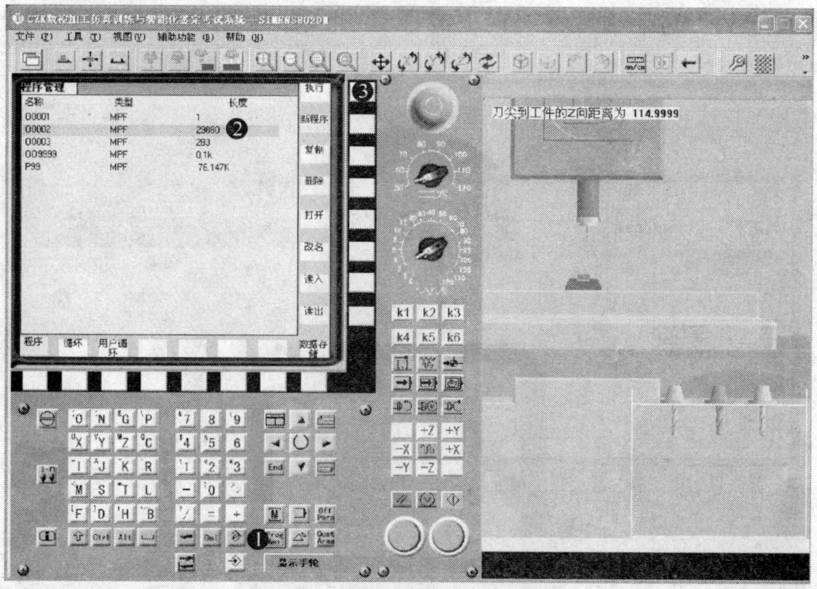

图7-55　准备执行程序

8）将控制模式切换至自动状态，将运动进给倍率设置为“100%”后单击（循环启动）按钮，运行程序，如图7-56所示。

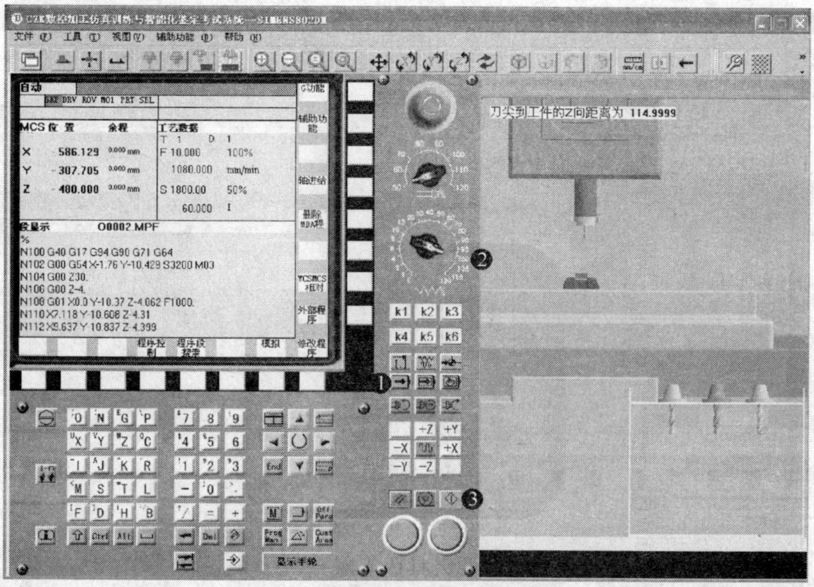

图7-56　运行模拟加工

9）在标准工具栏中单击（正向视图）按钮，将视图设置为正向视图方位，把控制模式切换至手动状态后将主轴上升至安全高度，单击 （卸下刀具）按钮，移除第二把刀具，单击 （手动装刀）按钮，在刀架内的刀柄处单击鼠标并将刀柄移动至主轴位置，装刀完毕后弹出“刀具定义”对话框，在对话框内设置刀具参数，单击 确定 按钮退出对话框，如图 7-57 所示。

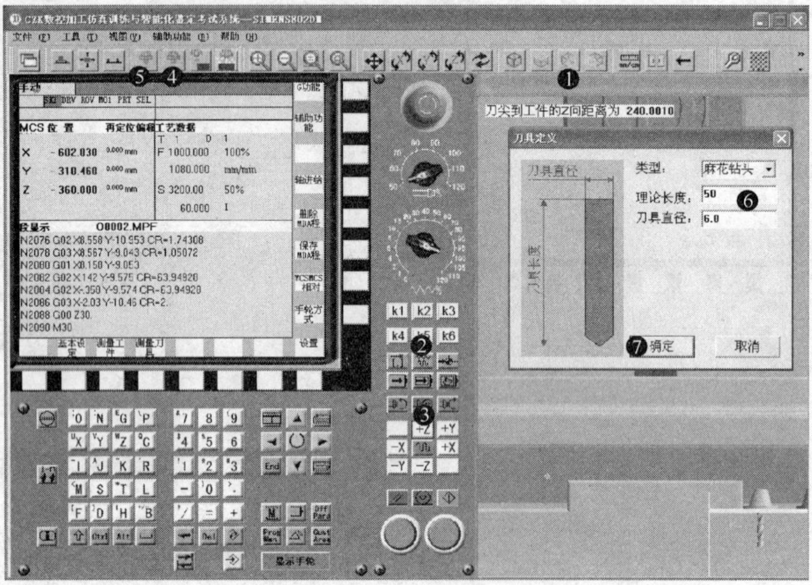

图 7-57　安装第三把刀具

10）单击 （程序管理）按钮，将显示模式切换至程序管理界面，将光标移动至程序名为“O0003”位置，单击“执行”按钮准备执行程序，如图 7-58 所示。

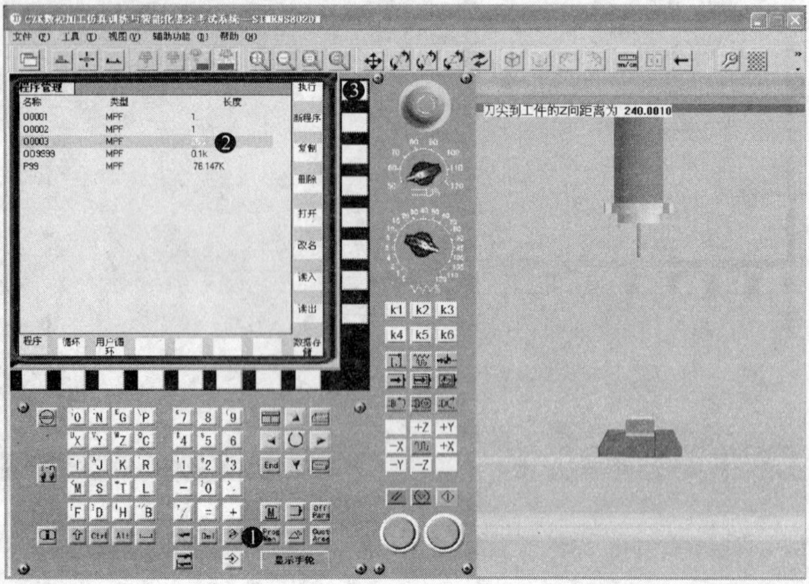

图 7-58　准备执行程序

11）将控制模式切换至自动状态，单击 （循环启动）按钮，运行程序，如图 7-59 所示。

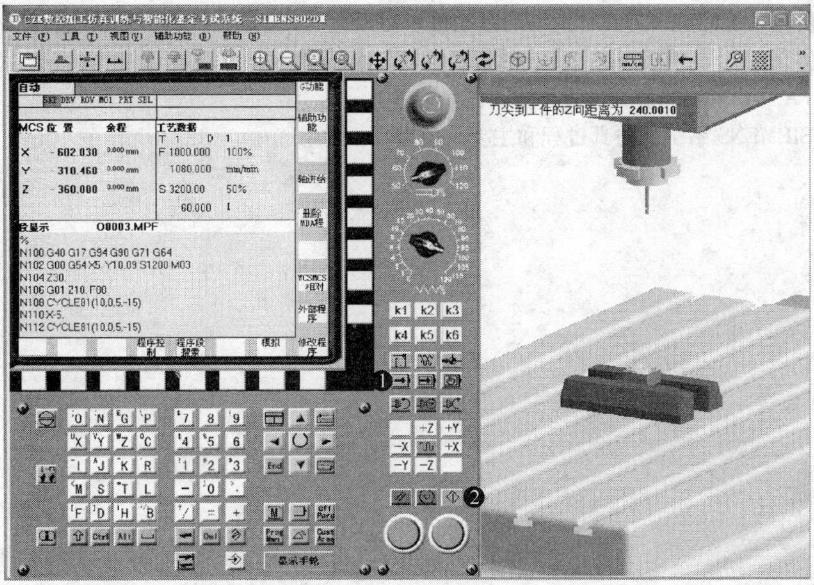

图 7-59 运行模拟加工

12）在菜单栏依次选择“文件”/“保证状态”，弹出“保证状态”对话框，在对话框中设置好文件的保存名称后单击 保存(S) 按钮，保存仿真文件，如图 7-60 所示。

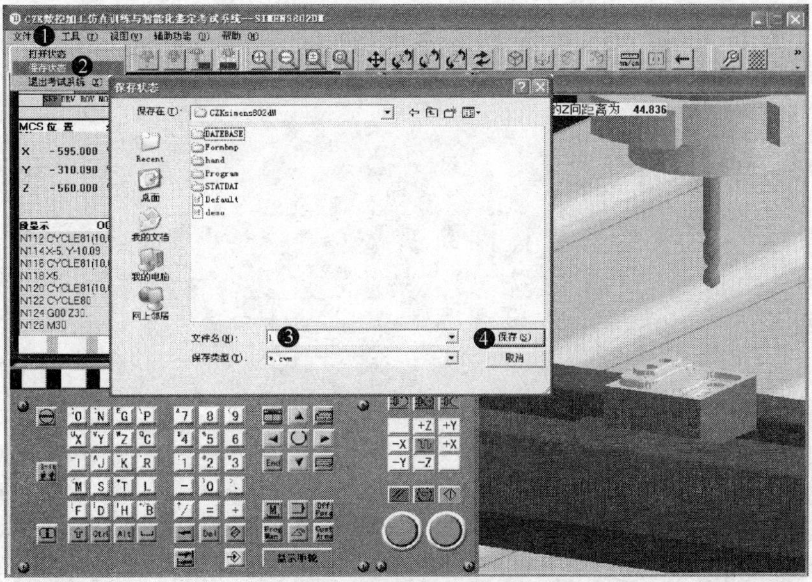

图 7-60 保存仿真文件

复 习 题

（1）超软仿真系统包含哪几部分？

（2）超软仿真系统能实现哪几种类型的数控机床仿真？

（3）超软仿真系统与 Mastercam X4 中的仿真模拟有何异同？

（4）简述 FANUC 系统的仿真过程和主要注意事项。

（5）简述 SIEMENS 系统的仿真过程和主要注意事项。

第八章

数控铣（中级）模拟题库

主要内容

- 理论知识模拟题库
- 技能实训模拟题库

第一节　理论知识模拟题库

一、数控铣（中级）理论知识模拟题一

（一）单项选择题（第1～80题，选择正确的答案，将相应的字母填入题内的括号中，每题1分，满分80分）

1. 图样中的轮廓线用（　　）线绘制。

（A）粗实　（B）细点画　（C）点画　（D）细实

2. 圆锥体的三个投影是（　　）。

（A）三个圆　（B）两个半圆一个圆

（C）两个三角形一个圆　（D）三个半圆

3. 当刀具前角减少时，切屑不容易从前面流出，因此（　　）。

（A）切削力不变　（B）切削力增大

（C）降低切削力　（D）切削刃不锋利

4. 切削铸铁材料时形成（　　）切屑。

（A）带状　（B）挤裂　（C）崩碎　（D）节状

5. 刃磨合金类刀具时应（　　）。

（A）选用碳化硅类型砂轮进行刃磨　（B）选用白刚玉型砂轮进行刃磨

（C）边刃磨刀具边用水冷却　（D）以上三者都是

6. 定位基准的选择原则有（　　）。

（A）尽量使工件的定位基准与设计基准不重合

（B）尽量用未加工表面作为定位基准

（C）应在加工过程中夹紧工件最薄的位置

（D）应与设计基准统一

7. 对夹紧装置的要求有（　　）。

（A）夹紧时应用加力扳手对其锁紧

（B）夹紧力应尽可能最大

（C）有良好的结构工艺性和使用性

（D）要有较好的夹紧效果，无需考虑夹紧力的大小

8. 数控机床周边的环境温度应低于（　　）。

（A）40℃　（B）35℃　（C）25℃　（D）45℃

9. 加工中心的主轴在空间为垂直状态称为（　　）加工中心。

（A）复合　（B）卧式　（C）立式　（D）其他

10. 以下属于蜗轮蜗杆传动机构的特点的有（　　）。

（A）传动速度快　（B）摩擦力小　（C）传动效率高　（D）自锁

11. 当机床出现主轴噪声大的故障时，原因有（　　）。

（A）缺少润滑　（B）主轴与电动机联接的带过紧

（C）传动轴承损坏　（D）以上都有可能

12. 最小加工余量的控制受（　　）的影响。
①表面粗糙度　②被加工材料性能　③机床加工误差
④表面几何形状　⑤刀具几何误差
（A）①②③　（B）①④　（C）①②③④　（D）①②③④⑤
13. 关闭计算机的顺序是（　　）。
（A）先关闭外部设备，后关闭主机　（B）先关闭主机，后关闭外部设备
（C）先关闭显示器，后关闭主机　（D）以上皆错
14. 数控机床是计算机在（　　）方面的应用。
（A）数据处理　（B）数值计算　（C）辅助设计　（D）实时控制
15. 键盘的 DELETE 键用于（　　）已编辑的程序。
（A）插入　（B）删除　（C）修改　（D）清除
16. TOOL　CLAMP 表示（　　）。
（A）刀具锁紧状态指示灯　（B）主轴定位指示灯
（C）换刀指示灯　（D）刀具交换错误警示灯
17. 刀具长度补偿值和半径补偿值都存储在（　　）中。
（A）缓存器　（B）寄存器　（C）存储器　（D）硬盘
18. 偏置量可设定值的范围为（　　）mm。
（A）0～±99.99　（B）0～±999.999
（C）0～+999.999　（D）0～-999.999
19.（　　）指令是相对坐标编程指令。
（A）G89　（B）G90　（C）G92　（D）G91
20. 一般数控机床的加工精度为（　　）mm。
（A）0.1　（B）0.06　（C）0.02　（D）0.001
21. 逆时针圆弧插补指令为（　　）。
（A）G01　（B）G02　（C）G03　（D）G04
22. CAN 键的作用是将储存在（　　）的文字或记号消除。
（A）存储器　（B）缓冲器　（C）硬盘内　（D）寄存器
23. ATC 表示（　　）。
（A）刀具夹紧指示灯　（B）主轴定位指示灯
（C）过程指示灯　（D）刀具交换错误指示灯
24.（　　）指令表示刀具轴垂直于 *XY* 平面。
（A）G18　（B）G19　（C）G17　（D）G20
25. 在（　　）操作中能消除系统报警信号。
（A）复位　（B）原点复归
（C）手动返回参考点　（D）G28 指令
26. 位置检测元件装在伺服电动机的尾部的是（　　）系统。
（A）闭环　（B）半闭环　（C）开环　（D）三者均不是
27. 下列 G 代码中，（　　）指令为模态 G 代码。
（A）G01　（B）G08　（C）G09　（D）G92

28. 加工中心的加工精度靠（　　）保证。
（A）机床本身结构的合理性和机床部件加工精度
（B）控制系统的硬件、软件来补偿和修正
（C）A 与 B
（D）以上都不是
29. 高速加工中心的结构特点有（　　）。
①主轴转速高　②进给速度高　③插补精度高　④系统稳定性高
（A）①③　（B）①②④　（C）①②③　（D）①②③④
30. 机床的抗振性与（　）有关。
（A）刚度、振动　（B）固有频率比　（C）刚度比　（D）以上都是
31. 形成齿轮渐开线的圆是（　　）。
（A）分度圆　（B）齿顶圆　（C）基圆　（D）节圆
32. 分度值为 0.02mm 游标卡尺，游标上 49 小格与尺身上（　　）mm 对齐。
（A）50　（B）39　（C）19　（D）59
33. 用杠杆百分表找正零件平面时，触头应尽量与平面（　　）。
（A）倾斜　（B）垂直　（C）水平　（D）平行
34. 千分尺的制造精度分为 0 级和 1 级两种，1 级精度（　　）。
（A）最高　（B）一般　（C）稍差　（D）最差
35. 能够传递较复杂运动的运动副的接触形式是（　　）。
（A）螺旋副接触　（B）带与带轮接触
（C）活塞与气缸接触　（D）凸轮接触
36. 机床的主轴是机器的（　　）。
（A）动力部分　（B）工作部分
（C）传动装置　（D）自动控制部分
37. 欲在两轴相距较远、工作条件恶劣的环境下传递较大功率，宜选（　　）。
（A）带传动　（B）链传动　（C）齿轮传动　（D）蜗杆传动
38. 具有定位精度高的轴向固定形式是（　　）。
（A）圆锥销　（B）轴套或圆螺母　（C）弹性挡圈　（D）轴肩或轴环
39. 使用滚动轴承，当载荷（　　）时，宜选用滚子轴承。
（A）较小　（B）较小的径向载荷　（C）较平稳　（D）大而有冲击
40. 在机械传动中传动效率最高的是（　　）。
（A）齿轮传动　（B）蜗杆传动　（C）链传动　（D）带传动
41. 铁素体为（　　）晶格。
（A）面心立方　（B）体心立方
（C）密排六方　（D）以上三者都可
42. 材料在高温下能够保持其硬度的性能是（　　）。
（A）硬度　（B）热硬性　（C）耐热性　（D）工艺性
43. 在切削用量中，影响表面粗糙度的主要因素是（　　）。
（A）切削深度　（B）切削速度　（C）进给量　（D）切削力

44. 在切削加工过程中，用于冷却的切削液是（　）。

（A）切削油　（B）水溶液　（C）乳化液　（D）煤油

45. 在机械制造中划线精度要求控制在（　　）mm。

（A）0.025～0.05　（B）0.05～0.1　（C）0.10～0.25　（D）0.25～0.5

46. 在尺寸链中某组成环增大而其他组成环不变，会使封闭环随之减少，则此组成环称为（　　）。

（A）链环　（B）增环　（C）减环　（D）补偿环

47. 被约束的物体在空间具有（　　）种运动的趋势。

（A）三　（B）四　（C）五　（D）六

48. 数控机床底座属于（　）机构。

（A）编结　（B）执行　（C）支承　（D）加工

49. 只能在二维平面上实现持续性加工的机床属于（　　）控制数控机床。

（A）点位　（B）直线　（C）曲面　（D）轮廓

50. 没有位置检测反馈装置的数控机床称为（　　）控制数控机床

（A）闭环　（B）半闭环　（C）开环　（D）半开环

51. 按照物体生成的方法不同，实体建模的方法可分为扫描法和（　　）两种。

（A）体素法　（B）几何法　（C）轮廓线法　（D）以上皆错

52. 计算机绘图系统按其工作方式可分为静态自动绘图系统和（　　）系统。

（A）数据绘图系统　（B）投影绘图系统

（C）动态交互式绘图系统　（D）以上皆错

53. 效率较低的运动副的接触形式是（　）。

（A）螺旋副接触　（B）齿轮啮合接触　（C）滚动轮接触　（D）凸轮接触

54. 加工中心与数控铣床的显著区别是（　　）。

（A）加工后零件精度高　（B）加工表面质量好

（C）通过刀库实现自动换刀加工　（D）加工时不需要使用切削液

55. 主轴轴线垂直于工作台最大工作区域法向的加工中心是（　），适合加工箱体类零件。

（A）卧式加工中心　（B）立式加工中心

（C）万能加工中心　（D）镗铣加工中心

56. 立式加工中心最适合切削 Z 轴方向尺寸相对（　）的工件。

（A）较小　（B）较大　（C）很小　（D）很大

57. Mastercam 是一套集（　　）和（　　）于一体的计算机辅助软件。

（A）CAD　CAPP　（B）CAPP

（C）CAD、CAM　（D）CAM、CAPP

58. 零件渗碳以后一般须经（　　）处理，才能达到表面硬而耐磨的目的。

（A）淬火 + 低温回火　（B）正火　（C）调质　（D）以上皆错

59. 在用 UG 的 CAM 模块进行编程时，生成的原始刀具轨迹节点属于（　　）文件。

（A）NC　（B）MC7　（C）CLS　（D）以上皆错

60. 加工中心操作人员不允许（　）操纵机床。

（A）穿工作服　（B）戴手套　（C）戴安全帽　（D）留短发

61. 在棘轮机构中，增大曲柄的长度，棘轮的转角（　　）。
（A）减小　（B）增大
（C）不变　（D）变化不能确定

62. 英文缩写“CAD”是指（　　）。
（A）计算机数字控制装置　（B）可编程序控制器
（C）计算机辅助设计　（D）主轴驱动装置

63. 英文缩写“CAM”是指（　　）。
（A）计算机数字控制装置　（B）可编程序控制器
（C）计算机辅助制造　（D）主轴驱动装置

64. （　　）标注方法获得的表面，Ra 的最大允许值为 3.2μm。
（A）$\sqrt{3.2}$　（B）$\sqrt{Ra3.2}$　（C）$\sqrt{Ra3.2}$　（D）$\sqrt{Ra3.2}$

65. 加工中心的主传动系统的特点有（　　）。
①转速高、功率大　②主轴变换可靠，并能自动无级变速
③主轴上设计有刀具自动装卸，主轴定向停止等装置
（A）①②　（B）②③　（C）①②③　（D）以上都不是

66. 瞬时传动比准确的传动是（　　）。
（A）摩擦轮传动　（B）带传动　（C）链齿轮　（D）齿轮传动

67. 在视图表达中叉架类零件通常选择（　　）位置作为主视图。
（A）测量　（B）工作　（C）加工　（D）安装

68. 当要求转速级数多、速度变化范围大时，应选择（　　）。
（A）滑移齿轮变速机构　（B）塔齿轮变速机构
（C）倍增变速机构　（D）拉键变速机构

69. 常用的退火方法有（　　）。
（A）完全退火　（B）球化退火　（C）去应力退火　（D）以上都是

70. 影响导轨导向精度的因素有（　　）。
①导轨的结构形式　②导轨的制造精度和装配质量　③导轨和基础件的刚度
④导轨的重量
（A）①③　（B）①②④　（C）①②③　（D）①②③④

71. 高速加工中心刀柄的锥度比值为（　　）。
（A）7:25　（B）1:3　（C）7:24　（D）1:10

72. 结构简单，在小型加工中心中应用最广泛的是（　　）刀库。
（A）单盘式　（B）链式　（C）格子式　（D）刺猬式

73. 在数控机床日常维护中，需每天检查的项目有（　　）。
（A）导轨润滑油箱　（B）滚珠丝杠精度
（C）主轴润滑油　（D）工作台精度

74. 在数控机床日常维护中，需每个季度保养项目有（　　）。
（A）保持机身无油污　（B）主轴润滑油添加或更换
（C）主轴刀杆配合位置干净　（D）液晶显示屏清洁

75. 对于我国普通的数控系统，要求平均无故障时间 MT(B)F（　　）h。

（A）≥10000　　（B）≥1000　　（C）≥100　　（D）<1000

76. 根据回火温度的不同，回火可分（　　）。

（A）低温回火　　（B）中温回火　　（C）高温回火　　（D）以上都是

77. 按等速运动规律工作的凸轮机构（　　）。

（A）会产生刚性冲击　　（B）会产生柔性冲击

（C）不会产生冲击　　（D）适用于凸轮高速转动的场合

78. 滚珠丝杠运动不灵活，可能的故障原因有（　　）。

①轴向预加载荷太大　②丝杠与导轨不平行　③丝杠弯曲变形　④丝杠间隙过大

（A）③　　（B）②③　　（C）①②③　　（D）①②③④

79. 使用两把不同长度刀具加工平面时，在接刀处不平的原因有（　　）。

①零件夹紧力不够　②主轴轴线与工作台不垂直　③两把刀具在对刀时产生长度误差

④刀具加工过程中产生较大程度的磨损

（A）①④　　（B）②③　　（C）①②③　　（D）①②③④

80. 用对刀仪静态测量的刀具尺寸与加工出的尺寸之间有一差值，影响这一差值的因素主要有（　　）。

①刀具和机床的精度和刚度　②加工工件的材料和状况

③冷却状况和冷却介质的性质　④使用对刀仪的技巧熟练程度

（A）①④　　（B）②③　　（C）①②③　　（D）①②③④

（二）判断题（第 81 ~ 100 题，将判断结果填入括号中，正确的填“√”，错误的填“×”，每题 1 分，满分 20 分）

81.（　　）在特殊情况下，允许出现封闭的尺寸链。

82.（　　）工件上已经切去多余金属而形成的新表面，叫加工表面。

83.（　　）氧化铝砂轮适用于硬质合金刀具的刃磨。

84.（　　）选择定位基准应使工件定位方便、夹紧可靠、操作顺手、夹具结构简单。

85.（　　）液压系统某处有几个负载并联时，压力的大小取决于克服负载的各个压力值中的最小值。

86.（　　）加工中心的编程者要掌握操作技术，而操作工无需熟悉编程也可以。

87.（　　）数控机床精度检查分为几何精度检查、定位精度检查、切削精度检查。

88.（　　）加工中心的主轴在空间处于垂直状态的称为立式加工中心。

89.（　　）启动 DOS 操作系统，可按机箱上的 RESET 按钮或按组合键。

90.（　　）POS 表示刀具的当前位置。

91.（　　）加工中心的主轴在空间处于水平状态的称为立式加工中心。

92.（　　）在同样频率比之下，机床系统的静刚度越大，阻尼比越大，动刚度越小。

93.（　　）滚珠丝杠副的正、反向间隙空行程量，丝杠的螺距误差可通过控制系统的参数设置加以补偿或消除。

94.（　　）机床的刚度是指机床在静载时抵抗变形的能力。

95.（　　）机床的抗振性与机床的刚度、激振频率与固有频率之比、阻尼比等有关。

96.（　　）通过带传动的主传动方式只适用于低转矩特性要求的主轴。

97.（　）滚珠丝杠副有传动频率高、摩擦力小等特点，但传动的精度却不高，并且不能自锁。

98.（　）电动机与丝杠联轴器松动会导致滚珠丝杠副产生噪声。

99.（　）数控机床的分度工作台能完成分度运动，也能实现圆周运动。

100.（　）定向间隙可自动补偿的调整机构传动刚度好，能传递的转矩较大。

二、数控铣（中级）理论知识模拟题二

（一）单项选择题（第1~80题，选择正确的答案，将相应的字母填入题内的括号中，每题1分，满分80分）

1. 刀具刃倾角主要影响（　）。
（A）刀尖强度　（B）摩擦情况
（C）切屑的流向　（D）主切削力大小

2. 当切削深度和主轴转速不变时，减少刀具进给量会使表面粗糙度值（　）。
（A）不变　（B）变大　（C）变小　（D）精度提高

3. 产生加工误差的因素有（　）。
（A）工艺系统的几何误差
（B）工艺系统的受力、受热变形所引起的误差
（C）工件内应力所引起的误差
（D）以上三者都是

4. 三个支承点可限制（　）。
（A）一个平面位置　（B）一直线位置
（C）一长方体位置　（D）以上都不是

5. 夹紧力（　）。
（A）应尽可能垂直于止推定位面
（B）应尽可能与切削力、重力反向
（C）应落在支承元件上或在几个支承元件所形成的支承面内
（D）应落在工件刚性较差的部位

6. 图样中不可见轮廓线用（　）线表示。
（A）细实　（B）虚　（C）粗实　（D）点画

7. 标注尺寸的三个要素是尺寸界线、尺寸数字和（　）。
（A）箭头　（B）数字　（C）尺寸线　（D）斜线

8. 数控机床环境相对湿度应不超过（　）。
（A）90%　（B）80%　（C）70%　（D）60%

9. 软件可分为系统软件和应用软件，Mastercam 属于（　）。
（A）系统软件　（B）应用软件　（C）控制软件包　（D）高级软件

10. 计算机科技文献中，英文缩写 CAE 代表（　）。
（A）计算机辅助制造　（B）计算机辅助教学
（C）计算机辅助设计　（D）计算机辅助工程

11. 键盘的 DELETE 键用于（　）已编辑的程序。

（A）插入　（B）删除　（C）修改　（D）清除

12. M03 表示（　）。
（A）刀具锁紧状态指令　（B）主轴正转
（C）换刀指令　（D）刀具交换错误警示灯指令

13. 程序中指定刀具半径补偿值的代码是（　）。
（A）G　（B）D　（C）H　（D）M

14. 刀具轴线垂直于 *ZX* 平面由（　）指令执行。
（A）G17　（B）G18　（C）G19　（D）G20

15. 执行 G53 时，（　）是错误的。
（A）取消刀具半径补偿　（B）刀具长度补偿
（C）取消刀具位置偏置　（D）不取消任何补偿

16.（　）系统不具备反馈功能。
（A）闭环　（B）半闭环　（C）开环　（D）双闭环

17. 逆时针圆弧插补指令为（　）。
（A）G04　（B）G02　（C）G03　（D）G01

18. 英文缩写“CNC”是指（　）。
（A）计算机数字控制　（B）计算机辅助制造
（C）计算机辅助设计　（D）计算机辅助工程

19. 影响导轨导向精度的因素有（　）。
①导轨的结构形式　②导轨的制造精度和装配质量　③导轨的刚度　④导轨的重量
（A）①③　（B）①②④　（C）①②③　（D）①②③④

20. 滚珠丝杠运动不灵活，可能的故障原因有（　）
①轴向预加载荷太大　②丝杠与导轨不平行　③丝杠弯曲变形　④丝杠间隙过大
（A）③　（B）②③　（C）①②③　（D）①②③④

21. 机床边读取存储卡上的数据边加工，称为（　）。
（A）DNC　（B）NDC　（C）CDN　（D）以上都不是

22. 数控机床是计算机在（　）方面的应用。
（A）数据处理　（B）数值计算　（C）辅助设计　（D）实时控制

23. 机床的主轴是机器的（　）。
（A）动力部分　（B）工作部分　（C）传动装置　（D）自动控制部分

24. 下列各机械中，属于机构的是（　）
（A）纺织机　（B）拖拉机　（C）千斤顶　（D）电动机

25. SBK 表示（　）。
（A）选择停止开关　（B）机器轴向锁定开关
（C）单节操作开关　（D）信号删除开关

26.（　）指令能取消刀具补偿。
（A）G41　（B）G40　（C）G43　（D）G42

27. 想使刀具移动到换刀位置等机床中固定的位置时，可由（　）指令编程。
（A）G54　（B）G52　（C）G53　（D）G55

28. 数控机床的冷却水箱液面高度应（　　）检查一次。
（A）一个小时　（B）半天　（C）一天　（D）一周
29. 加工中心进行单段试切时，必须使快速倍率开关打到（　　）。
（A）最高挡　（B）中挡　（C）最低挡　（D）无所谓
30. 高速加工中心工作前应先将主轴空运转（　　）以上，使机床达到热平衡状态。
（A）25min　（B）1h　（C）5min　（D）15min
31. 同一规格零件所规定的基本尺寸下，对其允许的最大变动范围叫做尺寸的（　　）。
（A）上极限偏差　（B）下极限偏差
（C）公差　（D）基本偏差
32. 孔和轴各有（　　）个基本偏差。
（A）20　（B）28　（C）18　（D）26
33. 量块是用不易变形的耐磨材料制成的长方形六面体，它有（　　）个工作面。
（A）六个　（B）四个　（C）二个　（D）一个
34. 调质是指（　　）工艺方法。
（A）淬火　（B）回火
（C）淬火加高温回火　（D）以上都是
35. 碳的质量分数为1.2%的铁碳合金，在室温下的组织为（　　）。
（A）珠光体　（B）珠光体加铁素体
（C）珠光体加二次渗碳体　（D）以上都不是
36. 属于啮合传动类的带传动是（　　）。
（A）平带传动　（B）圆带传动
（C）同步带传动　（D）V带传动
37. 使用滚动轴承，当载荷（　　）时，宜选用滚子轴承。
（A）较小　（B）较小的径向载荷
（C）较平稳　（D）大而有冲击
38. 整体式滑动轴承（　　）。
（A）结构简单，制造成本低　（B）装拆方便
（C）磨损后可调整间隙　（D）比对开式滑动轴承应用广泛
39. 当麻花钻顶角完成修磨之后，应修磨其（　　）宽度以增强钻头的定心作用。
（A）前刀面　（B）主后刀面　（C）副后刀面　（D）横刃
40. 当被加工材料较硬时，刀具可选择（　　）的前角。
（A）较大　（B）较小　（C）负值　（D）任意
41. 对刀具寿命影响最大的因素是刀具的（　　）。
（A）切削深度　（B）进给量　（C）切削速度　（D）切削力
42. 在机床移动部件安装有位置检测装置并有反馈、比较环节的数控机床称为（　　）数控机床。
（A）开环　（B）半闭环　（C）闭环　（D）开闭环
43. 通用数控装置简称（　　）装置。
（A）NC　（B）CNC　（C）CRT　（D）I/O

44. 柔性制造系统简称（　）。

（A）CNC　（B）DNC　（C）CIMS　（D）CAM

45.（　）系统只适用于产品定型之后标准化、系列化的设计。

（A）自动型　（B）检索型　（C）交互型　（D）以上皆错

46. 零件渗碳以后一般需经（　）处理，才能达到表面硬而耐磨的目的。

（A）淬火+低温回火　（B）正火

（C）调质　（D）以上皆错

47. 计算机绘图的（　）是类似于一种搭积木的方法。

（A）参数化法　（B）图元拼合法

（C）轮廓线法　（D）以上皆错

48. 三轴卧式加工中心最多能同时实现（　）个坐标轴移动。

（A）3　（B）3~4　（C）4~5　（D）1~5

49. 四轴加工中心上装夹六面体零件经过一次性装夹后，最多能完成（　）面的加工。

（A）3　（B）4　（C）5　（D）6

50. 一般数控铣床的最小位移量通常为（　）mm。

（A）1　（B）0.1　（C）0.01　（D）0.001

51. 通常情况下，在加工中心上切削直径（　）mm的孔都应预制出毛坯孔。

（A）小于30　（B）大于或等于30

（C）大于50　（D）大于或等于50

52. 单向受力的螺旋传动机构广泛采用（　）。

（A）三角形螺纹　（B）梯形螺纹

（C）矩形螺纹　（D）锯齿形螺纹

53. 长时间闲置的加工中心在加工前必须先（　）。

（A）暖机　（B）清洁　（C）维修　（D）保养

54. 为防止加工中心运行过程中出现断电现象，应为机床配置（　）。

（A）蓄电稳压器　（B）电动机

（C）变频器　（D）变压器

55. 操作过程中不要用（　）去接触正常运转的刀具，否则会出现人身安全事故。

（A）高压空气　（B）水　（C）切削液　（D）戴手套的手

56. 在加工箱体类零件时，如加工的工位较少，且跨距不大，则可选用（　）式加工中心。

（A）立　（B）卧

（C）立、卧两用　（D）以上均不对

57. 当选择加工所用刀具中最长一把刀作为基准进行对刀时，其他刀具与基准刀的长度之差可通过（　）指令功能自动进行补偿。

（A）G42　（B）G49　（C）G44　（D）G41

58. 加工中心与数控铣床的显著区别是（　）。

（A）加工后零件精度高　（B）加工表面质量好

（C）通过刀库实现自动换刀加工　（D）加工时不需要使用冷却液

59. 主轴轴线垂直于工作台最大工作区域法向的加工中心是（　　），适合加工箱体类零件。

（A）卧式加工中心（B）立式加工中心（C）万能加工中心（D）镗铣加工中心

60. 在机械制造中划线精度要求控制在（　　）mm。

（A）0.025～0.05　（B）0.05～0.1

（C）0.10～0.25　（D）0.25～0.5

61. 高速加工中心刀柄的锥度比值为（　　）。

（A）7:25　（B）1:3　（C）7:24　（D）1:10

62. 最小加工余量受（　）影响。

①表面精度糙度　②表面缺陷层深度　③空间偏差　④表面几何形状误差　⑤装夹误差

（A）①②③　（B）①④　（C）①②③④　（D）①②③④⑤

63. 在加工中心上应用组合夹具，有（　　）的优点。

①节约夹具的设计制造工时　②缩短生产准备周期　③夹具精度高　④便于单件生产

（A）①②　（B）③④　（C）①②④　（D）①③

64. 对刀点的选择原则是（　　）。

①找正容易　②编程方便　③对刀误差小　④加工时检查方便，可靠

（A）①③　（B）①③④　（C）①②③④　（D）③④

65. 当刀具前角减少时，切屑不容易从前面流出，因此（　　）。

（A）切削力不变　（B）切削力增大

（C）降低切削力　（D）切削刃不锋利

66. 装配图中表示部件安装在机器上或机器安装在基础上所需要的尺寸，称为（　　）。

（A）定位尺寸　（B）安装尺寸　（C）规格尺寸　（D）装配尺寸

67. 在切削过程中消耗功最大的运动是（　　）。

（A）主运动　（B）进给运动

（C）辅助运动　（D）进给运动或主运动

68. 进给量增大一倍时，切削力增大（　　）。

（A）0.7倍　（B）0.95倍　（C）1倍　（D）2倍

69. 切削用量中对切削温度影响最大的是（　　）。

（A）进给量　（B）切削深度　（C）工件材料硬度　（D）切削速度

70.（　　）是计算机床进给机构强度的依据。

（A）径向力　（B）轴向力　（C）辅助力　（D）主切削力

71. 切削过程中，断屑的原因是（　　）。

（A）切屑在流动过程中与障碍物相碰后受到一个弯曲力矩而折断

（B）较快的切削速度和较小的切削深度

（C）切屑在流出过程中靠自身的重量折断

（D）适当的切削液

72. 切削液有冷却作用、润滑作用，还有（　　）。

（A）断屑作用　（B）洗涤与排屑作用

（C）隔热作用　（D）加压作用

73. 切削铸铁材料时形成（ ）切屑。
（A）崩碎 （B）挤裂 （C）带状 （D）节状
74. 当磨钝标准相同时，刀具寿命愈低，表示刀具磨损（ ）。
（A）愈慢 （B）愈快 （C）不变 （D）愈多
75. 为改善 20 钢的切削加工性能，热处理通常采用（ ）。
（A）完全退火 （B）球化退火 （C）正火 （D）淬火
76. 在低速切削条件下，刀具、工件、切屑上的微粒相互粘接而被带走的现象称为（ ）。
（A）机械磨损 （B）相变磨损 （C）化学磨损 （D）物理磨损
77. 用拉伸试验可测定材料的（ ）性能指标。
（A）强度 （B）硬度 （C）韧性 （D）刚度
78. 用任何方法获得的表面，*Ra* 的最大允许值为 3.2μm 为（ ）。
（A）$\bigtriangledown 3.2$ （B）$\bigtriangledown Ra3.2$ （C）$\sqrt{Ra3.2}$ （D）$\sqrt{Ra3.2}$（带圆圈）
79. W18Cr4V 是属于典型的钨系高速钢，其工艺性能（ ）于硬质合金。
（A）较好 （B）不好 （C）最多 （D）不多
80. W18Cr4V 高速钢刀具的耐热温度是（ ）℃左右。
（A）800～1000 （B）1100～1300 （C）650 （D）1300～1500

（二）判断题（第 81～100 题，将判断结果填入括号中。正确的填“√”，错误的填“×”，每题 1 分，满分 20 分）

81.（ ）在同样频率比之下，机床系统的静刚度越大，阻尼比越大，动刚度越小。
82.（ ）采用任意选择方式的自动换刀系统中，必须有刀具识别装置。
83.（ ）加工中心对刀仪的刀柄定位机构与标准刀柄相对应，但要求的精度不高。
84.（ ）夹具应具有尽可能多的元件数和较高的刚度。
85.（ ）加工中心的加工工艺按编程的需要，一般以一个换刀动作之间的加工内容为一个。
86.（ ）使用内部命令对新软盘进行第一次写操作前，可以格式化也可以不格式化。
87.（ ）OPR ALARM 显示报警号。
88.（ ）用 G44 指令亦可达到刀具长度的正向补偿。
89.（ ）一般情况下，选择平行于主轴中心线的坐标轴为 *Z* 轴。
90.（ ）伺服系统均有利于提高数控机床的加工精度。
91.（ ）加工中心的传动系统复杂，传递精度高，速度快。
92.（ ）加工中心机外对刀仪用来测量刀具的长度、直径和刀具形状角度。
93.（ ）正等测图的轴间角∠*XOY* = 120°，∠*YOZ* = 120°。
94.（ ）使用在线检测传感器检测系统可实现在机床上对加工的工件进行在线检测，保证首件加工成功。
95.（ ）使用在线检测传感器检测系统不能自动找正刀具与工件的坐标位置，以补偿刀具磨损和机床的误差。
96.（ ）整体式结构的铣镗工具系统使用方法可靠，所用的刀柄规格、品种、数量少。

97.（　　）夹具在机床上的安装误差和工件在夹具中的定位安装误差对加工精度不会产生影响。

98.（　　）当基准要素为中心要素时，基准代号的连线应与该要素的尺寸线对齐。

99.（　）组合夹具的基本特点是满足三化：标准化、系列化、通用化。

100.（　　）专用夹具的设计和制造周期长，安装精度低，只适用于大批量且精度要求不高的零件加工。

第二节　技能实训模拟题库

一、数控铣（中级）实训模拟题一

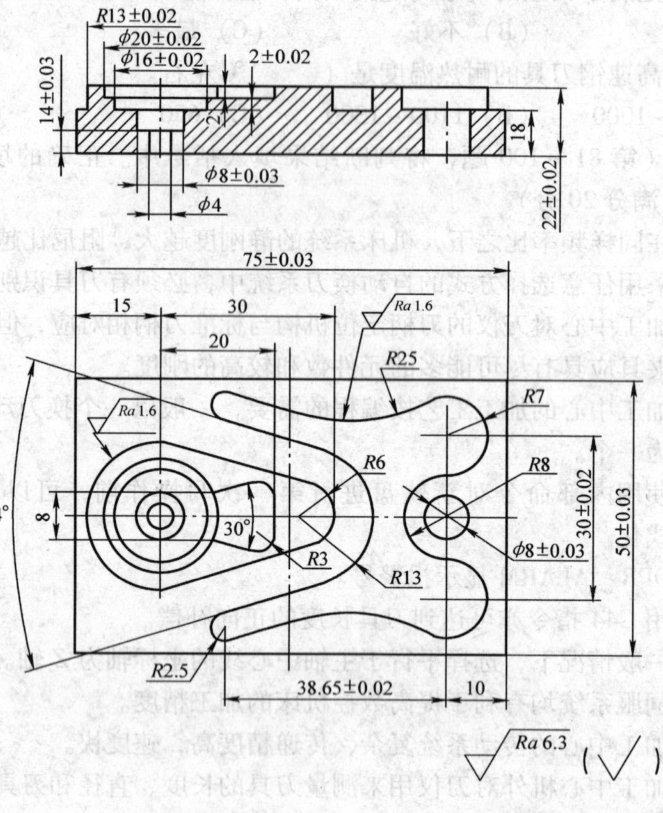

1. 考核要求

以小批量生产条件编程。

不准用砂布及锉刀等修饰表面。

未注倒角 C0.5。

未注公差尺寸按 GB/T 1804—m。

2. 考核评分表

工种		图号		零件名称		姓名		
定额时间		考核日期		技术等级		总得分		
序号	考核项目	考核内容及要求	配分	评分标准	检测结果	扣分	得分	备注
1	外形尺寸	75 ±0.03	8	超差0.02mm扣2分				
2		50 ±0.03	8	超差0.02mm扣2分				
3		22 ±0.02	6	超差0.02mm扣2分				
4		30 ±0.02	8	超差0.02mm扣2分				
5		38.65 ±0.02	8	超差0.02mm扣2分				
6		*R*7	2	超差0.02mm扣1分				
7		*R*25	2	超差0.02mm扣1分				
8		*R*8	2	超差0.02mm扣1分				
9		*R*13 ±0.02	4	超差0.02mm扣2分				
10		*R*3	2	超差0.02mm扣2分				
11		*R*6	2	超差0.02mm扣2分				
12		*R*13	2	超差0.02mm扣2分				
13		*R*2.5	2	超差0.02mm扣1分				
14		34°	2	超差1°扣1分				
15	孔加工	2 × ϕ8 ±0.03	16	超差0.02mm扣2分				
16		ϕ20 ±0.02	4	超差0.02mm扣2分				
17		ϕ16 ±0.02	4	超差0.02mm扣2分				
18		14 ±0.03	4	超差0.02mm扣2分				
19		2 ±0.02	4	超差0.02mm扣2分				
20	表面质量	表面粗糙度值 *Ra*1.6μm	10	降一级扣2分/处				
21								
22								
23								
24	文明生产	按有关规定，每违反一项从总分中扣5分，发生重大事故取消考试						扣分不超过10分
25								
26	其他项目	一般按照GB/T 1804—m						扣分不超过10分
27		工件必须完整，考件局部无缺陷（夹伤等）						
28	电脑操作	有严重违反工艺的则取消考试资格，小问题则酌情扣分						扣分不超过25分
29	加工时间	总时间180min，时间到机床停，考生交零件，每超一分钟扣2分						
30	开始时间		结束时间		记录员		考评人	

二、数控铣（中级）实训模拟题二

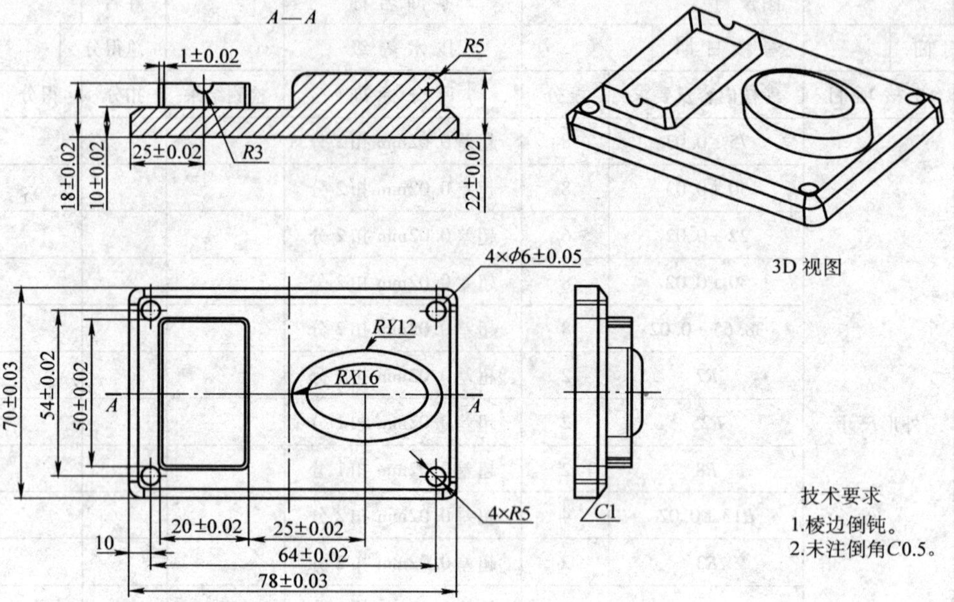

1. 考核要求

以小批量生产条件编程。

不准用砂布及锉刀等修饰表面。

未注倒角 *C*0.5。

未注公差尺寸按 GB/T 1804—m。

2. 考核评分表

工种		图号		零件名称			姓名	
定额时间		考核日期		技术等级			总得分	
序号	考核项目	考核内容及要求	配分	评分标准	检测结果	扣分	得分	备注
1	外形尺寸	78 ±0.03	8	超差 0.02mm 扣 2 分				
2		70 ±0.03	8	超差 0.02mm 扣 2 分				
3		22 ±0.02	4	超差 0.02mm 扣 2 分				
4		10 ±0.02	4	超差 0.02mm 扣 2 分				
5	矩形凸台 椭圆凸台 钻孔	50 ±0.02	6	超差 0.02mm 扣 2 分				
6		25 ±0.02	6	超差 0.02mm 扣 1 分				
7		20 ±0.02	4	超差 0.02mm 扣 1 分				
8		18 ±0.02	4	超差 0.02mm 扣 1 分				
9		1 ±0.02	8	超差 0.02mm 扣 2 分				
10		*R*3	8	超差 0.02mm 扣 2 分				
11		*RY*12	2	超差 0.02mm 扣 2 分				
12		*RX*16	2	超差 0.02mm 扣 2 分				

（续）

工种		图号		零件名称		姓名		
定额时间		考核日期		技术等级		总得分		
序号	考核项目	考核内容及要求	配分	评分标准	检测结果	扣分	得分	备注
13	矩形凸台 椭圆凸台 钻孔	*R*5	2	超差 0.02mm 扣 1 分				
14		4 × ϕ6 ±0.05	16	超差 0.02mm 扣 2 分				
15		54 ±0.02	4	超差 0.02mm 扣 2 分				
16		64 ±0.02	4	超差 0.02mm 扣 2 分				
17	倒角表面 质量	*C*1	4	一处未倒角扣 2 分				
18		表面粗糙度值 *Ra*6.3μm	6	降一级扣 2 分/处				
19								
20								
21								
22								
23								
24	文明生产	按有关规定每违反一项从总分中扣 5 分，发生重大事故取消考试						扣分不超过 10 分
25								
26	其他项目	一般按照 GB/T 1804—m						扣分不超过 10 分
27		工件必须完整，考件局部无缺陷（夹伤等）						
28	电脑操作	有严重违反工艺的则取消考试资格，小问题则酌情扣分						扣分不超过 25 分
29	加工时间	总时间 180min，时间到机床停，考生交零件，每超一分钟扣 2 分						
30	开始时间		结束时间		记录员		考评人	

参考文献

[1] 周文玉等. 数控加工技术 [M]. 北京: 高等教育出版社, 2010.
[2] 周兰, 常小俊. 现代数控加工装备 [M]. 北京: 机械工业出版社, 2005.
[3] 蔡冬根, 朱登洁. Mastercam9.0 应用与实例教程 [M]. 北京: 人民邮电出版社, 2006.
[4] 何满才. 三维造型设计——Mastercam9.0 实例详解 [M]. 北京: 人民邮电出版社, 2003.
[5] 何满才. 模具设计与加工——Mastercam9.0 实例详解 [M]. 北京: 人民邮电出版社, 2003.
[6] 胡如夫, 巫修海. Mastercam 中文版教程 [M]. 2 版. 北京: 人民邮电出版社, 2008.
[7] 陈学翔. UG6.0 数控加工经典案例解析 [M]. 北京: 清华大学出版社, 2009.
[8] 艾兴. 高速切削加工技术 [M]. 北京: 国防工业出版社, 2004.
[9] Herbert Schulz, Eberhard Abele, 何宁. 高速加工理论与应用 [M]. 北京: 科学出版社, 2010.
[10] 张思弟, 贺曙新. 数控编程加工技术 [M]. 北京: 化学工业出版社, 2008.